石油产品行业标准汇编

2010

中国石油化工股份有限公司科技开发部　编

中国石化出版社

图书在版编目（CIP）数据

石油产品行业标准汇编.2010／中国石油化工股份有限公司科技开发部编.—北京：中国石化出版社，2010.10
ISBN 978-7-5114-0573-9

Ⅰ.①石… Ⅱ.①中… Ⅲ.①石油产品-行业标准-汇编-中国-2010 Ⅳ.①TE626-65

中国版本图书馆CIP数据核字（2010）第183708号

中国石化出版社出版发行
地址:北京市东城区安定门外大街58号
邮编:100011 电话:(010)84271850
读者服务部电话:(010)84289974
http://www.sinopec-press.com
E-mail:press@sinopec.com.cn
北京宏伟双华印刷有限公司印刷
全国各地新华书店经销
*
880×1230毫米 16开本 36印张 1061千字
2011年1月第1版 2011年1月第1次印刷
定价：180.00元

出版说明

《石油产品行业标准汇编2005》自2005年出版至今已有五年时间。五年来，有些标准进行了复审修订，有些标准经过复审已经废止，同时不断有新的标准发布实施。为满足石油产品生产和销售企业、科研和教学单位以及广大用户的需求，中国石油化工股份有限公司科技开发部组织相关单位重新编辑出版了《石油产品行业标准汇编》。

本汇编全面系统地反映了石油产品行业标准的最新情况，可为使用者提供最新的石油产品行业标准信息。

本标准汇编收录了截止至2010年6月底发布的石油产品行业标准共134项，编排方式按照产品分为九大类，为便于查阅，每大类按照标准号顺序编排。

标准号中括号内的年代号表示在该年度复审确认了该项标准，但这些标准并没有重新出版单行本。

由于SH 0005—1990(1998)《油漆工业用溶剂油》已被GB 1922—2006《油漆及清洗用溶剂油》代替；SH/T 0675—1999《风冷二冲程汽油机油》已被GB/T 20420—2006《润滑剂、工业用油和有关产品(L类)—E组(内燃机)—二冲程汽油发动机油(EGB、EGC、EGD)》代替；SH/T 0677—1999《热传导液》已被GB 23971—2009《有机热载体》代替，因此本汇编未包括此3项行业标准。

本汇编包括的标准，由于出版的年代不同，其格式、计量单位及术语不尽相同。本次汇编只对原标准中的文字错误和不当之处做了更正。如有疏漏之处，恳请指正。

中国石油化工股份有限公司科技开发部

2010年8月

目　　录

一、燃　　料

二、溶剂和化工原料

三、润　　滑　　油

四、润　　滑　　脂

五、石　油　蜡

六、石　油　沥　青

七、油　品　应　用

八、添　加　剂

九、其　　他

一、燃　　料

中华人民共和国石油化工行业标准

SH/T 0047—1991(1998)

燃气轮机液体燃料

1 主题内容与适用范围

本标准规定了石油直馏和二次加工产品或其调合产品作为非航空用燃气轮机液体燃料的技术要求。

本标准所属产品适用于非航空用的燃气轮机。

2 引用标准

GB/T 261 石油产品闪点测定法(闭口杯法)
GB/T 265 石油产品运动黏度测定法和动力黏度计算法
GB/T 380 石油产品硫含量测定法(燃灯法)
GB/T 387 深色石油产品硫含量测定法(管式炉法)
GB/T 508 石油产品灰分测定法
GB/T 1884 石油和液体石油产品密度测定法(密度计法)
GB/T 1885 石油计量表
GB/T 3535 石油倾点测定法
GB/T 4756 石油液体手工取样法
GB/T 6533 原油中水和沉淀物测定法(离心法)
GB/T 6536 石油产品蒸馏测定法
GB/T 12692.3 石油产品 燃料(F类)分组 第3部分 工业及船用燃气轮机燃料品种
SH/T 0160 石油产品残炭测定法(兰氏法)
SH 0164 石油产品包装、贮运及交货验收规则

3 技术要求

品种		质量指标						试验方法
		0	1	2	3		4	
代号[1]		F-DST0	F-DST1 F-DMT1	F-DST2 F-DMT2	F-DST3，F-DMT3 F-RST3，F-RMT3		F-RST4 F-RMT4	
闪点[2](闭口),℃	不低于	—	38		55	60[6]	66	GB/T 261
运动黏度[2]，mm^2/s	40℃ 50℃	 —	1.3~2.4 —	1.9~4.1 —	不小于5.5 不大于638		不小于5.5 不大于638	GB/T 265
密度(20℃)，kg/m^3	不大于	—	847	873	—		—	GB/T 1884 GB/T 1885
90%馏出温度,℃	不高于	—	288	365	—		—	GB/T 6536

中国石油化工总公司 1991-07-11 批准　　　　1992-07-01 实施

续表

品　种	质量指标					试验方法
	0	1	2	3	4	
代号[1]	F-DST0	F-DST1 F-DMT1	F-DST2 F-DMT2	F-DST3，F-DMT3 F-RST3，F-RMT3	F-RST4 F-RMT4	
倾点[3]，℃　　不高于	—	-18	-6	—	—	GB/T 3535
水和沉淀物[4]，%(V/V)　　不大于	0.05			1.0		GB/T 6533
10%蒸余物残炭，%(m/m)不大于	0.15		0.35	—	—	SH/T 0160
灰分，%(m/m)　　不大于	0.01			0.03	—	GB/T 508
硫含量[5]，%(m/m)	商定					GB/T 380 GB/T 387

注：1）各代号说明见附录A。上述各品种燃料都应是均匀的烃类混合物，所规定质量指标是燃料从炼油厂出厂时质量要求。进入燃气轮机燃烧室燃料中微量金属极限值参见附录B。其测试方法参见附录C。

2）该燃料当闪点低于38℃或40℃运动黏度小于1.3mm²/s时，用户应考虑机组燃料系统防火安全设计。

3）冬季低于6℃操作时，燃料系统应有加热设施。

4）测试非原油时燃料不加破乳剂。离心操作前把100mL燃料和溶剂混合物放入离心管，在49℃±1℃浴中保持10min，然后装入离心机旋转。当水分和沉淀物测试结果0.05%时，要求重复性为0，再现性不大于0.1%，测试结果为1.0%时，要求重复性不大于0.06%，再现性不大于0.2%。

5）有废热回收设备的燃气轮机组应对燃料中硫含量有所要求，以防止腐蚀。硫含量指标值可由供需双方协商确定。

6）闪点60℃为海用，55℃为陆用。

4　标志、包装、运输与贮存

本标准所属产品的标志、包装、运输、贮存及交货验收按SH 0164进行。

5　取样

采样按GB/T 4756进行，取2L样品作为检验和留样用。

附　录　A
燃气轮机液体燃料产品各代号说明
（参考件）

A1　代表燃料类的字母是 F。

A2　燃气轮机液体燃料产品用三个字母组成：

第一字母 D 代表馏分燃料，R 代表残渣燃料；

第二字母 S 代表固定装置，M 代表船用装置；

第三字母 T 代表燃气轮机。

A3　数字(0，1，2，3 或 4)表示从轻质到重质燃料各产品性能上区分的标志。举例说明如表 A1：

表 A1

代　　号	说　　明
DST　0	石脑油、宽馏分型煤油或其他闪点石油馏分
DST　1 DMT　1	中闪点煤油型石油馏分
DST　2 DMT　2	轻柴油型石油馏分
RST　3 RMT　3	低灰分石油残渣燃料或柴油和渣油混合物
RST　4 RMT　4	石油残渣燃料或重油和渣油混合物

附　录　B
进入燃气轮机燃烧室燃料中微量金属允许值
（参考件）

表 B1 为进入燃气轮机燃烧室燃料中微量金属钒(V)、钠和钾(Na + K)、钙(Ca)、铅(Pb)的允许值。测试方法参见附录 C。

表 B1　进入燃气轮机燃料室燃料中微量金属的允许值　　mg/kg

微量金属	各牌号允许值					
	F－DST0	F－DST1 F－DMT1	F－DST2 F－DMT2	F－DST3 F－DMT3	F－RST3 F－RMT3	F－RST4 F－RMT4
V	0.5	0.5	0.5	0.5	商定	商定
Na + K	0.5	0.5	0.5	0.5		
Ca	0.5	0.5	0.5	0.5		
Pb	0.5	0.5	0.5	0.5		

附 录 C
燃气轮机液体燃料微量金属元素测定方法
(电感耦合等离子体发射光谱法)
(参考件)

C1 适用范围

本方法适用于测定燃气轮机液体燃料中的金属元素钒、钠、钾、钙、铅，可测定的最低含量为0.25mg/kg。

C2 方法提要

将样品完全灰化后，用盐酸、硝酸溶解灰分，取其溶液通过电感耦合等离子体发射光谱仪测定。

C3 仪器、设备

C3.1 电感耦合等离子体发射光谱直读式光谱仪，或其他有同等分辨能力的仪器。
C3.2 电炉：功率2kW，可调。
C3.3 马福炉：调温范围0~1000℃。
C3.4 烘箱：具有恒温装置。
C3.5 石英烧杯：50，100mL。
C3.6 容量瓶：10，25，50，200mL。
C3.7 聚乙烯塑料瓶：25，50，125，250mL。

C4 试剂与材料

C4.1 偏钒酸铵(NH_4VO_3)：保证试剂。
C4.2 氯化钠(NaCl)：光谱纯。
C4.3 氯化钾(KCl)：光谱纯。
C4.4 碳酸钙($CaCO_3$)：光谱纯。
C4.5 氧化铅(PbO)：光谱纯。
C4.6 盐酸：优级纯，配制成水和盐酸为1:1溶液(V/V)。
C4.7 硝酸：优级纯，配制成水和硝酸为1:1溶液(V/V)。
C4.8 水：一次蒸馏水经阴、阳离子交换树脂处理。

C5 样品测定步骤

C5.1 样品处理

准确称取燃料(10.0g~50.0g)于石英烧杯内，在电炉上加热点火灰化，完全灰化后转入马福炉中。在550℃±25℃下恒温灼烧至除尽残炭，取出烧杯冷却，加入少许水湿润，沿杯壁加入10mL硝酸溶液，再加入3mL盐酸溶液，放在电炉上缓缓加热溶解灰分，将酸蒸发到2mL~3mL，倒入25mL容量瓶内，用水稀释到刻度，贮于聚乙烯塑料瓶内。

C5.2 样品溶液测定

按设定好的电感耦合等离子体发射光谱的操作条件，测定C5.1条样品试液中的微量金属元素。

C6 允许差

其相对标准测试值偏差应小于算术平均值的10%。

附加说明:

本标准由石油化工科学研究院提出。
本标准由石油化工科学研究院技术归口。
本标准由石油化工科学研究院负责起草。
本标准主要起草人毕载俊、郑志新。
本标准参照采用美国试验与材料协会标准 ASTM D 2880—88《燃气轮机燃料油》。

编者注：本标准中引用标准的标准名称变动如下。

标 准 号	现标准名称
GB/T 261	闪点的测定　宾斯基-马丁闭口杯法
GB/T 3535	石油产品倾点测定法
GB/T 1884	原油和液体石油产品密度实验室测定法(密度计法)

前　　言

本标准中的1～6号燃料油是等效采用ASTM D396—93燃料油标准制订的。结合我国当前的实际情况，增加了一个高黏度的7号燃料油。标准编写格式按GB/T1.1—1993的规定，试验方法尽可能采用与ASTM标准方法相同或相当的我国国家标准或行业标准。

本标准实施之日起，同时代替SH 0356—92。

本标准由中国石油化工总公司石油化工科学研究院提出并归口。

本标准由中国石油化工总公司石油化工科学研究院负责起草。

本标准主要起草人：卢其平。

中华人民共和国石油化工行业标准

SH/T 0356—1996(2007)

燃 料 油

代替 SH 0356—92

1 范围

本标准规定了在不同操作条件及不同燃烧器上使用的八种燃料油的技术条件。

本标准可供燃料油的供需合同中对规格说明时用，也可作燃料油用户选择最适合他们需要牌号时的指南。

2 引用标准

GB/T 260 石油产品水分测定法

GB/T 261 石油产品闪点测定法(闭口杯法)

GB/T 265 石油产品运动黏度测定法和动力黏度计算法

GB/T 268 石油产品残炭测定法(康氏法)

GB/T 380 石油产品硫含量测定法(燃灯法)

GB/T 388 石油产品硫含量测定法(氧弹法)

GB/T 508 石油产品灰分测定法

GB/T 1884 原油和液体石油产品密度实验室测定法(密度计法)

GB/T 1885 石油计量表

GB/T 3535 石油产品倾点测定法

GB/T 3536 石油产品闪点和燃点测定法(克利夫兰开口杯法)

GB/T 4756 石油液体手工取样法

GB/T 5096 石油产品铜片腐蚀试验法

GB/T 6531 原油和燃料油中沉淀物测定法(抽提法)

GB/T 6533 原油中水和沉淀物测定法(离心法)

GB/T 6536 石油产品蒸馏测定法

GB/T 11137 深色石油产品运动黏度测定法(逆流法)和动力黏度计算法

GB/T 11140 石油产品硫含量测定法(X 射线光谱法)

SH/T 0160 石油产品残炭测定法(兰氏法)

SH 0164 石油产品包装、贮运及交货验收规则

SH/T 0172 石油产品硫含量测定法(高温法)

注：除非在标准中另有明确规定，上述引用标准都是现行的有效标准。

3 牌号

燃料油分 1 号、2 号、4 号轻、4 号、5 号轻、5 号重、6 号和 7 号八个牌号。

1 号和 2 号是馏分燃料油，适用于家用或工业小型燃烧器上使用。特别是 1 号适用于汽化型燃烧器，或用于储存条件要求低倾点燃料油的场合。

4 号轻和 4 号是重质馏分燃料油，或者是馏分燃料油与残渣燃料油混合而成的燃料油。适用于要

中国石油化工总公司 1996-05-24 批准 1996-12-01 实施

求该黏度范围的工业燃烧器上。

5 号轻、5 号重、6 号和 7 号是黏度和馏程范围递增的残渣燃料油。适用于工业燃烧器。为了装卸和正常雾化，燃料油通常需要预热。

4 技术内容

4.1 一般要求

本标准规定的各号燃料油应是均匀的烃类油，无无机酸，无过量的固体物和外采的纤维状物质。

在正常储存条件下含有残渣组分的各号燃料油应保持均质，不因重力作用而分成黏度超出该牌号范围的轻和重的两种油。

4.2 技术要求

燃料油按表 1 规定的方法检验时，其质量应符合表 1 规定的要求：

表 1 燃料油的详细要求

项目	质量指标								试验方法
	1 号	2 号	4 号轻	4 号	5 号轻	5 号重	6 号	7 号	
闪点(闭口),℃ 不低于	38	38	38	55	55	55	60	—	GB/T 261
闪点(开口),℃ 不低于	—	—	—	—	—	—	—	130	GB/T 3536
水和沉淀物,%(*V*/*V*) 不大于	0.05	0.05	0.50[1)]	0.50[1)]	1.00[1)]	1.00[1)]	2.00[1)]	3.00[1)]	GB/T 6533
馏程,℃									GB/T 6536
10% 回收温度 不高于	215	—	—	—	—	—	—		
90% 回收温度 不低于	—	282	—	—	—	—	—	—	
不高于	288	338	—	—	—	—	—	—	
运动黏度，mm^2/s									GB/T 265 或 GB/T 11137
40℃ 不小于	1.3	1.9	1.9	5.5	—	—	—	—	
不大于	2.1	3.4	5.5	24.0[2)]	—	—	—	—	
100℃ 不小于	—	—	—	—	5.0	9.0	15.0	—	
不大于	—	—	—	—	8.9[2)]	14.9[2)]	50.0[2)]	185	
10% 蒸余物残炭，%(*m*/*m*) 不大于	0.15	0.35	—	—	—	—	—	—	SH/T 0160
灰分,%(*m*/*m*) 不大于	—	—	0.05	0.10	0.15	0.15	—	—	GB/T 508
硫含量,%(*m*/*m*) 不大于	0.50	0.50	—	—	—	—	—	—	GB/T 380 或 GB/T 388 或 GB/T 11140
铜片腐蚀(50℃，3h)，级 不大于	3	3	—	—	—	—	—	—	GB/T 5096
密度(20℃)，kg/m^3									GB/T 1884 及 GB/T 1885
不小于	—	—	872[3)]	—	—	—	—	—	
不大于	846	872	—	—	—	—	—	—	

表1(续)

项　　目	质量指标								试验方法
	1号	2号	4号轻	4号	5号轻	5号重	6号	7号	
倾点,℃[4)]　　不高于	-18	-6	-6	-6	—	—	5)	—	GB/T 3535

注:

1 本标准的某一个牌号燃料油只有一个指标不符合，也不能自动改为下一级牌号。除非它符合下一级牌号的全部要求。然而，对特殊操作条件的个别指标的修改可在买方、卖方和生产厂间协商。

2 试验方法也可采用第2章所列的相应方法。但是表1中规定的试验方法是仲裁方法。

1）用GB/T 260蒸馏方法测得的水分加上用GB/T 6531抽提法测得的沉淀物的总量不应超过表上所示的值。对6号燃料油抽提法所得的沉淀物不得超过0.50%（*m/m*），当水分和沉淀物超过1%（*V/V*）时，应在总量中全部扣除。当7号燃料油的水分和沉淀物超过2%（*V/V*）时，应在总量中全部扣除。当有异议时，以GB/T 6533测定结果为准。

2）当需要低硫燃料油的情况下，可根据供需双方商定，供给黏度小的燃料油。

3）这个限值是为了保证最低的热值，也为了避免误报为2号燃料油和不正确的使用。

4）只要储存和使用需要，可以规定较低和较高的倾点，但当规定倾点低于-18℃时，2号燃料油的黏度应不小于1.7mm^2/s，同时不控制90%的回收温度。

5）如果需要低硫燃料油，6号燃料油应分等级为低倾点的(不高于+15℃)或高倾点的(不控制最高值)，如果油罐和管线无加热设施，应使用低倾点的燃料油。

5　标志、包装、运输、贮存

标志、包装、运输、贮存及交货验收按SH 0164进行。

6　取样

取样按GB/T 4756进行，取2L燃料油作为检验和留样用。

编者注：本标准中引用标准的标准名称变动如下。

标　准　号	现标准名称
GB/T 261	闪点的测定　宾斯基-马丁闭口杯法
GB/T 3536	石油产品闪点和燃点的测定　克利夫兰开口杯法
GB/T 11140	石油产品硫含量的测定　波长色散X射线荧光光谱法

中华人民共和国石油化工行业标准

SH/T 0527—1992(1998)

延　迟　石　油　焦
(生　　焦)

代替 ZB E44 002—1986

1　主题内容与适用范围

本标准规定了以各种渣油、沥青或重油为原料经过延迟焦化生产的延迟石油焦的技术条件。

本标准中的一级品和合格品中的 1A 和 1B 焦适用于炼钢工业中制作普通功率石墨电极，也适用于炼铝工业中制作铝用炭素。合格品中 2A 和 2B 焦用于炼铝工业中制作铝用炭素。合格品中 3A 和 3B 焦用于化学工业中制作碳化物或作燃料。

2　引用标准

GB/T 387　深色石油产品硫含量测定法(管式炉法)
SH/T 0026　石油焦挥发分测定法
SH/T 0029　石油焦灰分测定法
SH/T 0032　石油焦总水分测定法
SH/T 0033　石油焦真密度测定法
SH/T 0058　石油焦中硅、钒和铁含量测定法
SH 0164　石油产品包装、贮运及交货验收规则
SH/T 0229　固体和半固体石油产品取样法
SH/T 0313　石油焦检验法

3　技术内容

3.1　本标准所属产品按质量分为一级品和合格品，合格品中又分为 1A、1B、2A、2B、3A 和 3B 六种。

3.2　技术要求

项　目		质量指标							试验方法
		一级品	合　格　品						
			1A	1B	2A	2B	3A	3B	
硫含量,%	不大于	0.5	0.5	0.8	1.0	1.5	2.0	3.0	GB/T 387
挥发分,%	不大于	12	12	14		17	18	20	SH/T 0026
灰分,%	不大于	0.3	0.3	0.5			0.8	1.2	SH/T 0029
水分[1)],%	不大于	3							SH/T 0032
真密度，g/cm^3		2.08～2.13	报告		—				SH/T 0033
粉焦量(块粒 8mm 以下),%	不大于	25	报告		—				附录 A

中国石油化工总公司 1992-09-19 批准　　　　1993-09-01 实施

续表

项目		质量指标							试验方法
		一级品	合格品						
			1A	1B	2A	2B	3A	3B	
硅含量,%	不大于	0.08	—						SH/T 0058
钒含量,%	不大于	0.015	—						SH/T 0058
铁含量,%	不大于	0.08	—						SH/T 0058

注：1）测定水分时允许在焦堆上采样，水分指标不作拒收条件，只供计算验收数量的数据，超过规定水分时，即在总焦量中扣除多余部分的水量。

4 标志、包装、运输、贮存

标志、包装、运输、贮存及交货验收按 SH 0164 进行。

5 取样

取样按 SH/T 0229 及 SH/T 0313 补充事项进行。

附 录 A
延迟石油焦粉焦量测定法
（补充件）

本方法适用于测定延迟石油焦中的粉焦量，用质量百分数表示。

A1 名词术语

A1.1 子样：用取样铲以相等间隔的时间在同一批焦化塔中取出的每份样品。
A1.2 副样：在同一批焦化塔中取得的数份子样均匀混合的样品。
A1.3 大样：将副样按缩分法而得的样品。
A1.4 缩分：将样品分开或减少的过程。

A2 仪器

A2.1 取样铲：能盛2kg的平铲。
A2.2 装样袋：能装10kg样品的塑料袋或其他材料做成的口袋。
A2.3 筛子：筛孔为8mm的水平面分样筛。
A2.4 装样盘：能装入4kg样品使其厚度为10mm的搪瓷盘或塑料盘。
A2.5 铁板(或木板)：干净的能平放和能混合10kg样品。
A2.6 台秤：感量为1g。

A3 准备工作

A3.1 取子样数

参照SH/T 0313中2.1.1焦流中采样的规定，即用机械采样器或人工从焦流中采样时，应根据总焦量计算石油焦有效流过时间，并在该时间内等时间间隔采样。每批样的采样份数不能小于五份，试样总量不小于10kg。

A3.2 取子样的时间间隔

采样的间隔时间I(h)，按式(A1)计算：

$$I=\frac{t}{n} \qquad \cdots\cdots (A1)$$

式中：t——出焦总时间，h；
n——采取子样的数目。

A4 试验步骤

A4.1 按计算出的采样间隔时间，对同一批焦化塔中的焦按A3中要求采样五次或五次以上，每次采取到的样需分别盛放在事先准备好贴有标签的、干净的装样袋内，已装入试样的装样袋需用绳子扎紧。
A4.2 将采到的数份子样倒入干净的铁板(或木板)上，并均匀混合试样使其铺成20～40mm厚的平面。按四份缩分法取出4kg为副样。
A4.3 将4kg副样倒入装样盘内铺成10mm厚的平面，按20份缩分法取出1kg为大样。
A4.4 先在筛子下面放入一个干净的装样盘用来盛放过筛时漏下的粉焦。此后将1kg大样分批倒入筛子内，使其每次铺成20mm厚，用手左右连续移动筛子三次，全部大样过筛后，称出装样盘内的粉焦质量(g)。

A4.5 粉焦量 X(%)按式(A2)计算：

$$X = \frac{m}{1000} \times 100 \qquad \text{(A2)}$$

式中：m——粉焦质量，g；

1000——试样总质量，g。

附加说明：

本标准由石油化工科学研究院提出并技术归口。

本标准由石油化工科学研究院负责起草。

本标准主要起草人杨大芬、陈丽卿。

本标准参照采用前苏联国家标准 ГОСТ 22898—78《低硫石油焦》。

中华人民共和国石油化工行业标准

SH/T 0553—1993(2005)

工业丙烷、丁烷

本标准95号工业丙烷、丁烷参照采用ISO 9162：89《液化石油气规格》

1 主题内容与适用范围

本标准规定了由炼厂气经脱硫、分离而制得工业丙烷、工业丁烷产品的技术条件。

工业丙烷产品主要用于金属零件淬火、渗碳的保护气、与丁烷混合做雾化剂、脱沥青溶剂及高热值燃料。

工业丁烷产品主要用作玻壳加工、机械制造业、纺织印染业的高热值燃料、打火机专用气及化工发泡剂。

2 引用标准

GB 5842 液化石油气钢瓶

GB/T 6602 液化石油气蒸气压测定法(LPG法)

GB 10478 液化气体铁道罐车技术条件

GB/T 12576 液化石油气蒸气压和相对密度及辛烷值计算法

GB/T 13290 工业用丙烯和丁二烯液态采样法

SH/T 0222 液化石油气总硫含量测定法(电量法)

SH/T 0230 液化石油气组成测定法(色谱法)

SH/T 0232 液化石油气铜片腐蚀试验法

SH/T 1141 工业用裂解碳四的组成测定 气相色谱法

3 技术要求

项目			工业丙烷			工业丁烷			试验方法
			95号	85号	70号	95号	85号	70号	
组分	丙烷,%(V/V)	不小于	95	85	70	—			SH/T 1141
	C_2烃类,%(V/V)	不大于	报告	报告	3	—			
	不饱和烃,%(V/V)		报告	报告	报告	—			
	丁烷,%(V/V)	不小于	—			95	85	70	SH/T 0230
	C_5及C_5以上烃类,%(V/V)	不大于	—			无	1	2	
	不饱和烃,%(V/V)		—			报告	报告	报告	
蒸气压(37.8℃)，kPa		不大于	1430			485			GB/T 6602[1)]
铜片腐蚀，级		不大于	1			1			SH/T 0232
总硫含量，mg/m^3		不大于	10	20	30	30	40	50	SH/T 0222

注：1) 蒸气压允许用GB/T 12576进行计算，当有争议时，以GB/T 6602为准。

中国石油化工总公司 1993-06-11 批准　　1994-05-01 实施

4 采样

采样按 GB/T 13290 规定进行。

5 标志、包装、运输、储存

5.1 工业丙烷、工业丁烷储罐，必须符合国家劳动总局颁发的《劳锅字[1990]8 号》关于《压力容器安全监察规程》的要求。

5.2 汽车和火车运输、充装丙烷、丁烷及其标志，必须符合国家劳动总局颁发的《(81)劳总锅字 1 号》关于《液化石油气汽车槽车安全管理规定》和 GB 10478 关于《液化气体铁道罐车技术条件》的要求。

5.3 钢瓶运输只能一层摆放，所用钢瓶必须符合 GB 5842 的要求，并应有橡胶或聚乙烯护圈。

5.4 储运丙烷、丁烷容器的容积及使用的量具，按有关计量单位计算、校验，或以供需双方所同意的方法进行换算与标定。

附加说明：

本标准由天津石油化工公司提出。

本标准由石油化工科学研究院技术归口。

本标准由天津石化公司第二石油化工厂负责起草。

本标准主要起草人王景玉、李辉、安丽琴。

编者注：本标准中引用的标准名称变动如下。

标 准 号	现 标 准 名 称
GB/T 10478	液化气体铁道罐车

二、溶剂和化工原料

中华人民共和国石油化工行业标准

SH 0004—1990(2007)

橡胶工业用溶剂油

1 主题内容与适用范围

本标准规定了由原油直馏馏分或催化重整抽余油所得的橡胶工业用溶剂油三种质量等级的技术条件。

本标准所属产品适用于作橡胶工业的溶剂。

2 引用标准

GB/T 259 石油产品水溶性酸及碱测定法
GB/T 260 石油产品水分测定法
GB/T 380 石油产品硫含量测定法(燃灯法)
GB/T 511 石油产品和添加剂机械杂质测定法(重量法)
GB/T 1884 原油和液体石油产品密度实验室测定法(密度计法)
GB/T 1885 石油计量表
GB/T 4756 石油液体手工取样法
GB/T 6536 石油产品蒸馏测定法
SH 0164 石油产品包装、贮运及交货验收规则
SH/T 0166 重整原料油及生成油中 $C_6 \sim C_9$ 芳烃含量测定法(气相色谱法)
SH/T 0174 芳烃和轻质石油产品硫醇定性试验法(博士试验法)
SH/T 0236 石油产品溴值测定法
SH/T 0253 轻质石油产品中总硫含量测定法(电量法)

注：除非在标准中另有明确规定，上述引用标准都应用现行的有效标准。

3 技术内容

3.1 产品质量等级

本标准所属产品按质量分为优级品、一级品和合格品三种等级。

3.2 技术要求

项　　目		质量指标			试验方法
		优级品	一级品	合格品	
密度(20℃), kg/m^3	不大于	700	730	—	GB/T 1884、GB/T 1885
馏程：					GB/T 6536
初馏点,℃	不低于	80	80	80	
110℃馏出量,%	不小于	98	93	—	
120℃馏出量,%	不小于	—	98	98	
残留量,%	不大于	1.0	1.5	—	

中国石油化工总公司 1991-03-26 批准　　　　1992-04-01 实施

续表

项　　目		质 量 指 标			试 验 方 法
		优级品	一级品	合格品	
溴值，gBr/100g	不大于	0.12	0.14	0.31	SH/T 0236
芳香烃含量,%	不大于	1.5	3.0	3.0	SH/T 0166
硫含量,%	不大于	0.018	0.020	0.050	GB/T 380[1)]
博士试验		通过		—	SH/T 0174
水溶性酸或碱		无			GB/T 259
机械杂质及水分[2)]		无			
油渍试验[3)]		合格			

注：1）允许用 SH/T 0253 测定。在有异议时，用 GB/T 380 仲裁。

2）将试样注入 100mL 玻璃量筒中，在室温 20℃ ±5℃ 观察，必须透明，不允许有悬浮和沉降的机械杂质及水。有异议时，按 GB/T 511 和 GB/T 260 进行测定。

3）将溶剂油经蒸馏测定的残留物，用小滤纸滤入干净的容积为 10mL ~ 25mL 的试管或量筒中，用吸管取其滤液往清洁的滤纸同一处滴 3 滴，然后将此滤纸在室温 20℃ ±5℃ 下放置 30min，如滤纸上没有油渍存在，即认为合格。

3.3　卫生、安全和环境保护方面的要求

3.3.1　使用橡胶工业用溶剂油的工作场所、空气中溶剂浓度不得超过 $300mg/m^3$。

3.3.2　本标准所属产品不允许含有四乙基铅。

4　标志、包装、运输与贮存

标志、包装、运输、贮存及交货验收按 SH 0164 进行。

5　取样

取样按 GB/T 4756 进行，取 2L 橡胶工业用溶剂油作为检验和留样用。

附加说明：

本标准由石油化工科学研究院提出并技术归口。

本标准由石油化工科学研究院负责起草。

本标准主要起草人卢其平。

本标准中的优级品和一级品分别参照采用 ГОСТ 443—76《橡胶工业用溶剂油》中的 C 2 - 80/120 最优级和 C 3 - 80/120。

自本标准实施之日起，原国家标准 GB 1922—80(88)《溶剂油》中 NY - 120 作废。

编者注：本标准中引用标准的标准名称变动如下。

标　准　号	现 标 准 名 称
GB/T 511	石油和石油产品及添加剂机械杂质测定法

中华人民共和国石油化工行业标准

SH/T 0114—1992(2007)

航空洗涤汽油

1 主题内容与适用范围

本标准规定了航空洗涤汽油的技术条件。

本标准适用于从天然原油制得的直馏轻汽油，不含裂化馏分和四乙基铅。

本标准所属产品用于精密机件的洗涤。

2 引用标准

GB/T 255 石油产品馏程测定法

GB/T 258 汽油、煤油、柴油酸度测定法

GB/T 259 石油产品水溶性酸及碱测定法

GB/T 260 石油产品水分测定法

GB/T 380 石油产品硫含量测定法(燃灯法)

GB/T 509 发动机燃料实际胶质测定法

GB/T 511 石油产品和添加剂机械杂质测定法(重量法)

GB/T 4756 石油液体手工取样法

GB/T 5096 石油产品铜片腐蚀试验法

SH 0164 石油产品包装、贮运及交货验收规则

SH/T 0234 轻质石油产品碘值和不饱和烃含量测定法(碘－乙醇法)

3 技术要求

项目		质量指标	试验方法
馏程:			GB/T 255
初馏点,℃	不低于	40	
10%馏出温度,℃	不高于	80	
50%馏出温度,℃	不高于	105	
90%馏出温度,℃	不高于	145	
干点,℃	不高于	180	
残留及损失量,%(*V/V*)	不大于	2.5	
酸度，mgKOH/100 mL	不大于	1	GB/T 258
水溶性酸或碱		无	GB/T 259
铜片腐蚀(50℃，3h)，级	不大于	1	GB/T 5096
硫含量,%(*m/m*)	不大于	0.05	GB/T 380
碘值，gI/100g	不大于	10	SH/T 0234
实际胶质，mg/100 mL	不大于	2	GB/T 509
机械杂质及水分		无	2)

注：1）使用航空洗涤汽油的工作场所，空气中的汽油浓度不得超过0.3mg/L。

2）将试样注入100mL玻璃量筒中观察。应当透明，没有悬浮和沉降的机械杂质及水分。在有异议时，按GB/T 511和GB/T 260方法进行测定。

中国石油化工总公司 1992-05-20 批准　　　　1992-05-20 实施

4 包装、标志、贮运及交货验收

本产品的包装、标志、贮运及交货验收按 SH 0164 进行。

5 取样

取样按 GB/T 4756 进行，取 2L 航空洗涤汽油作为检验和留样用。

附加说明：
本标准由中国石油化工总公司提出。
本标准由石油化工科学研究院技术归口。
本标准由石油化工科学研究院负责起草。
编者按：自本标准实施之日起，原国家标准 GB 1789—79(88)《航空洗涤汽油》作废。

编者注：本标准中引用标准的标准名称变动如下。

标 准 号	现标准名称
GB/T 511	石油和石油产品及添加剂机械杂质测定法

三、润　滑　油

中华人民共和国石油化工行业标准

SH/T 0010—1990

代替 ZB E40 004—1986

热定型机润滑油

1 主题内容与适用范围

本标准规定了热定型机润滑油的技术条件。

本标准适用于以合成油为基础油，并加有抗氧添加剂等制成的热定型机润滑油。

符合本标准的产品按使用温度分 4402，4402－1，4402－2 三个牌号，最高使用温度为 220℃，适用于纺织印染工业热定型机的链条及其他类似机械的润滑。

2 引用标准

GB/T 265 石油产品运动黏度测定法和动力黏度计算法
GB/T 267 石油产品闪点与燃点测定法(开口杯法)
GB/T 1995 石油产品黏度指数计算法
GB/T 4756 石油和液体石油产品取样法(手工法)
GB/T 7304 石油产品和润滑剂中和值测定法(电位滴定法)
SH 0164 石油产品包装、贮运及交货验收规则
SH/T 0195 润滑油腐蚀试验法
SH/T 0259 润滑油热氧化安定性测定法
SH/T 0337 润滑脂蒸发度测定法

3 技术要求

项目		质量指标			试验方法
牌号		4402	4402－1	4402－2	
运动黏度，mm^2/s					GB/T 265
100℃	不小于	25	25	65	
40℃		测定	测定	测定	
黏度指数	不小于	150	150	200	GB/T 1995
酸值，mgKOH/g	不大于	0.2	0.1	0.1	GB/T 7304
闪点，℃	不低于	240	250	240	GB/T 267
蒸发度(200℃，2h)，%	不大于	—	20	—	SH/T 0337[1)]
蒸发度(180℃，2h)，%	不大于	15	—	15	
腐蚀(45 号钢，100℃，3h)		合格			SH/T 0195

注：1）蒸发皿按 SH/T 0259 规定的尺寸，称样时用滴管往蒸发皿中装 0.10g±0.01g 试样。

中国石油化工总公司 1991-03-26 批准　　　　1992-04-01 实施

4 检验规则

4.1 检验分类

产品检验分出厂检验与型式检验。

4.2 检验项目

出厂检验与型式检验项目均按技术要求进行全检。

5 包装、标志、贮运

本产品的包装、标志、贮存、运输及交货验收按 SH 0164 进行。

6 取样

6.1 取样按 GB/T 4756 进行。

6.2 从平均试样中取两份同等数量的样品(每份 1L)，作为检验和留样用。

附加说明：

本标准由中国石油化工总公司提出。

本标准由中国石油化工总公司一坪化工厂技术归口。

本标准由中国石油化工总公司一坪化工厂负责起草。

本标准主要起草人李淑范、姜昶盛、卓世富、陈怡生。

编者注：本标准中引用标准的标准名称变动如下。

标 准 号	现 标 准 名 称
GB/T 4756	石油液体手工取样法
GB/T 7304	石油产品和润滑剂酸值测定法(电位滴定法)

中华人民共和国石油化工行业标准

SH/T 0017—1990(2007)

轴　承　油

1　主题内容与适用范围

本标准规定了矿油型轴承油的技术条件。

本标准中所属产品包括 L－FC 和 L－FD 两个品种，L－FC 为抗氧防锈型油，L－FD 为抗氧防锈抗磨型油。

本标准中所属产品适用于锭子、轴承、液压系统、齿轮和汽轮机等工业机械设备，L－FC 还可适用于有关离合器。

2　引用标准

GB/T 260　石油产品水分测定法
GB/T 261　石油产品闪点测定法(闭口杯法)
GB/T 265　石油产品运动黏度测定法和动力黏度计算法
GB/T 510　石油产品凝点测定法
GB/T 511　石油产品和添加剂机械杂质测定法(重量法)
GB/T 2433　添加剂和含添加剂润滑油硫酸盐灰分测定法
GB/T 2541　石油产品黏度指数算表
GB/T 3141　工业液体润滑剂　ISO 黏度分类
GB/T 3142　润滑剂承载能力测定法(四球法)
GB/T 3535　石油产品倾点测定法
GB/T 3536　石油产品闪点和燃点测定法(克利夫兰开口杯法)
GB/T 4756　石油液体手工取样法
GB/T 4945　石油产品和润滑剂酸值和碱值测定法(颜色指示剂法)
GB/T 5096　石油产品铜片腐蚀试验法
GB/T 6540　石油产品颜色测定法
GB/T 7305　石油和合成液水分离性测定法
GB/T 7631.4　润滑剂和有关产品(L 类)的分类 第 4 部分：F 组(主轴、轴承和有关离合器)
GB/T 11143　加抑制剂矿物油在水存在下防锈性能试验法
GB/T 12579　润滑油泡沫特性测定法
GB/T 12581　加抑制剂矿物油的氧化特性测定法
SH 0164　石油产品包装、贮运及交货验收规则
SH/T 0189　润滑油抗磨损性能测定法(四球机法)
SH/T 0196　润滑油抗氧化安定性测定法
SH/T 0305　石油产品密封适应性指数测定法

3　技术内容

3.1　产品质量等级

L－FD 按质量分为一级品和合格品二个等级。L－FC 只订一级品。

3.2　产品标记

标记示例：

轴承油 L－FC32(一级品)SH/T 0017

中国石油化工总公司 1991-03-26 批准　　　　1992-04-01 实施

3.3 技术要求

项目	质量指标																									试验方法
品种	L-FC											L-FD														
质量等级	一级品											一级品							合格品[1]							
黏度等级(按 GB/T 3141)	2	3	5	7	10	15	22	32	46	68	100	2	3	5	7	10	15	22	2	3	5	7	10	15	22	—
运动黏度(40℃), mm^2/s	1.98~2.42	2.88~3.52	4.14~5.06	6.12~7.48	9.00~11.0	13.5~16.5	19.8~24.2	28.8~35.2	41.4~50.6	61.2~74.8	90~110	1.98~2.42	2.88~3.52	4.14~5.06	6.12~7.48	9.00~11.0	13.5~16.5	19.8~24.2	1.98~2.42	2.88~3.52	4.14~5.06	6.12~7.48	9.00~11.0	13.5~16.5	19.8~24.2	GB/T 265
黏度指数 不小于	—			报告								—			报告				—			报告				GB/T 2541
倾点,℃ 不高于	-18				-12						-6	-12							—							GB/T 3535
凝点,℃ 不高于	—											—							-15							GB/T 510
闪点,℃: a. 开口 不低于	—	—	—	115	140		160	180				—	—	—	115	140			—							GB/T 3536
b. 闭口 不低于	70	80	90	—								70	80	90	—				60	70	80	90	100	110	120	GB/T 261
中和值, mgKOH/g	报告											报告							—							GB/T 4945
泡沫性(泡沫倾向/泡沫稳定性, 24℃) mL/mL 不大于	100/10											100/10							—							GB/T 12579
腐蚀试验(铜片, 100℃, 3h), 级 不大于	1(50℃)	1										1(50℃)	1						1(50℃)	1						GB/T 5096
液相锈蚀试验(蒸馏水)	无锈											无锈							—							GB/T 11143
抗磨性: a. 最大无卡咬负荷 P_B, N(kgf) 不小于	—											—							343(35)	392(40)		441(45)		490(50)		GB/T 3142
b. 磨斑直径[2](196N, 60min, 75℃, 1500r/min), mm 不大于	—											0.5							—							SH/T 0189

续表

<table>
<tr><td>项　　目</td><td colspan="25">质 量 指 标</td><td rowspan="3">试验方法</td></tr>
<tr><td>品　　种</td><td colspan="11">L－FC</td><td colspan="14">L－FD</td></tr>
<tr><td>质量等级</td><td colspan="11">一级品</td><td colspan="7">一级品</td><td colspan="7">合格品[1)]</td></tr>
<tr><td>黏度等级(按 GB/T 3141)</td><td>2</td><td>3</td><td>5</td><td>7</td><td>10</td><td>15</td><td>22</td><td>32</td><td>46</td><td>68</td><td>100</td><td>2</td><td>3</td><td>5</td><td>7</td><td>10</td><td>15</td><td>22</td><td>2</td><td>3</td><td>5</td><td>7</td><td>10</td><td>15</td><td>22</td><td>—</td></tr>
<tr><td>运动黏度(40℃)，mm^2/s</td><td>1.98~2.42</td><td>2.88~3.52</td><td>4.14~5.06</td><td>6.12~7.48</td><td>9.00~11.0</td><td>13.5~16.5</td><td>19.8~24.2</td><td>28.8~35.2</td><td>41.4~50.6</td><td>61.2~74.8</td><td>90~110</td><td>1.98~2.42</td><td>2.88~3.52</td><td>4.14~5.06</td><td>6.12~7.48</td><td>9.00~11.0</td><td>13.5~16.5</td><td>19.8~24.2</td><td>1.98~2.42</td><td>2.88~3.52</td><td>4.14~5.06</td><td>6.12~7.48</td><td>9.00~11.0</td><td>13.5~16.5</td><td>19.8~24.2</td><td>GB/T 265</td></tr>
<tr><td>氧化安定性：
a. 酸值到 2.0mgKOH/g 时间[3)]，h　不小于</td><td colspan="4">—</td><td colspan="7">1000</td><td colspan="4">—</td><td colspan="3">1000</td><td colspan="7">—</td><td>GB/T 12581</td></tr>
<tr><td>b. 氧化后酸值增加，mgKOH/g　不大于</td><td colspan="4">0.2</td><td colspan="7">—</td><td colspan="4">0.2</td><td colspan="3">—</td><td colspan="7">0.2</td><td rowspan="2">SH/T 0196
(用 100℃)</td></tr>
<tr><td>氧化后沉淀,%　不大于</td><td colspan="4">0.02</td><td colspan="7">—</td><td colspan="4">0.02</td><td colspan="3">—</td><td colspan="7">0.02</td></tr>
<tr><td>橡胶密封适应性指数</td><td colspan="11">报告</td><td colspan="7">报告</td><td colspan="7">—</td><td>SH/T 0305</td></tr>
<tr><td>硫酸盐灰分,%</td><td colspan="11">—</td><td colspan="7">报告</td><td colspan="7">—</td><td>GB/T 2433</td></tr>
<tr><td>色度，号</td><td colspan="11">报告</td><td colspan="7">报告</td><td colspan="7">报告</td><td>GB/T 6540</td></tr>
<tr><td>水分,%　不大于</td><td colspan="11">痕迹</td><td colspan="7">痕迹</td><td colspan="7">痕迹</td><td>GB/T 260</td></tr>
<tr><td>机械杂质,%　不大于</td><td colspan="8">无</td><td colspan="3">0.007</td><td colspan="7">无</td><td colspan="7">无</td><td>GB/T 511</td></tr>
<tr><td>抗乳化性(40－37－3mL)，min　不大于</td><td colspan="11">报告
(黏度等级≤22 用 25℃；32～68 用 54℃；
100 用 82℃)</td><td colspan="7">报告(用 25℃)</td><td colspan="7">—</td><td>GB/T 7305</td></tr>
</table>

注：1）1995 年 1 月 1 日起取消 L－FD(合格品)。

2）FD2(一级品)的磨斑直径测定的温度条件为 50℃。

3）为保证项目。

4 标志、包装、运输、贮存

标志、包装、运输、贮存及交货验收按 SH 0164 进行。

5 取样

取样按 GB/T 4756 进行，取 2L 作检验和留样用。

附加说明：

本标准由石油化工科学研究院技术归口。

本标准由石油化工科学研究院负责起草。

本标准主要起草人陈铁飞。

本标准中一级品参照采用法国标准 NF E 60 - 203—1983《机床用润滑剂的订货用规格》中 FC 和 FD。

自本标准实施之日起，原石油工业部部标准 SY 1229—82(88)《主轴油》作废。

编者注：本标准中引用标准的标准名称变动如下。

标　准　号	现 标 准 名 称
GB/T 261	闪点的测定　宾斯基 - 马丁闭口杯法
GB/T 511	石油和石油产品及添加剂机械杂质测定法
GB/T 3536	石油产品闪点和燃点的测定　克利夫兰开口杯法

SH 0040—1991(2007)

超高压变压器油

1 主题内容与适用范围

本标准规定了以石油馏分为原料经精制后，加入抗氧剂、烷基苯或抗气组分调制而成的具有良好绝缘性、氧化安定性、抗气性和冷却性的超高压变压器油技术条件。

本标准所属产品适用于500kV的变压器和有类似要求的电器设备中。

本产品按低温性能分为25号和45号两个牌号。

2 引用标准

GB/T 259 石油产品水溶性酸及碱测定法
GB/T 261 石油产品闪点测定法(闭口杯法)
GB/T 262 石油产品苯胺点测定法
GB/T 265 石油产品运动黏度测定法和动力黏度计算法
GB/T 507 绝缘油介电强度测定法
GB/T 510 石油产品凝点测定法
GB/T 511 石油产品和添加剂机械杂质测定法(重量法)
GB/T 1884 原油和液体石油产品密度实验室测定法(密度计法)
GB/T 1885 石油计量表
GB/T 3535 石油倾点测定法
GB/T 4756 石油液体手工取样法
GB/T 4945 石油产品和润滑剂酸值和碱值测定法(颜色指示剂法)
GB/T 5654 液体绝缘材料工频相对介电常数、介质损耗因数和体积电阻率的测量
GB/T 6540 石油产品颜色测定法
GB/T 6541 石油产品油对水界面张力测定法(圆环法)
GB/T 11142 绝缘油在电场和电离作用下析气性测定法
SH 0164 石油产品包装、贮运及交货验收规则
SH/T 0205 电气绝缘液体的折射率和比色散测定法
SH/T 0206 变压器油氧化安定性测定法
SH/T 0207 绝缘油水含量测定法(卡尔·费休法)
SH/T 0304 电气绝缘油腐蚀性硫试验法

中国石油化工总公司 1991-07-11 批准 1992-07-01 实施

3 技术要求

项目		质量指标		试验方法
		25	45	
外观[1)]		透明、无沉淀物和悬浮物		
色度，号	不大于	1		GB/T 6540
密度(20℃)，kg/m^3	不大于	895		GB/T 1884 GB/T 1885
运动黏度，mm^2/s				GB/T 265
100℃		报告		
40℃	不大于	13	12	
0℃		报告		
苯胺点,℃		报告		GB/T 262
凝点[2)],℃	不高于	—	-45	GB/T 510
倾点,℃	不高于	-22	报告	GB/T 3535
闪点(闭口),℃	不低于	140	135	GB/T 261
酸值，mgKOH/g	不大于	0.01		GB/T 4945
腐蚀性硫		非腐蚀性		SH/T 0304
水溶性酸或碱		无		GB/T 259
氧化安定性[3)]				SH/T 0206
沉淀,%	不大于	0.2		
酸值，mgKOH/g	不大于	0.4		
击穿电压[4)](间距2.5mm，出厂)，kV	不小于	40		GB/T 507
介质损耗因数(90℃)	不大于	0.002		GB/T 5654
界面张力，mN/m	不小于	40		GB/T 6541
水分(出厂)，mg/kg	不大于	50		SH/T 0207
析气性[5)]，μL/min	不大于	+5		GB/T 11142
比色散		报告		SH/T 0205

注：1）把产品注入100mL量筒中，在20℃±5℃下目测，如有争议时，按GB/T 511测定机械杂质含量为无。
2）以新疆原油和大港原油生产的超高压变压器油测定倾点和凝点时，允许用定性滤纸过滤。
3）氧化安定性为保证项目，每年至少测定一次。
4）测定击穿电压时允许用定性滤纸过滤。
5）析气性为保证项目，每年至少测定一次。

4 标志、包装、运输与贮存

标志、包装、运输、贮存及交货验收按SH 0164进行。

5 取样

取样按 GB/T 4756 进行，取 2L 作为检验和留样用。

附加说明：

本标准由石油化工科学研究院技术归口。

本标准由石油化工科学研究院负责起草。

本标准主要起草人杨大芬。

本标准参照采用美国试验与材料协会标准 ASTM D3487—82《用于电器设备中的矿物绝缘油》中Ⅱ。

编者注：本标准中引用标准的标准名称变动如下。

标准号	现标准名称
GB/T 261	闪点的测定　宾斯基－马丁闭口杯法
GB/T 5654	液体绝缘材料　相对电容率：介质损耗因数和直流电阻率的测量
NB/SH/T 0207	绝缘液中水含量的测定　卡尔·费休电量滴定法
GB/T 511	石油和石油产品及添加剂机械杂质测定法

中华人民共和国石油化工行业标准

SH/T 0094—1991(2007)

蜗轮蜗杆油

1 主题内容与适用范围

本标准规定了矿物油或合成油型蜗轮蜗杆油的技术条件。

本标准所属产品分 L—CKE 和 L-CKE/P 两个品种。

L-CKE 为复合型蜗轮蜗杆油，主要用于铜-钢配对的圆柱型和双包围等类型的承受轻负荷、传动中。平稳无冲击的蜗轮蜗杆副，包括该设备的齿轮及滑动轴承、汽缸、离合器等部件的润滑，及在潮湿环境下工作的其他机械设备的润滑，在使用过程中应防止局部过热和油温在100℃以上时长期运转。

L-CKE/P 为极压型蜗轮蜗杆油，主要用于铜-钢配对的圆柱型承受重负荷，传动中有振动和冲击的蜗轮蜗杆副，包括该设备的齿轮和直齿圆柱齿轮等部件的润滑，及其他机械设备的润滑。如果要用于双包围等类型的蜗轮蜗杆副必须有油品生产厂的说明。

2 引用标准

GB/T 259 石油产品水溶性酸及碱测定法
GB/T 260 石油产品水分测定法
GB/T 265 石油产品运动黏度测定法和动力黏度计算法
GB/T 511 石油产品和添加剂机械杂质测定法(重量法)
GB/T 1995 石油产品黏度指数计算法
GB/T 3141 工业液体润滑剂 ISO 黏度分类
GB/T 3142 润滑剂承载能力测定法(四球法)
GB/T 3535 石油产品倾点测定法
GB/T 3536 石油产品闪点和燃点测定法(克利夫兰开口杯法)
GB/T 4756 石油液体手工取样法
GB/T 4945 石油产品和润滑剂酸值和碱值测定法(颜色指示剂法)
GB/T 5096 石油产品铜片腐蚀试验法
GB/T 7305 石油和合成液水分离性测定法
GB/T 8021 石油产品皂化值测定法
GB/T 11143 加抑制剂矿物油在水存在下防锈性能试验法
GB/T 12579 润滑油泡沫特性测定法
GB/T 12581 加抑制剂矿物油的氧化特性测定法
SH/T 0024 润滑油沉淀值测定法
SH/T 0161 石油产品中氯含量测定法(烧瓶燃烧法)
SH 0164 石油产品包装、贮运及交货验收规则
SH/T 0303 添加剂中硫含量测定法(电量法)
SH/T 0505 含聚合物油剪切安定性测定法(超声波剪切法)

中国石油化工总公司 1992-01-15 批准 1992-12-01 实施

3 技术内容

3.1 本标准所属产品按质量分为一级品和合格品。

3.2 技术要求

项目	质量指标																				试验方法
品种	L-CKE										L-CKE/P										
质量等级	一级品					合格品					一级品					合格品					
黏度等级(按 GB/T 3141)	220	320	460	680	1000	220	320	460	680	1000	220	320	460	680	1000	220	320	460	680	1000	—
运动黏度(40℃), mm^2/s	198~242	288~352	414~506	612~748	900~1100	198~242	288~352	414~506	612~748	900~1100	198~242	288~352	414~506	612~748	900~1100	198~242	288~352	414~506	612~748	900~1100	GB/T 265
闪点(开口),℃ 不低于	200	220				180					200	220				180					GB/T 3536
黏度指数 不小于	90										90										GB/T 1995
倾点,℃ 不高于	-6										-12					-6					GB/T 3535
水溶性酸或碱	无										—										GB/T 259
机械杂质,% 不大于	0.02					0.05					0.02					0.05					GB/T 511
水分 不大于	痕迹										痕迹										GB/T 260
中和值, mgKOH/g 不大于	1.3										1.0					1.3					GB/T 4945
皂化值, mgKOH/g	9~25					5~25					不大于25										GB/T 8021
腐蚀试验(铜片, 100℃, 3h), 级 不大于	1										1										GB/T 5096
液相锈蚀试验:																					GB/T 11143
蒸馏水	无锈										—					无锈					
合成海水	—										无锈					—					
沉淀值, mL 不大于	0.05										—										SH/T 0024
硫含量,% 不大于	1.00										1.25										SH/T 0303
氯含量[1)] 不大于	—										0.03					—					SH/T 0161
抗乳化性(82℃, 40-37-3mL), min 不大于	60					—					60					—					GB/T 7305
泡沫性(泡沫倾向/泡沫稳定性), mL/mL																					GB/T 12579
24℃ 不大于	75/10										75/10					-/300					
93.5℃ 不大于																-/25					
后24℃ 不大于																-/300					
氧化安定性[2)](酸值达到 2mgKOH/g 时间), h 不小于	350					—					350					—					GB/T 12581
综合磨损指数(1500r/min), N 不小于	—										392										GB/T 3142

续表

项目	质量指标																				试验方法
品种	L-CKE										L-CKE/P										
质量等级	一级品					合格品					一级品					合格品					
黏度等级(按 GB/T 3141)	220	320	460	680	1000	220	320	460	680	1000	220	320	460	680	1000	220	320	460	680	1000	—
剪切安定性试验[3)](40℃运动黏度下降率),% 不大于	6					—					6					—					SH/T 0505

注:1)对矿油型,未加含氯添加剂时可不测定含氯量。
2)保证项目,每年测一次。
3)加有增粘剂的黏度等级油必须测定。

4 标志、包装、运输与贮存

标志、包装、运输、贮存及交货验收按 SH 0164 进行。

5 取样

取样按 GB/T 4756 进行,取 2L 作检验和留样用。

附加说明:
本标准由兰州炼油化工总厂提出。
本标准由石油化工科学研究院技术归口。
本标准由兰州炼油化工总厂负责起草。
本标准主要起草人赵立志。
本标准中所属产品 L-CKE 参照采用美国军用标准 MIL-L-15019E—1982 中 6135 号;L-CKE/P 参照采用美国军用标准 MIL-L-18486B(OS)—1982。

编者注:本标准中引用标准的标准名称变动如下。

标准号	现标准名称
GB/T 3536	石油产品闪点和燃点的测定 克利夫兰开口杯法
GB/T 511	石油和石油产品及添加剂机械杂质测定法

中华人民共和国石油化工行业标准

SH/T 0138—1994(2005)

10 号仪表油

代替 SH 0138—92

1 主题内容和适用范围

本标准规定了由原油切割的馏分，经深度加工而制得的仪表油的技术条件。

本标准所属产品适用于控制测量仪表(包括低温下操作)的润滑。

2 引用标准

GB/T 259 石油产品水溶性酸及碱测定法

GB/T 261 石油产品闪点测定法(闭口杯法)

GB/T 265 石油产品运动黏度测定法和动力黏度计算法

GB/T 508 石油产品灰分测定法

GB/T 511 石油产品和添加剂机械杂质测定法(重量法)

GB/T 1884 原油和液体石油产品密度实验室测定法(密度计法)

GB/T 1885 石油计量表

GB/T 3535 石油倾点测定法

GB/T 4756 石油液体手工取样法

GB/T 4945 石油产品和润滑剂酸值和碱值测定法(颜色指示剂法)

GB/T 5096 石油产品铜片腐蚀试验法

GB/T 6540 石油产品颜色测定法

GB/T 11133 液体石油产品水含量测定法(卡尔·费休法)

SH 0164 石油产品包装、贮运及交货验收规则

SH/T 0196 润滑油抗氧化安定性测定法

注：除非在标准中另有明确规定，上述引用标准都应是现行的有效标准。

3 技术内容

3.1 产品质量等级

本标准所属产品按质量分为一等品和合格品两种等级。

3.2 技术要求

项　目		质量指标		试验方法
质量等级		一等品	合格品	
运动黏度(40℃)，mm^2/s		9～11		GB/T 265
中和值，mgKOH/g	不大于	0.02	0.05	GB/T 4945
灰分，%	不大于	0.005		GB/T 508
水溶性酸或碱		无		GB/T 259
机械杂质		无		GB/T 511

中国石油化工总公司 1994-10-07 批准　　　　1995-07-01 实施

续表

项　　目		质量指标		试验方法
质量等级		一等品	合格品	
水分(出厂)，mg/kg	不大于	50	100	GB/T 11133
闪点(闭口)，℃	不低于	130	125	GB/T 261
倾点，℃	不高于	-52	-50	GB/T 3535
腐蚀(100℃，3h)，级	不大于	1		GB/T 5096
颜色，号	不大于	0.5	1.0	GB/T 6540
密度(20℃)，kg/m^3	不大于	900		GB/T 1884 及 GB/T 1885
氧化安定性[1)]				SH/T 0196
氧化后酸值，mgKOH/g	不大于	0.10	—	
氧化后沉淀物，%	不大于	0.01	—	

注：1) 氧化条件：温度 140℃，空气流速 50mL/min，氧化时间 14h，氧化管中放入钢球、铜球各一枚(低碳钢球和 T_1 铜球，直径为 5mm ±0.1mm)。氧化安定性可作为保证项目，每半年至少测定一次。

4 包装、标志、贮存、运输

包装、标志、贮存、运输及交货验收按 SH 0164 进行。

5 取样

取样按 GB/T 4756 进行，取 2L 作为检验和留样用。

附加说明：

本标准由石油化工科学研究院技术归口。

本标准由克拉玛依炼油厂负责起草。

本标准主要起草人张国瑛、马勇、方惠。

本标准参照采用原苏联国家标准 ГОСТ 1805—76《МВП 仪表油》。

编者注：本标准中引用标准的标准名称变动如下：

标准号	现标准名称
GB/T 511	石油和石油产品及添加剂机械杂质测定法
GB/T 3535	石油产品倾点测定法

中华人民共和国石油化工行业标准

SH/T 0139—1995(2005)

车 轴 油

代替 SH 0139—92

1 主题内容与适用范围

本标准规定了以矿物油馏分经脱蜡等工艺或加入增粘和降凝等添加剂而制得的车轴油的技术条件。

本标准所属产品适用于铁路车辆和蒸汽机车滑动轴承的润滑。

2 引用标准

GB/T 259 石油产品水溶性酸及碱测定法
GB/T 260 石油产品水分测定法
GB/T 265 石油产品运动黏度测定法和动力黏度计算法
GB/T 510 石油产品凝点测定法
GB/T 511 石油产品和添加剂机械杂质测定法(重量法)
GB/T 514 石油产品试验用玻璃液体温度计技术条件
GB/T 2541 石油产品黏度指数算表
GB/T 3535 石油倾点测定法
GB/T 3536 石油产品闪点和燃点测定法(克利夫兰开口杯法)
GB/T 4756 石油液体手工取样法
SH 0164 石油产品包装、贮运及交货验收规则
SH/T 0195 润滑油腐蚀试验法
SH/T 0505 含聚合物油剪切安定性测定法(超声波剪切法)

3 产品牌号

本产品按适用季节及运动黏度分为冬用、夏用、通用三种牌号车轴油。

4 技术要求

项目		质量指标			试验方法
		冬用	夏用	通用	
运动黏度，mm^2/s 40℃ 50℃		 30~40 报告	 70~80 报告	 报告 31~36	GB/T 265
动力黏度(-40℃，剪切速率 $3s^{-1}$)，Pa·s	不大于	150	—	175	附录 A
黏度指数	不小于	—		95	GB/T 2541
闪点(开口)，℃	不低于	145	165	165	GB/T 3536
凝点，℃	不高于	-40	-10	-40	GB/T 510

中国石油化工总公司 1995-06-15 批准

1995-10-01 实施

续表

项目		质量指标			试验方法
		冬用	夏用	通用	
倾点,℃	不高于	报告			GB/T 3535
挥发失重,%(*m/m*)	不大于	—		3.5	附录 B
剪切安定性：50℃运动黏度下降率,%		—		实测	SH/T 0505
腐蚀(钢片，100℃，3h)		合格			SH/T 0195
水溶性酸或碱		无			GB/T 259
水分	不大于	痕迹			GB/T 260
机械杂质,%	不大于	0.05			GB/T 511

5 包装、标志、贮运

包装、标志、贮存、运输及交货验收按 SH 0164 进行。

6 取样

取样按 GB/T 4756 进行，取 2L 作检验和留样用。

附　录　A
车轴油低温动力黏度测定法
（补充件）

本方法适用于测定车轴油的低温动力黏度。

A1　方法概要

采用RV型旋转黏度计，在低温下测得加在转子和锭子之间油样的内摩擦力，从而计算出试样的低温动力黏度，以帕·秒（Pa·s）表示。

A2　仪器、材料与试剂

A2.1　仪器

A2.1.1　RV_2 型或 RV_3 型旋转黏度计。

A2.1.2　循环制冷器。

A2.1.3　广口保温瓶：高约24cm，外径约23cm（装冷却液恒温用），另备一任意规格广口保温瓶（装干冰用）。

A2.1.4　电动搅拌器：转速200r/min～4000r/min。

A2.1.5　温度计：符合GB/T 514中的运动黏度用9号温度计。

A2.1.6　烧杯：50mL或100mL。

A2.1.7　搪瓷杯或烧杯：1000mL。

A2.1.8　竹镊子。

A2.1.9　闭式电炉。

A2.1.10　吹风机。

A2.2　材料与试剂

A2.2.1　干冰或其他制冷剂。

A2.2.2　工业乙醇：作冷却介质用。

A2.2.3　溶剂汽油或石油醚：60℃～90℃或30℃～60℃。

A2.2.4　脱脂棉。

A3　准备工作

A3.1　试样在试验前必须经过脱水和用滤纸过滤除去水分和机械杂质。

A3.2　在测定试样黏度前，必须用溶剂汽油或石油醚清洗转子和外筒，然后用吹风机吹干。

A4　试验步骤

A4.1　用冷浴法恒温

A4.1.1　装样：把试样预热到50℃±1℃，冷却到20℃±1℃，然后倒入外筒内至环形标线处。

A4.1.2　预热：把转子（内筒）安装到心轴上，再把装试样的外筒安装在仪器上，用盛有40℃±1℃热水的搪瓷杯或烧杯预热外筒7min（水面应与外筒下凸沿平）。

A4.1.3　恒温：预热后，擦净外筒上的水，立即将外筒浸入在－43～－45℃的冷却液中（冷却液面与外筒的下凸沿平），开动搅拌器在5min之内将冷却液温度调至－40℃±0.1℃，然后，在此温度范围内保持32min。

A4.2　用循环制冷器法恒温

A4.2.1　按循环制冷器使用说明书将冷剂循环管与黏度计相连接，开启制冷器，使试验温度降至约－42℃。

A4.2.2 装样：按A4.1.1。

A4.2.3 预热：把转子装在外筒中(不得使试样浸没转子上端)，放入装有40℃±1℃热水的搪瓷杯或烧杯内，预热7min(水面应与外筒下凸沿平)。

A4.2.4 恒温：预热后，立即将盛有试样的外筒及转子安装到仪器上，在5min之内将温度调至-40℃±0.1℃，然后，在此温度范围内保持32min。

A4.3 测量

按A4.1或A4.2恒温到达时间后，立即按仪器说明书上规定的步骤进行测量，在指示器刻度盘上读取偏转角(α)或扭矩(S)。

A5 计算

试样在温度为t℃时的动力黏度η_t(Pa·s)按式(A1)或式(A2)计算：

$$\eta_t=\frac{\tau}{D}=\frac{Z\cdot\alpha}{D}\times\frac{1}{10} \quad \cdots\cdots (A1)$$

式中：τ——剪切应力，dyn/cm^2；

D——剪切速率(本试验中取Ⅱ档5a值为3)，s^{-1}；

Z——转筒常数，dyn/cm^2；

α——偏转角；

1/10——将P(泊)换算为Pa·s的系数。

$$\eta_t=\frac{C\cdot S}{n}\times\frac{1}{1000} \quad \cdots\cdots (A2)$$

式中：G——仪器系数，mPa·s/刻度·min；

S——扭矩相当值(由作图查表得知)刻度；

1/1000——将mPa·s换算为Pa·s的系数；

n——试验速率[按式(A3)求得]，min^{-1}。

$$n=\frac{D}{M} \quad \cdots\cdots (A3)$$

式中：D——剪切速率(本试验中取值为3)，s^{-1}；

M——剪切系数(按各仪器说明书给定的系数)，min/s。

A6 精密度

重复性：重复测定的两个结果与其算术平均值之差不应超过算术平均值的5%。

A7 报告

取重复测定两个结果的算术平均值作为试样的动力黏度，以帕·秒(Pa·s)表示，并注明试验时的剪切速率。

仲裁试验时，以RV_2型黏度计冷浴法恒温测得的结果为准。

附 录 B
车轴油挥发失重测定法
(补充件)

本方法适用于测定车轴油的挥发失重。

B1 方法概要

试样在80℃的烘箱内蒸发8h，测其挥发失重的量，以质量面分数表示。

B2 仪器

B2.1 老化试验箱：上海401A型或同类老化试验箱。

B2.2 分析天平：感量0.0001g。

B2.3 干燥器。

B2.4 培养皿：外径90mm，高18mm±1mm。

B3 准备工作

B3.1 将培养皿洗净，烘干，置于干燥器中备用。

B3.2 调整老化试验箱：转盘上缘高度调到距箱底板290mm处；左右气孔及箱后排气阀全开，进气阀调到最小；箱的温度调到80℃±1℃。

B4 试验步骤

B4.1 将干净的培养皿在80℃±1℃烘箱中烘30min，取出置于干燥器内30min，称量(称准至0.0002g)。

B4.2 向称量过的培养皿内称取试样15g±0.1g(称准至0.0002g)

B4.3 将称好的试样放在调整好的老化试验箱内的转盘上，用夹子将培养甲稳定好，再打开转动及鼓风开关，记录时间，试样在80℃±1℃的老化箱内放置8h，然后取出，置于干燥器内30 min，称量(称准至0.0002g)。

B5 计算

试样的挥发失重X[%(m/m)]按式(B1)计算：

$$X=\frac{G_1-G_2}{G_1-G}\times 100 \qquad \text{(B1)}$$

式中：G_1——试验前试样和培养皿的质量，g；

G_2——试验后试样和培养皿的质量，g；

G——空培养皿的质量，g。

B6 精密度

重复性：平行测定两个结果与其算术平均值之差不应超过算术平均值的3%。

B7 报告

取平行测定两个结果的算术平均值作为试样的挥发失重，以质量百分数表示。

附加说明：

本标准由石油化工科学研究院技术归口。

本标准由独山子炼油厂负责起草。

本标准主要起草人申国禧、李子全、孟淑芳。

自本标准实施之日起，原国家标准GB/T 488—86《车轴油》作废。

编者注：本标准中引用标准的标准名称变动如下。

标 准 号	现 标 准 名 称
GB/T 511	石油和石油产品及添加剂机械杂质测定法
GB/T 3535	石油产品倾点测定法
GB/T 3536	石油产品闪点和燃点的测定　克利夫兰开口杯法

中华人民共和国石油化工行业标准

SH/T 0350—1992(2007)

普通车辆齿轮油

代替 ZB E34 006—87

1 主题内容与适用范围

本标准规定了以石油润滑油、合成润滑油以及石油润滑油和合成润滑油混合组分为原料，并加入多种添加剂而制得的普通车辆齿轮油。

本产品适用于汽车手动变速箱和螺旋伞齿轮驱动桥的润滑。

本产品按黏度分为 80W/90、85W/90 和 90 三种牌号。

2 引用标准

GB/T 260　石油产品水分测定法
GB/T 265　石油产品运动黏度测定法和动力黏度计算法
GB/T 267　石油产品闪点与燃点测定法(开口杯法)
GB/T 268　石油产品残炭测定法(康氏法)
GB/T 511　石油产品和添加剂机械杂质测定法(重量法)
GB/T 1995　石油产品黏度指数计算法
GB/T 2433　添加剂和含添加剂润滑油硫酸盐灰分测定法
GB/T 2541　石油产品黏度指数算表
GB/T 3142　润滑剂承载能力测定法(四球法)
GB/T 3535　石油产品倾点测定法
GB/T 4756　石油液体手工取样法
GB/T 4945　石油产品和润滑剂酸值和碱值测定法(颜色指示剂法)
GB/T 5096　石油产品铜片腐蚀试验法
GB/T 11143　加抑制剂矿物油在水存在下防锈性能试验法
GB/T 11145　车用流体润滑剂低温黏度测定法(勃罗克费尔特黏度计法)
GB/T 12579　润滑油泡沫特性测定法
SH/T 0076　润滑油中糠醛试验法
SH/T 0120　酚精制润滑油酚含量测定法
SH/T 0161　石油产品中氯含量测定法(烧瓶燃烧法)
SH　0164　石油产品包装、贮运及交货验收规则
SH/T 0226　添加剂和含添加剂润滑油中锌含量测定法

3 技术要求

项　目	质量指标			试验方法
	80W/90	85W/90	90	
运动黏度(100℃)，mm^2/s	15～19			GB/T 265
表观黏度1)(150 Pa·s),℃　不高于	-26	-12	—	GB/T 11145

中国石油化工总公司 1992-05-20 发布　　1992-05-20 实施

续表

项目		质量指标			试验方法
		80W/90	85W/90	90	
黏度指数		—		90	GB/T 1995 或 GB/T 2541
倾点,℃	不高于	-28	-18	-10	GB/T 3535
闪点(开口)[2],℃	不低于	170	180	190	GB/T 267
水分,%	不大于	痕迹			GB/T 260
锈蚀试验 15 号钢棒 A 法		无锈			GB/T 11143
起泡性, mL/mL 24℃ 93.5℃ 后 24℃	不大于	100/10			GB/T 12579
铜片腐蚀试验(100℃、3h), 级	不大于	1			GB/T 5096
最大无卡咬负荷(P_B), kg	不小于	80			GB/T 3142
糠醛或酚含量(未加剂)		无			SH/T 0076 或 SH/T 0120
机械杂质[3],%	不大于	0.05	0.02		GB/T 511
残炭(未加剂),%		报告			GB/T 268
酸值(未加剂), mgKOH/g		报告			GB/T 4945
氯含量,%		报告			SH/T 0161
锌含量,%		报告			SH/T 0226
硫酸盐灰分,%		报告			GB/T 2433

注: 1) 齿轮油表观黏度为保证项目, 每年测定一次。
2) 新疆原油生产的各号普通车辆齿轮油闪点允许比规定的指标低 10℃出厂。
3) 不允许含有固体颗粒。

4 标志、包装、运输、贮存

本产品的包装、标志、贮运及交货验收按 SH 0164 进行。

5 取样

取样按 GB/T 4756 进行, 取 3L 作为检验和留样用。

附加说明:

本标准由石油化工科学研究院提出。
本标准由石油化工科学研究院技术归口。
本标准由石油化工科学研究院负责起草。
本标准主要起草人杨秉陆。

编者注: 本标准中引用标准的标准名称变动如下。

标准号	现标准名称
GB/T 511	石油和石油产品及添加剂机械杂质测定法

中华人民共和国石油化工行业标准

SH 0351—1992(2007)

断 路 器 油

代替 ZB E38 002—88

1 主题内容与适用范围

本标准规定了以石油馏分为原料，经酸碱和溶剂精制成的断路器油的技术要求。

本产品用于220kV及低于220kV的油断路器中，适用于严寒、炎热、多雨、潮湿等地区的油断路器。

本产品不能用于变压器和其他油浸设备。

本标准参照国际电工委员会标准 IEC 296—82《变压器和开关用矿物绝缘油标准》制定。

2 引用标准

GB/T 261 石油产品闪点测定法(闭口杯法)

GB/T 264 石油产品酸值测定法

GB/T 265 石油产品运动黏度测定法和动力黏度计算法

GB/T 507 绝缘油介电强度测定法

GB/T 511 石油产品和添加剂机械杂质测定法(重量法)

GB/T 1884 原油和液体石油产品密度实验室测定法(密度计法)

GB/T 1885 石油计量表

GB/T 3535 石油倾点测定法

GB/T 4756 石油液体手工取样法

GB/T 5096 石油产品铜片腐蚀试验法

GB/T 5654 液体绝缘材料工频相对介电常数、介电损耗因数和体积电阻率的测量

GB/T 6541 石油产品油对水界面张力测定法(圆环法)

SH 0164 石油产品包装、贮运及交货验收规则

SH/T 0255 添加剂和含添加剂润滑油水分测定法(电量法)

中国石油化工总公司 1992-05-20 批准　　　　1992-05-20 实施

3 技术要求

项　目		质量指标	试验方法
外观[1]		透明、无悬浮物和沉淀物	
密度(20℃)，kg/m^3	不大于	895	GB/T 1884 或 GB/T 1885
运动黏度，mm^2/s			GB/T 265
40℃	不大于	5	
-30℃	不大于	200	
倾点[2]，℃	不高于	-45	GB/T 3535
酸值，mgKOH/g	不大于	0.03	GB/T 264
闪点(闭口)，℃	不低于	95	GB/T 261
铜片腐蚀(T2 铜片，100℃，3h)，级	不大于	1	GB/T 5096
水分[3]，ppm	不大于	35	SH/T 0255
介面张力(25℃)，mN/m	不小于	35	GB/T 6541
介电强度[3](电极间隙 2.5mm)，kV	不小于	40	GB/T 507
介质损耗因数(70℃)	不大于	0.003	GB/T 5654

注：1）把产品注入 100mL 量筒中，在 20℃ ±5℃ 下目测。如有争议时，按 GB/T 511 测定，机械杂质含量应为无。

2）以新疆原油生产的断路器油，测定倾点时，允许用定性滤纸过滤。

3）水分和介电强度测试油样允许用滤纸过滤。

4 包装、标志、贮运

本产品的包装、标志、贮运及交货验收按 SH 0164 进行。

5 取样

本产品的取样按 GB/T 4756 进行，取 2L 作为检验和留样用。

附加说明：

本标准由石油化工科学研究院技术归口。

本标准由新疆独山子炼油厂负责起草。

编者注：本标准中引用标准的标准名称变动如下。

标　准　号	现标准名称
GB/T 261	闪点的测定　宾斯基-马丁闭口杯法
GB/T 5654	液体绝缘材料　相对电容率、介质损耗因数和直流电阻率的测量
GB/T 511	石油和石油产品及添加剂机械杂质测定法

中华人民共和国石油化工行业标准

SH 0358—1995(2005)

10 号航空液压油

代替 SH 0358—1992

1 主题内容与适用范围

本标准规定了由直馏轻质馏分油，经脱蜡及深度精制，并加有增粘剂、抗氧剂及染色剂，但不得加有降凝剂的航空液压油的技术条件。

本标准所属产品适用于航空液压机构的工作液，也可作为类似工作环境的其他液压机构的工作液。

2 引用标准

GB/T 259 石油产品水溶性酸及碱测定法
GB/T 264 石油产品酸值测定法
GB/T 265 石油产品运动黏度测定法和动力黏度计算法
GB/T 267 石油产品闪点与燃点测定法(开口杯法)
GB/T 510 石油产品疑点测定法
GB/T 511 石油产品和添加剂机械杂质测定法(重量法)
GB/T 1884 原油和液体石油产品密度实验室测定法(密度计法)
GB/T 1885 石油计量表
GB/T 4756 石油液体手工取样法
GB/T 5096 石油产品铜片腐蚀试验法
GB/T 6536 石油产品蒸馏测定法
GB/T 11133 液体石油产品水含量测定法(卡尔·费休法)
SH 0164 石油产品包装、贮运及交货验收规则
SH/T 0208 航空液压油热氧化安定性及腐蚀测定法
SH/T 0505 含聚合物油剪切安定性测定法(超声波剪切法)

3 技术要求

项目		质量指标	试验方法
外观		红色透明液体	目测
运动黏度，mm^2/s			GB/T 265
50℃	不小于	10	
-50℃	不大于	1250	
腐蚀(70℃ ±2℃，24h)，级	不大于	2	GB/T 5096
初馏点，℃	不低于	210	GB/T 6536

中国石油化工总公司 1995-06-15 批准　　　　1995-10-01 实施

续表

项　　目		质量指标	试验方法
酸值，mgKOH/g	不大于	0.05	GB/T 264[1)]
闪点(开口)，℃	不低于	92	GB/T 267
凝点，℃	不高于	-70	GB/T 510
水分，mg/kg	不大于	60	GB/T 11133
机械杂质，%		无	GB/T 511
水溶性酸或碱		无	GB/T 259
油膜质量(65℃±1℃，4h)		合格	2)
低温稳定性(-60℃±1℃，72h)		合格	附录A
超声波剪切(40℃运动黏度下降率)，%	不大于	16	SH/T 0505
氧化安定性(140℃，60h)			SH/T 0208
a. 氧化后运动黏度，mm^2/s			
50℃	不小于	9.0	
-50℃	不大于	1500	
b. 氧化后酸值，mgKOH/g	不大于	0.15	
c. 腐蚀度，mg/cm^2			
钢片	不大于	±0.1	
铜片	不大于	±0.15	
铝片	不大于	±0.15	
镁片	不大于	±0.1	
密度(20℃)，kg/m^3	不大于	850	GB/T 1884 及 GB/T 1885

注：1）用95%乙醇(分析纯)抽提，用0.1%溴麝香草酚蓝作指示剂。

2）油膜质量的测定：将清洁的玻璃片浸入试油中取出，垂直地放在恒温器中干燥，在65℃±1℃下保持4h，然后在15～25℃下冷却30～45min，观察在整个表面上油膜不得呈现硬的粘滞状。

4 包装、标志、贮存、运输

包装、标志、贮存、运输及交货验收按SH 0164进行。

5 取样

取样按GB/T 4756进行，取2L作为检验和留样用。

附 录 A
航空液压油低温稳定性测定法
（补充件）

A1 主题内容与适用范围

本方法规定了测定航空液压油低温稳定性的方法，亦可用于其他有相似要求的液压油。

A2 方法概要

将试样装入专用试管中，密封后，置于 -60℃ ±1℃低温冷浴中，经过 72h 后观察试样有无白色混浊现象产生。

A3 仪器与材料

A3.1 试管：硼硅玻璃制成直径 14~15mm，高 170mm ±1mm，具塞或软木塞代替。
A3.2 烧杯：250mL。
A3.3 移液管：5mL。
A3.4 温度计：-80~20℃。
A3.5 冷浴：能保证温度控制在 -60℃ ±1℃范围内，并带有自动搅拌装置。
A3.6 干燥器。

A4 材料与试剂

A4.1 材料
A4.1.1 定性滤纸：使用前在 105~110℃烘箱中干燥并保持其清洁。
A4.2 试剂
A4.2.1 无水氯化钙。
A4.2.2 无水乙醇：分析纯。
A4.2.3 汽油：无硫直馏汽油。
A4.2.4 冷却剂：干冰或液态氮、液态氧。

A5 准备工作

A5.1 将试样摇匀，倒入 250mL 烧杯中，加入无水氧化钙，浸泡脱水，然后经过于燥滤纸过滤。
A5.2 将试管、移液管用直馏汽油、肥皂水除去油污，以自来水洗涤，蒸馏水冲净后置于 105~110℃干燥箱中干燥，放入干燥器中备用(干燥后的仪器内壁不应留有油迹、水迹)。
A5.3 用移液管量取 5mL 过滤好的试样，注入试管内。
A5.4 为防止油面上部空间湿气的影响，在试管油面上部置一卷成圆筒形的干燥滤纸，滤纸紧贴试管内壁，滤纸下端距油面不少于 10mm。
A5.5 用软木塞将试管塞好，用软膏严格密封。

A6 试验步骤

A6.1 当冷浴温度达到 -60℃ ±1℃时，将装好试样的试管放入冷浴中，使试管中油面低于冷却剂液面 30~50mm，冷浴中温度计水银球应位于试油中部。记录放入时间，试验过程中谨防震动试样，更不得中途取出在室温中观察。

A6.2 冷浴在不断搅拌下，以冷却剂 A4.2.4 调节温度在 -60℃ ±1℃至试验结束。
A6.3 试验 72h 后，缓慢地提起试管避免晃动，立即仔细观察试样的变化情况。

A7 结果判断

试样不得出现混浊或结晶，若试样无分层及浑浊现象或仅仅是试样表面有 1mm 左右的白色物，室温后白色物消失，亦认为试样合格。

A8 报告

A8.1 经判断认为试样低温稳定性合格者，则报告其"合格"，否则为"不合格"。
A8.2 平行测定的两个试验，若结果不同，则试验应重做。

附加说明：

本标准由石油化工科学研究院技术归口。
本标准由克拉玛依炼油厂负责起草。
本标准主要起草人马勇、方慧。
本标准非等效采用前苏联标准 ГОСТ 6794 -75(89)《МАСЛО АМГ -10》。

编者注：本标准中引用的标准名称变动如下。

标 准 号	现 标 准 名 称
GB/T 511	石油和石油产品及添加剂机械杂质测定法

中华人民共和国石油化工行业标准

13 号机械油（专用锭子油）

SH/T 0360—1992(2007)

代替 SY 1206—74(88)

1 主题内容与适用范围

本标准规定了经深度精制工艺制得的 13 号机械油的技术条件。

本标准所属产品适用于军队使用。

2 引用标准

GB/T 259 石油产品水溶性酸及碱测定法

GB/T 264 石油产品酸值测定法

GB/T 265 石油产品运动黏度测定法和动力黏度计算法

GB/T 267 石油产品闪点和燃点测定法(开口杯法)

GB/T 508 石油产品灰分测定法

GB/T 510 石油产品凝点测定法

GB/T 511 石油产品和添加剂机械杂质测定法(重量法)

GB/T 1884 原油和液体石油产品密度实验室测定法(密度计法)

GB/T 1885 石油计量表

GB/T 4756 石油液体手工取样法

SH 0164 石油产品包装、贮存及交货验收规则

SH/T 0257 润滑油水分定性试验法

SH/T 0328 润滑脂腐蚀试验法(常温法)

3 技术要求

项　　目		质量指标	试验方法
运动黏度，mm^2/s			GB/T 265
20℃	不大于	49	
50℃	不大于	12.0～14.0	
酸值，mgKOH/g	不大于	0.07	GB/T 264
灰分,%	不大于	0.005	GB/T 508
腐蚀试验(钢片)		合格	SH/T 0328[1)]
水溶性酸或碱		无	GB/T 259
机械杂质		无	GB/T 511
水分		无	SH/T 0257
闪点(开口),℃	不低于	163	GB/T 267
凝点,℃	不高于	-45	GB/T 510
密度(20℃)，kg/m^3		888～896	GB/T 1884 和 GB/T 1885

注：1）腐蚀试验时以 40 号或 50 号的钢片二块置入试料中 6h，然后取出悬于空气中 6h，如此重复试验三遍。

中国石油化工总公司 1992-05-20 批准　　1992-05-20 实施

4 标志、包装、运输、贮存

标志、包装、运输、贮存及交货验收按 SH 0164 进行。本产品以马口铁制的容器包装，在容器外部标明产品名称、生产日期、毛重和净重等，运输以木箱包装，在木箱上用黑漆标明生产厂，并附以质量检查卡片。

5 取样

取样按 GB/T 4756 进行，取 2L 试验油样，由生产单位会同用户代表用火漆或封口胶签封，并保留 6 个月。

编者注：本标准中引用标准的标准名称变动如下。

标 准 号	现 标 准 名 称
GB/T 511	石油和石油产品及添加剂机械杂质测定法

前　言

本标准等效采用 ISO/TR 10481：1993《润滑剂、工业润滑油和有关产品 - L 类 - 机床用 L - AN、L - FC、L - FD 和 L - G 品种的规格》中 L - G 品种(即导轨油)对 SH/T 0361—92 进行修订。

本标准与 ISO/TR 10481：1993 的区别如下：

本标准增加了 32 和 46 两个黏度等级(闪点分别订为不低于 150℃和 160℃，其他质量指标参照其他黏度等级油制定)。各黏度等级增加了机械杂质和水分的要求。本标准在格式和文字上作了编辑性修改。

对于导轨油来说，粘 - 滑特性是一项重要的质量指标，但目前国内外尚未统一公认的与机床导轨润滑实际使用情况吻合性很好的测试方法。本标准与 ISO/TR 10481 相同，由供、需双方商定测试方法。同时在表 1 注 5)中介绍了我国曾采用的粘 - 滑特性导轨台架的信息。

本标准的技术内容与原 SH/T 0361—92《导轨油》行业标准相比，主要差异如下：

本标准中增加了 46、220 和 320 三个黏度等级；铜片腐蚀由 SH/T 0361—92 中的"100℃，3 小时"为"合格"改为"60℃，3 小时"为"不大于 2 级"；抗磨性指标由原来要求"最大无卡咬负荷"改为要求"磨斑直径"；粘 - 滑特性由原采用"广州机床研究所"的导轨台架测定"静 - 动摩擦系数之差值不大于 0.08"改为"由供需双方商定测试方法和指标"；增加了"橡胶相容性、外观、加工液相容性"质量指标。

本标准为推荐性标准，建议各单位积极采用。生产厂(或供需双方)根据生产和使用实际情况参照本标准可以增减某些技术内容而另订企业标准(或协议)。

本标准中附录 A 为提示的附录。

本标准自实施之日起，代替 SH/T 0361—92。

本标准由中国石油化工总公司石油化工科学研究院归口。

本标准由中国石油化工总公司石油化工科学研究院负责起草。

本标准主要起草人：陈丽卿、陈铁飞。

本标准的首版为 SY 1228—82《导轨油》，1988 年进行复审确认，1992 年又改为推荐性行业标准(SH/T 0361—92)。

ISO 前 言

ISO(国际标准化组织)是由各国标准化团体(ISO成员)组成的世界性联合会。制定国际标准工作通常由ISO技术委员会承担。对技术委员会已确立的课题,每个感兴趣的成员都有在该委员会表达意见的权力。与ISO保持联系的各国际组织、政府机关和非政府机关也可以参加委员会的有关工作。在电工技术标准化工作的所有方面,ISO和国际电工委员会(IEC)保持密切的合作关系。

技术委员会的主要任务是制定国际标准,但是在特殊情况下,技术委员会可以推荐下列类型之一的技术报告出版。

类型一:尽管经过反复努力,仍不能获得作为国际标准发布所必要的支持时;

类型二:该项目仍处于技术研究阶段或由于其他原因有可能在未来(而不是现在)制定为国际标准时;

类型三:技术委员会已收集到与正式出版的国际标准所不同类型的技术资料(如反映在目前技术发展水平下的技术信息)时。

类型一和类型二的技术报告在出版三年之内要进行复审,以确定是否能转为国际标准。类型三的技术报告在其所提供的技术信息不再有效或不在使用之前,不必一定要进行复审。

ISO/TR 10481是类型二的技术报告,由技术委员会ISO/TC 28(石油产品和润滑剂)SC 4分委员会(分类和规格)制定。

本文件以类型二技术报告的形式发布在一系列出版物里(根据ISO/IEC指导性的第一部分中的G4.2.2,1992),在机床润滑领域里,它是"未来的标准作为暂时使用的",因为在这个领域里,急需要有一个指导性的标准来满足鉴别产品的需要。

本标准不认为是一种"国际标准",它只是建议作为暂时应用的,以便它的信息和经验在用于实践中逐渐积累起来。对本文件内容的意见应寄至ISO中央秘书处。

本类型二技术报告的复审在发布后不迟于两年内进行,出版物具有选择性:可再延长两年,也可以转成国际标准或取消。

中华人民共和国石油化工行业标准

SH/T 0361—1998(2007)

导　轨　油

代替 SH/T 0361—1992

Slide ways oil

1　范围

本标准规定了矿物油型导轨油 L－G 技术条件。

本标准所属产品主要适用于机床滑动导轨的润滑。

2　引用标准

下列标准包括的条文，通过引用而构成本标准的一部分。除非在标准中另有规定，下述引用的标准都应是现行有效标准。

GB/T 260　石油产品水分测定法

GB/T 265　石油产品运动黏度测定法和动力黏度计算法

GB/T 511　石油产品和添加剂机械杂质测定法(重量法)

GB/T 1690　硫化橡胶耐液体试验方法

GB/T 1884　原油和液体石油产品密度实验室测定法(密度计法)

GB/T 1885　石油计量表

GB/T 1995　石油产品黏度指数计算法

GB/T 3141　工业液体润滑剂　ISO 黏度分类

GB/T 3535　石油产品倾点测定法

GB/T 3536　石油产品闪点和燃点测定法(克利夫兰开口杯法)

GB/T 4756　石油液体手工取样法

GB/T 4945　石油产品和润滑剂酸值和碱值测定法(颜色指示剂法)

GB/T 5096　石油产品铜片腐蚀试验法

GB/T 7631.11　润滑剂和有关产品(L 类)的分类　第 11 部分：G 组(导轨)

GB/T 11143　加抑制剂矿物油在水存在下防锈性能试验法

SH 0164　石油产品包装、贮运及交货验收规则

SH/T 0189　润滑油抗磨损性能测定法(四球机法)

3　技术内容

3.1　产品标记

标记示例：导轨油 L－G68　SH/T 0361—1998

3.2　技术要求

导轨油的技术要求见表 1。

4　标志、包装、运输、贮存

标志、包装、运输、贮存及交货验收按 SH 0164 进行

中国石油化工总公司 1998-06-23 批准　　　　1998-12-31 实施

表1　导轨油技术要求

项　　目	质量指标							试验方法
品种(按 GB/T 7631.11)	L-G							—
黏度等级(按 GB/T 3141)	32	46	68	100	150	220	320	—
运动黏度(40℃)，mm^2/s	28.8 ~ 35.2	41.4 ~ 50.6	61.2 ~ 74.8	90 ~ 110	135 ~ 165	198 ~ 242	288 ~ 352	GB/T 265
黏度指数	报告[1)]							GB/T 1995
密度(20℃)，kg/m^3	报告[1)]							GB/T 1884 GB/T 1885
中和值，mgKOH/g	报告[1)]							GB/T 4945
外观(透明度)	清彻透明				透明			目测[2)]
闪点(开口),℃　不低于	150	160	180					GB/T 3536
腐蚀试验(铜片，60℃，3h)，级　不大于	2							GB/T 5096
液相锈蚀试验(蒸馏水法)	无锈							GB/T 11143
倾点,℃　不高于	-9					-3		GB/T 3535
抗磨性:[1)] 磨斑直径(200N，60min，1500r/min)，mm　不大于	0.5[3)]							SH/T 0189
橡胶相容性	4)							GB/T 1690
粘-滑特性	5)							5)
加工液相容性	4)							2)
机械杂质,%(m/m)　不大于	无					0.01		GB/T 511
水分,%(m/m)　不大于	痕迹							GB/T 260

1) 这些特性对于机械制造者来说是重要的，但它可随机械设计、材料和操作环境等条件的变化而变化，特性数据应由供油者提供。

2) 供需双方可共同商定测试方法。

3) 尽管四球机试验结果与导轨油的实际使用在吻合程度上有争议，但对于用户在选用导轨油而了解其抗磨性数据时有一定的参考价值。四球机试验条件和指标水平都是建议性的(如果采用转速为 1200r/min 时，应在化验报告单上予以注明)。

4) 供需双方应经常交流测定的数据。

5) 按供、需双方同意的方法测定，由供应者提供数据(我国曾采用“广州机床研究所”自建的模拟导轨润滑系统的实际台架来测定导轨油的静-动摩擦系数的差值，从而了解导轨油在低速下的“爬行”情况，为研制导轨油筛选配方和产品定型起到了指导作用)。

5　取样

取样按 GB/T 4756 进行，取 2L 作为检验和留样用。

附　录　A
（提示的附录）
润滑油粘－滑特性试验法（越秀型粘－滑特性试验机法）

A1　范围

本方法适用于在越秀型粘－滑特性试验机上，评定导轨润滑油的抗粘－滑性能，具体指标为静－动摩擦系数之差值 $\Delta\mu$。

粘－滑现象的产生，是两摩擦面间摩擦系数的变化所导致的，$\Delta\mu$ 值愈小，该润滑剂的抗粘－滑性就愈好。

A2　仪器

A2.1　越秀型粘－滑特性试验机（试验台示意图如图 A1）：

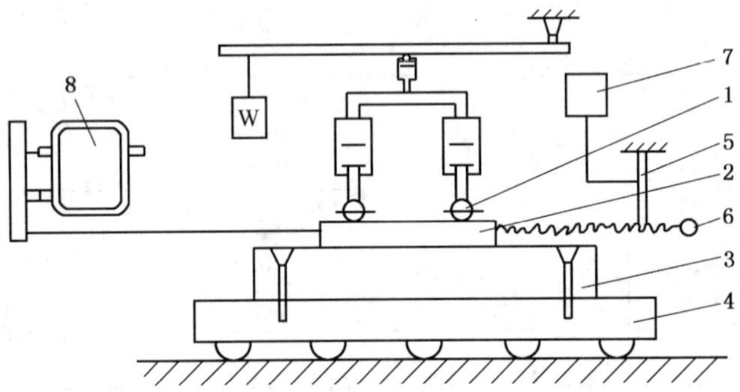

1—加载头；2—上摩擦块；3—下摩擦块；4—工作台；5—弹簧变形片；
6—目测百分表；7—应变电测记录仪；8—碳纸记录仪

图 A1

负荷范围 1960N（200kgf），液压力加载。

下摩擦块水平移动速度为毫米/分钟，无级调速。

上摩擦块是面积分别为（74×82）mm^2 的两块铸铁刮研面，即I级铸铁 14～16 点，（25×25）mm^2。

下摩擦块是面积为（90×500）mm^2 的铸铁刮研面，即 I 级铸铁 16 点，（25×25）mm^2。

A2.2　秒表。

A3　试剂

A3.1　直馏汽油或溶剂汽油。

A3.2　石油醚：60～90℃。

A4　准备工作

A4.1　对弹簧变形片进行定期校正，并作出摩擦力与弹簧变形量的关系图（启用试验机作一次校正，作图，以后每年校验一次）。

A4.2　开机让传动系统空运转 10min。

A4.3　先用溶剂汽油清洗摩擦副表面，再用石油醚进行清洗，并吹干。

A4.4　检查摩擦表面是否清洗干净：在负荷为 1470N（150kgf），速度为 0.5cm/min 下测定摩擦副的干摩擦系数(参看操作规程)，干净的摩擦表面在此条件下其干摩擦系数应大于0.3。若达不到此值应在负荷为1470N(150kgf)，速度约为200cm/min下进行干摩擦约10min后，再清洗摩擦表面，重新测定干摩擦系数是否达到0.3，若达到0.3时，将表面清洗、吹干。

A5 试验步骤

A5.1 将试油20mL。均匀地涂布在下摩擦块面上，然后把上摩擦块平放在下摩擦块面上面，并将其右端用螺钉紧固在弹簧变形片的下端。

A5.2 将加载头下旋至触及上摩擦块时，再下旋0.5～1mm。

A5.3 把加载液压力调至490N(50kgf)，在快速下跑合10min后，将速度调至零。

A5.4 将负荷加至1960N(200kgf)所需值，再将速度由小到大调至毫米/分，在3min后进行读取百分表的最大和最小指示值(各取6次平均值)。

A6 计算

A6.1 将百分表的读取值用弹簧变形片校正图换算成静摩擦力和动摩擦力。动摩擦力实际上是取其平均动摩擦力。如图A2所示。

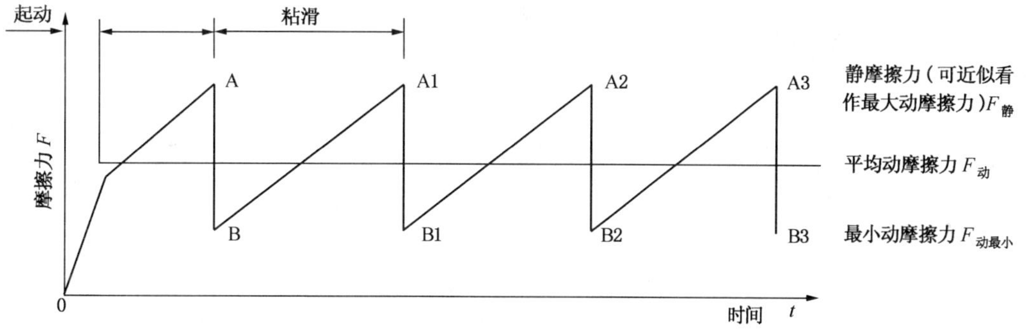

图 A2

由图A2可见：动摩擦力(即平均动摩擦力)$F_{动}=(F_{动最大}+F_{动最小})/2$

$$\Delta\mu=\mu_{静}-\mu_{动}$$

$$\mu_{静}=F_{静}/P$$

$$\mu_{动}=F_{动}/P$$

$$\Delta\mu=(F_{静}-F_{动最小})/2P$$

式中：$\Delta\mu$——静动摩擦系数差；

$F_{静}$——静摩擦力，N(kgf)；

$F_{动最小}$——最小动摩擦力，N(kgf)；

P——正压力，N(kgf)。

A7 精密度

二次平行测定$\Delta\mu$值的差值应小于4%。

A8 精度的检查

每年用标准油检查二次，标准油$\Delta\mu$值为：

Tonna 72 $\Delta\mu=0.07$

Vactra 2 $\Delta\mu=0$

32 号汽轮机油加百分之二的油酸，$\Delta\mu=0$。

编者注：本标准中引用的标准名称变动如下。

标 准 号	现 标 准 名 称
GB/T 3536	石油产品闪点和燃点的测定 克利夫兰开口杯法
GB/T 511	石油和石油产品及添加剂机械杂质测定法

前　　言

为了提高本产品的使用性能，在原标准的基础上将黏度指数提高5个单位，将抗氨试验由保证项目改为每批分析。为了向国际标准靠拢，由控制酸值改为控制中和值，同时增设了加剂前的中和值测定，并将产品分为一等品和合格品。

本标准实施之日起，同时代替SH 0362—92抗氨汽轮机油。

本标准由中国石化兰州炼油化工总厂提出。

本标准由中国石油化工总公司石油化工科学研究院技术归口。

本标准起草单位：中国石化兰州炼油化工总厂。

本标准主要起草人：王继、钱福南。

本标准首次发布为：SY 1231—84，1992年清理整顿为SH 0362—92。

中华人民共和国石油化工行业标准

SH/T 0362—1996(2007)

代替 SH 0362—92

抗 氨 汽 轮 机 油

1 范围

本标准规定了由深度精制基础油并加入抗氧、防锈、抗泡等添加剂而制成的抗氨汽轮机油的技术条件。

本标准中所属产品具有较好的抗氨稳定性，适用于大型化肥装置离心式合成气压缩机，冷冻压缩机及汽轮机组的润滑和密封。

2 引用标准

GB/T 260 石油产品水分测定法

GB/T 265 石油产品运动黏度测定法和动力黏度计算法

GB/T 508 石油产品灰分测定法

GB/T 511 石油产品和添加剂机械杂质测定法(重量法)

GB/T 1995 石油产品黏度指数计算法

GB/T 3141 工业液体润滑剂 ISO 黏度分类

GB/T 3535 石油产品倾点测定法

GB/T 3536 石油产品闪点和燃点测定法(克利夫兰开口杯法)

GB/T 4756 石油液体手工取样法

GB/T 4945 石油产品和润滑剂酸值和碱值测定法(颜色指示剂法)

GB/T 7305 石油和合成液水分离性测定法

GB/T 11143 加抑制剂矿物油在水存在下防锈性能试验法

GB/T 12581 加抑制剂矿物油的氧化特性测定法

SH 0164 石油产品包装、贮运及交货验收规则

SH/T 0302 抗氨汽轮机油抗氨性能试验法

除非在标准中另有明确规定，上述引用标准都应是现行有效标准。

3 技术内容

3.1 产品的分类

本标准按 40℃运动黏度的中心值分为：32、32D、46、68 四个牌号。

3.2 产品质量等级

本产品按质量分为一等品和合格品两个等级。

3.3 技术要求

技术要求见表 1。

4 标志、包装、运输、贮存

本产品的标志、包装、运输、贮存、验收按 SH 0164 进行

中国石油化工总公司 1996-05-24 批准 1996-12-01 实施

表1　技术要求

项　　目	质量指标								试验方法
	一等品				合格品				
牌号	32	32D	46	68	32	32D	46	68	GB 3141
运动黏度(40℃) mm^2/s	28.8～35.2		41.4～50.6	61.2～74.8	28.8～35.2		41.4～50.6	61.2～74.8	GB/T 265
黏度指数　不小于	95				95[1]				GB/T 1995
倾点,℃　不高于	-17	-27	-17		-17	-27	-17		GB/T 3535
闪点(开口),℃　不低于	200				180				GB/T 3536
中和值(加剂前), mgKOH/g (加剂后), mgKOH/g　不大于	报　告 0.03				报　告 0.06				GB/T 4945
灰分(加剂前),%　不大于	0.005				0.005				GB/T 508
水分	无				无				GB/T 260
机械杂质	无				无				GB/T 511
氧化安定性(酸值达2.0mgKOH/g), h　不小于	2000				1000				GB/T 12581[2]
破乳化时间(54℃), (40-37-3), min　不大于	15			20	30				GB/T 7305
液相锈蚀试验(15号钢棒, 蒸馏水, 24h)	无锈				无锈				GB/T 11143
抗氨试验	合格				合格				SH/T 0302

注:
1) 中间基原油生产的抗氨汽轮机油黏度指数允许不低于75。
2) 氧化安定性试验作为保证项目, 每年测定一次。

5　采样

采样按 GB/T 4756 进行, 取3L做为检验和留样用。

编者注: 本标准中引用标准的标准名称变动如下。

标　准　号	现标准名称
GB/T 511	石油和石油产品及添加剂机械杂质测定法
GB/T 3536	石油产品闪点和燃点的测定　克利夫兰开口杯法
GB/T 11143	加抑制剂矿物油在水存在下防锈性能试验法

中华人民共和国石油化工行业标准

SH/T 0363—1992(2007)

普通开式齿轮油

代替 SY 1232—85

1 主题内容与适用范围

本标准规定了以矿物油馏分为基础油，并添加防锈等添加剂及适量沥青质而制得的非稀释型普通开式齿轮油的技术条件。

本标准中所属产品主要适用于开式齿轮、链条和钢丝绳的润滑。

2 引用标准

GB/T 267 石油产品闪点与燃点测定法(开口杯法)

GB/T 3142 润滑剂承载能力测定法(四球法)

GB/T 4756 石油液体手工取样法

GB/T 11143 加抑制剂矿物油在水存在下防锈性能试验法

SH 0164 石油产品包装、贮运及交货验收规则

SH/T 0195 润滑油腐蚀试验法

3 技术要求

项 目	质量指标					试验方法
黏度等级(按100℃运动黏度划分)	68	100	150	220	320	—
相近的原牌号	1号	2号	3号	3号	4号	—
运动黏度(100℃)，mm^2/s	60～75	90～110	135～165	200～245	290～350	附录A
闪点(开口)，℃ 不低于	200			210		GB/T 267
腐蚀试验(45号钢片，100℃，3h)	合格					SH/T 0195
液相锈蚀试验(蒸馏水)	无锈					GB/T 11143
最大无卡咬负荷(P_B)，N(kgf) 不小于	686(70)					GB/T 3142
清洁性	必须无砂子和磨料					1)

注：1) 用5～10倍直馏汽油稀释、中速定量滤低过滤、乙醇苯混合液冲洗残渣，观察滤纸必须无砂子和磨料。

4 标志、包装、运输、贮存

标志、包装、运输、贮存及交货验收按 SH 0164 进行。

5 取样

取样按 GB/T 4756 进行，取 2L 作为检验和留样用。

中国石油化工总公司 1992-05-20 批准 1992-05-20 实施

附　录　A
开式齿轮油黏度测定法
（补充件）

A1　主题内容与适用范围

本方法适用于测定开式齿轮油的动力黏度，用试样的密度与测定的动力黏度之比，就能得到运动黏度。

本方法所用的黏度计，是用同轴圆筒系统测定流体的流变性质，它特别适用于测定非牛顿流体，如可以测定流体矿物油和沥青等。

A2　方法概要

将试样置于同轴圆筒系统的环形间隙中，与固定外筒构成测量仪器，外筒置于一个液体循环、恒温器相连接的温度调温槽中，转动内筒，籍测量轴的圆筒形螺旋弹簧相连，螺旋弹簧的偏转可以作为内筒有转矩的量度，偏转的大小可用电位感知，此时分路电流的大小影响交叉线圈仪表的指示。交叉线圈仪表之测定值与转矩成比例，因此，与剪切应力或黏度成比例。

A3　仪器与材料

A3.1　仪器

A3.1.1　RHEOTEST RV 型黏度计。

A3.1.2　超级恒温器：温度应控制在 15～110℃范围内。

A3.1.3　温度测量设备：使用校正至 0.1℃的液体温度计或用黏度计自备的标准温度计。

A3.2　材料

黏度标准油：用于实验室操作的验证检查，如果所测得的动力黏度不在规定值的 ±3% 内，则试验步骤的每一过程应重新检查，包括温度计的校正，以确定反常结果的来源。

A4　准备工作

A4.1　在用圆筒开始充料前，用汽油将测量的容器洗净烘干，并以同样方式处理密封盖垫圈。

A4.2　试样含有水或机械杂质时，在试验前必须经过脱水处理，用滤纸除去机械杂质。

A5　试验步骤

A5.1　将试样 25mL 注入测量仪器。

A5.2　测试部件与测量机构的联接，按下述规定。

A5.2.1　用左手拿住测量圆筒的起槽处，将圆筒口按在测量轴上，再把右手食指放在圆筒底部，将圆筒向上推到顶，如果均匀地推不能使圆筒联接上。那就用左手食指均匀地向上推，直至测量圆筒联接上为止。在重新将测量圆筒往上推入时，如果测量圆筒的标记 S_1 与联接器的标记垂直一致了，即可停住测量圆筒不动。

A5.2.2　靠触觉将准备好的，已充满试样的测量容器接到测量圆筒上，注意使标记 S_1 向前。测量容器口部与测量机构对好后，轻轻的转动并将测量容器向上推。在向上推动测量容器时，压紧杆应在右方，测量容器推到顶，将压紧杆向左转，使测量容器固定牢。

A5.2.3　将带温度计的调温槽与恒温器连通，注意进出口方向，恒温器泵要关闭。将配有密封的调温槽装在测量仪器上，在将调温槽往上推时，压紧杆应在右方，接好后将压紧杆向左转，使调温槽固定在测量器上。固定后才能接通恒温器的电源。调温槽从测量器上取下时，必须放置在比恒温器高的地方，以防止调温槽中的调温液体溢出。

A5.3　试样的黏度与温度有关，因此，在测量黏度时必须有一定准确的温度，仪器安装就绪后，启动恒温器的泵，使调温液体开始循环，当调温槽内温度达到规定温度后，恒温20min。

A5.4　温度达到后，即可进行测试，仪器功能对测试顺序无特殊要求，测试方法按要测的试样，选择联动装置的转速档，进行单点或多点测定。开启黏度计5s以上，待仪表指针稳定后，记录读数。

A5.5　从测量机构上取下调温槽、测试容器和测量圆筒等。按安装时的逆顺序从测量机构上仔细卸下，并将测试圆筒系统，用汽油清洗干净，烘干待用。

A6　计算

用下列计算公式，将读到的测试值换算为运动黏度。注意剪切应力 τ_r 和剪切速度 D_r 与圆筒系统的内筒直径有关。

A6.1　试样有效的剪切应力 τ_r(10^{-1}Pa)按式(A1)计算：

$$\tau_r = Z \cdot \alpha \qquad \text{(A1)}$$

式中：Z——圆筒常数，10^{-1}Pa·s；

α——测试仪器读数，s^{-1}。

圆筒常数 Z 按剪切应力范围Ⅰ和Ⅱ分别列入仪器检验单中或标准计量单位校验后给出。

A6.2　试样在温度 t 时的动力黏度 η_t(Pa·s)按式(A2)计算：

$$\eta_t = \frac{\tau_r}{D_r} \times 100 \qquad \text{(A2)}$$

式中：τ_r——剪切应力，10^{-1}Pa；

D_r——剪切速度梯度，s^{-1}。

试样的动力黏度计算可以简化。设计算因子值 F 为：

$$F = 100D_r^{-1}$$

$$\text{而}\ \tau_r = Z \cdot \alpha$$

$$\text{故}\ \eta = \tau_r \cdot F = Z \cdot F \cdot \alpha$$

计算因子值 F 列于旋转黏度计检验单的转数级表中，表中的数值在电流频率为50 Hz时有效，电流频率偏离50 Hz时可以进行校正，经频率校正后的计算因子值 F_r 为：

$$F_r = F \times \frac{50}{V}$$

式中：V——电流频率。

A6.3　试样的运动黏度 ν(mm^2/s)按式(A3)计算：

$$\nu = \eta/\rho \qquad \text{(A3)}$$

式中：η——动力黏度，10^{-3}Pa·s；

ρ——试样的密度，g/cm^3。

注：动力黏度的SI单位为Pa·s(帕[斯卡]秒)，在数值上1P(泊)=10^{-1}Pa·s。
运动黏度的SI单位为mm^2/s，在数值上$1mm^2/s$=1cSt(厘斯)。

A7　精密度

A7.1　重复性

由同一操作者，用同一仪器，在规定的操作条件下，用相同的试样，所测得的两个结果之间的差数，不得超过其算术平均值的±3%。

A7.2　再现性

再现性尚未规定。

A8 报告

取重复测定两个结果的算术平均值作为试样的运动黏度。

附 录 B
新旧黏度等级(牌号)对照表
(参考件)

本标准采用的黏度等级 (按100℃运动黏度分列)	旧等级 牌号	ASTM (级)	AGMA (号)
68	1号	S 15000	10
100	2号	S 21500	11
150	3号	S 31500	12
220	3号	S 150000	13
320	4号	—	—

附加说明:
本标准由石油化工科学研究院归口。
本标准由兰州炼油化工总厂负责起草。
本标准主要起草人:安全英。

中华人民共和国石油化工行业标准

SH/T 0528—1992(2007)

矿物油型真空泵油

代替 SY 1634—70

1 主题内容与适用范围

本标准规定了矿物油型真空泵油的技术条件。

本标准所属产品适用于各种容积真空泵(机械真空泵)的密封与润滑，也适用于罗茨真空泵(机械增压泵)齿轮传动系统的润滑。

2 引用标准

GB/T 259 石油产品水溶性酸及碱测定法
GB/T 260 石油产品水分测定法
GB/T 265 石油产品运动黏度测定法和动力黏度计算法
GB/T 268 石油产品残炭测定法(康氏法)
GB/T 508 石油产品灰分测定法
GB/T 511 石油产品和添加剂机械杂质测定法(重量法)
GB/T 1884 原油和液体石油产品密度实验室测定法(密度计法)
GB/T 1885 石油计量表
GB/T 2541 石油产品黏度指数算表
GB/T 3141 工业液体润滑剂 ISO 黏度分类
GB/T 3535 石油产品倾点测定法
GB/T 3536 石油产品闪点和燃点测定法(克利夫兰开口杯法)
GB/T 4756 石油液体手工取样法
GB/T 4945 石油产品和润滑剂酸值和碱值测定法(颜色指示剂法)
GB/T 5096 石油产品铜片腐蚀试验法
JB/T 7266 容积真空泵性能测量方法 第2部分：极限压力的测量
GB/T 6540 石油产品颜色测定法
GB/T 7305 石油和合成液水分离性测定法
GB/T 12579 润滑油泡沫特性测定法
GB/T 12581 加抑制剂矿物油的氧化特性测定法
SH 0164 石油产品包装、贮运及交货验收规则
SH/T 0193 润滑油氧化安定性测定法(旋转氧弹法)
SH/T 0293 真空油脂饱和蒸气压测定法

3 技术内容

3.1 产品质量等级

本产品按质量分为优级品、一级品和合格品三个等级。

3.2 技术要求

中国石油化工总公司 1992-09-19 批准 1993-09-01 实施

项目		质量指标							试验方法
质量等级		优级品			一级品			合格品	
黏度等级(按 GB/T 3141)		46	68	100	46	68	100	100	—
运动黏度(40℃), mm^2/s		41.4~50.6	61.2~74.8	90~110	41.4~50.6	61.2~74.8	90~110	90~110	GB/T 265
黏度指数	不小于	90			90			—	GB/T 2541
密度(20℃), kg/m^3	不大于	880	882	884	880	882	884	—	GB/T 1884 或 GB/T 1885
倾点,℃	不高于	-9			-9			-9	GB/T 3535
闪点(开口),℃	不低于	215	225	240	215	225	240	206	GB/T 3536
中和值, mgKOH/g	不大于	0.1			0.1			0.2	GB/T 4945
色度, 号	不大于	0.5	1.0	2.0	1.0	1.5	2.5	—	GB/T 6540
残炭,%	不大于	0.02	0.03	0.05	0.05	0.05	0.10	0.20	GB/T 268
抗乳化性(40-37-3mL), min									GB/T 7305
54℃	不大于	10	15	—	30	30	—	—	
82℃	不大于	—	—	20	—	—	30	报告	
腐蚀试验(铜片, 100℃, 3h), 级	不大于	1			1			—	GB/T 5096
泡沫性(泡沫倾向/泡沫稳定性), mL/mL									GB/T 12579
24℃	不大于	100/0			—			—	
93.5℃	不大于	75/0			—			—	
后 24℃	不大于	100/0			—			—	

续表

项目	质量指标							试验方法
质量等级	优级品			一级品			合格品	
黏度等级(按 GB/T 3141)	46	68	100	46	68	100	100	—
氧化安定性								
a. 酸值到 2.0mgKOH/g 时间[1)]，h 不小于	1000			—			—	GB/T 12581
b. 旋转氧弹(150℃)，min	报告			—			—	SH/T 0193
水溶性酸及碱	无			无			无	GB/T 259
水分，%	无			无			无	GB/T 260
机械杂质，%	无			无			无	GB/T 511
灰分，% 不大于	—			—			0.005	GB/T 508
饱和蒸气压，kPa								SH/T 0293
20℃ 不大于	—	—	—	—	—	—	5.3×10^{-5}	
60℃ 不大于	6.7×10^{-6}	6.7×10^{-7}	1.3×10^{-7}	1.3×10^{-5}	1.3×10^{-6}	6.7×10^{-7}	报告	
极限压力，kPa								JB/T 7266[2)]
分压 不大于	2.7×10^{-5}			6.7×10^{-5}			—	
全压	报告			—			—	

注：1）为保证项目。

2）必须用双级优级真空泵作为试验用泵。

4 标志、包装、运输、贮存

标志、包装、运输、贮存及交货验收按 SH 0164 进行。

5 取样

取样按 GB/T 4756 进行，取 2L 作为检验和留样用。

附加说明：

本标准由中国石化大连石油化工公司提出。

本标准由石油化工科学研究院技术归口。

本标准由中国石化大连石油化工公司负责起草。

本标准主要起草人葛文蔚。

编者注：本标准中引用的标准名称变动如下。

标 准 号	现 标 准 名 称
GB/T 511	石油和石油产品及添加剂机械杂质测定法
GB/T 3536	石油产品闪点和燃点的测定　克利夫兰开口杯法
SH/T 0193	润滑油氧化安定性的测定　旋转氧弹法

中华人民共和国石油化工行业标准

SH/T 0564—1993

(2005年确认)

热　处　理　油

1　主题内容与适用范围

本标准规定了矿物油型热处理油的技术条件。

本标准所属产品适用于作钢(尤其是合金钢)及其他合金材料淬火和回火等工艺用冷却介质。

2　引用标准

GB/T 260　石油产品水分测定法

GB/T 265　石油产品运动黏度测定法和动力黏度计算法

GB/T 3535　石油产品倾点测定法

GB/T 3536　石油产品闪点和燃点测定法(克利夫兰开口杯法)

GB/T 4756　石油液体手工法取样法

GB/T 5096　石油产品铜片腐蚀试验法

SH 0004　橡胶工业用溶剂油

SH 0164　石油产品包装、贮运及交货验收规则

SH/T 0219　热处理油热氧化安定性测定法

SH/T 0220　热处理油冷却性能测定法

SH/T 0293　真空油脂饱和蒸气压测定法

3　技术内容

3.1　产品分类

类　别	名　　称	用　　途
冷淬火油	普通淬火油 快速淬火油 超速淬火油 快速光亮淬火油 1号真空淬火油 2号真空淬火油	用于小尺寸及淬透性好的材料淬火 用于中、大型材料淬火 用于大型及淬透性差的材料淬火 用于中型及淬透性差的材料在可控气氛下淬火 用于中型材料在真空状态下淬火 用于淬透性好的材料在真空状态下淬火
热淬火油	1号等温(分级)淬火油 2号等温(分级)淬火油	用于120℃左右热油淬火 用于160℃左右热油淬火
回火油	1号回火油 2号回火油	用于150℃左右回火 用于200℃左右回火

3.2　技术要求

中国石油化工总公司 1993-06-11 批准　　　　1994-05-01 实施

项目 \ 分类及牌号 \ 名称		冷淬火油：普通淬火油	冷淬火油：快速淬火油	冷淬火油：超速淬火油	冷淬火油：快速光亮淬火油	冷淬火油：1 号真空淬火油	冷淬火油：2 号真空淬火油	热淬火油：1 号等温、分级淬火油	热淬火油：2 号等温、分级淬火油	回火油：1 号回火油	回火油：2 号回火油	试验方法
运动黏度，mm^2/s												GB/T 265
40℃	不大于	30	26	17	38	40	90	—	—	—	—	
100℃	不大于	—	—	—	—	—	—	20	35	30	50	
闪点(开口),℃	不低于	180	170	160	180	170	210	200	250	230	280	GB/T 3536
燃点,℃	不低于	200	190	180	200	190	230	220	280	250	310	GB/T 3536
水分,%	不大于	痕迹			无			痕迹		痕迹		GB/T 260
倾点,℃	不高于	-9			-5			-5		-5		GB/T 3535
腐蚀(铜片，100，3h)，级	不大于	1						1		1		GB/T 5096
光亮性，级	不大于	3	2	2	1			2		—		附录 A
饱和蒸气压(20℃)，kPa	不高于	—			—	6.7×10^{-6}		—		—		SH/T 0293
热氧化安定性：黏度比[1]	不大于	1.5						1.5		1.4		SH/T 0219
热氧化安定性：残炭增加值,%	不大于	1.5						1.5		1.5		
冷却性能：特性温度(80℃时),℃	不低于	520	600	585	600	600	585	—		—		SH/T 0220
冷却性能：800→400℃时间(80℃时)，s	不大于	5.0	4.0	—	4.5	5.5	7.5	—		—		
冷却性能：800→300℃时间(80℃时)，s	不大于	—		6.0	—			—		—		
冷却性能：特性温度(120℃时),℃	不低于	—	500	—				600		—		
冷却性能：800→400℃时间(120℃时)，s	不大于	—						5.0	5.5	—		
冷却性能：特性温度(160℃时),℃	不低于	—						—	600	—		
冷却性能：800→400℃时间(160 时)，s	不大于	—						—	6.0	—		

注：1）冷淬火油测定温度为40℃；热淬火油和回火油测定温度为100℃。

4 标志、包装、运输、贮存

标志、包装、运输、贮存及交货验收按 SH 0164 进行。

5 取样

取样按 GB/T 4756 进行，取 2L 作检验和留样用。

附　录　A
热处理油光亮性试验方法
（补充件）

本方法适用于测定热处理油的光亮性。

A1　方法概要

本方法是将试件在氮气（或其他可控气氛）下加热到 840℃，保温 5min 后，迅速淬入试油中，用比色法评定淬火后试件表面状态来确定热处理油光亮性。

A2　仪器与材料

A2.1　加热炉（见图 A1）：尺寸为 300mm×500mm，用耐热钢制作，可恒温在 840℃±5℃。

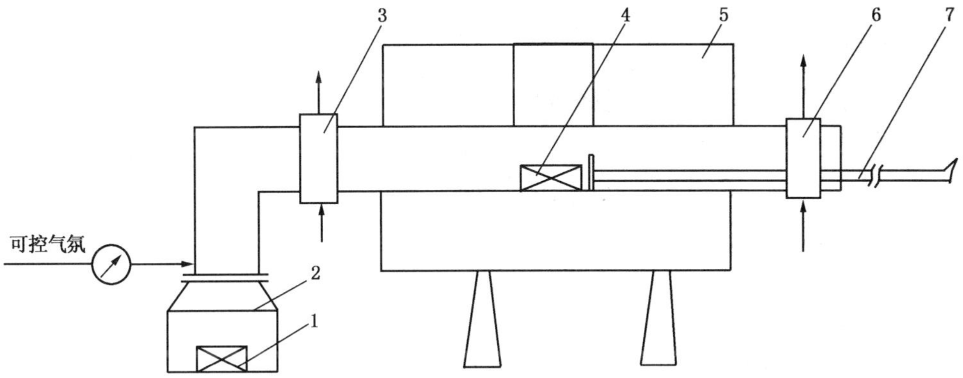

图 A1　热处理油光亮性评定设备示意图

1，4—试件；2—淬火油槽；3，6—水冷却器；5—加热炉；7—料铲

A2.2　淬火油槽：150mm×200mm 不锈钢，壁厚 1.5mm。

A2.3　料铲：50mm×35mm×5mm，用耐热钢制成。

A2.4　控温仪表：0～1000℃，精度为 0.25 级。

A2.5　试件：30mm×10mm×10mmGCr 15 钢，表面粗糙度为$\overset{1.6}{\bigtriangledown}$。

A2.6　氮气（纯度 99.5%）或其他保护气氛。

A2.7　砂布：粒度为 180 号。

A2.8　绸布：白色或黄色绸布。

A3　试剂

A3.1　95% 乙醇：分析纯。

A3.2　橡胶工业用溶剂油：符合 SH 0004 要求。

A4　准备工作

A4.1　将试件用砂布把表面打磨到粗糙度为$\overset{1.6}{\bigtriangledown}$后，分别用橡胶工业用溶剂油和 95% 乙醇清洗干净。

A4.2　将可控气氛加热炉升温到 840℃±5℃。

A4.3　将氮气或其他可控气氛流量调整至 8L/min，并通入到加热炉内。

A4.4　将打磨好的试件送入可控气氛加热炉内进行正火试验，以确定气氛是否合格。正火试验是试件在可控气氛加热炉内加热到 840℃±5℃，恒温 5min 后，在有可控气氛的状态下，随炉降温冷却至室温，然后取出试件，观察试件表面状态，如试件表面光亮如初，无氧化和污染现象，证明气氛合格，否则需调整气氛直至正火试验合格后，方可进行试验。

A4.5　将400mL试油注入淬火油槽中。

A5　试验步骤

A5.1　将打磨清洗好的试件送入可控气氛加热炉中加热，在840℃ ±5℃下恒温5min。

A5.2　移动料铲将试件在有可控气氛状态下淬入试油中。

A5.3　待试件在油中冷却至室温时取出，并用橡胶用工业溶剂油和95%乙醇清洗，用绸布擦干。

A6　结果判断

热处理油光亮性，根据试件淬火后表面的光亮程度分为1～5五个等级，1级最好，5级最差，判断方法见表A1。

表A1　热处理油光亮性评分表

等　　级	试件表面状态
1	表面清洁光亮，无氧化、无污染
2	大部分光亮，少部分呈灰色
3	表面灰色并有少量黄色漆膜
4	表面黄色，部分褐色
5	褐色和黑色

A7　报告

根据热处理油光亮性评分表提出报告。

附加说明：

本标准由大连石油化工公司提出。
本标准由石油化工科学研究院技术归口。
本标准由大连石油化工公司负责起草。
本标准主要起草人王东海、徐莲芬。
本标准参照采用日本工业标准JISK 2242—80《热处理油》。

编者注：本标准中引用标准的标准名称变动如下。

标　准　号	现标准名称
GB/T 3536	石油产品闪点和燃点的测定　克利夫兰开口杯法

前　言

本标准是非等效采用国际标准化组织技术报告草案 ISO/DTR 12927：1995《润滑剂、工业润滑油和有关产品(L 类)—M 组(金属加工)—制定标准的导则》而制定的。

本标准中所采用的试验方法标准尽可能采用与 ISO 相当的国家标准(GB)和行业标准(SH)或者直接采用国际标准(ISO)和法国国家标准(NF)。

本标准包括附录 A、附录 B、附录 C、附录 D(均为提示的附录)，其中附录 A、附录 B 和附录 C 是 ISO 技术报告中原来有的，而附录 D 是本标准新增加的内容。

本标准由中国石油化工总公司石油化工科学研究院技术归口。

本标准由中国石油化工总公司石油化工科学研究院负责起草。

本标准起草人：杨大芬。

ISO 前 言

ISO(国际标准化组织)是由各国标准化团体(ISO成员)组成的世界性联合会。制定国际标准的工作通常是由ISO技术委员会承担。对技术委员会已确立的课题，每个感兴趣的成员都有在该委员会表达意见的权力。与ISO保持联系的各国际组织、政府机关和非政府机关也可以参加委员会的有关工作。在电工技术标准化工作的所有方面，ISO与国际电工委员会(IEC)保持密切的合作关系。

技术委员会的主要任务是制定国际标准。但在特殊的情况时，技术委员会可以提出以下任意一种类型的技术报告的出版物。

类型一：当所要求的建议，尽管在反复的努力下，仍不能获得作为国际标准出版物时；

类型二：当此学科仍继续发展或其他原因，但不可能立即同意成为国际标准时；

类型三：当技术委员会已经从通常出版物中收集了的作为国际标准的不同类型资料(如技术的状态)时。

对于类型一和类型二技术报告在出版3年内复审，再决定它们是否可以转成国际标准；

对于类型三，一直到它们所提供的资料不再有效和有用时，再复审。

ISO/DTR 12927是类型三技术报告，是由ISO/TC 28石油产品和润滑剂，第4分委员会，即分类和标准委员会制定的。

在本导则的前言中解释了决定本文件以技术报告类型三公布的理由。

中华人民共和国石油化工行业标准

SH/T 0665—1998(2007)

润滑剂和有关产品(L类)—M组(金属加工)—制定标准的导则

Lubricants and related products (class L)—Family M(metalworking)—Guidelines for establishing specifications

1 范围

考虑到金属加工液标准制定的难度和需要，从而制定了金属加工液标准的导则，以借助于每个品种的特征性能和功能性能来促进 GB/T 7631.5《润滑剂和有关产品(L类)分类 第5部分：M组(金属加工)》的分类标准的应用。

本导则可作为制定每个金属加工液品种标准的准则。每个品种的特征性能和功能性能是作为用户和供应商共同协议的基础，但是对于双方要求单独检测的特殊要求则需另行考虑。对于健康、安全和环保等方面的要求，必须遵照国家规定的有关法规和法律。

2 引用标准

下列标准包括的条文，通过引用而构成本标准的一部分。除非在标准中另有明确规定，下述引用标准都应是现行有效标准。

GB/T 261 石油产品闪点测定法(闭口杯法)

GB/T 265 石油产品运动黏度测定法和动力黏度计算法

GB/T 498 石油产品及润滑剂的总分类

GB/T 1884 原油和液体石油产品密度实验室测定法(密度计法)

GB/T 1885 石油计量表

GB/T 3141 工业液体润滑剂 ISO 黏度分类

GB/T 3535 石油产品倾点测定法

GB/T 3536 石油产品闪点和燃点测定法(克利夫兰开口杯法)

GB/T 4945 石油产品和润滑剂酸值和碱值测定法(颜色指示剂法)

GB/T 5096 石油产品铜片腐蚀试验法

GB/T 6540 石油产品颜色测定法

GB/T 6682 分析试验室用水规格和试验方法

GB/T 7631.1 润滑剂和有关产品(L类)的分类 第1部分：总分组

GB/T 7631.5 润滑剂和有关产品(L类)的分类 第5部分：M组(金属加工)

GB/T 8021 石油产品皂化值测定法

GB/T 11143 加抑制剂矿物油在水存在下防锈性能试验法

GB/T 12579 润滑油泡沫特性测定法

SH/T 0251 石油产品碱值测定法(高氯酸电位滴定法)

中国石油化工总公司 1998-06-23 批准 1998-12-31 实施

ISO 6320　动植物油脂折射率测定法

NF T60—187　含水机械加工液—乳化度、可溶适应性和静止时稳定性测定法

NF T60—195　含水机械加工液—在稀释状态下的透明度测定法

NF T60—196　不含水机械加工液—油雾形成倾向的评定

NF T60—197　含水机械加工液和不含水机械加工液—短期和长期贮存试验

3　所用代号说明

3.1　M 组的详细分类是根据本组产品性能和所要求的主要应用场合来确定。每个品种可由三个英文字母组成的一组代号来表示。

3.2　每个代号的第一个英文字母“M”表示该产品所属的组别，第三个字母单独存在时无任何含义。

3.3　每个代号的第一、二两个英文字母中，“MH”表示不含水金属加工液的标记；“MA”表示一种能与水混合，且最终用户能调配成水溶液的浓缩液的标记。

3.4　在“MH”的产品之后出现的数字表示按 GB/T 3141 规定的黏度等级；在“MA”中的浓缩液的黏度不能预测。

3.5　每个代号的第三个英文字母单独存在时无意义，三个英文字母连在一起表示产品的类型和最终使用要求。

3.6　在本标准中各品种采用统一方法命名。一个特定产品完整的表示为 L－MHA32，L－MAA，一般允许以缩写形式 MHA32，MAA 来表示。

在完整形式中，前缀字母“L”表示按 GB/T 498 中的类别；字母“M”表示按 GB/T 7631.5 中的 M 组(金属加工)。

4　标准导则

4.1　前言

标准通常是由一组性能所组成。根据不同液体的类型(不含水液体和含水液体)具有不同的性能。

4.1.1　特征性能。

4.1.2　功能性能。

4.2　不含水液体

4.2.1　特征性能

这些性能通常是采用石油产品的性能，如：黏度、密度、倾点、颜色和外观等，见表 1－1。

表 1－1　制定不含水金属加工液的标准导则

No.	特征性能	单　位	L－1)								试验方法
			MHA	MHB	MHC	MHD	MHE	MHF	MHG	MHH	
1.1	外观	级	1)	1)	1)	1)	1)	1)			目测
1.2	颜色	级	1)	1)	1)	1)	1)	1)			GB/T 6540
1.3	嗅味	级	1)	1)	1)	1)	1)	1)			嗅觉
1.4	密度2)	kg/m^3	1)	1)	1)	1)	1)	1)			GB/T 1884 GB/T 1885
1.5	黏度2)	mm^2/s	1)	1)	1)	1)	1)	1)			GB/T 265
1.6	闪点 开口 闭口	 ℃ ℃	 1) 1)	 1) 1)	 1) 1)	 1) 1)	 1) 1)	 1) 1)			3) GB/T 3536 GB/T 261
1.7	倾点	℃	1)	1)	1)	1)	1)	1)			GB/T 3535

表 1-1(完)

No.	特征性能	单　位	L-[1]								试验方法
			MHA	MHB	MHC	MHD	MHE	MHF	MHG	MHH	
1.8	皂化值	mgKOH/g	4)	4)	4)	4)	4)	4)	4)	4)	GB/T 8021
1.9	总硫含量	%(m/m)	5)	5)	5)	5)	5)	5)	5)	5)	5)
1.10	铜片腐蚀	级	1)	1)	1)	1)	1)	1)			GB/T 5096
1.11	氯含量	%(m/m)	6)	6)	6)	6)	6)	6)	6)	6)	6)
1.12	元素含量	%(m/m)	7)	7)	7)	7)	7)	7)	7)	7)	7)

1) 此性质适用于该类产品。
2) 标出温度。
3) 根据产品类型和闪点值选用相应的方法。
4) 某些化合物如：氯化石蜡、硫化脂肪的存在会干扰皂化值的测定。
5) 可用精密的方法如：X 射线、燃烧。如需要可由供应商标明添加剂中的硫含量(如添加的硫、总硫和基础原料中的硫含量)。
6) 可用精密的方法。考虑到环保和处理方面的原因，最终用户可以要求无氯元素的存在。
7) 从金属相容性理由或其他正当理由，最终用户可以要求了解特殊元素的含量和性质，可由最终用户和供应商共同协商这些元素的含量的极限值和性质。

4.2.2　功能性能

要确定这些功能性能是困难的，因为它们必须代表各种各样和特殊的使用场合的性质。

现已有一些标准方法，但不能代表实际工业使用场合。

所提到的关键的功能性能有：

——极压性(EP)；
——抗磨损性；
——减摩擦性；
——防锈性；
——抗雾性；
——过滤性；
——与油漆和合成材料的适应性。

见表 1-2。

表 1-2　制定不含水金属加工液的标准导则

No.	功能性能	单　位	L-[1]								试验方法
			MHA	MHB	MHC	MHD	MHE	MHF	MHG	MHH	
2.1	泡沫特性	mL/mL	1)	1)	1)	1)	1)	1)	1)	1)	GB/T 12579
2.2	极压性		2)	2)	2)	2)	2)	2)	2)	2)	2)
2.3	过滤性		3)	3)	3)	3)	3)	3)	3)	3)	3)
2.4	防锈性	级	1)	1)	1)	1)	1)	1)	1)	1)	GB/T 11143
2.5	抗雾性	%(m/m)	4)	4)	4)	4)	4)	4)	4)	4)	NF T60-196
2.6	抗摩性	级	—	1)	—	—	1)	1)			5)
2.7	贮存安定性	级	1)	1)	1)	1)	1)	1)			NF T60-197[6]
2.8	机械加工性	级	7)	7)	4)	4)	4)	4)	4)	4)	7)

表 1－2(完)

No.	功能性能	单　位	L－[1)]								试验方法
			MHA	MHB	MHC	MHD	MHE	MHF	MHG	MHH	

1）此特性适用于该类产品。
2）许多试验方法(四球机、法莱克斯、梯姆肯、Reichert)可用来评定金属加工液的极压性。最终用户可以按所指定的方法提出评定的结果，然而极压添加剂的存在并不一定有好的机械加工性，至今，在实验室极压筛选试验和机械加工之间尚未建立明确的相关性。
3）此特性代表按最终用户用的过滤设备来过滤液体的能力，并不改变液体的物理和化学性。此特性系在实际使用中来评定。
4）此特性用来检验雾化抑制剂的存在和效率。
5）由最终用户和供应商共同协商试验方法和极限值。此特性不是必须在所有情况都有用。
6）短期贮存试验由最终用户和供应商共同协商试验温度。对于含活性硫的产品如采用0℃则太低。
7）此特性仅能在实际使用中来评定可由最终用户和供应商共同商议有关试验的规范。

4.3　含水液体

4.3.1　特征性能

这些性能与浓缩液有关，在某些情况下由于浓缩液中水或挥发物的存在，不允许采用作为检测石油产品的性能如：黏度、闪点、倾点、乳化度等。由于测定这些性能的方法对水和挥发物很敏感。见表 2－1。

表 2－1　制定含水金属加工液的标准导则

No.	特征性能	单　位	L－[1)]									试验方法
			MAA	MAB	MAC	MAD	MAE	MAF	MAG	MAH	MAI	
3.1	外观	级	1)	1)	1)	1)	1)	1)	1)	1)		目测
3.2	颜色	级	1)	1)	1)	1)	1)	1)	1)	1)		GB/T 6540
3.3	嗅味	级	1)	1)	1)	1)	1)	1)	1)	1)		嗅觉
3.4	密度[2)]	kg/m^3	1)	1)	1)	1)	1)	1)	1)	1)		GB/T 1884 GB/T 1885
3.5	黏度[2)]	mm^2/s	1)	1)	1)	1)	1)	1)	1)	1)		GB/T 265
3.6	闪点 开口 闭口	 ℃ ℃	 1) 1)	 1) 1)	 1) 1)	 1) 1)	 — —	 — —	 — —	 — —		3) GB/T 3536 GB/T 261
3.7	倾点[4)]	℃	1)	1)	1)	1)	1)	1)	—	—		GB/T 3535
3.8	折射率	—	1)	1)	1)	1)	1)	1)	1)	1)		ISO 6320
3.9	酸值值	mgKOH/g	1)	1)	1)	1)	—	—	—	—		GB/T 4945
3.10	碱值	mgKOH/g	1)	1)	1)	1)	1)	1)	1)	1)		SH/T 0251
3.11	皂化值	mgKOH/g	5)	5)	5)	5)	5)	5)	5)	5)		GB/T 8021
3.12	矿物基础油量	%(*m/m*)	6)	6)	6)	6)	6)	6)	6)	6)		
3.13	铜片腐蚀	级	7)	7)	7)	7)	7)	7)	7)	7)		GB/T 5096
3.14	贮存安定性[8)] 短期储存 长期储存	 级 级	 1) 1)	 1) 1)	 1) 1)	 1) 1)	 1) 1)	 1) 1)	 1) 1)	 1) 1)		NF T60－197

表 2-1(完)

No.	功能性能	单　位	L-[1)]									试验方法
			MAA	MAB	MAC	MAD	MAE	MAF	MAG	MAH	MAI	

1）此性质适用于该类产品。
2）推荐用20℃温度。最终用户和供应商也可商议用其他温度。
3）按闪点值选择相应的试验方法。浓缩液中水的存在可能会影响或干扰测定的结果。
4）此特性不一定适合于所有类型产品。
5）某些化合物如：氯化石蜡、硫化脂肪的存在会干扰皂化值的测定。
6）如需要可由供应商给出矿物基础油的含量。
7）仅在集中分配/混合设备中有铜合金时才要求测定铜片腐蚀。
8）短期贮存试验推荐采用0℃和30℃，由最终用户和供应商根据地区气温共同协商其他温度。

4.3.2　功能性能

此特性是在将浓缩液用标准水或用户实际用水准确稀释到实际使用浓度来测定，此稀释液需精确采用与工业使用要求相符合的浓度。

目前所提到的关键性能有：

——抗腐蚀性；

——泡沫特性；

——乳化稳定性；

——与金属、润滑油、合成材料、密封材料和油漆的适应性；

——ph 值；

——对用户的安全卫生；

——成胶倾向(粘稠残留物形成倾向)；

——极压性(EP)；

——抗磨损性。

见表2-2。

表 2-2　制定含水金属加工液的标准导则

No.	功能性能	单　位	L-[1)]									试验方法
			MAA	MAB	MAC	MAD	MAE	MAF	MAG	MAH	MAI	
4.1	外观	级	1)	1)	1)	1)	1)	1)	1)	1)		目测
4.2	产品类型(透明度)[2)]	透明密度	1)	1)	1)	1)	1)	1)	1)	1)		NF T60-195
4.3	乳化度	级	1)	1)	1)	1)	1)	1)	1)	1)		NF T60-187
4.4	乳化稳定性	级	1)	1)	1)	1)	1)	1)	1)	1)		3)
4.5	微生物稳定性	级	1)	1)	1)	1)	1)	1)	1)	1)		4)
4.6	硬度	TH	5)	5)	5)	5)	5)	5)	5)	5)		
4.7	抗腐蚀性 铁金属 非铁金属	级	 1) 1)	 1) 1)	 1) 1)	 1) 1)	 1) 1)	 1) 1)	 1) 1)	 1) 1)		 6) 附录 A
4.8	泡沫特性	级	1)	1)	1)	1)	1)	1)	1)	1)		7)
4.9	pH 值 新混合 老化后	pH 单位	 1) 1)	 1) 1)	 1) 1)	 1) 1)	 1) 1)	 1) 1)	 1) 1)	 1) 1)		8)

表 2-2(完)

No.	功能性能	单　位	L-[1)]									试验方法
			MAA	MAB	MAC	MAD	MAE	MAF	MAG	MAH	MAI	
4.10	粘附/成胶倾向[8)]	级	1)	1)	1)	1)	1)	1)	1)	1)		9)

1) 此性质适用于该类产品。
2) 在大多数情况下目测足以测定产品的类型，然而用法国标准 NF T60—195 可用于更精确的产品分类。
3) 可能用的方法：NF T60—187、DIN 51367、IP 263。
4) 可能用的方法：附录 C、ASTM D3946 或由专门的工作组(如 IBRG/IP)即将出版相适宜的方法。
5) 供应商要明确在不发生泡沫和不影响稳定性时水的硬度。
6) 可能用的方法：NF T60—186、IP 125、IP 287、DIN 51360 第一和第二部分、ASTM D4627。
7) 可能用的方法：NF T60—185、IP 312、ASTM D3519、ASTM D3601。
8) 由供应商和最终用户共同协商试验室的老化方法可用来评定 pH 稳定度。可能用的方法：NF T60—193 和 DIN 51369。
9) 附录 B 描述测定此特性的四种方法。由供应商和最终用户共同协商选用其中任意一种方法。

5　制定标准时所考虑的不完全的特性目录表

5.1　前言

提出以下两种表格的形式：

——不含水液体

——含水液体

不限于表中所列项目，在考虑到其他特性后可进一步完善。

5.1.1　不含水液体

——特征性能(表 1-1)；

——功能性能(表 1-2)。

5.1.2　含水液体

包括两部分：

——按交付时产品性能(表 2-1)；

——按稀释后产品性能和功能性能(表 2-2)。

附　录　A
（提示的附录）
含水机械加工液与非铁金属相接触的抗腐蚀性试验法

A1　范围

本方法适应于加工铜、铜合金和铝、铝合金时的机械加工液抗腐蚀的评定。本方法适用于从MAA到MAH各类型。

A2　引用标准

ISO 209－1:1988　锻造铝和铝合金化学成分和制品的形成—第1部分：化学成分
ISO 427:1983　锻铜锡合金制品的化学成分和型式
ISO 431:1981　精炼铜型材
ISO 3696:1987　试验室分析用水的规范和试验方法
ISO/DIS 6344－1:1986　涂层研磨材料—磨损分析—第1部分：定义、命名和原理

A3　原理

一块金属片在规定的时间内浸在要测定的试验液体中，从液体和金属片外观的变化来评定液体的抗腐蚀性。

A4　试剂和材料

A4.1　乙醇：化学级。
A4.2　丙酮：化学级。
A4.3　水：符合ISO 3696。
A4.4　氯化钙六水化合物($CaCl_2 \cdot 6H_2O$)：分析级。
A4.5　硫酸镁七水化合物($MgSO_4 \cdot 7H_2O$)：分析级。

A5　仪器

用以下试验室通用仪器和玻璃器皿。
A5.1　烧杯：100mL，4个。
A5.2　移液管：5mL。
A5.3　金属试片：长40.0mm±0.2mm，宽8.0mm±0.2mm，厚3.0mm±0.2mm。
由以下金属组成：
——电解铜，CuDHP，符合ISO 431；
——青铜，CuSnSP，符合ISO 427；
——或其他用户和供应商协议的非铁金属。
A5.4　砂纸：400粒度，符合ISO/DIS 6344－1(在水下磨)。
A5.5　砂纸：500粒度，符合ISO/DIS 6344－1(在水下磨)。
A5.6　带刻度量筒：100mL，带玻璃磨口塞，在30mL刻度处可牵引。
A5.7　校正过的烧瓶：100mL。
A5.8　天平：精度接近0.1mg。

A6 步骤

A6.1 试验液体准备

A6.1.1 试验水的准备

用天平(A5.8)称取0.076g ±0.001g 氯化钙(A4.4)和0.0113g ±0.001g 硫酸镁(A4.5)溶解到装有用量筒(A5.6)量取的100mL 水(A4.3)的三角烧瓶(A5.7)中。

A6.1.2 含水液体的准备

含水液体是用所推荐浓度 $x\%$ 来准备，以 xmL 试验液体注入装有 $(100-x)$mL 按 A6.1.1 准备的水的带刻度量筒(A5.6)中，并剧烈振荡。

A6.2 金属试片的准备

试片要在水中抛光。首先用砂纸(A5.4)，再用砂纸(A5.5)，然后用水冲洗，再将试片顺次浸到水(A4.3)，乙醇(A4.1)和丙酮(A4.2)中，最后在空气中干燥。

试片在丙酮中清洗10min之后即可使用。

A6.3 试验

用移液管(A5.2)向四个烧杯(A5.1)的每个烧杯中注入要试验的液体，然后将每种试片浸入到前三个杯中，在23℃ ±2℃下，保持72h ±1h，第四个烧杯作为参照用。最后将四个烧杯放在同样的条件下存放。

经过72h ±1h 后，移出试片，用水(A4.3)清洗后，再将它们放到空气中干燥，并将液体留下。

A6.4 评价

经试验以后的试片和液体按表 A1 和表 A2 评价。

表 A1 液体的评价

级	外 观	级	外 观
0	外观无变化	2	明显变色
1	轻微变色	3	变色和/或沉淀

液体的外观是与第四个烧杯中的液体比较。

表 A2 金属试片的腐蚀评价

级	外 观	级	外 观
0	抛光表面	2	应予以考虑或中等变色
1	表面轻微变色	3	腐蚀

A7 结果表示

试验的结果是用对试片和试验液体评价的两个数字来表示。按 A6.4 金属试验片表示，见表 A3：

表 A3 试验的结果

试片的性质	试片的外观，级	液体的外观，级
铜		
青铜		
铝合金		

A8 试验报告

本试验报告包括以下几部分内容：

a) 试验产品的类型和性能；

b）引用方法即为 ISO/DTR 12927 附录 A；

c）试验的结果(见 A7)；

d）含水液体的浓度；

e）产品规定的或协议的偏差；

f）试验的日期。

附 录 B
（提示的附录）
含水机械加工液—成胶倾向的评定

B0 引言

含水金属加工液的特性，存在几种可能评定胶质和胶质产生倾向的方法。

a）方法 A

用测量移去一个圆环的阻力来评定胶质产生的倾向。

b）方法 B

测定胶质的溶解度。

c）方法 C

测定一对锭子/孔配合间的粘附力。

d）方法 D

测定两个平面之间的粘附力。

B1 范围

本标准描述了用不同方法来评定含水机械加工液的胶质形成的倾向,这些方法适用于从 MAA 到 MAH。

B2 引用标准

ISO 286－2：1988　公差和配合的 ISO 系统　第 2 部分：孔轴的标准公差级和极限偏差表

ISO 3692：1987　分析实验室用水　标准和试验方法

ISO/DIS 6344－1：1986　可涂研磨—磨粒尺寸的分析—第 1 部分：定义、命名和原理

NF A32－101：1987　铸铁制品—石墨铸铁铸塑薄片

B3 定义

本方法应用如下的定义。

成胶：含水液体经过在空气中蒸发，会残留下有机和/或矿物沉淀物(胶质)，这些残留物取决于含水液体的稠度和它们在水中或机械加工中的析离度，这些残留物会危害机械加工的操作，如对锭子、工作台、机床刀具或测量仪器阻塞，这些后果都是胶质所致。

B4 含水液体的制备

含水液体推荐使用浓度是由最终用户和供应商共同商议，这种水既可以是最终用户的水，也可以是合成硬水(NF T 60—188，DIN 51360 见参考目录和其他标准)。

B5 方法 A：测量移去一个圆环的阻力来评定成胶倾向

B5.1 原理

按机械加工通常使用的浓度和所规定的体积中浸入一个带扁平环的铂金夹子，在规定的条件下

经蒸发后，测量胶质。

B5.2　试剂和材料

B5.2.1　氯仿：化学级。

B5.2.2　水：符合 ISO 3692 中类型Ⅱ。

B5.3　仪器

用以下试验室通用仪器和玻璃器皿。

B5.3.1　铸铁坩埚：见图 B1，用 NF A32－101 FGL300 铁制作。

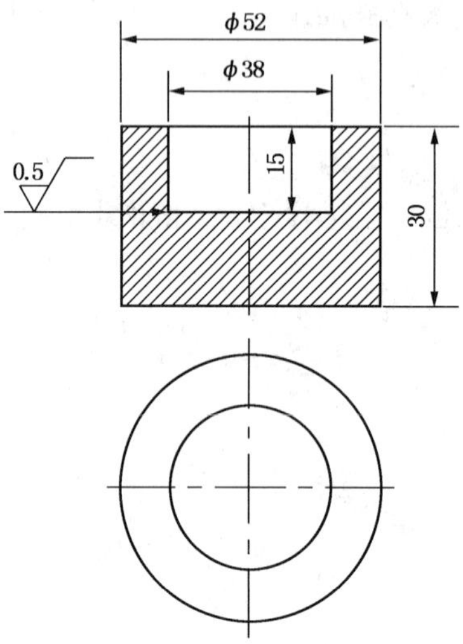

图 B1　铸铁坩埚

B5.3.2　Lecomte du Nouy1 类型张力仪，允许拉力 180Nm 和其相应的配件。

B5.3.3　铂金丝环：配上直径 0.37mm ±0.1mm 和圆周长 60mm ±0.1mm(按圆环直径约为 19mm)的夹子。

B5.3.4　通风烘箱：保持温度 85℃ ±1℃。

B5.3.5　移液管：带 10mL 刻度。

B5.3.6　精密计时钟：准确到 1/10s。

B5.3.7　干燥器：装有干燥剂，如氯化钙、硅胶。

B5.3.8　砂纸：P600 号磨料，符合 ISO/DIS 6344－1。

B5.3.9　铜片：宽 5mm ±1mm；长 70mm ±5mm；厚 0.2mm ±0.1mm，2 片。

B5.4　调正张力仪

首先将环(A5.3.3)放到张力仪上，然后按制造商要求将标尺调到 0，并且将臂调到水平。

B5.5　步骤

B5.5.1　准备

用氯仿(B5.2.1)清洗坩埚(B5.3.1)中，以除去胶质的痕迹，如果在清洗中遇到困难，则在水中(B5.2.2)用砂纸(B5.3.8)擦洗。

用移液管(B5.3.5)将按 B4 准备的 10mL 乳化/溶解液体转移到坩埚(B5.3.1)中。

用氯仿(B5.2.1)仔细清洗铂金环，并用本生灯烤铂金环，将按上述准备好的环和夹子(B5.3.3)放入装有试验液体的坩埚中。

为了避免环发生位移，用两块金属片(B5.3.9)固定夹子的支叉(见图 B2)。

经 72h ±1h 以后从烘箱将组合件移到干燥器(B5.3.7)中，并冷却 3h ±5min。

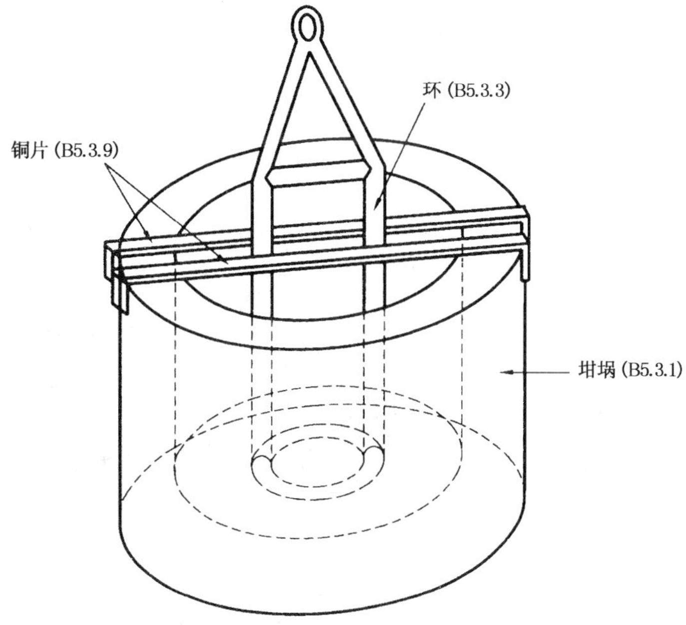

图 B2　示意图

注意 1：当环在坩埚中冷却时，如移动坩埚要防止环滑下。

移动铜片(B5.3.9)时，要极其注意不要碰到夹子的支叉。

在室温 23℃ ±2℃时将坩埚放到张力仪的支撑架上。

调正张力仪支撑架的高度，使得臂处在两个平行记号之间的平行位置。

将带有环的夹子缚到臂上，要极其小心不要移动环。

B5.5.2　测量

在准备好以后进行两次测量。

B5.5.2.1　变量 1：测量拉力。

按每 20s 施加 5mN/m 力逐渐增加。

如果在施加 180mN/m 时，环被拉开，则从刻度盘上长度单位读出拉力值。

如果读到 180mN/m 时，环没被拉开，则停止试验。

B5.5.2.2　变量 2：测量沉入与蒸馏水(软水)接触后的拉力。

取 10mL 水(B5.2.2)在室温下静止 30min。

注意 2：也可取常用浓度的液体来代替蒸馏水。

然后按 B5.5.2.1 进行。

B5.6　结果的表示

液体胶质生成倾向的结果是以环被拉开三次所用力的算术平均值来表示，mN/m。如果环在 180mN/m 没被拉开，则表示为 >180mN/m。

B6　方法 B：测定胶质的溶解度

B6.1　原理

按机械加工通常使用的浓度和所规定的体积放入表面皿中，在规定的条件下蒸发后，测定残留液体的流动性和在水中的溶解物。

B6.2　试剂和材料

B6.2.1　水：符合 ISO 3696 中类型Ⅱ。

B6.2.2　混和物：将 50mL 甲苯(B6.2.4)与 5mL 水(B6.2.1)，再加 495mL 无水异丙醇(B6.2.5)混合。

B6.2.3　水：符合 ISO 3696 中类型Ⅲ。

B6.2.4　甲苯：技术级。

B6.2.5　异丙醇：技术级。

B6.3　仪器

用以下试验室通用仪器和玻璃器皿。

B6.3.1　表面皿：外径 100mm。

B6.3.2　烧杯：100mL，矮型。

B6.3.3　分液漏斗：100mL 带塞子。

B6.3.4　自然对流烘箱：保持 70℃ ±2℃。

B6.3.5　强制对流烘箱：保持 70℃ ±2℃。

B6.3.6　机械搅拌机：工作转速 600r/min，带夹盘。

B6.3.7　搅拌棒：带有 120mm 长，19mm 宽和 15mm 厚的不锈钢的叶片。

B6.3.8　干燥器：装有干燥剂(硅胶)。

B6.3.9　可折叠的滤纸：直径 185mm。

B6.4　步骤

注意 3：本试验方法也可用来评定在使用中的含水机械加工液的成胶倾向，在此情况要用分液漏斗(B6.3.3)静止 4h，仔细分离出外来油。

B6.4.1　蒸发

将 20mL 要试验的产品涂到两个表面皿(B6.3.1)，并将其每个分别放入：

——自然对流烘箱中，保持 70℃ ±2℃下 24h。

——强制对流烘箱中，保持 70℃ ±2℃下 15h。

到时间后，将玻璃器皿从烘箱中取出放到干燥器(B6.3.8)中冷却 1h，然后称量每个玻璃器皿，并且推算出干燥残留物 A 的重量。

B6.4.2　残留物的蒸发

B6.4.2.1　流动性

将装有蒸发后残留物的两个玻璃器皿中(B6.3.1)的其中一个保持垂直的位置(姆指和食指之间)测量第一滴掉到玻璃器皿边缘的时间。

如果时间为：

<30s，则认为残留物为液体。

>30s，则认为残留物为非液体。

也要注意残留物的外观：

——无结晶沉淀物存在；

——粘附部分(拉成线状物)。

B6.4.2.2　测定残留物的溶解度

仪器的简图，见图 B3。

将装有叶片(B6.3.7)搅拌棒放入烧杯(B6.3.2)中，使其高于烧杯(B6.3.2)底部 10mm，离边 15mm。

在烧杯(B6.3.2)中装入水(B6.2.1)，使水面离上部边缘 35mm 以下。

将表面皿固定在支架上，将凹面镜的边朝向搅拌棒的叶片。

表面皿必须全部浸入水中，使其最底的边缘离烧杯的底部为 10mm，并使其水平直径与烧杯的边相接触。

将搅拌棒以 600r/min 转速旋转 15min ±15s。

到时间后，移出玻璃器皿，将玻璃器皿放入装有水(B6.1)的烧杯中浸三次，每次 2s，然后取出沥干 15s ±5s。如果残留物沉在玻璃表面的背面，用一张浸有混合物(B6. 2. 2)的纸将残留物除去。

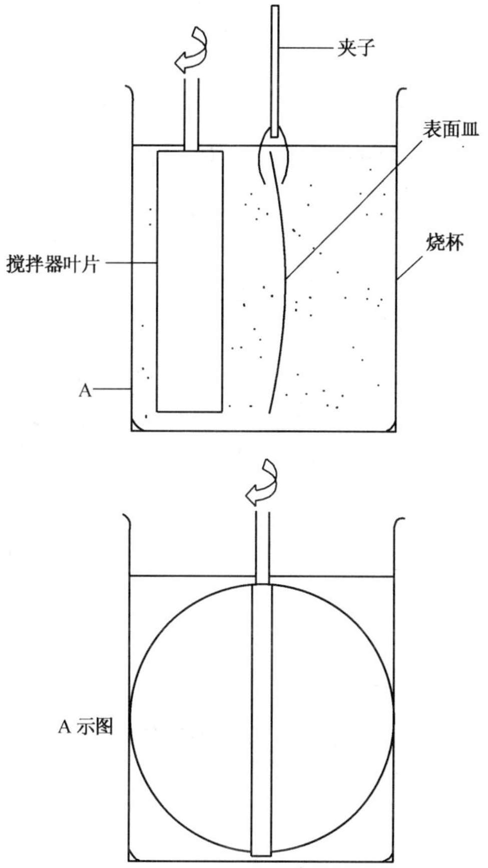

图 B3　溶解残留物设备

将玻璃器皿放在烘箱(B6. 3. 4)中，在 70℃ ±2℃下烘 2h ±5min，到时间后，将玻璃器皿放在干燥器(B6. 3. 8)中冷却 1h，然后称量玻璃器皿以及推测出残留物的重量。

B6. 5　计算

残留物的溶解度 S(%)按式(B1)计算：

$$S=\frac{A-B}{A}\times 100=\frac{C}{A}\times 100 \qquad \text{(B1)}$$

式中：S——残留物的溶解度,%(m/m)；

A——按 B6. 4. 1 得到的干残留物的质量；

B——按 B6. 4. 2. 2 得到的干残留物的质量；

C——相当于 $A-B$，可溶产品的质量。

B6. 6　结果的表示

按 B6. 4. 2 表示残留物的流动性和外观。

残留物的溶解度 S(%)是测定以两类蒸发条件下(B6. 4. 1)(S_{24}h 和 S_{15}h)。

B7　方法 C：测定一对锭子/孔配和粘附力

B7. 1　原理

在液体中，将一个不锈钢轴插入带有孔的一块板中，此块/钢组和件经干燥后，把它们放到天平的平底盘上，此天平可以用来测量将块和轴分开所需的力。

B7.2　试剂和材料

B7.2.1　氯仿：技术级。

B7.2.2　丙酮：技术级。

B7.3　仪器。

用以下试验室通用仪器和玻璃器皿。

B7.3.1　不锈钢块：直径22mm，高15mm，在中心有一个直径8mm的孔(见图B4)。

B7.3.2　不锈钢锭子：直径8mm，高19mm，两边呈锥形，符合ISO 286－2(见图B4)，将锭子装入H7 g6块的孔中。

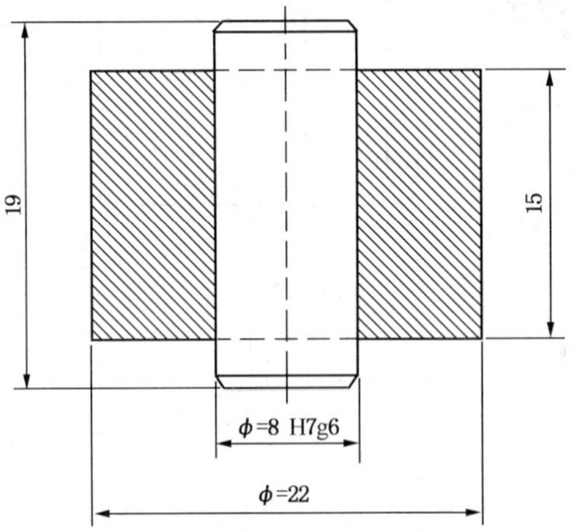

图B4　孔/轴系统

B7.3.3　烧杯：100mL，矮型。

B7.3.4　天平：精度达0.1mg。

B7.3.5　无棉纸。

B7.4　步骤

B7.4.1　清洗块中的孔和轴

用无棉纸(B7.3.5)蘸上氯仿(B7.2.1)，仔细清洗轴(B7.3.2)和块中的孔(B7.3.1)，以便除去上次试验遗留下的残留物/沉淀物/胶质，清洗后用丙酮(B7.3.2)漂洗，然后在空气中干燥。

B7.4.2　测量

将按B4准备的乳化液注入到烧杯(B7.3.3)中，然后将块(B7.3.1)放到乳化液中，再将轴(B7.3.2)插到块的孔中(见图B5)。

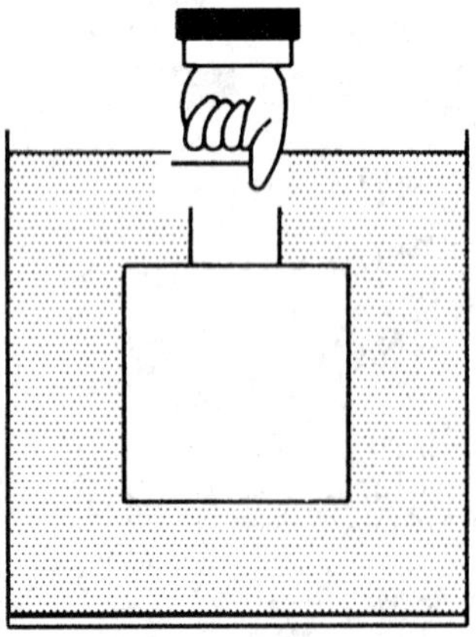

图B5　孔/轴系统按放在产品中

然后将块/轴的组合件从乳化液中移出后，在室温下，干燥96h±1h。

到时间后，将组合件放到天平盘(B7.3.4)上，并用手指(见图B6)测量从孔将锭子拔出所用的力。

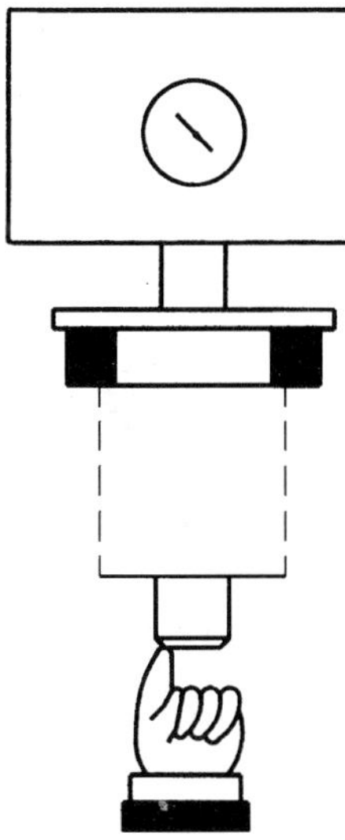

图 B6　测量孔和轴之间的粘附力

B7.5　结果的表示

结果是以从孔拔出锭子所需的力 F(N)来表示：

$$F = (m_a - m_s) \times 9.81 \times 10^{-3}$$

式中：m_a——组合件的质量，g；

m_s——分离出的质量，g。

B8　方法 D：测定两个平面之间的粘附力

B8.1　原理

在两块扁平面上涂有需要试验的产品，在规定的条件下脱水(干燥)，经干燥后，用一台牵引机械进行测定拉开两个面所需的力。

B8.2　试剂与材料

B8.2.1　氯仿：技术级。

B8.2.2　丙酮：技术级。

B8.3　仪器

用以下试验室通用仪器和玻璃器皿。

B8.3.1　不锈钢模板：4 块(见图 B7)。

B8.3.2　盖子：与模板相配合(见图 B7)。

B8.3.3　1kg 砝码：8 个。

B8.3.4　自然通风烘箱：保持温度 105℃ ±1℃。

B8.3.5　油漆刷子。

B8.3.6　玻璃棒。

B8.3.7　牵引机械：可以提供全速为 75mm/min，配有能测量到 5kN 的测力器。

B8.3.8　无棉纸。

B8.3.9　天平：精度为 0.1mg。

B8.4　步骤

B8.4.1　清洗模板和盖子

用纸(B8.3.8)蘸上氯仿(B8.2.1)仔细清洗模板(B8.3.1)和盖子(B8.3.2)，然后用丙酮(B8.2.2)漂洗，最后在空气中干燥。

B8.4.2 测量

向4块模板(B8.3.1)的每块板称量4g ±0.1g要试验的液体，然后用玻璃棒(B8.3.6)拨开，将模板放到温度为105℃ ±2℃的烘箱中，保持60min ±5min。

到时间后，从烘箱中取出4块模板，用油漆刷子(B8.3.5)向4个盖子(B8.3.2)上仔细地涂上要试验的液体，然后将它们放到模板上，并使两个表面完全粘贴。

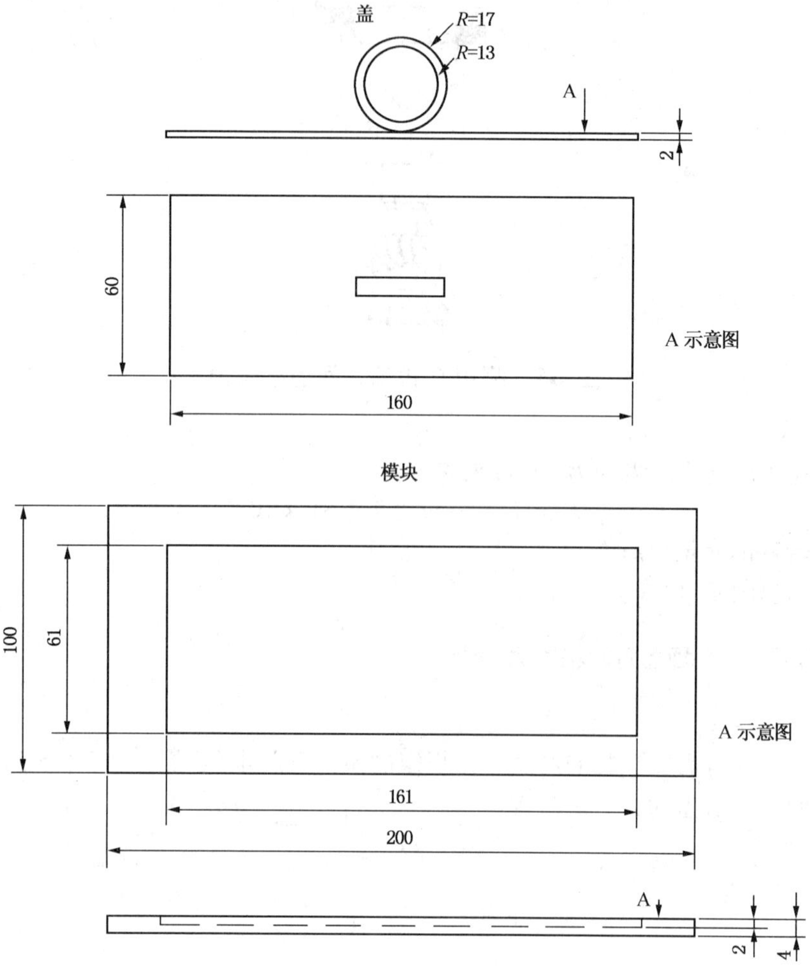

图B7 模块和盖

向4个盖子的每个盖子上放两个1kg的砝码，再将模块、盖子和砝码放到温度为105℃ ±2℃的烘箱中，保持60min ±5min之后，将它们移出在室温冷却至少3h，移开每个盖上的砝码。

移走砝码，将模块/盖子和组合件，放到具有全速为75mm/min的牵引机械(B8.3.7)，测定从模块中分开盖子所需的力 F。

B8.5 结果的表示

进行两次试验，得到8个测量值 F_i，从模块中分开盖子所需的力 F(N)按式(B2)计算：

$$F=\frac{1}{8}\sum_{i=1}^{8}F_i \qquad \text{(B2)}$$

成胶值 G(N/m²)按式(B3)计算：

$$G=\frac{F}{S} \qquad \text{(B3)}$$

式中：S——盖子和模子之间相接触的面积，m^2。

B8.6 试验报告

a) 产品类型和性能；

b) 所用的参考方法，即 ISO/DTR 12927 附录 B 中的方法 A，B，C 或 D；

c) 含水液体的浓度(见 B4)；

d) 所用水的硬度(对方法 A、C 和 D)；

e) 试验结果：

——方法 A，按 B5.6；

——方法 B，按 B6.6；

——方法 C，按 B7.5；

——方法 D，按 B8.5；

f) 偏差：按协议或规定的方法；

g) 试验的数据。

B8.7 参考文献

NF T60－188 含水机械加工液—试验用合成水的准备

DIN 51360 冷却润滑剂的试验—水和冷却防腐性测定—屑/滤纸方法

附 录 C
(提示的附录)
含水金属加工液微生物稳定性的评定

警告：使用本方法会涉及到危险的物质、操作和设备。本标准不打算提出与其使用有关的所有安全问题。本标准使用者有责任在使用前应建立相应的安全和健康的试验的操作以及测定正常极限值。

注：本方法是法国标准化协会的现行标准。

C1 范围

方法是用于评定水与机械加工液混合物液的微生物的稳定性，该液体可用新鲜的，也可用已知硬度水进行稀释。此方法适用从 MAA 到 MAH 范围。

C2 引用标准

DIN 51360－2：1981 冷却润滑剂的试验—防腐蚀性的测定—屑/滤纸方法

IP 287：1994 与水混和的金属加工液防锈性的测定—屑/滤纸方法

NF T60－186：1993 含水金属加工液—与非铁金属接触防锈性的评定法

NF T60－193：1993 含水金属加工液—pH 值的测定法

C3 原理

将一定体积要试验的液体稀释，放在特殊的仪器中循环，并测定以下的参数：体积、流速、浓度和稀释水量。

在规定的时间，将液体用一种特定的细菌培养液培养，同时从中取出液体的试样，检查细菌的总增长率和以下的特性：pH 值、防锈性。

C4 试剂和材料

C4.1 水：符合 ISO 3696 中类型Ⅱ。

C4.2 氯化钙六水化和物($CaCl_2 \cdot 6H_2O$)：分析级。

C4.3 硫酸镁七水化合物($MgSO_4 \cdot 7H_2O$)：分析级。

C4.4 铸铁屑：NF T60－186 或 DIN 51360。

C4.5　细菌培养液

a）五种细菌

——食油假单细胞；

——铜绿假单细胞；

——大肠杆菌；

——费氏柠檬酸细菌；

——变形杆菌。

b）一种酵母菌

——念珠菌 SP(无白色念珠菌)。

c）一种霉菌

——腐皮镰胞。

C5　仪器

用以下试验室通用仪器和玻璃器皿：

C5.1　循环系统：如图 C1 所示，包括以下部分：

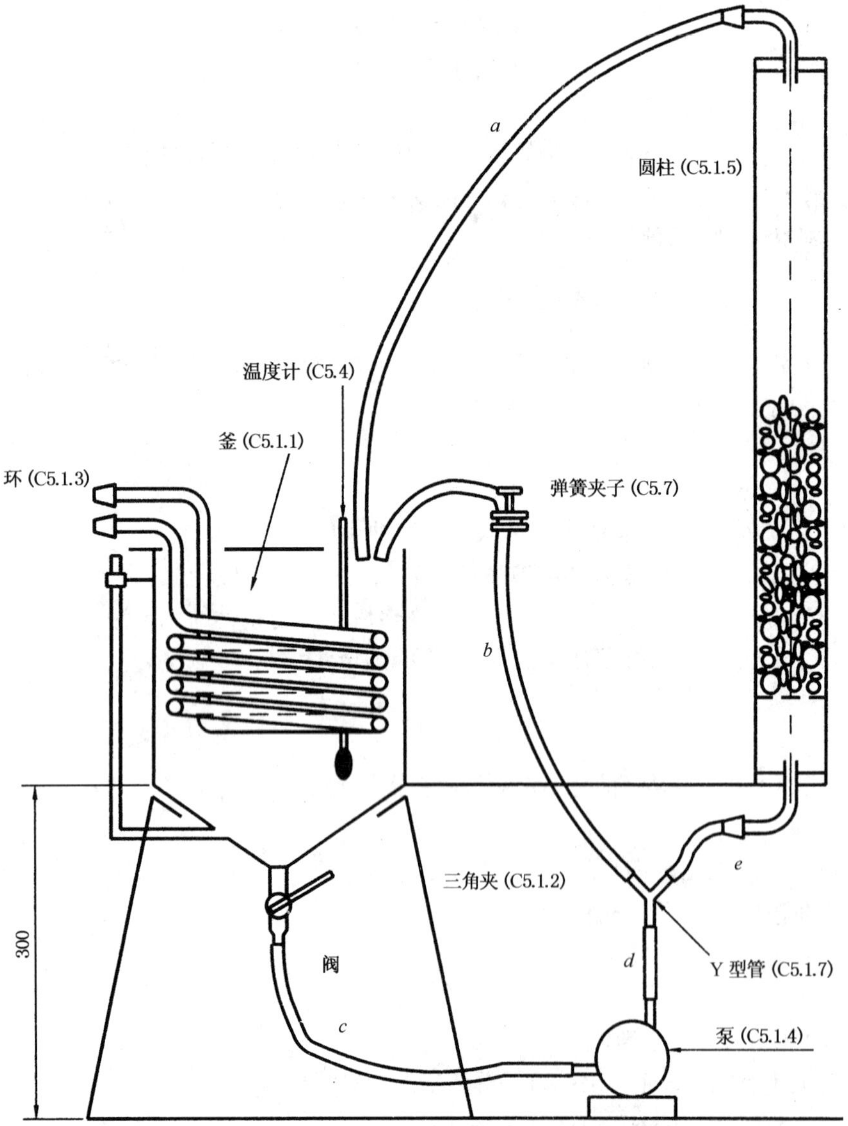

管子长度 (C5.1.6):a=500±50　b=450±50　c=d=200±50　e=300±50

图 C1　循环系统示意图

C5.1.1 不锈钢釜：带有一个圆锥形底部的圆柱，容量为 10L，配有一个水平指示器和一个可移动的盖，底部有一个小管，并装有一个阀和一个防护的不锈钢的格板(120mm×120mm；格子 1/1，十字交叉线)，图 C2 为釜的草图。

C5.1.2 支承釜(C5.1.1)的三角架。

C5.1.3 玻璃冷却环：与水龙头相连接(用内径为 7mm 的管子，盘成直径为 210mm，5 盘的螺旋上升形)。

C5.1.4 不锈钢离心泵：在 6m 压头时为 350L/h 流速容量。

C5.1.5 玻璃圆柱(见图 C2)。

C5.1.6 管子：用硅橡胶(内径为 10mm)。

C5.1.7 Y 型联接器。

C5.1.8 所需的夹具(夹子和夹卡)。

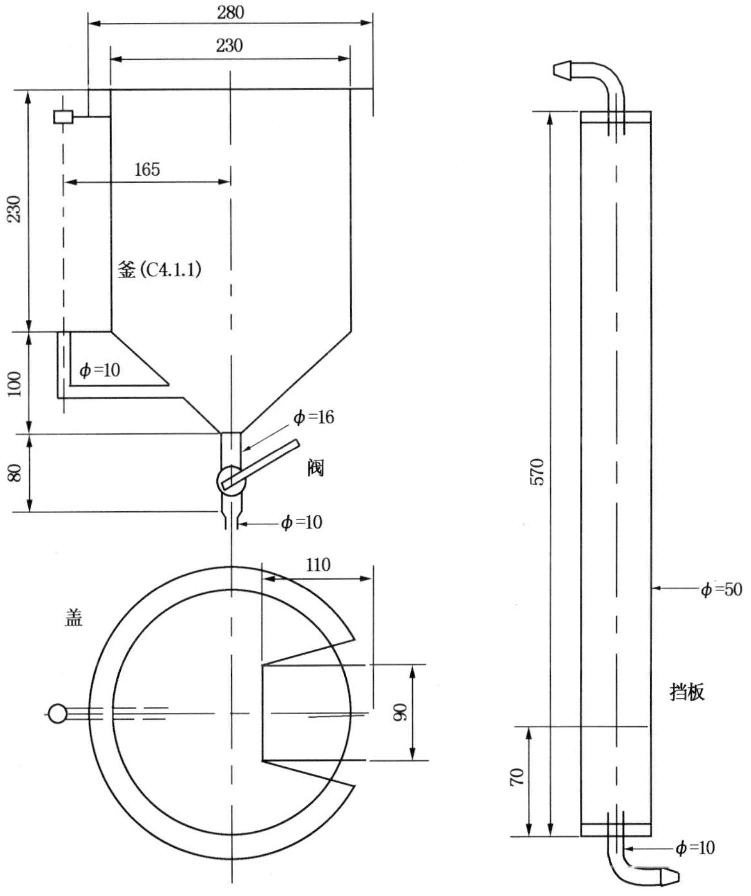

图 C2 釜盖和玻璃圆柱示意图

C5.2 玻璃球：直径为 6mm、8mm 和 10mm。

C5.3 纱布带：符合国家药物的规定。

C5.4 温度计：60℃以上，精度为 1℃。

C5.5 带刻度的量筒：250mL。

C5.6 带刻度的量筒：2000mL。

C5.7 弹簧夹子。

C5.8 烧杯：200mL。

C5.9 清洗装置：如瓶刷。

C5.10　计时器：精度为1s。

C5.11　尼龙刷：爪型。

C5.12　100mL采样瓶，在小于30mm处有一个小孔。

C5.13　微生物计数仪：

C5.13.1　细菌培烘箱：可调到30℃ ±0.5℃。

C5.13.2　试验室烘箱：可调到180℃ ±2℃或120℃ ±2℃。

C5.13.3　培养介质：所用计量：[1]。

——总细菌(浸渍试片)；

——酵母菌(浸渍试片)；

——霉菌(浸渍试片)；

——硫酸盐还原剂(带有在深层培养毛细管的试管)。

C5.14　校正烧瓶：1000mL。

C5.15　天平：精度约0.1mg。

C6　步骤

选择放置于一个既不黑暗又不直接暴露于太阳的地方，按图C1安装试验装置，但不装圆柱。

C6.1　填装圆柱

向四个烧杯(C5.8)中称量每种类型玻璃球(C5.2)200g ±10g和15g ±1g的铸铁屑(C4.4)。

在玻璃圆柱(C5.1.5)的格板上捆上四条厚的砂布带(C5.3)。

向圆柱中依次装入从最大到最小的玻璃球，然后放入铸铁屑。

C6.2　金属加工液的准备

准备5L试验水。用天平(C5.15)称取0.380g ±0.0001g氯化钙(C4.2)和0.066g ±0.001g硫酸镁(C4.3)溶于用烧瓶(C5.14)量取的1000mL水(C4.1)中。

注意4：此准备工作最好在星期一进行。

打开阀，用量筒(C5.6)量取水为23℃ ±2℃(用C5.4温度计测量)的已准备好的试验水4850mL ±50mL水注入釜(C5.1.1)中。

注意5：也可用其他双方协议的水。

启动泵(C5.1.4)，并用弹簧夹(C5.7)控制进入玻璃圆柱的流速，并借助于带刻度量筒(C5.5)和计时器(C5.10)，使其到阀的速度为80L/h ±10L/h。

向经1min循环后的水(C5.1.3)中用量筒(C5.5)加入150mL ±5mL[3%(V/V)]的机械加工液。

所得到的液冲洗圆柱(C5.1.5)。

向釜上加盖。

允许水在玻璃冷却环(C5.1.3)中循环，并调节水的流速使溶液的温度维持在23℃ ±2℃(用C5.4温度计测量)。

此时间为试验开始的时间，t_0。

C6.3　进行试验

试验按表C1所述的循环进行。

试验从1到9顺序进行。

按C6.3所述进行6次循环。

1) CRION DIAGNOSTICA (EASCULT TTC为总细菌，EASICULT M为酵母菌和霉菌；EASICULT为硫酸盐还原剂)，DIFCO(HY-CHECK总细菌，HYCHECK为酵母菌和霉菌)STERLING(STERIBIOTEST GKT总计量，STERIBIOTST HS为酵母菌和霉菌)，是适合使用的商品的例子。所给出的信息是为方便于本方法的使用者，但是ISO对三种产品还未给于正式命名。

注意6：在试验过程中值得注意的是循环液外观的变化，如沉淀的形成，泡沫的出现。

在周末停止试验，用弹簧夹子夹住圆柱的进口，以避免圆柱的干燥。

在采样4h后对样品进行测定。

C6.4　微生物计数

本方法描述了含水切削加工液微生物稳定性的微生物计数。

本微生物计数法是一种简单的方法，用事先准备的培养介质，规定了计数的方法。

C6.4.1　操作步骤

将样品瓶(C5.12)放在120℃，1bar($1\times10^5N/m^2$)细菌烘箱(C5.13.1)下，或在180℃烘箱(C5.13.2)中至少2h。

培养介质的接种要在采样后2h后进行，否则将样品保持在5℃±2℃的暗处。

C6.4.1.1　总细菌、酵母菌、霉菌和硫酸盐还原剂

用带有一定培养介质的试片浸在样品中30s。再将试片放到管子内，把管子放到细菌烘箱(C5.13.1)中培养。

培养期结束后，读出菌落数和/或对照标准试板。

注意7：对总细菌的培养期一般为48h，对酵母菌和霉菌的培养期一般为48h和96h之间。

在任何情况下要遵循浸渍试片制造商的说明。

表C1　循环操作

操作步骤	No	开始(t)或再启动的时间						
		星期一 <5min	星期二 24h±h	星期三 48h±1h	星期四 72h±1h	星期五 96h±h	周末	星期一 168h±1h[1)]
在圆柱出口处采集100mL样品到瓶子(C5.12)	1	×						×
测定pH值[2)]和防锈性[3)]	2	×						×
硫酸盐还原剂 采样 读数	3	×				×（读数）		×
总细菌 浸入试片 读数	4			×（浸入试片）	×（读数）	×[4)]（读数）		
酵母菌 浸入试片 读数	5			×（浸入试片）		×（读数）		×[4)]（读数）
霉菌 浸入试片 读数	6			×（浸入试片）		×（读数）		×[4)]（读数）
在培养液(C4.5)中培养	7	×	×	×	×	×		×[5)]
釜中装满新鲜液体溶液[6)]	8	×						×[5)]
经64h后，停止液体循环	9					×[7)]		

1）星期一“168”也是下一个循环的开始，每个循环再一次启动在相同的时间和相同的操作步骤。

2）用NF T60－193规定的方法(见图C2)。

3）用NF T60－186规定的方法(见图C2)。

4）第二个读数将优先保留，除非此数读不出。在此情况用第一读数。如果第一读数不易读出(滑片全盖住)，则标记为“0”。

5）除了第六次循环以外。

6）用3%(*V/V*)浓度，见C6.2。

7）在t_0+104h。

C6.4.1.2　硫酸盐还原剂

将培养介质放在一个高的培养器中，放入合适的培养源(硫酸铁琼脂)进行培养。

培养期结束后，用比较板来比较培养介质外观的变化。

注意：8——当用与其不相干的外来油来覆盖样品时，建议按以下处理：

——允许瓶子静止足够的时间，以使外来油完全分开(一般静止时间 5 ~ 10min 是足够)；

——用无菌移液管移走杂质油层；

——进行微生物的控制(将试片放入瓶中)。

C6.4.2　循环浸渍试片的处理

试片可用以下的方法容易处理：

——煅烧；

——浸入杀菌介质中；

——通过自动控制进行杀菌。

C6.5　清洗系统

排空系统。

拆下管子(C5.16)，釜的不锈钢板(C5.11)，必须丢掉管子。

排空圆柱(C5.1.5)，并丢掉玻璃球和铸铁屑的混和物。

用自来水和清洗剂(C4.6)的混和物，以及用刷子(C5.11)和清洗器(C5.9)来清洗系统的各部分，以及泵(C5.1.4)。

用自来水清洗整个组合件五次。

安装好仪器为下一次使用。

C7　结果

按表 C3 要求整理试验中所得的结果。

——细菌总数(GT)和级别；

——酵母菌(Y)和级别；

——霉菌(M)和级别；硫酸盐还原剂(S)和级别；

——pH 值和级别；

——防锈性和级别。

级别由表 C2 中给出。

金属加工液微生物稳定性是通过相应的六次循环的级别的平均值的总级别来表示。

C8　精度

本方法的精度正在考虑。

C9　试验报告

试验报告至少包括以下几方面：

a) 试验报告的名称和性能；

b) 参照方法，即 ISO/DTR 12927 附录 C；

c) 根据 C7 所得到的试验结果；

d) 在试验过程中观察产品的各种变化；

e) 协议偏差或产品偏差；

f) 试验的日期。

表 C2 级 别

总细菌数/mL(GT)	级 别	霉菌存在(M)	级 别
<103	10	无	10
103~104	6	+	6
104~105	4	+ +	2
105~106	2	+ + +	0
>106	0		
霉菌总数(Y)	**级 别**	**硫酸盐还原剂的存在(S)**	**级 别**
<103	10	无	10
103~104	6	+	6
104~105	4	+ +	2
105~106	2	+ + +	0
>106	0		
pH 值1)	**级 别**	**腐蚀值**	**级 别**
0	10	0~0	10
0~0.2	6	0~1	10
0.2~0.4	4	1~0	10
0.4~0.6	2	1~1	10
>0	0		
		1~2	6
		2~2	2
		2~3	2
		2~4	2
		3~3	0
		3~4	0
		3~5	0

1) 与新鲜产品的 pH 值的比较

表 C3 含水金属加工液微生物稳定性

	ISO/DIR 927 附录 C								NF T60-193 pH	NF T60-186 腐蚀	总级别
	总细菌(GT)		酵母菌(Y)		霉菌(M)		硫酸盐还原剂(S)				
循环	数值	级别	数值	级别	数值	级别	数值	级别			
循环 0											
循环 1											
循环 2											
循环 3											
循环 4											
循环 5											

C10 参考资料

PSA 试验方法 D60 1605：微生物计数法

PSA 试验方法 D55 1721：含水金属加工液微生物稳定性

附 录 D
（提示的附录）
金属加工液选用表

D1 金属加工液选用表，适用于对金属切削加工工序和塑型加工工序中的各种加工方法。

D2 表 D1 列出金属切削加工工序和磨削加工，以及电火化加工对加工不同金属材料(铸铁、碳钢，合金钢、不锈钢、硬质合金钢、铜、铜合金、铝和铝合金)时，金属加工液选用表。

表 D1 金属切削加工工序用金属切削加工液选用表

材料 / 机械加工		铸铁		碳钢		合金钢		不锈钢		硬质合金钢		铜、铜合金		铝、铝合金	
加工方法		不含水液	含水液	不含水液	含水液	不含水液	含水液	不含水液	含水液	不含水液	含水液	不含水液	含水液	不含水液	含水液
切削加工	车削		MAAC MABC MAEC		MAAC MABC MAEC		MABC MAFC MAHC		MAAC MAEC MAGC		MAGC MAHC		MAAC MAEC		MAAC MAEC
	铣削	MHAC MHBC		MHBC MHCC MHEC		MHCC MHEC		MHBC MHCC MHEC		MHEC		MHAC		MHAC	
	钻(镗)削	MHBC MHEC	MAEC	MHBC MHCC	MAFC	MHCC MHEC	MAFC	MHBC MHCC	MAFC	MHEC		MHBC	MAEC	MHBC	MAEC
	深孔钻削	MHCC MHEC		MHBC MHEC		MHEC MHFC		MHCC MHEC		MHEC			MACC		MACC
	铰削	MHCC	MAEC	MHCC	MAFC	MHCC MHDC	MAFC	MHCC MHEC	MAFC	MHEC MHFC		MHCC	MAEC	MHCC	MAEC
	齿轮加工			MHCC MHDC		MHEC MHFC		MHBC MHCC		MHEC MHFC		MHBC MHCC			
	拉削	MHDC	MABC MAEC	MHDC MHFC	MADC MAFC	MHEC MHFC	MADC MAFC	MHEC		MHEC MHFC		MHCC		MHBC	MABC
	攻丝	MHDC		MHDC MHFC		MHFC	MADC	MHEC		MHEC MHFC		MHCC		MHBC	
	锯削	MHCC	MABC MACC	MHCC MHEC	MACC MAFC	MHEC	MAFC MAHC	MHEC		MHEC MHFC		MHEC		MHBC	MABC
	NC 加工中心	MHBC MHCC	MAEC MAFC	MHCC MHEC	MAEC MAFC	MHCC MHEC	MAEC MAFC	MHCC MHEC	MAEC MAFC	MHEC MHFC		MHCC	MAEC MAFC	MHEC	MAEC MAFC
磨削加工	粗磨		MAGA		MAGA MAHA		MAHA		MAHA		MAGA		MAGA		MAGA
	精磨		MAGA		MAGA MAHA		MAGA		MAGA		MAGA		MAGA		MAGA
	高速磨削		MAHA		MAHA		MAHA		MAHA		MAGA		MAGA		MAGA
	强力磨削		MAHA		MAHA		MAHA		MAHA		MAGA		MAHA		MAGA
	珩磨	MHCA		MHCA		MHCA MHEA MHFA		MHCA MHEA		MHEA		MHCA		MHCA	
	电火化加工	MHAE		MHAE		MHAE		MHAE		MHAE		MHAE		MHAE	

注:表中第四个英文字母代表各种加工方法,其中 C——切削加工,A——磨削加工,E——电火化加工。

D3　表 D2 列出金属塑型加工工艺加工不同金属材料时，金属加工液选用表。

冲压工艺包括各种塑型加工工艺如冲压拉伸、挤压、拉拔、锻压和轧制等，表 D2、D3、D4、D5 和 D6 列出各种塑型加工对加工不同金属(碳钢、合金钢、不锈钢、铜、铜合金、铝和铝合金)时金属加工液的选用。

表 D2　冲压拉伸工艺金属加工液选用表

机械加工材料	碳　钢		合金钢		不锈钢		铜、铜合金		铝、铝合金	
加工液类别 加工深度	不含水液	含水液	不含水液	含水液	不含水液	含水液	不含水液	含水液	不含水液	含水液
深	MHCA MHDS MHES MHFS		MHCA MHDS MHES MHFS MHGS		MHCS MHDS MHES MHFS	MADS	MHCS MHES	MADS	MHCS MHES	MAFS
中	MHCS MHES	MABS MADS	MHCS MHES	MABS MADS	MHCS MHES	MABS	MHCS MHES	MABS	MHCS MHES	MAAS MABS
浅	MHBC MHCS MHDS MHES	MAAS MABS	MHCS MHES	MABS MADS	MHCS MHES	MAAS	MHBS	MAAS	MHBS	MAAS
注：表中第四个英文字母 S 代表冲压拉伸工艺。										

表 D3　挤压工艺用金属加工液选用表

机械加工材料	碳　钢		合金钢		不锈钢		铜、铜合金		铝、铝合金	
加工液类别 加工深度	不含水液	含水液	不含水液	含水液	不含水液	含水液	不含水液	含水液	不含水液	含水液
冷加工	MHBI MHEI	MADI	MHBI MHEI	MADI	MHBI MHEI	MADI	MHBI MHEI	MADI	MHBI MHEI	MADI
热加工		MADI		MADI		MADI				
注：表中第四个英文字母 I 代表挤压工艺。										

表 D4　拉拔工艺用金属加工液选用表

机械加工材料	碳　钢		合金钢		不锈钢		铜、铜合金		铝、铝合金	
加工液类别 加工深度	不含水液	含水液	不含水液	含水液	不含水液	含水液	不含水液	含水液	不含水液	含水液
冷拉伸	MHBW	MABW	MHBW	MABW	MHGW MHHW	MABW MAIW	MHBW	MABW	MHBW	MABW
热拉伸							MHGW		MHBW	
注：表中第四个英文字母 W 代表拉拔工艺。										

表 D5 锻压工艺用金属加工液选用表

机械加工材料	碳钢		合金钢		不锈钢		铜、铜合金		铝、铝合金	
加工液类别 / 加工深度	不含水液	含水液	不含水液	含水液	不含水液	含水液	不含水液	含水液	不含水液	含水液
冷锻	MHBF	MAGF MAHF	MHBF	MAGF MAHF	MHBF	MAGF MAHF	MHBF	MAGF MAHF	MHBF	MAGF MAHF
热锻		MAGF MAHF		MAGF MAHF		MAGF MAHF				
注：表中第四个英文字母 F 代表锻压工艺。										

表 D6 轧制工艺用金属加工液选用表

机械加工材料	碳钢		合金钢		不锈钢		铜、铜合金		铝、铝合金	
加工液类别 / 加工深度	不含水液	含水液	不含水液	含水液	不含水液	含水液	不含水液	含水液	不含水液	含水液
冷轧	MHAR MHBA MHCR MHER	MABR MAGR MADR MAER MAFR	MHAR MHBR MHCR MHER	MABR MAGR	MHAR MHBR MHCR MHER	MABR MAGR	MHAR MHBR MHCR MHER	MABR MAGR MADR MAER	MHAR MHBR MHCR	MABR MADR MAER
热轧	MHER	MABS MADS		MABR MAGR		MABR MAGR				
注：表中第四个英文字母 R 代表轧制工艺。										

编者注：本标准中引用标准的标准名称变动如下。

标准号	现标准名称
GB/T 261	闪点的测定　宾斯基－马丁闭口杯法
GB/T 3536	石油产品闪点和燃点的测定　克利夫兰开口杯法
GB/T 7631.1	润滑剂、工业用油和有关产品(L类)的分类　第1部分：总分组

ICS 75.100
E 34

SH

中华人民共和国石油化工行业标准

SH/T 0676—2005
代替 SH/T 0676—1999

水冷二冲程汽油机油

Water-cooled two-stroke-cycle gasoline engine oils

2005-04-11 发布　　2005-09-01 实施

中华人民共和国国家发展和改革委员会　发布

前　言

本标准与美国船舶制造商协会制定的《NMMA 许可证试验 TC－W3，二冲程汽油机润滑油》(英文版)的一致性程度为非等效。

本标准代替 SH/T 0676—1999《TC－WⅡ水冷二冲程汽油机油》。

本标准与 SH/T 0676—1999 相比主要差异如下：

——增加了 TC－W3 等级的水冷二冲程汽油机油的质量指标。

——将水冷二冲程汽油机油技术要求中倾点的质量指标由不高于－25℃改为不高于－28℃。

——将水冷二冲程汽油机油技术要求中的清净性及一般性能评定项目中的质量指标改为通过。

——增加产品的检验规则。

本标准由中国石油化工集团公司提出。

本标准由中国石油化工股份有限公司石油化工科学研究院归口。

本标准起草单位：中国石油化工股份有限公司茂名分公司。

本标准主要起草人：华献君、王伟明。

本标准于 1999 年首次发布，本次为第一次修订。

水冷二冲程汽油机油

1 范围

本标准规定了采用高黏度指数基础油，加入多种添加剂制成的水冷二冲程汽油机油的要求和试验方法、检验规则及标志、包装、运输和贮存。

本标准所属产品适合于各种功率的水冷二冲程汽油发动机的润滑。

2 规范性引用文件

下列文件中的条款通过本标准的引用而成为本标准的条款。凡是注日期的引用文件，其随后所有的修改单(不包括勘误的内容)或修订版均不适用于本标准，然而，鼓励根据本标准达成协议的各方研究是否可使用这些文件的最新版本。凡是不注日期的引用文件，其最新版本适用于本标准。

GB/T 260 石油产品水分测定法

GB/T 265 石油产品运动黏度测定法和动力黏度计算法

GB/T 511 石油产品和添加剂机械杂质测定法(重量法)

GB/T 3535 石油倾点测定法

GB/T 3536 石油产品闪点和燃点测定法(克利夫兰开口杯法)

GB/T 4756 石油液体手工取样法(GB/T 4756—1998，neqISO 3170：1988)

SH 0164 石油产品包装、贮存及交货验收规则

SH/T 0633 水冷二冲程汽油机油锈蚀测定法

SH/T 0634 水冷二冲程汽油机油滤清器堵塞倾向测定法

SH/T 0647 水冷二冲程汽油机油早燃倾向评定法

SH/T 0648 水冷二冲程汽油机油清净性及一般性能评定法

SH/T 0670 水冷二冲程汽油机油润滑性评定法

SH/T 0671 二冲程汽油机油流动性及其与汽油混溶性测定法

SH/T 0697 水冷二冲程汽油机油互溶性测定法

SH/T 0708 水冷二冲程汽油机油清净性及一般性能评定法(OMC 70HP 法)

SH/T 0709 水冷二冲程汽油机油清净性及一般性能评定法(Mercury 15HP 法)

3 分类

本标准所属产品按质量要求分为 TC－W2 和 TC－W3 两个等级。

4 要求和试验方法

水冷二冲程汽油机油技术要求和试验方法见表 1。

表 1 水冷二冲程汽油机油技术要求和试验方法

项　　目		质量指标		试验方法
		TC－W2	TC－W3	
运动黏度(100℃)/(mm^2/s)		6.5～9.3		GB/T 265
闪点(开口)/℃	不低于	70		GB/T 3536

表 1(续)

项目		质量指标		试验方法
		TC－W2	TC－W3	
倾点/℃	不高于	－28		GB/T 3535
机械杂质/%(质量分数)	不大于	0.01		GB/T 511
水分/%(质量分数)	不大于	痕迹		GB/T 260
锈蚀试验 锈蚀面积/%	不大于	参比油锈蚀面积		SH/T 0633
滤清器堵塞倾向试验 流动速率变化/%	不大于	20		SH/T 0634
早燃倾向试验，发生早燃次数	不多于	参比油的早燃次数		SH/T 0647
润滑性试验，平均扭矩降	不大于	参比油平均扭矩降		SH/T 0670
低温流动性/混溶性试验 低温流动性(－25℃)/(mPa·s) 混溶性(－25℃)，翻转次数	 不大于 不大于	 7500 参比油的 110%		SH/T 0671
相容性试验		—	通过	SH/T 0697
清净性及一般性能评定		通过		SH/T 0648
清净性及一般性能评定 OMC 70HP 法		—	通过	SH/T 0708
清净性及一般性能评定 Mercury 15HP 法		—	通过	SH/T 0709

5 检验规则

5.1 检验分类与检验项目

本产品检验分为出厂检验、周期检验和型式检验。

5.1.1 出厂检验

出厂检验项目包括：运动黏度、闪点、倾点、机械杂质、水分。

5.1.2 周期检验

正常生产时，锈蚀试验、滤清器堵塞倾向试验、低温流动性/混溶性试验、相容性试验为周期检验项目，每年测定一次。

5.1.3 型式检验

润滑性试验、早燃倾向试验、清净性及一般性能试验为型式检验项目。

在下列情况下进行型式检验。

a）新产品投产或产品定型鉴定时；

b）原材料、工艺等发生较大变化，可能影响产品质量时；

c）出厂检验或周期检验结果与上次型式检验结果有较大差异时。

5.2 组批

在原材料、工艺不变的条件下，产品每生产一罐或釜为一批。

5.3 取样

取样按 GB/T 4756 进行，取 4L 作为检验和留样用。

5.4 判断规则

出厂检验和周期检验结果应全部合格，方可出厂。

5.5 复检规则

如出厂检验和周期检验结果中有不符合表1技术要求的规定时，按GB/T 4756的规定重新抽取双倍样品进行复检，复检结果如仍有至少一项不符合表1技术要求的规定时，则判断该批产品为不合格。

6 标志、包装、运输和贮存

本产品的标志、包装、运输和贮存及交货验收按SH 0164进行。但包装采用小包装(含200L大桶)，直供时可采用散装。

编者注：本标准中引用标准的标准名称变动如下。

标 准 号	现标准名称
GB/T 3536	石油产品闪点和燃点的测定　克利夫兰开口杯法
GB/T 3535	石油产品倾点测定法
GB/T 511	石油和石油产品及添加剂机械杂质测定法

前　　言

本标准等效采用日本工业标准 JIS K 2246—1994《防锈油》第 1 ~4 条产品规格部分制定。

本标准与 JIS K 2246—1994 的主要差异：

1. 本标准的产品命名采用 GB/T 7631.6。
2. 本标准不包括 JIS K 2246—1994 的试验方法部分。
3. 对一般润滑油型防锈油增加了叠片试验项目。

本标准自生效之日起代替 SH/T 0095《L－RG 溶剂稀释型防锈油》、SH/T 0354《溶剂稀释型防锈油》、SH/T 0367《置换型防锈油》、SH/T 0602《L－RA 水置换型防锈油》、SH/T 0096《L－RK 脂型防锈油》和 SH/T 0366《石油脂型防锈脂》等标准。

本标准中附录 A、附录 B、附录 C、附录 D 均为标准的附录。

本标准中附录 E 为提示的附录。

本标准由中国石油化工集团公司提出。

本标准由中国石油化工集团公司石油化工科学研究院技术归口。

本标准由中国石油化工集团公司石油化工科学研究院和茂名石化公司研究院负责起草。

本标准主要起草人：龙化骊、徐名逢、周宏。

中华人民共和国石油化工行业标准

SH/T 0692—2000(2007)

防 锈 油

Rust preventive oils

代替 SH/T 0095—1991(1998)
SH/T 0096—1991(1998)
SH/T 0354—1992(1998)
SH/T 0366—1992(1998)
SH/T 0367—1992(1998)
SH/T 0602—1994

1 范围

本标准规定了以石油溶剂、润滑油基础油等为基础原料，加入多种添加剂调制而成的防锈油的技术条件。

本标准所属产品适用于以钢铁为主的金属材料及其制品的暂时防腐保护。

2 引用标准

下列标准包括的条文，通过引用而构成本标准的一部分，除非在标准中另有明确规定，下述引用标准都应是现行有效标准。

GB/T 261 石油产品闪点测定法(闭口杯法)
GB/T 265 石油产品运动黏度测定法和动力黏度计算法
GB/T 269 润滑脂和石油脂锥入度测定法
GB/T 711 优质碳素结构钢热轧厚钢板和宽钢带
GB/T 1995 石油产品黏度指数计算法
GB/T 2361 防锈油脂湿热试验法
GB/T 3535 石油产品倾点测定法
GB/T 3536 石油产品闪点和燃点测定法(克利夫兰开口杯法)
GB/T 4756 石油液体手工取样法
GB/T 5096 石油产品铜片腐蚀试验法
GB/T 5231 加工铜化学成分和产品形状
GB/T 6538 发动机油表观黏度测定法(冷启动模拟机法)
GB/T 7304 石油产品和润滑剂酸值测定法(电位滴定法)
GB/T 7631.6 润滑剂和有关产品(L类)的分类 第6部分：R组(暂时保护防腐蚀)
GB/T 8026 石油蜡和石油脂滴熔点测定法
GB/T 12579 润滑油泡沫特性测定法
SH/T 0025 防锈油盐水浸渍试验法
SH/T 0035 防锈油脂蒸发量测定法
SH/T 0036 防锈油水置换性试验法
SH/T 0060 防锈脂吸氧测定法(氧弹法)
SH/T 0063 防锈油干燥性试验法
SH/T 0080 防锈油脂腐蚀性试验法
SH/T 0081 防锈油脂盐雾试验法

国家石油和化学工业局 2000-06-30 批准　　2000-12-01 实施

SH/T 0082　防锈油脂流下点试验法
SH/T 0083　防锈油耐候试验法
SH/T 0105　溶剂稀释型防锈油油膜厚度测定法
SH/T 0106　防锈油人汗防蚀性试验法
SH/T 0107　防锈油人汗洗净性试验法
SH 0164　石油产品包装、贮运及交货验收规则
SH/T 0211　防锈油脂低温附着性试验法
SH/T 0212　防锈油脂除膜性试验法
SH/T 0214　防锈油脂分离安定性试验法
SH/T 0215　防锈油脂沉淀值和磨损性测定法
SH/T 0216　防锈油喷雾性试验法
SH/T 0218　防锈油脂试验试片制备法
SH/T 0584　防锈油脂包装贮存试验法(百叶箱法)
SH/T 0660　气相防锈油试验方法

3　定义

本标准采用下列定义。

3.1　防锈油　rust preventive oil

含有腐蚀抑制剂，主要用于暂时防止金属大气腐蚀的油品。

3.2　除指纹型防锈油　fingerprint removing type rust preventive oil

能除去金属表面附着的指纹的防锈油。

3.3　溶剂稀释型防锈油　solvent cutback rust preventive oil

将不挥发性材料溶解或分散到石油溶剂中的防锈油。涂敷后，溶剂挥发形成防护膜。

3.4　脂型防锈油　grease type rust preventive oil

以石油脂为基础材料常温下呈半固体状的防锈油。

3.5　润滑油型防锈油　lubricating type rust preventive oil

以石油润滑油馏分为基础材料的防锈油。

3.6　气相防锈油　vapor phase type rust preventive oil

含有在常温下能气化的缓蚀剂的防锈油。

3.7　黏度变化　viscosity change

试样在规定条件下加热除去挥发性物质后运动黏度变化，用加热前后试样的黏度变化率表示。

3.8　沉淀值　precipitation number

把试样与规定溶剂混合，在规定条件下离心分离，此时生成沉淀物的数值(mL)即为沉淀值。

3.9　烃溶解性　hydrocarbon solubility

试样与规定用溶剂混合，在规定条件下离心分离后，静置24h，观察试样溶液有无相变化或分离现象。

3.10　泡沫性　foaming characteristics

在规定时间，把一定流速的空气吹入保持一定温度的试样中，然后静置10min，观察其泡沫量，用mL表示。

3.11　氧化安定性　oxidation stability

把催化剂加入试样中，在规定温度下用搅拌棒搅拌试样一定时间，使其氧化，测定试样氧化后的运动黏度和总酸值的变化，评定试样的抗氧化性。

3.12　吸氧量　oxygen absorption content

将催化剂放入试样中，然后一并放入氧弹内，充入规定压力的氧气，在规定温度下加热氧弹，

根据100h后氧气压力的减少，确定试样的抗氧化性能。

3.13 膜厚 film thickness

将试样用规定的方法涂敷在试片上，垂直保持24h，检测附着膜质量，计算油膜厚度，用μm表示。

3.14 干燥性 drying characteristics

将试样用规定的方法涂在试片上，垂直保持一定时间后，油膜的干燥状态视为试样的干燥性。

3.15 流下点 flow down point

试样油膜在设定温度下垂直保持1h，油膜流落到基准线的温度即为流下点。

3.16 低温附着性 low-temperature adhesion property

试样膜在低温金属表面上的附着性能。

3.17 除膜性 film removability

试样膜被石油溶剂去除的性能。

3.18 磨损性 wearability

表示试样混入机械杂质使金属制品擦伤的性能。

3.19 挥发性物质量 volatile matter content

试样在规定条件下加热时产生的挥发性物质的量。

3.20 分离安定性 separating stability

试样在规定的温度条件下有无相变或分离。

3.21 喷雾性 sprayability

在一定条件下喷雾时，试样雾滴的均匀性。

3.22 腐蚀性 corrosivity

试样对金属的腐蚀性、变色性。

3.23 水置换性 water displacement property

试样对附着在金属表面上的水的置换性和防锈性。

3.24 酸中和性 acid neutralization property

试样对酸性物质的中和防锈性能。

3.25 除指纹性 fingerprints removing property

试样对附着在金属表面的指纹的去除性和防止指纹引起的锈蚀性。

3.26 人汗防蚀性 fingerprints anti-corrosive property

防止附着在试样膜上的指纹引起的锈蚀的能力。

3.27 透明性 transparency

涂覆在金属面上的试样膜在规定条件下放置后，从膜上读金属面上印记的性能。

3.28 包装贮存性 shed storage property

将在规定条件下涂有试样的试片包装，放在装有水槽的百叶箱中，评定其防锈能力。

3.29 气相防锈性 vapor phase anti-rust property

试样中的气相防锈剂在密闭条件下对裸露金属的防锈性。

3.30 暴露后气相防锈性 vapor phase anti-rust property after exposure

试样在规定条件下经室内暴露后，其气相防锈剂在密闭条件下对金属表面的防锈性。

3.31 加热后气相防锈性 vapor phase anti-rust property after heating

试样在规定条件下加热暴露后，其气相防锈剂在密闭条件下对金属表面的防锈性。

4 产品分类

4.1 分类

本标准将防锈油分为除指纹型防锈油、溶剂稀释型防锈油、脂型防锈油、润滑油型防锈油和气相防锈油五种类型，根据膜的性质、油品的黏度等细分为15个牌号，如表1所示。

表1　防锈油分类

<table>
<tr><th colspan="3">种　　类</th><th>代　号
L－</th><th>膜的性质</th><th>主 要 用 途</th></tr>
<tr><td colspan="3">除指纹型防锈油</td><td>RC</td><td>低黏度油膜</td><td>除去一般机械部件上附着的指纹，达到防锈目的</td></tr>
<tr><td rowspan="5">溶剂稀释型防锈油</td><td colspan="2">Ⅰ</td><td>RG</td><td>硬质膜</td><td>室内外防锈</td></tr>
<tr><td colspan="2">Ⅱ</td><td>RE</td><td>软质膜</td><td>以室内防锈为主</td></tr>
<tr><td rowspan="2">Ⅲ</td><td>1号</td><td>REE－1</td><td>软质膜</td><td rowspan="2">以室内防锈为主
（水置换型）</td></tr>
<tr><td>2号</td><td>REE－2</td><td>中高黏度油膜</td></tr>
<tr><td colspan="2">Ⅳ</td><td>RF</td><td>透明，硬质膜</td><td>室内外防锈</td></tr>
<tr><td colspan="3">脂型防锈油</td><td>RK</td><td>软质膜</td><td>类似转动轴承类的高精度机加工表面的防锈，涂敷温度80℃以下</td></tr>
<tr><td rowspan="6">润滑油型防锈油</td><td rowspan="3">Ⅰ</td><td>1号</td><td>RD－1</td><td>中黏度油膜</td><td rowspan="3">金属材料及其制品的防锈</td></tr>
<tr><td>2号</td><td>RD－2</td><td>低黏度油膜</td></tr>
<tr><td>3号</td><td>RD－3</td><td>低黏度油膜</td></tr>
<tr><td rowspan="3">Ⅱ</td><td>1号</td><td>RD－4－1</td><td>低黏度油膜</td><td rowspan="3">内燃机防锈。以保管为主，适用于中负荷，暂时运转的场合</td></tr>
<tr><td>2号</td><td>RD－4－2</td><td>中黏度油膜</td></tr>
<tr><td>3号</td><td>RD－4－3</td><td>高黏度油膜</td></tr>
<tr><td colspan="2" rowspan="2">气相防锈油</td><td>1号</td><td>RQ－1</td><td>低黏度油膜</td><td rowspan="2">密闭空间防锈</td></tr>
<tr><td>2号</td><td>RQ－2</td><td>中黏度油膜</td></tr>
</table>

4.2　代号

产品代号按GB/T 7631.6的规定。对GB/T 7631.6不包括的气相防锈油产品代号暂订为L－RQ。

5　技术条件

各类产品技术条件应符合表2～表6的规定。

表2　L－RC除指纹型防锈油技术要求

项　　目		质 量 指 标	试 验 方 法
闪点，℃	不低于	38	GB/T 261
运动黏度(40℃)，mm^2/s	不大于	12	GB/T 265
分离安定性		无相变，不分离	SH/T 0214
除指纹性		合格	SH/T 0107
人汗防蚀性		合格	SH/T 0106
除膜性(湿热后)		能除膜	SH/T 0212
腐蚀性(质量变化)，mg/cm^2		钢　±0.1 铝　±0.1 黄铜　±1.0 锌　±3.0 铅　±45.0	SH/T 0080[1)]
湿热(A级)，h	不小于	168	GB/T 2361

1）试验片种类可与用户协商

表3　溶剂稀释型防锈油技术要求

项　　目		质　量　指　标					试验方法
		L－RG	L－RE	L－REE－1	L－REE－2	L－RF	
闪点，℃　不低于		38	38	38	70	38	GB/T 261
干燥性		不粘着状态	柔软状态	柔软状态	柔软或油状态	指触干燥(4h) 不粘着(24h)	SH/T 0063
流下点，℃　不低于		80	—			80	SH/T 0082
低温附着性		合格					SH/T 0211
水置换性		—		合格		—	SH/T 0036
喷雾性		膜连续					SH/T 0216
分离安定性		无相变，不分离					SH/T 0214
除膜性	耐候性后	除膜(30次)	—				SH/T 0212[1)]
	包装贮存后	—	除膜(15次)	除膜(6次)		除膜(15次)	
透明性		—				能看到印记	附录B
腐蚀性(质量变化)，mg/cm²		钢 ±0.2　黄铜 ±1.0　锌 ±7.5 铝 ±0.2　镁 ±0.5　镉 ±5.0 铬 不失去光泽					SH/T 0080[2)]
膜厚，μm　不大于		100	50	25	15	50	SH/T 0105
防锈性	湿热(A级)，h　不小于	—	720[1)]	720[1)]	480	720[1)]	GB/T 2361
	盐雾(A级)，h　不小于	336	168	—		336	SH/T 0081
	耐候(A级)，h　不小于	600	—				SH/T 0083
	包装贮存(A级)，d　不小于	—	360	180	90	360	SH/T 0584[1)]

1）为保证项目，定期测定；
2）试验片种类可与用户协商。

表4　L－RK脂型防锈油技术要求

项　　目	质量指标	试验方法
锥入度(25℃)，1/10mm	200～325	GB/T 269
滴熔点，℃　不低于	55	GB/T 8026
闪点，℃　不低于	175	GB/T 3536
分离安定性	无相变，不分离	SH/T 0214
蒸发量，%(*m*/*m*)　不大于	1.0	SH/T 0035
吸氧量，kPa(100h，99℃)　不大于	150	SH/T 0060
沉淀值，mL　不大于	0.05	SH/T 0215
磨损性	无伤痕	SH/T 0215
流下点，℃　不低于	40	SH/T 0082
除膜性	除膜(15次)	SH/T 0212

表4(完)

项目		质量指标	试验方法
低温附着性		合格	SH/T 0211
腐蚀性(质量变化)，mg/cm^2		钢 ±0.2　黄铜 ±0.2　锌 ±0.2 铅 ±1.0　铝　±0.2　镁 ±0.5 镉 ±0.2 除铅外，无明显锈蚀、污物及变色	SH/T 0080[1]
防锈性	湿热(A级)，h　不小于	720	GB/T 2361[2]
	盐雾(A级)，h　不小于	120	SH/T 0081
	包装贮存(A级)，d　不小于	360	SH/T 0584[2]

1）试验片种类可与用户协商；
2）为保证项目，定期测定。

表5　润滑油型防锈油技术要求

项目	质量指标						试验方法
	L-RD-1	L-RD-2	L-RD-3	L-RD-4-1	L-RD-4-2	L-RD-4-3	
闪点,℃　不低于	180	150	130	170	190	200	GB/T 3536
倾点,℃　不高于	-10	-20	-30	-25	-10	-5	GB/T 3535
运动黏度，mm^2/s　40℃	100±25	18±2	13±2		—	—	GB/T 265
100℃	—	—	—	—	9.3~12.5	16.3~21.9	
低温动力黏度(-18℃)，mPa·s　不大于	—			2 500	—		GB/T 6538
黏度指数　不小于	—			75	70		GB/T 1995
氧化安定性(165.5℃，24h)							附录C
黏度比　不大于				3.0	2.0		
总酸值增加，mgKOH/g　不大于	—			3.0	3.0		
挥发性物质量,%(*m/m*)　不大于	—			2			SH/T 0660
泡沫性，泡沫量，mL							GB/T 12579
24℃　不大于				300			
93.5℃　不大于	—			25			
后24℃　不大于				300			
酸中和性	—			合格			SH/T 0660
叠片试验，周期	协议			—			附录A
铜片腐蚀(100℃，3h),级　不大于	2			—			GB/T 5096
除膜性，湿热后	能除膜						SH/T 0212
防锈性　湿热(A级)，h　不小于	240	192		480			GB/T 2361
防锈性　盐雾(A级)，h　不小于	48	—		—			SH/T 0081
防锈性　盐水浸渍(A级)，h　不小于	—			20			SH/T 0025

表 6 气相防锈油技术要求

<table>
<tr><th colspan="2" rowspan="2">项 目</th><th colspan="2">质量指标</th><th rowspan="2">试验方法</th></tr>
<tr><th>L-RQ-1</th><th>L-RQ-2</th></tr>
<tr><td colspan="2">闪点,℃ 不低于</td><td>115</td><td>120</td><td>GB/T 3536</td></tr>
<tr><td colspan="2">倾点,℃ 不高于</td><td>-25.0</td><td>-12.5</td><td>GB/T 3535</td></tr>
<tr><td rowspan="2">运动黏度, mm^2/s</td><td>100℃</td><td>—</td><td>8.5~13.0</td><td rowspan="2">GB/T 265</td></tr>
<tr><td>40℃</td><td>不小于 10</td><td>95~125</td></tr>
<tr><td colspan="2">挥发性物质量,%(m/m) 不大于</td><td>15</td><td>5</td><td>SH/T 0660</td></tr>
<tr><td colspan="2">黏度变化,%</td><td colspan="2">-5~20</td><td>附录 D</td></tr>
<tr><td colspan="2">沉淀值, mL 不大于</td><td colspan="2">0.05</td><td>SH/T 0215</td></tr>
<tr><td colspan="2">烃溶解性</td><td colspan="2">无相变, 不分离</td><td>SH/T 0660</td></tr>
<tr><td colspan="2">酸中和性</td><td colspan="2">合格</td><td>SH/T 0660</td></tr>
<tr><td colspan="2">水置换性</td><td colspan="2">合格</td><td>SH/T 0036</td></tr>
<tr><td colspan="2">腐蚀性(质量变化), mg/cm^2</td><td colspan="2">铜 ±1.0
钢 ±0.1
铝 ±0.1</td><td>SH/T 0080</td></tr>
<tr><td rowspan="4">防锈性</td><td>湿热(A级), h 不小于</td><td colspan="2">200</td><td>GB/T 2361</td></tr>
<tr><td>气相防锈性</td><td colspan="2">无锈蚀</td><td rowspan="3">SH/T 0660</td></tr>
<tr><td>暴露后气相防锈性</td><td colspan="2">无锈蚀</td></tr>
<tr><td>加温后气相防锈性</td><td colspan="2">无锈蚀</td></tr>
</table>

6 标志、包装、运输、贮存

标志、包装、运输、贮存及交货验收按 SH 0164 进行。

7 取样

取样按 GB/T 4756 进行，取 2L 作为检验和留样用。

附 录 A
（标准的附录）
防锈油——长期叠片腐蚀试验

A1 范围

本方法用于评定防锈油产品对碳素结构钢或其他材质(用户提出)重叠或卷置时的防腐性能。

A2 方法概要

把已知光洁度的试验片涂上试验样品，夹在两个不锈钢片之间，经过一定温度和湿度的循环作用，观察试片变化，评定试样的防腐性。

A3 设备

A3.1 试验片：符合 SH/T 0218 的 A 或 B 试片。

注：可以选择用户所需要的其他材质。

A3.2 浸渍槽。

A3.3 不锈钢吊钩。

A3.4 不锈钢“盖”板。

A3.5 不起毛的、有吸收能力的纸。

A3.6 气候箱。

A3.7 压板：重 2kg，用以保持试片上各点压力一致。

A4 试剂和材料

石油醚：化学纯。

A5 试验步骤

A5.1 按 SH/T 0218 准备试验片

注：可按用户和生产厂协商的特殊条件。

A5.2 将试验片浸入放有试样的浸渍槽(A3.2)中，提起后，在无灰尘、室温条件下，沥干 72h。

A5.3 将上述试片用两片不锈钢“盖”板夹紧，把压板(A3.7)放上。

A5.4 将上述组合体放入运转的气候箱中，气候箱每 7 天作为一个试验周期，每个周期：

——前 5 天，每天：8h，湿度 99%、温度 40℃，后 16h，湿度 75%、温度 20℃；

——后 2 天，每天：湿度 65%、温度 20℃。

A5.5 每个周期结束后，拆开组合体，检查接触面的状况，给出 4 个接触面的评定结果：

a) 无变化。

b) 有容易去除的印迹或污物。

c) 有一些不能去除的印迹或污物。

d) 有大量的不能去除的印迹或污点。

A6 结果的表示

记录试片未发生变化的周期数。

当试片的变化大于评定结果 A5.5b)情况时，终止试验，记录最后的评定结果。

记录产品的气味。

A7 试验报告

a）试验片的种类。

b）按 A6 说明试验结果。

c）试验片的润湿情况。

d）通过协商或其他原因，与规定的试验条件不符的情况。

附 录 B
（标准的附录）
透明性试验方法

B1 适用范围

本方法适用于测定溶剂稀释型 L－RF 防锈油的透明性。

B2 方法概要

将预先刻有印记的试片，经涂膜、干燥后，看能否观察到涂膜下的印记。

B3 仪器与材料

B3.1 试片：按 SH/T 0218《防锈油脂试验试片制备法》A 法准备 2 片 A 试片或 B 试片。

B3.2 刻印工具：能够打上 5mm 印记数字或文字的冲头。

B4 试验步骤

B4.1 用刻印工具在试片的面上，打上 2 个明显的印记。

B4.2 按 SH/T 0218 中 B 法对试片进行涂膜。

B4.3 其中一片经 24h 干燥后，另一片经 SH/T 0584《防锈油脂包装贮存试验法(百叶箱法)》后，用肉眼从涂膜外观察能否看到印记。

B5 试验结果

记录是否能看到印记。

附 录 C
（标准的附录）
内燃机油氧化安定性测定法

C1 适用范围

本方法用于评定内燃机用封存防锈油氧化安定性。

C2 方法概要

将催化剂浸入试样中，在 165.5℃条件下，用搅拌棒搅拌试样 24h，使其氧化后，测定氧化油的运动黏度和总酸值，与未氧化油比较，求出黏度比及总酸值的增量。

试验以装入同一试样的 2 个试验容器为一组进行。

C3 试验仪器及试验材料

C3.1 内燃机油氧化安定性试验器由以下 a) ~ e) 构成。图 C1 所示为组装图之一。

a) 恒温槽：恒温槽具有搅拌器、电热器及温度调节器，可将温度保持在 165.5℃ ±0.5℃，试验容器底部距恒温槽顶部 120mm，在浴液中可将试验容器浸泡 90mm 以上(参见图 C1)。

b) 温度计：测温范围 150℃ ~200℃，分度值为 0.5℃，长度 250mm，全浸。

c) 试验容器及试验容器盖

1) 试验容器：尺寸及构造如图 C2 所示，由硼硅酸耐热玻璃制成。

参考：GB/T 11143 的 4.1.3 规定用烧杯与此相当。

2) 试验容器盖：由酚醛树脂制成，形状、尺寸如图 C3 所示，备有搅拌棒插入孔。

注：变形或破损的盖，可使内部空气置换比例发生变化，因此有时造成试验结果的偏离，应引起注意。

d) 试样搅拌棒：由硼硅酸耐热玻璃或不锈钢制成，形状、尺寸如图 C4 所示。

e) 转子：由图 C1 所示形状从下方将试样搅拌棒插入，卡盘将其保持在离试样容器底部 10mm 的位置，以 1 300r/min ±15r/min 旋转(防止其震动)。

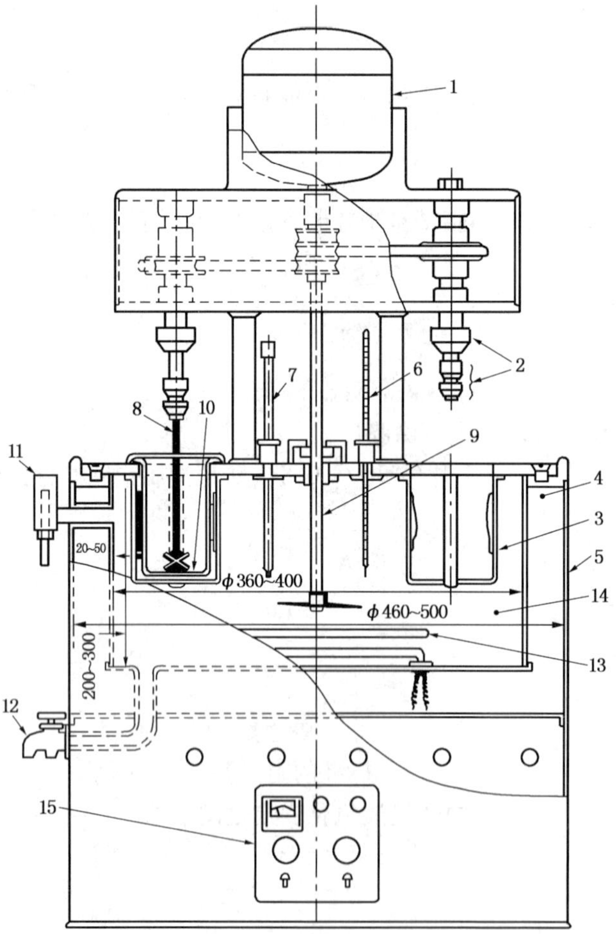

1—电动机；2—转子；3—试验容器固定装置；4—保温材料；5—保温壁；
6—温度计；7—温度调节器；8—试样搅拌棒；9—搅拌器；10—试验容器；
11—溢水管；12—排放栓；13—电热器；14—浴槽；15—操作盘

图 C1 氧化安定性试验器

图 C2　试验容器

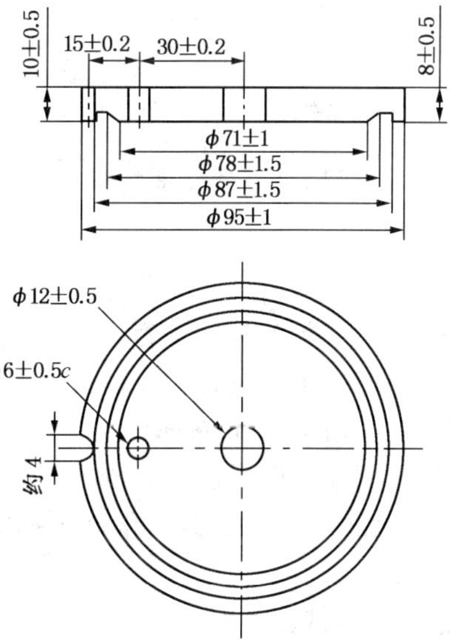

图 C3　试验容器盖

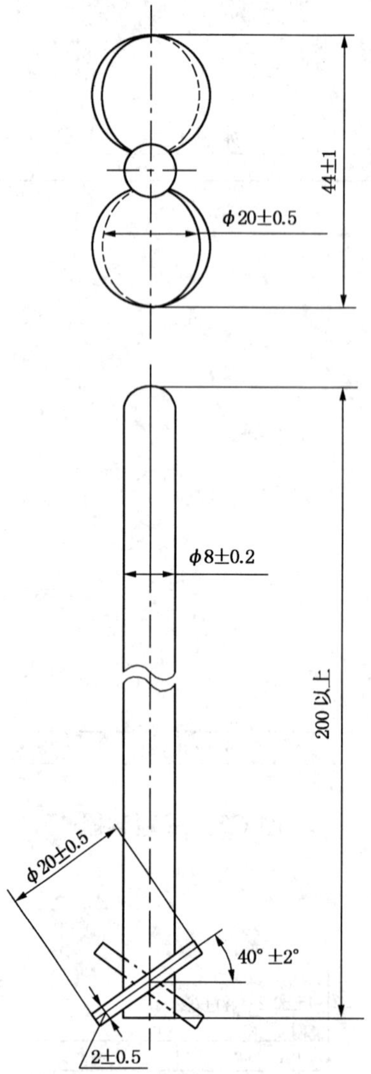

图 C4　试样搅拌棒

C3.2　催化剂及其他试验材料

C3.2.1　催化剂

a）钢：符合 GB/T 711 中的 10 号，厚度 0.5mm，宽 26mm，长 121.4mm。

b）铜：符合 GB/T 5231 中的 T2，厚度 0.5mm，宽 26mm，长 60.4mm。

注：如图 C5 所示，在钢及铜催化剂两端开固定孔（φ1.0mm）。

参考：可用参考图 C1 所示形状的钢及铜催化剂。铜催化剂两端的折线弯曲成爪，钢催化剂两端有插入爪的沟孔。两个催化剂组合时，铜催化剂爪插入钢催化剂沟孔，按折线将爪使劲弯下固定。

C3.2.2　研磨材料：400 号氧化铝研磨布或纸。

C3.2.3　脱脂棉。

C3.3　试剂

C3.3.1　庚烷：化学纯。

C3.3.2　石油醚：化学纯。

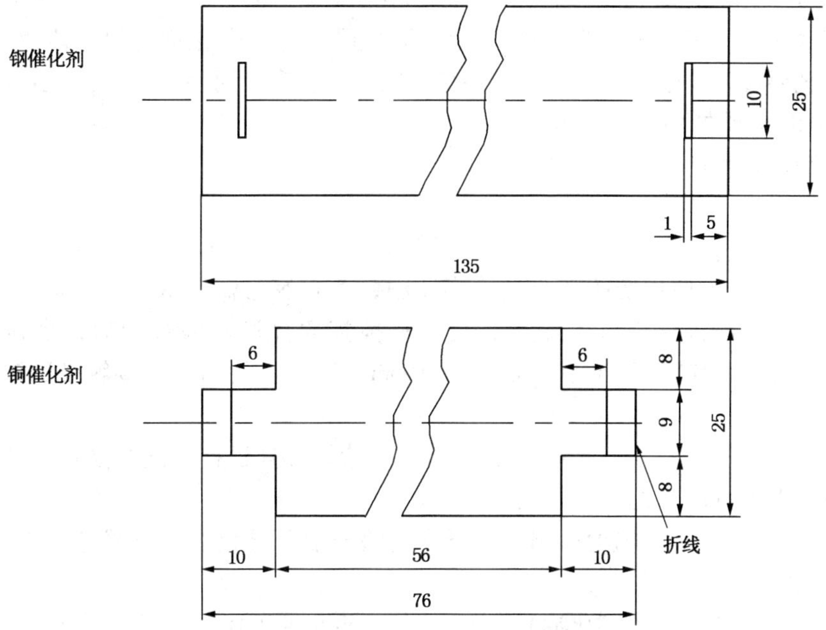

参考图 C1 附带爪、沟孔的催化剂

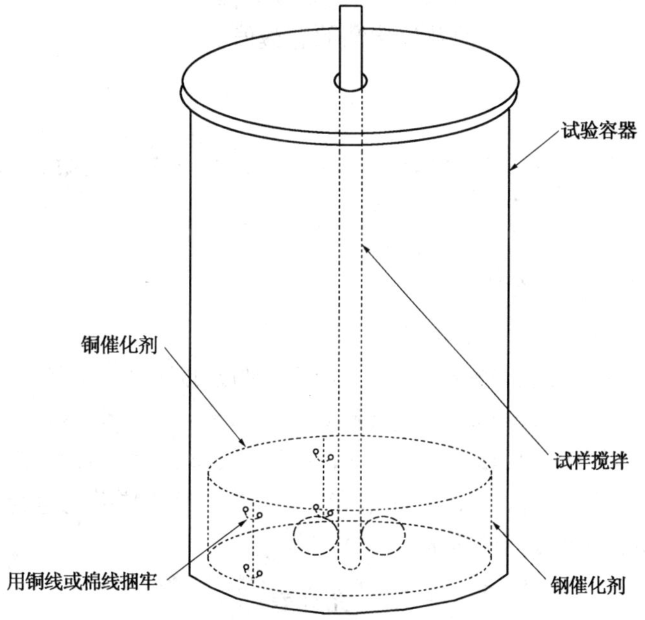

图 C5　试样容器及催化剂的安装

C4　取样

按 GB/T 4756 规定。

C5　试验准备

C5.1　将试验容器、试样搅拌棒在铬酸洗液或同等的洗净剂中浸泡 2h 以上，用自来水充分冲净，再用蒸馏水洗数次后将其干燥。

注

1　试样搅拌棒是不锈钢的情况下，用合适的溶剂洗净后干燥。

2　铬酸洗液废弃时，应做废液无害化处理。

C5.2 用脱脂棉沾合适的溶剂(庚烷、石油醚等)很好地擦拭两个催化剂后，用研磨布或研磨纸磨出新面，再用脱脂棉将磨粉全部擦干净，按图C5所示组装。研磨后的催化剂应尽可能快地用于试验。另外，研磨过的催化剂要用清洁干燥的脱脂棉或手套拿取，不要直接用手接触。

C5.3 将恒温槽的温度控制在165.5℃ ±0.5℃。

注：根据温度读取范围，尽可能将温度计插深。

C6 试验步骤

C6.1 如图C5所示，在放入催化剂的2个试验容器中，各自在常温下放入250mL试样，将它们固定在恒温槽上的试验容器固定装置上。然后，让试样搅拌棒穿过试验容器盖，将容器盖好。将试样搅拌棒安装在转子上，使叶片下端距容器底部10mm。这时不要用手直接触摸试样搅拌棒浸泡的部分。

C6.2 使试样搅拌棒以1300r/min ±15r/min，按一定方向旋转搅拌试样。试样搅拌棒开始旋转的时间即是试验开始时间，并将此时间记下。

C6.3 经24h后，将试验容器从恒温槽取出，用干净的镊子取下催化剂，将试验容器内的试样(以下称氧化油)冷却至室温。

C6.4 氧化试验前的试样(以下称未氧化油)、变为室温的氧化油迅速地进行以下试验。

a) 按GB/T 265测定未氧化油及氧化油40℃时的运动黏度。

b) 按GB/T 7304的规定测定未氧化油及氧化油的总酸值。

C7 计算方法

C7.1 黏度比：从氧化前后的试样运动黏度，由下式算出运动黏度比，保留小数点后2位。

$$R = \nu_2/\nu_1$$

式中：R——运动黏度比；

ν_1——40℃下的未氧化油运动黏度，mm^2/s；

ν_2——40℃下的氧化油的运动黏度，mm^2/s。

两个试验结果之差不超过平均值14%时，此平均值为黏度比。

两个试验结果之差超过平均值的14%时，重新试验。

C7.2 总酸值的增加：算出氧化前后试样的总酸值的差，保留3位有效数字。但不足1mg KOH/g时，保留小数点后2位。两个试验结果之差不超过表C1允许差时，其平均值为总酸值的增加。两个试验结果之差超过表C1的允许差时，重新试验。

表C1 允许差

mg KOH/g

总酸值增加	允许差
0.05 ~ 1.0	0.3
1.0以上 ~ 5.0	1
5.0以上 ~ 20	4

附　录　D

（标准的附录）

黏度变化计算法

把按 SH/T 0660 方法测定挥发性物质前后的试样，按 GB/T 265 测定 40℃运动黏度。黏度变化按下式计算，用两个试验结果的平均值表示，精确到小数点后一位。

$$\nu(\%) = [(\nu_1 - \nu_2)/\nu_1] \times 100$$

式中：ν——黏度变化,%；

ν_1——新油的运动黏度，mm^2/s；

ν_2——挥发性物质蒸发后的运动黏度，mm^2/s。

附　录　E

（提示的附录）

本标准的防锈油产品代号与等效标准 JIS K 2246—1994 产品代号的对应关系如表 E1 所示。

表 E1　本标准产品代号与 JIS K 2246—1994 的对应关系

本标准产品代号	JIS K 2246—1994 中代号
L－RC	NP－0
L－RG	NP－1
L－RE	NP－2
L－REE－1	NP－3－1
L－REE－2	NP－3－2
L－RF	NP－19
L－RK	NP－6
L－RD－1	NP－7
L－RD－2	NP－8
L－RD－3	NP－9
L－RD－4－1	NP－10－1
L－RD－4－2	NP－10－2
L－RD－4－3	NP－10－3
L－RQ－1	NP－20－1
L－RQ－2	NP－20－2

编者注：本标准中引用标准的标准名称变动如下。

标　准　号	现 标 准 名 称
GB/T 261	闪点的测定　宾斯基－马丁闭口杯法
GB/T 711	优质碳素结构钢热轧厚钢板和钢带
GB/T 3536	石油产品闪点和燃点的测定　克利夫兰开口杯法
GB/T 5231	加工铜及铜合金化学成分和产品形状

四、润　滑　脂

中华人民共和国石油化工行业标准

SH/T 0011—1990

7903号耐油密封润滑脂

代替 SY 4023—1983

1 主题内容与适用范围

本标准规定了7903号耐油密封润滑脂的技术条件。

本标准适用于由无机稠化剂稠化合成油，并加有抗氧、抗腐蚀等添加剂制成的7903号耐油密封润滑脂。

符合本标准的产品适用于机械设备、机床、变速箱、管路、阀门及飞机燃油过滤器等与燃料油、润滑油、天然气、水或乙醇等介质接触的装配贴合面、轴封、螺纹接头、阀芯等部位的静密封面和低速下滑动、转动的动密封面的密封(或辅助密封)和润滑。使用温度范围为：-10℃~150℃。

2 引用标准

GB/T 269 润滑脂和石油脂锥入度测定法

GB/T 3498 润滑脂宽温度范围滴点测定法

GB/T 7326 润滑脂铜片腐蚀试验法

SH 0164 石油产品包装、贮运及交货验收规则

SH/T 0229 固体和半固体石油产品取样法

SH/T 0452 润滑脂贮存安定性试验法

SH/T 0453 润滑脂抗水和抗水-乙醇(1:1)溶液性能试验法

3 技术要求

项目	质量指标	试验方法
外观	粘稠均匀油膏	目测
1/4锥入度(不工作)，1/10mm	55~70	GB/T 269
滴点,℃ 不低于	250	GB/T 3498
腐蚀(T2铜片，100℃，24h)，级 不超过	1b	GB/T 7326 甲法
抗水和抗水-乙醇(1:1)溶液性能		SH/T 0453
蒸馏水	通过[1)]	
水-乙醇(1:1)溶液	通过[1)]	
抗燃料性		附录A
溶解度,%(m/m) 不大于	20	
脂外观	通过[2)]	

中国石油化工总公司 1991-03-26 批准　　1992-04-01 实施

续表

项　　目	质量指标	试验方法
膜稳定性和钢腐蚀(45 号钢，100℃，7d)	通过[3]	附录 B
贮存安定性(54℃，120d)	通过[4]	SH/T 0452

注：1）浸泡后的脂不溶解，不分解，允许溶液轻微浑浊。

2）浸入燃油的脂应无明显的改变。燃油不应引起脂膨胀、起泡或分解，脂对金属的粘附力也不应减弱。

3）钢片上不应有树脂状沉积物或腐蚀迹象。

4）贮存后的脂，不应出现分油、粒状物或任一不均匀现象。

4 检验规则

4.1 检验分类

产品检验分出厂检验和型式检验。

4.2 出厂检验

产品在交货验收时必须进行以下检验。

4.2.1 出厂检验项目：

a. 外观；

b. 1/4 锥入度(未工作)；

c. 滴点；

d. 腐蚀。

4.2.2 产品经生产技术检验部门进行出厂检验，检验合格后，附有产品检验合格证，方可出厂。

4.3 型式检验

对产品质量进行全面考核，即对本标准中规定的技术要求进行全部检验。

4.3.1 有下列情况之一时，一般应进行型式检验：

a. 产品转产时；

b. 正式生产时，如原料、工艺等有较大改变，可能影响产品性能时；

c. 产品长期停产后，恢复生产时；

d. 出厂检验结果与上次型式检验有较大差异时；

e. 国家质量监督机构提出进行型式检验要求时。

4.3.2 抗燃料性每年测定一次。

5 包装、标志、贮运

本产品的包装、标志、贮存、运输及交货验收按 SH 0164 进行。

6 取样

6.1 取样按 SH/T 0229 进行。

6.2 从平均试样中取两份同等数量的样品(每份 1kg)作为检验和留样用。

附 录 A
润滑脂的抗燃料性试验方法
（补充件）

A1 主题内容与适用范围

本方法适用于测定润滑脂抵抗燃料溶解作用的能力。

A2 方法提要

本方法包括测定润滑脂在标准燃料中的溶解度，以及观察润滑脂在标准燃料中浸泡8h后引起的物理变化。

A3 试剂和材料

A3.1 标准燃料：由6份体积的异辛烷（化学纯），2.5份体积的甲苯（化学纯）和1.5份体积的二甲苯（化学纯）的混合液组成。

A3.2 铝片：LY12型，50mm×13mm×0.4mm。

A4 仪器或设备

A4.1 离心机：约650r/min，旋开直径（旋转时相对的离心管尖之间的距离）约400mm，或相当的其他离心机。

注：这种相当的离心机必须根据旋开直径 d（mm）按下式修正转速 n（r/min）：$n=\sqrt{\frac{400}{d}}\times650$。

A4.2 机械式振荡器：冲程约40mm，速度约700次/min。

A4.3 离心试管：100mL，具塞。

A4.4 蒸发皿：100mL。

A4.5 移液管：50mL，25mL。

A4.6 试管：外径约13mm，长约75mm，带塞子。

A4.7 蒸汽浴：与蒸发皿相配。

A4.8 烘箱：100℃±1℃。

A4.9 天平：感量0.2mg。

A5 样品

试验用润滑脂约2g。

A6 试验步骤

A6.1 试样在标准燃料中溶解度的测定方法如下：

A6.1.1 称取1g试样（准确至0.2mg），均匀地涂在离心试管的内壁上，并加入50mL标准燃料，盖上瓶盖。

A6.1.2 用机械式振荡器摇动离心管，直到试料完全分散（约1h）。

A6.1.3 将振荡后的离心试管进行离心，直到试样和液体完全分离，液体呈清澈透明为止。

A6.1.4 用移液管从离心试管中吸取25mL清澈的液体至称量后的蒸发皿中（准确至0.2mg）。

A6.1.5 在通风橱内，将蒸发皿放在蒸汽浴上加热，直到液体蒸发完毕；然后将蒸发皿放入恒温箱内，在100℃ ±1℃的温度下干燥1.5h。

A6.1.6　将干燥后的蒸发皿取出并冷至室温后称量(准确至0.2mg)。计算残留物的重量，并根据式(A1)计算试样溶于燃料中的百分数：

$$X=\frac{200A}{B} \quad \cdots\cdots (A1)$$

式中：X——溶解度百分数,%；

A——残留物的重量，g；

B——试样的重量，g。

A6.2　试样在燃料中浸泡变质情况的测定方法如下：

A6.2.1　将标准燃料注入试管，至深度约25mm，再将两面都均匀地涂上润滑脂的铝片放入试管内，使铝片半截浸泡在燃料液中，盖上塞子，在室温下(约25℃)放置8h。

A6.2.2　8h后从试管中取出铝片(注意不要搅动试料)，立即浸入新鲜的燃料液内，同时检查试样的溶涨湿润情况，粘性变化、起泡、裂纹或其他变化，并记录观察到的现象。

A6.2.3　在室温下将试片干燥24h，再次检查样品的变化情况，并记录观察到的现象。

附　录　B
耐油密封润滑脂的膜稳定性和钢腐蚀试验方法
（补充件）

B1　主题内容与适用范围

本方法适用于测定耐油密封润滑脂(耐油脂)的膜稳定性及钢腐蚀。

B2　方法提要

试验耐油脂的组合体于100℃下在烘箱中保持7d，届时取出冷至室温，拆开组合体，观察脂的硬度，分油及除颜色以外的其他变化，同时记录与脂接触的钢片的腐蚀迹象。

B3　试剂与材料

B3.1　试剂

a. 丙酮：化学纯。

b. 乙醇：化学纯。

B3.2　材料

a. 45号钢片：100mm ×50mm ×8.5mm。

b. 铝垫片：50mm ×25mm ×0.4mm。

c. 刮刀。

d. 铁夹子：数把。

e. 不锈钢镊子：数把。

B4　仪器和设备

a. 烘箱：100℃ ±1℃。

b. 天平：感量0.2g。

c. 台钳。

B5 试样

试验用耐油脂约 2g。

B6 分析步骤

B6.1 先用 150 号，再用 320 号碳化硅砂纸打磨试验钢片，使表面粗糙度 R_a 值达 0.8 ~ 0.2μm。

B6.2 分别用乙醇和丙酮清洗试验钢片和铝垫片。然后用绸布擦干待用。

B6.3 称取试样约 2g，涂在钢片中央，钢片的两端各放一块铝垫片，以确保 50mm × 50mm 的有效试验面积。

B6.4 将另一钢片压在涂脂的钢片上，互相挤压，用台钳夹紧，挤出的多余脂用刮刀清除；从台钳上取下，用钢夹夹紧，构成试验组合体。

B6.5 将试验组合体放入 100℃ ±1℃ 的烘箱中，保持 7d。

B6.6 届时打开烘箱，取出试验组合体，冷至室温。拆开组合体，观察润滑脂的分油、硬度及除颜色以外的变化迹象。然后，用刮刀将脂刮掉，再分别用乙醇和丙酮清洗试片，擦干后，观察与脂接触的钢片上是否有树脂状沉积物或腐蚀的迹象。

附加说明：

本标准由中国石油化工总公司一坪化工厂技术归口。

本标准由中国石油化工总公司一坪化工厂负责起草。

本标准主要起草人李淑范、张铀霞、李秀珍。

本标准参照采用美国军用规范 MIL - G - 6032D《抗燃料和润滑油的塞阀润滑脂》。

中华人民共和国石油化工行业标准

SH/T 0113—1992(2003)

压延机用润滑脂

1 主题内容与适用范围

本标准规定了压延机用润滑脂的技术要求，包装、标志、贮运与取样。

本标准适用于由钙钠皂制得的润滑脂。

符合本标准的产品适用于在集中输送润滑剂的压延机轴上使用。

本产品原料组成%(m/m)如表1所示：

表1

原　　料	组　　成
棉子油(其中包括硫化油)	11 ±1
硬化油或牛油	3 ±1
石灰(换算为 CaO)	2 ±0.5
工业氢氧化钠	按全部皂化所需的量
全损耗系统用油 L－AN 100	余量

2 引用标准

GB/T 269　润滑脂和石油脂锥入度测定法

GB/T 387　深色石油产品硫含量测定法(管式炉法)

GB/T 392　润滑脂压力分油测定法

GB/T 512　润滑脂水分测定法

GB/T 513　润滑脂机械杂质测定法(酸分解法)

GB/T 4929　润滑脂滴点测定法

SH 0164　石油产品包装、贮运及交货验收规则

SH/T 0229　固体和半固体石油产品取样法

SH/T 0331　润滑脂腐蚀试验法

3 技术要求

表2

项　　目	质量指标		试验方法
	1号	2号	
外观	由黄色至棕褐色的均匀软膏		目测
滴点,℃　　不低于	80	85	GB/T 4929
工作锥入度，0.1mm	310～355	250～295	GB/T 269

中国石油化工总公司 1992-05-20 批准　　　　1992-05-20 实施

表 2(续)

项　　目	质 量 指 标		试验方法
	1 号	2 号	
腐蚀(含碳 0.4% ~0.5% 的钢片，100℃，3h)	合格		SH/T 0331
杂质(酸分解法)	无		GB/T 513
水分,%	0.5 ~2.0		GB/T 512
硫含量,%　　不小于	0.3		GB/T 387
压力分油,%	测定项目		GB/T 392

4　包装、标志、贮运

本产品的包装、标志、贮存、运输及交货验收按 SH 0164 进行。

5　取样

取样按 SH/T 0229 进行，取 1.5kg 作为检验和留样用。

附加说明：

本标准由石油化工科学研究院技术归口。

自本标准实施之日起，原国家标准 GB 493—65(88)《压延机用润滑脂》作废。

中华人民共和国石油化工行业标准

SH/T 0368—1992(2003)

钙钠基润滑脂

代替 ZB E36 001—1988

1 主题内容与适用范围

本标准规定了钙钠基润滑脂的技术要求，包装、标志、贮运与取样。

本标准适用于脂肪酸钙钠皂稠化矿物油制备的润滑脂。其混合比为：Na_2O∶CaO 应在 3.5∶1～4∶1范围内。

符合本标准的产品适用于铁路机车和列车的滚珠轴承、小电动机和发电机的滚动轴承以及其他高温轴承等的润滑。上限工作温度为 100℃，在低温情况下不适用。

2 引用标准

GB/T 265 石油产品运动黏度测定法和动力黏度计算法

GB/T 269 润滑脂和石油脂锥入度测定法

GB/T 512 润滑脂水分测定法

GB/T 513 润滑脂机械杂质测定法(酸分解法)

GB/T 4929 润滑脂滴点测定法

SH 0164 石油产品包装、贮运及交货验收规则

SH/T 0229 固体和半固体石油产品取样法

SH/T 0329 润滑脂游离碱和游离有机酸测定法

SH/T 0331 润滑脂腐蚀试验法

3 技术要求

项目	质量指标		试验方法
	2 号	3 号	
外观	由黄色到深棕色的均匀软膏		目测
滴点,℃ 不低于	120	135	GB/T 4929
工作锥入度, 0.1mm	250～290	200～240	GB/T 269
腐蚀(40 或 50 号钢片、59 号黄铜片, 100℃, 3h)	合格		SH/T 0331
游离碱, NaOH% 不大于	0.2		SH/T 0329
游离有机酸	无		SH/T 0329
杂质(酸分解法)	无		GB/T 513
水分,% 不大于	0.7		GB/T 512
矿物油黏度(40℃), mm^2/s	41.4～74.8		GB/T 265

中国石油化工总公司 1992-05-20 批准 1992-05-20 实施

4 包装、标志、贮运

本产品的包装、标志、贮存、运输及交货验收按 SH 0164 进行。

5 取样

取样按 SH/T 0229 进行，取 1kg 作为检验和留样用。

附加说明：

本标准由石油化工科学研究院技术归口。

中华人民共和国石油化工行业标准

SH/T 0369—1992

石墨钙基润滑脂

代替 ZB E36 002—1988

1 主题内容与适用范围

本标准规定了石墨钙基润滑脂的技术要求，包装、标志、贮运与取样。

本标准适用于由动植物油钙皂稠化 68 机械油并加有鳞片石墨而制成的润滑脂。其组成%（*m/m*）如下：

动植物油钙皂	12 ±1
全损耗系统用油 L－AN 68	78 ±1
鳞片石墨	10 ±1

符合本标准产品适用于压延机的人字齿轮，汽车弹簧，起重机齿轮转盘，矿山机械，绞车和钢丝绳等高负荷、低转速的粗糙机械的润滑。

2 引用标准

GB/T 512 润滑脂水分测定法

GB/T 4929 润滑脂滴点测定法

SH 0164 石油产品包装、贮运及交货验收规则

SH/T 0229 固体和半固体石油产品取样法

SH/T 0331 润滑脂腐蚀试验法

3 技术要求

项 目	质量指标	试验方法
外观	黑色均匀油膏	目测
滴点,℃ 不低于	80	GB/T 4929
腐蚀[1)]（钢片，100℃，3h）	合格	SH/T 0331
安定性[2),3)]	合格	
水分,% 不大于	2	GB/T 512

注：1）腐蚀试验用含碳 0.4% ~0.5% 的钢片进行。

2）当验收时，安定性指标为生产厂保证项目毋需检查。

3）在密闭的玻璃容器中保存一个月无油析出。

4 包装、标志、贮运

本产品的包装、标志、贮存、运输及交货验收按 SH 0164 进行。

中国石油化工总公司 1992-05-20 批准　　　　1992-05-20 实施

5 取样

取样按 SH/T 0229 进行，取 1kg 作为检验和留样用。

附加说明：

本标准由石油化工科学研究院技术归口。

中华人民共和国石油化工行业标准

SH/T 0370—1995(2005)

复合钙基润滑脂

代替 SH 0370—1992

1 主题内容与适用范围

本标准规定了复合钙基润滑脂的技术要求、包装、标志、贮运与取样。

本标准适用于由乙酸钙复合的脂肪酸钙皂稠化矿物润滑油并加有抗氧添加剂而制成的润滑脂。

符合本标准的产品具有良好的抗水性、机械安定性和胶体安定性。适用于工作温度在 -10 ~ 150℃范围及潮湿条件下机械设备润滑。按 GB/T 7631.8 的规定，其代号分别为：L-XADGA1；L-XADGA2；L-XADGA3。

2 引用标准

GB/T 269　润滑脂和石油脂锥入度测定法

GB/T 4929　润滑脂滴点测定法

GB/T 7325　润滑脂和润滑油蒸发损失测定法

GB/T 7326　润滑脂铜片腐蚀试验法

GB/T 7631.8　润滑剂和有关产品(L类)的分类　第8部分：X组(润滑脂)

SH/T 0109　润滑脂抗水淋性能测定法

SH 0164　石油产品包装、贮运及交货验收规则

SH/T 0229　固体和半固体石油产品取样法

SH/T 0324　润滑脂钢网分油测定法(静态法)

SH/T 0325　润滑脂氧化安定性测定法

注：除非在标准中另有明确规定，上述引用标准都应是现行有效标准。

3 技术要求

项目		质量指标			试验方法
		1号	2号	3号	
工作锥入度，0.1mm		310 ~ 340	265 ~ 295	220 ~ 250	GB/T 269
滴点，℃	不低于	200	210	230	GB/T 4929
钢网分油(100℃，24h)，%	不大于	6	5	4	SH/T 0324
腐蚀(T_2 铜片，100℃，24h)		铜片无绿色或黑色变化			GB/T 7326 乙法
蒸发量(99℃，22h)，%	不大于	2.0			GB/T 7325
水淋流失量(38℃，1h)，%	不大于	5			SH/T 0109
延长工作锥入度(100000次)，0.1mm 变化率，%	不大于	25		30	GB/T 269

中国石油化工总公司 1995-08-14 批准　　　　1995-12-01 实施

续表

项　　目	质量指标			试验方法
	1号	2号	3号	
氧化安定性(99℃，100h，0.760 MPa) 压力降，MPa	报告			SH/T 0325
表面硬化试验(50℃，24h) 不工作1/4锥入度差，0.1mm　　不大于	35	30	25	附录A

4　包装、标志、贮运

本产品的包装、标志、贮存、运输及交货验收按SH 0164进行。

5　取样

取样按SH/T 0229进行，取2.5kg作为检验和留样用。

附　录　A
复合钙基润滑脂表面硬化测定方法
（补充件）

A1　主题内容与适用范围

本方法适用于测定复合钙基润滑脂表面由于吸湿或在贮存过程中产生硬化的程度，以1/4锥入度变化差来表示。

A2　引用标准

GB/T 269　润滑脂和石油脂锥入度测定法
SH/T 0229　固体和半固体石油产品取样法

A3　方法概要

将试样装入1/4脂杯内，放入加水干燥器中在50℃的饱和水蒸气状态下，放置24h后取出，测定不工作1/4锥入度值。以未经吸湿试验的不工作1/4锥入度值与经吸湿试验后的1/4锥入度值之差表示表面硬化程度。

A4　仪器或设备

A4.1　锥入度计，附有1/4锥入度圆锥体，1/4锥入度脂杯3个，锥体和撞杆的总重量为9.38g±0.025g。
A4.2　玻璃干燥器。
A4.3　水浴缸，尺寸与GB/T 269中4.5条规定相同。
A4.4　恒温箱，温度能控制到±1℃。
A4.5　秒表，分度为0.1 s。
A4.6　小刮刀。
A4.7　温度计，0～50℃，分度为0.5℃。

A5　准备工作

A5.1　先将玻璃干燥器装一定量的水(自来水)，水量为干燥器底部容积的三分之二，然后放上圆孔瓷板，盖紧玻璃罩盖，再把干燥器放入恒温箱(50℃±1℃)中，恒温1h，使干燥器内达到50℃的饱和水蒸气状态。
A5.2　按照SH/T 0229方法取样，把部分试样装入1/4锥人度脂杯中，脂面应高于脂杯的三分之一，然后放入正方形金属盒中，盖上盖，在25℃±0.5℃的水浴缸中恒温，使试样达到25℃，如果室温和水浴温度之差在5℃之内，恒温10min；若温差大于5℃时，恒温20min。注意水浴中水位应浸近金属盒的边缘，不得浸过边缘。
A5.3　取出试样，不经工作，参照GB/T 269中的第10章随即做不工作1/4锥入度的测定，测定至少三次，每次用一个脂杯的润滑脂试样进行，并取三次符合精密度要求的测定结果计算算术平均值，作为试样未经吸湿试验前的1/4锥入度值X_1。

A6　试验步骤

A6.1　把余下的试样分别装入三个1/4锥入度脂杯中，为了消除气泡，可用小刮刀轻微翻动，然后用小刮刀刮平试样表面，除去多余的润滑脂，再放入已恒温好的干燥器内的圆孔瓷板上(样品不宜太多，以免堵塞瓷孔)，盖上干燥器盖，放入恒温箱中。

A6.2 保持恒温箱温度在50℃ ±1℃，恒温过程中为了防止干燥器盖因水气冲动而揭开，要经常注意干燥器玻璃盖是否密封，以免影响测定结果。

A6.3 经24 h后取出试样，放入正方形金属盒中，盖上盖，然后放入25℃ ±0.5℃的水浴缸中，恒温15min，注意水浴中的水面，应浸近金属盒边缘，不得超过边缘。

A6.4 取出金属盒中的试样，参照GB/T 269中10章，不要翻动润滑脂，进行1/4锥入度的测定。圆锥体向润滑脂内沉入时，不应接触杯壁，做完后锥体要用滤纸或棉花擦净。

A6.5 测定进行三次，每次用一个脂杯的润滑脂试样进行，注意要取用刚从水浴缸中取出的试样。

按照精密度规定取三次测定结果的算术平均值X_2，作为试样24h后的不工作1/4锥入度值。

A7 计算

$$\text{润滑脂吸湿后表面硬化程度} = X_1 - X_2 \qquad (A1)$$

式中：X_1——为试样未经吸湿试验前的不工作1/4锥入度值；

X_2——为试样经24h吸湿试验后的不工作1/4锥入度值。

A8 精密度

A8.1 三次测定结果最大值和最小值差数不应超过下列数值：

30个单位以下	2个单位
30~50个单位	3个单位
50个单位以上	5个单位

A8.2 取三次测定结果的算术平均值，作为试验测定结果。

若在三次测定结果中，有一次测定值特别大，而其余二次测定值差数符合上述要求时，则可只取这二次测定值的算术平均值，作为试验测定结果。

附加说明：

本标准由石油化工科学研究院提出。

本标准由石油化工科学研究院技术归口。

本标准由石油化工科学研究院负责起草。

本标准主要起草人李显名。

中华人民共和国石油化工行业标准

SH/T 0371—1992

铝 基 润 滑 脂

代替 ZB E36 004—1988

1 主题内容与适用范围

本标准规定了铝基润滑脂的技术要求，包装、标志、贮运与取样。

本标准适用于由脂肪酸铝皂稠化矿物润滑油而得的、具有高度耐水性的铝基润滑脂。

符合本标准的产品适用于航运机器摩擦部分润滑及金属表面的防蚀。

2 引用标准

GB/T 269 润滑脂和石油脂锥入度测定法

GB/T 512 润滑脂水分测定法

GB/T 513 润滑脂机械杂质测定法(酸分解法)

GB/T 4929 润滑脂滴点测定法

SH 0164 石油产品包装、贮运及交货验收规则

SH/T 0229 固体和半固体石油产品取样法

SH/T 0319 润滑脂皂分测定法

SH/T 0333—1992 润滑脂防护性能测定法

3 技术要求

项　　目		质 量 指 标	试 验 方 法
外观		淡黄色到暗褐色的光滑透明油膏	目测
滴点,℃	不低于	75	GB/T 4929
工作锥入度，0.1mm		230 ~ 280	GB/T 269
防护性能		合格	SH/T 0333
水分		无	GB/T 512
杂质(酸分解法)		无	GB/T 513
皂含量,%	不低于	14	SH/T 0319

4 包装、标志、贮运

本产品的包装、标志、贮存、运输及交货验收按 SH 0164 进行。

5 取样

取样按 SH/T 0229 进行，取 2kg 作为检验和留样用。

附加说明：

本标准由石油化工科学研究院技术归口。

中国石油化工总公司 1992-05-20 批准　　　　1992-05-20 实施

中华人民共和国石油化工行业标准

SH/T 0373—1992(2003)

铁道润滑脂
(硬干油)

代替 ZB E36 006—1988

1 主题内容与适用范围

本标准规定了铁道润滑脂(硬干油)的技术要求，包装、标志，贮运与取样。

本标准适用于由脂肪酸钠皂稠化680汽缸油添加少量极压添加剂而制成的润滑脂。

符合本标准的产品，具有优良的抗压性能及润滑性能。适用于机车大轴摩擦部分及其他高速高压的摩擦界面的润滑。

2 引用标准

GB/T 269 润滑脂和石油脂锥入度测定法

GB/T 512 润滑脂水分测定法

GB/T 513 润滑脂机械杂质测定法(酸分解法)

GB/T 4929 润滑脂滴点测定法

SH 0164 石油产品包装、贮运及交货验收规则

SH/T 0229 固体和半固体石油产品取样法

SH/T 0319 润滑脂皂分测定法

SH/T 0328—1992 润滑脂腐蚀试验法(常温法)

SH/T 0329 润滑脂游离碱和游离有机酸测定法

3 技术要求

项目		质量指标		试验方法
		9号	8号	
外观		绿褐至黑褐色半固体纤维状砖形油膏		目测
滴点,℃	不低于	180		GB/T 4929
块锥入度，0.1mm				GB/T 269
25℃		20～35	35～45	
75℃		50～75	75～100	
游离有机酸，油酸%	不大于	0.3		SH/T 0329
游离碱，NaOH%	不大于	0.3		SH/T 0329
杂质(酸分解法),%	不大于	0.2		GB/T 513
腐蚀(40或50号钢片、59号黄铜片,常温,24h)		合格		SH/T 0328
水分,%	不大于	0.5		GB/T 512
硫物油含量,%	不小于	45	50	SH/T 0319

中国石油化工总公司 1992-05-20 批准　　1992-05-20 实施

4 包装、标志、贮运

本产品的包装、标志、贮存、运输及交货验收按 SH 0164 进行。

5 取样

取样按 SH/T 0229 进行，取 1kg 作为检验和留样用。

附加说明：

本标准由石油化工科学研究院技术归口。

中华人民共和国石油化工行业标准

2号航空润滑脂
(202润滑脂)

SH/T 0375—1992

代替 ZB E360 08—1988

1 主题内容与适用范围

本标准规定了2号航空润滑脂的技术要求，包装、标志、贮运与取样。

本标准适用于由试用通过的试样所采用的原料和生产工艺制得的润滑脂。

符合本标准的产品，适用于较宽温度范围内工作的滚动轴承的润滑。

2 引用标准

GB/T 269 润滑脂和石油脂锥入度测定法

GB/T 512 润滑脂水分测定法

GB/T 513 润滑脂机械杂质测定法(酸分解法)

GB/T 4929 润滑脂滴点测定法

SH/T 0048 润滑脂相似黏度测定法

SH 0164 石油产品包装、贮运及交货验收规则

SH/T 0229 固体和半固体石油产品取样法

SH/T 0321—1992 润滑脂漏斗分油测定法

SH/T 0329 润滑脂游离碱和游离有机酸测定法

SH/T 0331 润滑脂腐蚀试验法

SH/T 0335 润滑脂化学安定性测定法

SH/T 0336 润滑脂杂质含量测定法(显微镜法)

3 技术要求

项目	质量指标	试验方法
外观[1)]	由黄至浅褐色的均匀软膏	目测
滴点,℃　　不低于	170	GB/T 4929
工作锥入度，0.1mm	285~315	GB/T 269
腐蚀(T3铜片，100℃，3h)	合格	SH/T 0331
水分	无	GB/T 512
游离碱，NaOH%　　不大于	0.1	SH/T 0329
杂质(酸分解法)	无	GB/T 513
相似黏度(-30℃，$\overline{D}=10s^{-1}$)，Pa·s　　不大于	1500	SH/T 0048
漏斗分油(75℃，24h),%	3~6	SH/T 0321

中国石油化工总公司 1992-05-20 批准　　1992-05-20 实施

续表

项　　目		质量指标	试验方法
化学安定性(100℃，100h，0.80MPa) 压力降，MPa	不大于	0.05	SH/T 0335
杂质(显微镜法)，个/cm^3			SH/T 0336
直径 25μm～75μm	不大于	1500	
直径 75μm～100μm	不大于	600	
直径 100μm 以上		无	

注：1）将润滑脂在 50mm×30mm×2mm 的玻璃板上涂成 1mm 厚的脂层，对光观察。

4　包装、标志、贮运

本产品的包装、标志、贮存、运输及交货验收按 SH 0164 进行。

5　取样

取样按 SH/T 0229 进行，取 1.5 kg 作为检验和留样用。

附加说明：

本标准由石油化工科学研究院技术归口。

本标准由抚顺石油一厂负责起草。

中华人民共和国石油化工行业标准

SH/T 0378—1992(2003)

复合铝基润滑脂

代替 ZB E36 025—1989

1 主题内容与适用范围

本标准规定了复合铝基润滑脂的技术要求，包装、标志、贮运与取样。

本标准适用于由复合铝皂稠化矿物润滑油所制成的润滑脂。

符合本标准的产品，适用于 -20 ~ +160℃范围的各种机械设备及集中润滑系统。

2 引用标准

GB/T 269　润滑脂和石油脂锥入度测定法
GB/T 3498　润滑脂宽温度范围滴点测定法
GB/T 5018　润滑脂防腐蚀性试验法
GB/T 7325　润滑脂和润滑油蒸发损失测定法
GB/T 7326　润滑脂铜片腐蚀试验法
SH/T 0048　润滑脂相似黏度测定法
SH/T 0109　润滑脂抗水淋性能测定法
SH 0164　石油产品包装、贮运及交货验收规则
SH/T 0229　固体和半固体石油产品取样法
SH/T 0324　润滑脂钢网分油测定法(静态法)
SH/T 0325　润滑脂氧化安定性测定法
SH/T 0336　润滑脂杂质含量测定法(显微镜法)

3 技术要求

项　目		质量指标			试验方法
		0号	1号	2号	
滴点,℃	不低于	235			GB/T 3498
工作锥入度，0.1mm		355 ~ 385	310 ~ 340	265 ~ 295	GB/T 269
腐蚀(T2 铜片，100℃，24h)		铜片无绿色或黑色变化			GB/T 7326 乙法
钢网分油(100℃，24h),%(m/m)	不大于	—	10	7.0	SH/T 0324
蒸发量(99℃，22h),%(m/m)	不大于	1.0			GB/T 7325
氧化安定性(99℃，100h，0.770MPa) 压力降，MPa	不大于	0.070			SH/T 0325
水淋流失量(38℃，1 h),%(m/m)	不大于	—	10	10	SH/T 0109
延长工作锥入度(100000 次)	不大于	420	390	360	GB/T 269

中国石油化工总公司 1992-05-20 批准　　　　1992-05-20 实施

续表

项　　目		质量指标			试验方法
		0号	1号	2号	
杂质，个/cm^3					SH/T 0336
25μm 以上	不大于		3000		
75μm 以上	不大于		500		
125μm 以上	不大于		0		
相似黏度(－10℃，$10s^{-1}$)，Pa·s	不大于	250	300	550	SH/T 0048
防腐蚀性，级	不大于		2		GB/T 5018

4 包装、标志、贮运

本产品的包装、标志、贮存、运输及交货验收按 SH 0164 进行。

5 取样

取样按 SH/T 0229 进行，取 1.5kg 作为检验和留样用。

附加说明：

本标准由石油化工科学研究院技术归口。

本标准由石油化工科学研究院负责起草。

本标准主要起草人金宝印。

中华人民共和国石油化工行业标准

SH/T 0379—1992(2003)

钡基润滑脂

代替 SY 1406—1974(1988)

1 主题内容与适用范围

本标准规定了钡基润滑脂的技术要求，包装、标志、贮运与取样。

本标准适用于以脂肪酸钡皂稠化精制的中黏度矿物润滑油而成的润滑脂。

符合本标准的产品，具有耐水、耐温和一定的防护性能，适用于船舶推进器、抽水机的润滑。

2 引用标准

GB/T 265 石油产品运动黏度测定法和动力黏度计算法
GB/T 269 润滑脂和石油脂锥入度测定法
GB/T 512 润滑脂水分测定法
GB/T 513 润滑脂机械杂质测定法(酸分解法)
GB/T 4929 润滑脂滴点测定法
SH 0164 石油产品包装、贮运及交货验收规则
SH/T 0229 固体和半固体石油产品取样法
SH/T 0331 润滑脂腐蚀试验法

3 技术要求

项目		质量指标	试验方法
外观		黄到暗褐色均质软膏	目测
滴点,℃	不低于	135	GB/T 4929
工作锥入度，0.1mm		200～260	GB/T 269
腐蚀(钢片、铜片，100℃，3h)		合格	SH/T 0331 及注
杂质(酸分解法),%	不大于	0.2	GB/T 513
水分,%	不大于	痕迹	GB/T 512
矿物油运动黏度(40℃)，mm^2/s		41.4～74.8	GB/T 265

注：腐蚀试验用 T3 铜片及含碳 0.4%～0.5% 的钢片进行。

4 包装、标志、贮运

本产品的包装、标志、贮存、运输及交货验收按 SH 0164 进行。

中国石油化工总公司 1992-05-20 批准　　1992-05-20 实施

5 取样

取样按 SH/T 0229 进行，取 1 kg 作为检验和留样用。

附加说明：

本标准由石油化工科学研究院技术归口。

中华人民共和国石油化工行业标准

SH/T 0382—1992(2003)

精密机床主轴润滑脂

代替 SY 1416—1980(1988)

1 主题内容与适用范围

本标准规定了精密机床主轴润滑脂的技术要求，包装、标志、贮运与取样。

本标准适用于12－羟基硬脂酸锂皂稠化精制润滑油，并加有抗氧化等添加剂而制得的润滑脂。符合本标准的产品适用于精密机床和磨床的高速磨头主轴的长期润滑。

2 引用标准

GB/T 269 润滑脂和石油脂锥入度测定法
GB/T 392 润滑脂压力分油测定法
GB/T 512 润滑脂水分测定法
GB/T 513 润滑脂机械杂质测定法(酸分解法)
GB/T 4929 润滑脂滴点测定法
SH 0164 石油产品包装、贮运及交货验收规则
SH/T 0229 固体和半固体石油产品取样法
SH/T 0329 润滑脂游离碱和游离有机酸测定法
SH/T 0331 润滑脂腐蚀试验法
SH/T 0335 润滑脂化学安定性测定法

3 技术要求

项　　目		质量指标		试验方法
		2号	3号	
滴点,℃	不低于	180		GB/T 4929
工作锥入度，0.1mm		265～295	220～250	GB/T 269
压力分油,%	不大于	20	15	GB/T 392
游离碱，NaOH%	不大于	0.1		SH/T 0329
腐蚀(T3铜片，100℃，3h)		合格		SH/T 0331
杂质(酸分解法)		无		GB/T 513
水分,%	不大于	痕迹		GB/T 512
化学安定性(100℃，100h，0.80MPa)				
压力降，MPa	不大于	0.03		SH/T 0335
氧化后酸值，mgKOH/g	不大于	1.0		SH/T 0329

中国石油化工总公司 1992-05-20 批准　　　　1992-05-20 实施

4 包装、标志、贮运

本产品的包装、标志、贮存、运输及交货验收按 SH 0164 进行。

5 取样

取样按 SH/T 0229 进行，取 1.5kg 作为检验和留样用。

附加说明：

本标准由石油化工科学研究院技术归口。

本标准由无锡炼油厂负责起草。

ICS 75.100
E 36

SH

中华人民共和国石油化工行业标准

SH/T 0383—2005

炮用润滑脂

Cannon grease

2005-11-28 发布 2006-06-01 实施

中华人民共和国国家发展和改革委员会 发布

前　言

本标准修改采用前苏联标准 ГОСТ 19537—83《炮用润滑脂》。

本标准代替 SH/T 0383—1992《炮用润滑脂》。

本标准与 SH/T 0383—1992 相比主要变化如下：

——取消原注①③。

——增加了注 b。

——对原注②(现注 a)原注④(现注 c)进行了编辑性修改。

——将引用标准 SH/T 0320 润滑脂水分定性试验法改为 GB/T 512 润滑脂水分测定法。

——增加了附录 A、附录 B、附录 C 和附录 D。

本标准的附录 A、附录 B、附录 C 和附录 D 均为规范性附录。

本标准由中国石油化工集团公司提出。

本标准由中国石油化工股份有限公司石油化工科学研究院归口。

本标准起草单位：中国石油化工股份有限公司石油化工科学研究院。

本标准主要起草人：刘中其。

本标准所代替标准的历次版本发布情况为：

——SYB 1502—56

——SY 1502—77

——SY 1502—77(88)

——SH/T 0383—92

炮用润滑脂

1 范围

本标准规定了炮用润滑脂的技术要求和试验方法、包装、标志、贮运与取样。

本标准适用于夏季涂抹重武器的各机件装置及保护其他无防蚀覆盖物的军械物品，使金属表面不受腐蚀的润滑脂。

2 规范性引用文件

下列文件中的条款通过本标准的引用而成为本标准的条款。凡是注日期的引用文件，其随后所有的修改单(不包括勘误的内容)或修订版均不适用于本标准，然而，鼓励根据本标准达成协议的各方研究是否可使用这些文件的最新版本。凡是不注日期的引用文件，其最新版本适用于本标准。

GB/T 264 石油产品酸值测定法

GB/T 265 石油产品运动黏度测定法和动力黏度计算法

GB/T 511 石油产品和添加剂机械杂质测定法(重量法)

GB/T 512 润滑脂水分测定法

SH/T 0229 固体和半固体石油产品取样法

SH/T 0327 润滑脂灰分测定法

SH/T 0331 润滑脂腐蚀试验法

3 要求和试验方法

3.1 颜色及外观

浅褐色至深褐色的膏状物，置于玻璃板上1mm厚的润滑脂，对光观察时应均匀而无3mm以上的块状物，但许可有小油粒存在，如有固体微粒及较普通炮油为暗的微粒存在，则表示制品不均一，并绝对不许有砂子及其他摩擦性物质。

3.2 技术要求和试验方法见表1。

表1 技术要求和试验方法

项目		质量指标	试验方法
滴点,℃	不低于	50	附录A
腐蚀(钢片及铜片，100℃，3h)		合格	SH/T 0331[a]
防护性能试验(40号或50号钢片，50℃，30h)		合格	附录B
保持能力(60℃，24h)，mg/cm^2	不小于	0.6	附录C
运动黏度(100℃)，mm^2/s		12～15	GB/T 265[b]
酸值，mgKOH/g	不大于	0.3	GB/T 264
水溶性酸碱		中性或弱碱性	附录D
机械杂质,%(质量分数)	不大于	0.07	GB/T 511[c]

表 1(续)

项　　目		质量指标	试验方法
水分,%(质量分数)		无	GB/T 512
灰分,%(质量分数)	不大于	0.07	SH/T 0327

[a]腐蚀试验用 40 或 50 号钢片和 T3 铜片的磨光金属片，置入热至 95℃的试料中，在 100℃ ±2℃的恒温器中留置 3h，每次应用两块金属片。

试验完毕清洗试片时，洗涤过的钢片立即用干的脱脂棉擦拭，仔细检查，铜片须先行检查，确定有无绿色，再用干脱脂棉轻轻擦拭，重新仔细检查。

[b] 将试样加热到 100℃后，再按 GB/T 265 操作。

[c]为配合生产，缩短分析时间，机械杂质的原条文修改为取试料 10g，用溶剂油稀释至 5 倍以加热至 40℃到 60℃的苯洗涤再行测定。原方法中所使用之溶剂为溶剂油或苯，若试料不能完全溶于上述溶剂时，则可改用四氯化碳做溶剂。

4　包装、标志、贮运

本产品以马口铁制的容器包装，容器外以黑漆标明品名、生产日期、毛重与净重等，运输时应以木箱包装，在木箱上以黑漆标明生产厂的代号，并附以质量检验卡片。

5　取样

交货及验收时应采取平均试样，经分析后，并将同一试样 1kg 装瓶后由生产厂会同用户代表签封保留 6 个月。取样按 SH/T 0229 进行。

附　录　A
（规范性附录）
润滑脂和固体烃滴点测定法

A.1　范围

本标准规定了润滑脂和固体烃滴点测定法。

本标准适用于测定润滑脂和固体烃的滴点。

A.2　规范性引用文件

下列文件中的条款通过本标准的引用而成为本标准的条款。凡是注日期的引用文件，其随后所有的修改单（不包括勘误的内容）或修订版均不适用于本标准，然而，鼓励根据本标准达成协议的各方研究是否可使用这些文件的最新版本。凡是不注日期的引用文件，其最新版本适用于本标准。

GB/T 514　石油产品试验用玻璃液体温度计技术条件

GB/T 6682　分析实验室用水规格和试验方法

A.3　方法概要

将润滑脂或固体烃装入滴点计的脂杯中，在规定的加热条件下，脂杯中的试样滴出第1滴液体或流出油柱25mm时的温度称为滴点。

A.4　材料

蒸馏水、甘油或其他耐高温的介质。

A.5　仪器

A.5.1　液体浴

A.5.1.1　滴点计：符合GB/T 514的要求，附有金属套管和玻璃脂杯。脂杯的细口边缘是磨平的。

A.5.1.2　玻璃试管：直径40mm～50mm，长度180mm～200mm。

A.5.1.3　高型烧杯：容量800mL～1000mL，或用1500mL～2000mL的烧杯。

A.5.1.4　石棉网。

A.5.1.5　电炉或喷灯。

A.5.2　空气浴滴点测定器（滴点计、玻璃试管与A.5.1.1和A.5.1.2中规定相同）。

A.5.3　刮刀。

A.5.4　秒表：分度值为0.1s。

A.5.5　温度计：0℃～300℃，分度值为1℃，供测量浴温用。

A.6　准备工作

A.6.1　用刮刀将试样的表层刮掉，然后在不靠近容器壁的至少三处取约等量的试样，装在小烧杯中。

A.6.2　测定皂基润滑脂时，将小烧杯中的试样仔细掺匀，不应使试样里形成空气泡。随后，用刮刀将掺匀的润滑脂紧密地装满脂杯，不应掺进空气泡。装满试样的脂杯要仔细地拭净，在脂杯的宽口刮去多余的润滑脂。然后把脂杯插进滴点计的套管内，使脂杯宽口的边缘与套管内部凸出边缘紧密贴合。从脂杯细口挤出的润滑脂要用刀刮掉。

A.6.3　测定某些烃基润滑脂、凡士林和石油脂时，将小烧杯中的试样加热熔化至100℃。此外，事先将脂杯的细口一端平放在倒置的装满碎冰的小烧杯上，或平放在覆置于冰块的玻璃板上。然后向脂杯倒满熔化的试样。装满试样的脂杯要留在冷冻的烧杯底上或玻璃板上保持20min。随后，把装有试样的脂杯插进滴点计的套管内，从脂杯细口挤出的试样要用刮刀刮掉。

A.6.4 测定固体烃产品（如提纯地蜡、提纯地蜡和石蜡的混合物等）时，将小烧杯中的试样加热熔化至100℃，并预先将脂杯的细口一端平放在光滑的金属表面上。然后向脂杯倒满熔化的试样，待脂杯中的固体烃产品稍有凝固时，立即从金属表面取起脂杯并把多余的试样从脂杯刮掉。此时，把装好试样的脂杯趁热插进滴点计的套管内，并用刮刀把挤出来的试样刮掉。随后，将装有脂杯的滴点计在空气中冷到室温。

注：向滴点计放入装好试样的脂杯时，脂杯应插进套管内，不得旋入套管中。

A.7 试验步骤

A.7.1 加热浴的安装

A.7.1.1 试样滴点在100℃（包括100℃）以下时，采用以液体为介质的加热浴。其安装是用支架上的夹子将试管固定在高型烧杯中，使管身成为垂直状态，并使试管底端与烧杯底相距10mm～20mm。然后向烧杯中注入适用的加热介质。试样滴点低于80℃时，在烧杯内注入蒸馏水；试样滴点高于80℃时，注入甘油或其他介质。试管要浸入液体中120mm～150mm。同时在浴内安装一支0℃～300℃的温度计，使水银球的下端与安滴点计脂杯的细口边缘在同一水平面上。

A.7.1.2 试样滴点高于100℃时，采用空气浴滴点测定器。

A.7.2 在试管底部放入一张圆形白纸，然后将装有试样的滴点计套上软木塞，装入试管中，使温度计和试管的轴心线互相重合，并使脂杯的细口边缘与试管底端的白纸相距25mm。

A.7.3 对采用以液体为介质的加热浴应用电炉或喷灯加热；对用空气为介质的仪器接通电源时空气浴加热。使浴温匀速上升，当试管中的滴点计温度达到预期滴点前10℃时，控制升温速度为每分钟1℃左右。

A.7.4 从脂杯滴出第1滴流体时，或从脂杯流出的油柱与试管底部的白纸刚接触时，立即读出温度，作为试样的滴点。

A.8 精密度

重复性：重复测定两个结果间的差数，不应超过下列数值。

滴点，℃	允许差数，℃
<100	1
100～200	2
>200	5

A.9 报告

取重复测定两个结果的算术平均值，作为试样的滴点。

附　录　B
(规范性附录)
润滑脂防护性能测定法

B.1　范围

本标准规定了润滑脂防护性能测定法。

本标准适用于测定润滑脂在湿度增高时防止金属锈蚀的能力。

B.2　规范性引用文件

下列文件中的条款通过本标准的引用而成为本标准的条款。凡是注日期的引用文件，其随后所有的修改单(不包括勘误的内容)或修订版均不适用于本标准，然而，鼓励根据本标准达成协议的各方研究是否可使用这些文件的最新版本。凡是不注日期的引用文件，其最新版本适用于本标准。

SH 0004　橡胶工业用溶剂油

GB/T 6682　分析实验室用水规格和试验方法

B.3　方法概要

本方法是将润滑脂均匀涂抹在金属片上，将涂脂的金属片置于盛有蒸馏水的干燥器之带孔瓷板上。盖上干燥器，将其放在热至50℃或60℃的恒温器内，保持到规定时间后，用溶剂洗涤金属片，擦净、观察并判断。

B.4　试剂与材料

B.4.1　试剂

B.4.1.1　95%乙醇：分析纯。

B.4.2　材料

B.4.2.1　橡胶工业用溶剂油，符合SH 0004的要求。

B.4.2.2　蒸馏水：符合GB/T 6682中三级水的要求。

B.4.2.3　工业滤纸。

B.4.2.4　脱脂棉。

B.4.2.5　砂布或砂纸：粒度为180号或220号。

B.5　仪器

B.5.1　金属片：边长为50mm的正方形金属片，或直径为56mm的圆形金属片。厚3mm ~ 4mm。金属的牌号在试样的产品标准中规定。

每块金属片有一直径5mm的孔，正方形金属片孔眼中心位于一个角上距边5mm的地方，圆形金属片孔眼中心则位于距边缘5mm的地方。

金属片的全部表面(包括圆孔的壁)加工至R_a值：0.4 ~ 0.2。

金属片的编号刻在侧面。

B.5.2　瓷皿。

B.5.3　钢针或电刻机。

B.5.4　放大镜：6 ~ 8倍。

B.5.5　刮刀。

B.5.6　玻璃棒。

B.5.7　干燥器。

B.5.8　恒温器：可以调整为50℃ ±2℃和60℃ ±2℃。

B.5.9　框模(金属框)：壁厚3mm ~4mm。

B.5.10　温度计：100℃，分度值为1℃。

B.6　准备工作

B.6.1　将金属片在瓷皿内用溶剂油冲洗，并依次以滤纸、95%乙醇润湿的棉花，以及干棉花擦净。不准用手接触金属片的宽面。

B.6.2　用放大镜观察准备的金属片。金属片上不应有腐蚀的痕迹、溶剂蒸发所造成的斑点以及绒毛等。

金属片宽面上的点和细小凹痕用电刻机或钢针刻划成圆圈。

B.6.3　用刮刀将试样的表面层刮掉，然后在不靠近容器壁的至少三处，取约等量的试样。将总量不少于200g的试样收集在瓷皿内，搅拌均匀备用。

B.6.4　用蒸馏水洗涤干燥器并往干燥器中注蒸馏水30mm ~35mm高，放上带孔瓷板。

B.7　试验步骤

B.7.1　用刮刀将试样涂在准备好的金属片的各面上。涂3mm ~4mm厚的一层。借框模用刮刀抹平试样以得到均匀平坦的脂层。

试验每一个试样时使用两个样品号的金属片。将涂好试样的金属片分别平放在瓷皿内或容器内，每一个瓷皿或容器内放一片。

B.7.2　将盛有金属片的瓷皿放入干燥器内。瓷皿的数目不得超过四个。

盖上干燥器，将其放在热至50℃或60℃并能维持至试样的产品标准所规定的时间(24h至48h)之恒温器中。保持规定的温度精确至±2℃。

B.7.3　到规定的试验时间后，从恒温器中取出干燥器，依次拿出金属片以进行冲洗和观察。

用滤纸和溶剂油润湿的棉花小心地从每块金属片上擦掉试样。

然后在溶剂油和95%乙醇中洗涤金属片，再用棉花或滤纸擦净。

铜片、黄铜片和青铜片在洗涤完了之后立刻(不必用棉花或滤纸擦净)观察以确定有无铜绿的存在，然后用脱脂棉擦净，再重新观察。

B.8　判断

B.8.1　如果在金属片的距圆孔和边1mm以外的表面上没有用肉眼可以观察到的铜绿、斑点或小点(用钢针或电刻机圈过的除外)，则认为试样试验合格。

B.8.2　如果只在一块金属片上发现了腐蚀痕迹，则重新进行试验。在复试中即使在一块金属片上发现腐蚀痕迹时，即认为试样试验不合格。

附　录　C
(规范性附录)
润滑脂保持能力测定法

C.1　范围

本标准规定了润滑脂保持能力测定法。

本方法适用于测定润滑脂在金属表面上的保持能力。

C.2 规范性引用文件

下列文件中的条款通过本标准的引用而成为本标准的条款。凡是注日期的引用文件，其随后所有的修改单(不包括勘误的内容)或修订版均不适用于本标准，然而，鼓励根据本标准达成协议的各方研究是否可使用这些文件的最新版本。凡是不注日期的引用文件，其最新版本适用于本标准。

SH 0004　橡胶工业用溶剂油

C.3 方法概要

本方法是在金属表面上涂抹一定厚度的脂层，在规定的温度及规定的时间内滴落后，测定遗留在每平方厘米金属表面上的润滑脂油层的质量。

C.4 材料

C.4.1 橡胶工业用溶剂油，符合 SH 0004 的要求。

C.4.2 工业滤纸。

C.5 仪器

C.5.1 钢辊：两个，45 号钢制，其尺寸大小见图 1 所示，钢辊的筒状体与锥体部分用不大于 0.01mm 的环钩分开，表面研磨到 R_a 值为 0.4 的粗糙度。

C.5.2 金属套管：由青铜或钢制成，尺寸大小见图 2 所示，其内表面研磨到 R_a 值为 0.4。

单位为毫米

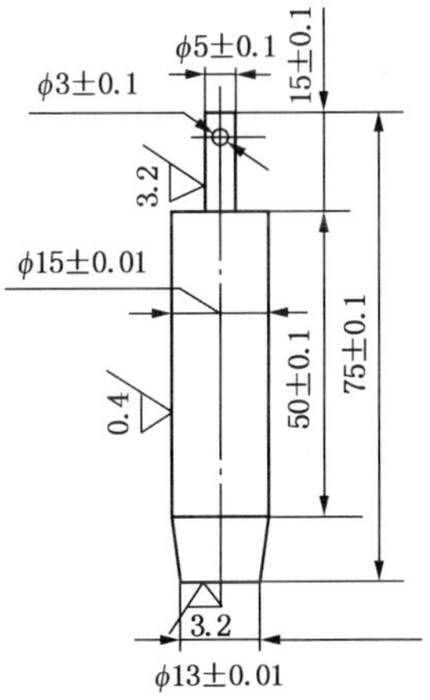

图 1　钢辊

单位为毫米

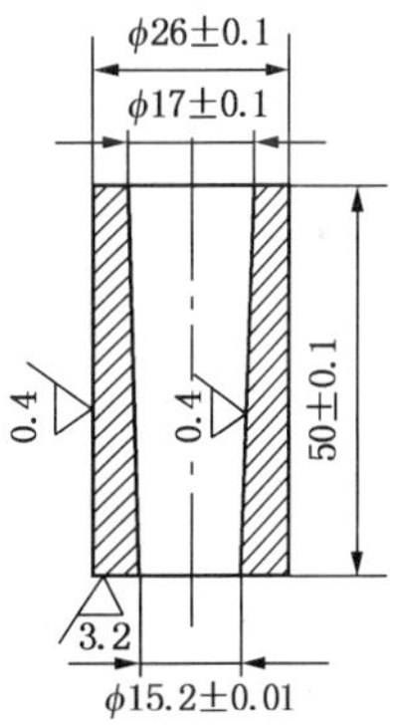

图 2　金属套管

C.5.3 金属挂钩或 S 形的玻璃挂钩：长约 30mm 为悬挂钢辊用。

C.5.4 悬挂钢辊的支柱。

C.5.5 自动调节恒温箱：温度能控制到 ±1℃。

C.5.6 瓷杯。

C.5.7 刮刀。

C.5.8 玻璃棒：长约 100mm。

C.5.9 天平：精度为 0.001g。

C.6 准备工作

C.6.1 钢辊及套管用溶剂油洗涤并用滤纸擦干。

C.6.2 钢辊称量精确到 0.001g。

C.6.3 用刮刀除去试样的表面，然后在不靠近器壁的至少三处取约等量的试样，放置一杯中并仔细搅匀。

C.6.4 在准备好的钢辊表面及套管的内表面，用玻璃棒涂上试样层，钢辊经依垂线垂直放置的并与试验台距约 80mm 的套管较大一端进入，为了较好地充满钢辊和套管之间的空隙，须使钢辊在套管内旋转几次，然后钢辊在重力的作用下(如试样很稠时，可用玻璃棒压入)自套管中出来，如此方法涂两个钢辊；钢辊表面应为均匀的试样层(用肉眼观察)，如试样层稍不均匀，则需反复进行，通过套管操作，获得均匀试样层后，用滤纸擦拭钢辊的锥体部分至环沟处，如液体试样则锥体部分不必用滤纸擦拭。

C.7 试验步骤

C.7.1 涂好试样的钢辊用挂钩悬挂在支柱上，并放入恒温箱中，恒温箱中的温度在 1h 内逐渐升到规定的温度，并在此温度下钢辊留置到规定的时间，然后从恒温箱中取出钢辊并用滤纸擦干钢辊锥体部分到环钩。

C.7.2 称量带试样钢辊精确到 0.001g。

C.7.3 如果需在几个温度下继续测定时，将称量后的钢辊放入恒温箱中，在上次试验温度下在 1h 内加热到其次的规定温度，并在此温度下钢辊留置到所规定的时间之后，擦掉钢辊锥体部分的试样，并称精确到 0.001g。

C.7.4 如果在这一温度或另一温度下进行各种时间的继续测定时，将称量后的钢辊放入恒温箱中在上一次试验温度下继续放置到其次的规定时间，然后擦干钢辊的锥体部分，并称精确到 0.001g。

C.8 判断

如果试验后的钢辊表面的试样层有裂痕和全部滑落时。则认为试样不能再用以继续测定。有时裂痕和滑落发生在某一钢辊的表面上，可进行第二次试验，当第二次试验后得到同样的结果 X 时，则认为该试样不能再用以继续测定。

C.9 计算

遗留在金属表面上的试样层质量 X(mg/cm^2)按下式计算：

$$X = ((G_1 - G_2) \times 1000)/23.55$$

式中：

G_1——试验后油和钢辊的质量，g；

G_2——钢辊的质量，g；

23.55——计算的钢辊表面积，cm^2。

C.10 精密度

C.10.1 重复性

重复测定两个结果间的差数，不应超过其算术平均值的 ±10%。

C.11 报告

取重复测定两个结果的算术平均值，作为测定结果。

附　录　D
（规范性附录）
防蚀润滑脂、凡士林及提纯地蜡水溶性酸碱测定法

D.1　范围

本标准规定了测定防蚀润滑脂、凡士林及提纯地蜡水溶性酸或碱的方法。

本标准适用于防蚀润滑脂、凡士林及提纯地蜡。

D.2　规范性引用文件

下列文件中的条款通过本标准的引用而成为本标准的条款。凡是注日期的引用文件，其随后所有的修改单(不包括勘误的内容)或修订版均不适用于本标准，然而，鼓励根据本标准达成协议的各方研究是否可使用这些文件的最新版本。凡是不注日期的引用文件，其最新版本适用于本标准。

GB/T 6682　分析实验室用水规格和试验方法

D.3　方法概要

用水抽出润滑脂、凡士林或提纯地蜡中的水溶性酸或碱，并根据所加入的指示剂颜色的变化而确定其水溶性酸碱性。

D.4　试剂与材料

D.4.1　试剂

D.4.1.1　石油醚：60℃ ~90℃，分析纯。

D.4.1.2　氢氧化钾：分析纯。配成5.6g/L氢氧化钾溶液。

D.4.1.3　盐酸：分析纯。配成0.1mol/L盐酸标准滴定溶液。

D.4.1.4　酚酞：配成10g/L的乙醇指示液。

D.4.1.5　95%(质量分数)乙醇：分析纯。

D.4.1.6　石蕊溶液。

注1：用下列方法配制石蕊溶液：将小块石蕊放在瓷皿中用85%(质量分数)的乙醇在水浴上加热并搅拌之。将含有着色杂质的乙醇抽出物倒去，如此处理进行三次。先将残留物溶于热水中，再移入量筒中，并在此处留置数日以使之澄清。澄清过的透明溶液蒸发至只剩原体积的1/3后，再用虹吸管将其注入瓷皿中，并用冰乙酸使成酸性。然后，将溶液在水浴上重新蒸发至成果浆状的稠度为止，再用过量90%(质量分数)的乙醇使浅蓝着色的物质沉淀。将沉淀物滤出，并在用乙醇洗涤后于几张滤纸间夹干，然后使溶于蒸馏水中(比例1:30，质量)。

注2：如有配好的出售的石蕊溶液时，许可使用。

D.4.2　材料

蒸馏水：符合GB/T 6682中三级水的要求。

D.5　仪器

D.5.1　量筒：100mL，具有磨砂塞。

D.5.2　滴定管：50mL，附有滴定管架。

D.5.3　瓷皿：100mL。

D.5.4　玻璃棒。

D.5.5　水浴。

D.6　试验步骤

D.6.1　加石蕊

D.6.1.1　将80mL石油醚,20mL蒸馏水及3滴石蕊溶液倒入量筒中,仔细摇动1min,再使其澄清,析

出的水层须为中性,即呈紫色。如果溶液为酸性或碱性时,则用若干滴碱或酸的溶液中和。将中和过的混合液平均注入两个量筒中,即向每一个量筒中各注入40mL石油醚及10mL含有石蕊溶液的水溶液。进行的方法如下:首先将10mL石蕊溶液注入空量筒中,无须注意所加入的石油醚的数量。其次自第二次量筒中,除剩下的40mL石油醚外,将其多余的数量移入第一个量筒中。然后将各量筒仔细摇动,放入水浴中,使其稍微加热后,放在白纸上以比较石蕊溶液的颜色。两个量筒中的颜色必须一致。

D.6.1.2 将预先在瓷皿中熔化了的试样(液体试样可不必熔化就注入量筒中)10mL注入第一个量筒中(第二个量筒作空白试验)。用塞子将两个量筒塞好后,摇动3min,然后放入50℃~60℃的水浴中,使乳浊液破坏得较好。待分层后,将两个量筒放在白纸上,观察石蕊溶液颜色的变化。比较颜色时,应在反射光线下进行。

D.6.1.3 溶液颜色的变化,当试样为酸性时呈红色,为碱性时呈蓝色。进行碱的定量测定时,将盛有试样的量筒中的水层用0.1mol/L盐酸标准滴定溶液(D.4.1.3)在摇动下滴定,直至得到与空白量筒中石蕊溶液一样的颜色为止。滴定时所生成的乳浊液在水浴中稍微加热,以使之破坏。

D.6.2 加酚酞(用于医药用凡士林)

D.6.2.1 将40mL石油醚及预先在瓷皿中熔化了的10mL凡士林注入量筒中。然后放在水浴中稍微加热,并将混合液摇动至凡士林全部溶解为止。

往所得的溶液可加入10mL中性新沸腾的蒸馏水及3~4滴酚酞乙醇指示液,并再重新摇动3min。

D.6.2.2 在水浴中使乳浊液破坏后,将量筒移在白纸上,观察其水层颜色的变化。

如果呈玫瑰色或红色时,则表示为弱碱性或碱性。如为无色溶液时可加入0.1mL的氢氧化钾溶液(D.4.1.2)如不呈红色,则为酸性;如呈红色,则为中性。

注:如遇不易分层时,可用洁净的铁丝圈在水浴上搅拌量筒中的溶液。

用上法(3滴石蕊液及20mL蒸馏水)配制好的蒸馏水石蕊溶液可直接使用。

D.7 计算

试样中的碱含量X[NaOH%(质量分数)]按下式计算:

$$X = \frac{V \cdot c \times 0.040 \times 100}{10\rho} = \frac{V \cdot c \times 4.0}{10\rho}$$

式中:

V——滴定试样所消耗盐酸标准滴定溶液的体积,mL;

c——盐酸标准滴定溶液的实际浓度,mol/L;

ρ——试样的密度,g/mL;

0.040——与1.00mL盐酸标准滴定溶液[c(HCl)=1.000mol/L]相当的以克表示的碱(以氢氧化钠表示)的质量。

D.8 精密度

重复性:重复测定两个结果与算术平均值的差数,不应大于±3%。

D.9 报告

定性试验,如碱含量低于0.02%(质量分数)时,则认为是弱碱性;如碱含量高于0.02%(质量分数)时,则认为是碱性。

编者注:本标准中引用标准的标准名称变动如下。

标 准 号	现 标 准 名 称
GB/T 511	石油和石油产品及添加剂机械杂质测定法

ICS 75.100
E 36

SH

中华人民共和国石油化工行业标准

SH/T 0384—2005

弹 药 保 护 脂
(弹保脂)

Lubricating grease for ammunition protect

2005-11-28 发布　　2006-06-01 实施

中华人民共和国国家发展和改革委员会　发布

前　　言

本标准修改采用前苏联标准 ГОСТ 4113—80《弹药保护脂》。

本标准代替 SH/T 0384—1992《弹药保护脂(弹保脂)》。

本标准与 SH/T 0384—1992 相比主要变化如下：

——取消原注①。

——对原注③(现注 b)进行了编辑性修改。

——增加了规范性附录 A 与附录 B。

本标准的附录 A 与附录 B 为规范性附录。

本标准由中国石油化工集团公司提出。

本标准由中国石油化工股份有限公司石油化工科学研究院归口。

本标准起草单位：中国石油化工股份有限公司石油化工科学研究院。

本标准主要起草人：杨玮。

本标准所代替标准的历次版本发布情况为：

——SY 1505—77。

——SY 1505—77(88)。

——SH/T 0384—92。

弹药保护脂(弹保脂)

1 范围

本标准规定了弹药保护脂的技术要求和试验方法，包装、标志、贮运与取样。

本标准适用于涂抹弹药，以防腐蚀的润滑脂。

2 规范性引用文件

下列文件中的条款通过本标准的引用而成为本标准的条款。凡是注日期的引用文件，其随后所有的修改单(不包括勘误的内容)或修订版均不适用于本标准，然而，鼓励根据本标准达成协议的各方研究是否可使用这些文件的最新版本。凡是不注日期的引用文件，其最新版本适用于本标准。

GB 254 半精炼石蜡

GB/T 264 石油产品酸值测定法

GB/T 511 石油产品和添加剂机械杂质测定法(重量法)

GB/T 512 润滑脂水分测定法

SH/T 0229 固体和半固体石油产品取样法

SH/T 0331 润滑脂腐蚀试验法

3 要求和试验方法

弹药保护脂的技术要求与试验方法见表1。

表1 弹药保护脂技术要求和试验方法

项目		质量指标	试验方法
滴点,℃	不低于	55	附录A
腐蚀(铜片及钢片，100℃，3h)		合格	SH/T 0331[a]
水溶性酸碱反应		中性或弱碱性	附录B
酸值，mgKOH/g	不大于	0.28	GB/T 264
机械杂质,%(质量分数)	不大于	0.07	GB/T 511[b]
水分,%(质量分数)		无	GB/T 512

[a] 腐蚀试验用40或50号钢片与59号黄铜片的磨光金属片，垂直浸入加热至95℃的试料中，在100℃±2℃下留置3h。

试验完毕清洗试验片时，洗过的钢片立即用干的脱脂棉擦拭，仔细检查，铜片须先行检查，确定有无绿色，再用干脱脂棉轻轻擦拭，重新仔细检查。

[b] 为配合生产缩短分析时间，机械杂质的原条文修改为取试料10g，用溶剂油稀释至5倍以温苯洗涤再行测定。原方法中所使用之溶剂为溶剂油或苯，若试料不能完全溶于上述溶剂时，则可改用四氯化碳作溶剂。机械杂质中不许有砂粒及其他摩擦物。

4 包装、标志、贮存

本产品以马口铁制的容器包装，容器外须以墨漆标明品名、生产日期、毛重与净重等，运输时应以木箱包装，在木箱上以黑漆标明生产厂的代号，并附以质量检验卡片。

5 取样

经分析后的均一试料，采样1kg由生产厂会同用户代表用火漆或封口胶签封，并保留6个月。取样须按SH/T 0229进行。

附 录 A
(规范性附录)
润滑脂和固体烃滴点测定法

A.1 范围

本标准规定了润滑脂和固体烃滴点测定法。

本标准适用于测定润滑脂和固体烃的滴点。

A.2 规范性引用文件

下列文件中的条款通过本标准的引用而成为本标准的条款。凡是注日期的引用文件，其随后所有的修改单(不包括勘误的内容)或修订版均不适用于本标准，然而，鼓励根据本标准达成协议的各方研究是否可使用这些文件的最新版本。凡是不注日期的引用文件，其最新版本适用于本标准。

GB/T 514 石油产品试验用玻璃液体温度计技术条件

GB/T 6682 分析实验室用水规格和试验方法

A.3 方法概要

将润滑脂或固体烃装入滴点计的脂杯中，在规定的加热条件下，脂杯中的试样滴出第1滴液体或流出油柱25mm时的温度称为滴点。

A.4 材料

蒸馏水、甘油或其他耐高温的介质。

A.5 仪器

A.5.1 液体浴

A.5.1.1 滴点计：符合GB/T 514的要求，附有金属套管和玻璃脂杯。脂杯的细口边缘是磨平的。

A.5.1.2 玻璃试管：直径40mm～50mm，长度180mm～200mm。

A.5.1.3 高型烧杯：容量800mL～1000mL，或用1500mL～2000mL的烧杯。

A.5.1.4 石棉网。

A.5.1.5 电炉或喷灯。

A.5.2 空气浴滴点测定器(滴点计、玻璃试管与A.5.1.1和A.5.1.2中规定相同)。

A.5.3 刮刀。

A.5.4 秒表：分度值0.1s。

A.5.5 温度计：0℃～300℃，分度值为1℃，供测量浴温用。

A.6 准备工作

A.6.1 用刮刀将试样的表层刮掉，然后在不靠近容器壁的至少三处取约等量的试样，装在小烧杯中。

A.6.2 测定皂基润滑脂时，将小烧杯中的试样仔细掺匀，不应使试样里形成空气泡。随后，用刮刀将掺匀的润滑脂紧密地装满脂杯，不应掺进空气泡。装满试样的脂杯要仔细地拭净，在脂杯的宽口刮去多余的润滑脂。然后把脂杯插进滴点计的套管内，使脂杯宽口的边缘与套管内部凸出边缘紧密贴合。从脂杯细口挤出的润滑脂要用刀刮掉。

A.6.3 测定某些烃基润滑脂、凡士林和石油脂时，将小烧杯中的试样加热熔化至100℃。此外，事先将脂杯的细口一端平放在倒置的装满碎冰的小烧杯上，或平放在覆置于冰块的玻璃板上。然后向脂杯倒满熔化的试样。装满试样的脂杯要留在冷冻的烧杯底上或玻璃板上保持 20min。随后，把装有试样的脂杯插进滴点计的套管内，从脂杯细口挤出的试样要用刮刀刮掉。

A.6.4　测定固体烃产品(如提纯地蜡、提纯地蜡和石蜡的混合物等)时，将小烧杯中的试样加热熔化至 100℃，并预先将脂杯的细口一端平放在光滑的金属表面上。然后向脂杯倒满熔化的试样，待脂杯中的固体烃产品稍有凝固时，立即从金属表面取起脂杯并把多余的试样从脂杯刮掉。此时，把装好试样的脂杯趁热插进滴点计的套管内，并用刮刀把挤出来的试样刮掉。随后，将装有脂杯的滴点计在空气中冷到室温。

注：向滴点计放入装好试样的脂杯时，脂杯应插进套管内，不得旋入套管中。

A.7　试验步骤

A.7.1　加热浴的安装

A.7.1.1　试样滴点在 100℃(包括 100℃)以下时，采用以液体为介质的加热浴。其安装是用支架上的夹子将试管固定在高型烧杯中，使管身成为垂直状态，并使试管底端与烧杯底相距 10mm～20mm。然后向烧杯中注入适用的加热介质。试样滴点低于 80℃时，在烧杯内注入蒸馏水；试样滴点高于 80℃时，注入甘油或其他介质。试管要浸入液体中 120mm～150mm。同时在浴内安装一支 0℃～300℃的温度计，使水银球的下端与安滴点计脂杯的细口边缘在同一水平面上。

A.7.1.2　试样滴点高于 100℃时，采用空气浴滴点测定器。

A.7.2　在试管底部放入一张圆形白纸，然后将装有试样的滴点计套上软木塞，装入试管中，使温度计和试管的轴心线互相重合，并使脂杯的细口边缘与试管底端的白纸相距 25mm。

A.7.3　对采用以液体为介质的加热浴应用电炉或喷灯加热；对用空气为介质的仪器接通电源时空气浴加热。使浴温匀速上升，当试管中的滴点计温度达到预期滴点前 10℃时，控制升温速度为每分钟 1℃左右。

A.7.4　从脂杯滴出第 1 滴流体时，或从脂杯流出的油柱与试管底部的白纸刚接触时，立即读出温度，作为试样的滴点。

A.8　精密度

重复性：重复测定两个结果间的差数，不应超过下列数值。

滴点，℃	允许差数，℃
<100	1
100～200	2
>200	5

A.9　报告

取重复测定两个结果的算术平均值，作为试样的滴点。

附　录　B
（规范性附录）
防蚀润滑脂、凡士林及提纯地蜡水溶性酸碱测定法

B.1　范围

本标准规定了测定防蚀润滑脂、凡士林及提纯地蜡水溶性酸或碱的方法。
本标准适用于防蚀润滑脂、凡士林及提纯地蜡。

B.2　规范性引用文件

下列文件中的条款通过本标准的引用而成为本标准的条款。凡是注日期的引用文件，其随后所有的修改单（不包括勘误的内容）或修订版均不适用于本标准，然而，鼓励根据本标准达成协议的各方研究是否可使用这些文件的最新版本。凡是不注日期的引用文件，其最新版本适用于本标准。

GB/T 6682　分析实验室用水规格和试验方法

B.3　方法概要

用水抽出润滑脂、凡士林或提纯地蜡中的水溶性酸或碱，并根据所加入的指示剂颜色的变化而确定其水溶性酸碱性。

B.4　试剂与材料

B.4.1　试剂

B.4.1.1　石油醚：60℃～90℃，分析纯。

B.4.1.2　氢氧化钾：分析纯。配成5.6g/L氢氧化钾溶液。

B.4.1.3　盐酸：分析纯。配成0.1mol/L盐酸标准滴定溶液。

B.4.1.4　酚酞：配成10g/L的乙醇指示液。

B.4.1.5　95%（质量分数）乙醇：分析纯。

B.4.1.6　石蕊溶液。

注1：用下列方法配制石蕊溶液：将小块石蕊放在瓷皿中用85%（质量分数）的乙醇在水浴上加热并搅拌之。将含有着色杂质的乙醇抽出物倒去，如此处理进行三次。先将残留物溶于热水中，再移入量筒中，并在此处留置数日以使之澄清。澄清过的透明溶液蒸发至只剩原体积的1/3后，再用虹吸管将其注入瓷皿中，并用冰乙酸使成酸性。然后，将溶液在水浴上重新蒸发至成果浆状的稠度为止，再用过量90%（质量分数）的乙醇使浅蓝着色的物质沉淀。将沉淀物滤出，并在用乙醇洗涤后于几张滤纸间夹干，然后使溶于蒸馏水中（比例1:30，质量）。

注2：如有配好的出售的石蕊溶液时，许可使用。

B.4.2　材料

蒸馏水。

B.5　仪器

B.5.1　量筒：100mL，具有磨砂塞。

B.5.2　滴定管：50mL，附有滴定管架。

B.5.3　瓷皿：100mL。

B.5.4　玻璃棒。

B.5.5　水浴。

B.6 试验步骤

B.6.1 加石蕊

B.6.1.1 将80mL石油醚，20mL蒸馏水及3滴石蕊溶液倒入量筒中，仔细摇动1min，再使其澄清，析出的水层须为中性，即呈紫色。如果溶液为酸性或碱性时，则用若干滴碱或酸的溶液中和。将中和过的混合液平均注入两个量筒中，即向每一个量筒中各注入40mL石油醚及10mL含有石蕊溶液的水溶液。进行的方法如下：首先将10mL石蕊溶液注入空量筒中，无须注意所加入的石油醚的数量。其次自第二次量筒中，除剩下的40mL石油醚外，将其多余的数量移入第一个量筒中。然后将各量筒仔细摇动，放入水浴中，使其稍微加热后，放在白纸上以比较石蕊溶液的颜色。两个量筒中的颜色必须一致。

B.6.1.2 将预先在瓷皿中熔化了的试样(液体试样可不必熔化就注入量筒中)10mL注入第一个量筒中(第二个量筒作空白试验)。用塞子将两个量筒塞好后，摇动3min，然后放入50℃~60℃的水浴中，使乳浊液破坏得较好。待分层后，将两个量筒放在白纸上，观察石蕊溶液颜色的变化。比较颜色时，应在反射光线下进行。

B.6.1.3 溶液颜色的变化，当试样为酸性时呈红色，为碱性时呈蓝色。进行碱的定量测定时，将盛有试样的量筒中的水层用0.1mol/L盐酸标准滴定溶液(B.4.1.3)在摇动下滴定，直至得到与空白量筒中石蕊溶液一样的颜色为止。滴定时所生成的乳浊液在水浴中稍微加热，以使之破坏。

B.6.2 加酚酞(用于医药用凡士林)

B.6.2.1 将40mL石油醚及预先在瓷皿中熔化了的10mL凡士林注入量筒中。然后放在水浴中稍微加热，并将混合液摇动至凡士林全部溶解为止。

往所得的溶液可加入10mL中性新沸腾的蒸馏水及3~4滴酚酞乙醇指示液，并再重新摇动3min。

B.6.2.2 在水浴中使乳浊液破坏后，将量筒移在白纸上，观察其水层颜色的变化。

如果呈玫瑰色或红色时，则表示为弱碱性或碱性。如为无色溶液时可加入0.1mL的氢氧化钾溶液(B.3.1.2)如不呈红色，则为酸性；如呈红色，则为中性。

注：如遇不易分层时，可用洁净的铁丝圈在水浴上搅拌量筒中的溶液。

用上法(3滴石蕊液及20mL蒸馏水)配制好的蒸馏水石蕊溶液可直接使用。

B.7 计算

试样中的碱含量 X[NaOH%(质量分数)]按下式计算：

$$X=\frac{V\cdot c\times 0.040\times 100}{10\rho}=\frac{V\cdot c\times 4.0}{10\rho}$$

式中：

V——滴定试样所消耗盐酸标准滴定溶液的体积，mL；

c——盐酸标准滴定溶液的实际浓度，mol/L；

ρ——试样的密度，g/mL；

0.040——与1.00mL盐酸标准滴定溶液[c(HCl)=1.000mol/L]相当的以克表示的碱(以氢氧化钠表示)的质量。

B.8 精密度

重复性：重复测定两个结果与算术平均值的差数，不应大于±3%。

B.9 报告

定性试验，如碱含量低于0.02%(质量分数)时，则认为是弱碱性；如碱含量高于0.02%(质量分数)时，则认为是碱性。

编者注：本标准中引用标准的标准名称变动如下。

标　准　号	现标准名称
GB/T 511	石油和石油产品及添加剂机械杂质测定法

中华人民共和国石油化工行业标准

3号仪表润滑脂
(54号低温润滑脂)

SH/T 0385—1992

代替 SY 1506—1965(1988)

1 主题内容与适用范围

本标准规定了3号仪表润滑脂的技术要求，包装、标志、贮运与取样。

本标准适用于按试用通过的原料和工艺生产的3号仪表润滑脂，其组成%(*m/m*)如下：80号微晶蜡(SH 0013)24±2；仪表油(SH/T 0138)余量。

符合本标准的产品，适用于润滑 -60~55℃温度范围内工作的仪器。

2 引用标准

GB/T 269 润滑脂和石油脂锥入度测定法

GB/T 511 石油产品和添加剂机械杂质测定法(重量法)

GB/T 512 润滑脂水分测定法

SH 0013 微晶蜡

SH/T 0115—1992 润滑脂和固体烃滴点测定法

SH/T 0138 10号仪表油

SH 0164 石油产品包装、贮运及交货验收规则

SH/T 0229 固体和半固体石油产品取样法

SH/T 0329 润滑脂游离碱和游离有机酸测定法

SH/T 0331 润滑脂腐蚀试验法

3 技术要求

项 目		质量指标	试验方法
外观		均匀无块，凡士林状油膏	目测及注①
滴点,℃	不低于	60	SH/T 0115
工作锥入度，0.1mm		230~265	GB/T 269
腐蚀(铜、铝、钢片，100℃，3h)		合格	SH/T 0331 及注②
热安定性		合格	注③
游离有机酸，mgKOH/g	不大于	0.1	SH/T 0329 及注④
水分		无	GB/T 512
机械杂质		无	GB/T 511 及注⑤

注：① 在玻璃上，涂约1min厚的脂层，对光观察。

② 腐蚀试验采用下列试片：

40，45，50号或接近此号的钢片。T1，T2或接近此号的铜片。按与鉴定时采用的纯度相当的铝片。

③ 热安定性试验：在50mL称量瓶里，以刮刀放入试样约30 g，盖好，放置恒温器中，于55℃±1℃留置24h，然后在干燥器内冷却至15~20℃。如试样未分层，又未析出油滴，则认为合格。

④ 测定游离有机酸时，应将润滑脂溶于50mL新中和的乙醇和溶剂油混合液中。

⑤ 在机械杂质中，不准许有砂粒和其他摩擦性物质。

中国石油化工总公司1992-05-20批准　　1992-05-20实施

4 包装、标志、贮运

本产品的包装、标志、贮存、运输及交货验收按 SH 0164 进行。包装容器的装量不大于 2kg。

5 取样

取样按 SH/T 0229 进行，取 1kg 作为检验和留样用。

附加说明：

本标准由石油化工科学研究院技术归口。

编者注：本标准中引用标准的标准名称变动如下。

标准号	现标准名称
GB/T 511	石油和石油产品及添加剂机械杂质测定法

中华人民共和国石油化工行业标准

SH/T 0387—1992(2005)

钢丝绳表面脂

代替 SY 1577—1978(1988)

1 主题内容与适用范围

本标准规定了钢丝绳表面脂的技术要求，包装、标志、贮运与取样。

本标准适用于固体烃类稠化高黏度矿物油，并加有添加剂而制成的钢丝绳表面脂。

符合本标准的产品具有良好的化学安定性、防锈性、抗水性和低温性能。适用于钢丝绳的封存，同时具有润滑作用。

2 引用标准

GB/T 259 石油产品水溶性酸及碱测定法

GB/T 265 石油产品运动黏度测定法和动力黏度计算法

GB/T 512 润滑脂水分测定法

GB/T 514 石油产品试验用玻璃液体温度计技术条件

GB/T 2361 防锈油脂湿热试验法

SH/T 0081 防锈油脂盐雾试验法

SH/T 0115—1992 润滑脂和固体烃滴点测定法

SH 0164 石油产品包装、贮运及交货验收规则

SH/T 0229 固体和半固体石油产品取样法

SH/T 0331 润滑脂腐蚀试验法

3 技术要求

项目		质量指标	试验方法
外观		褐色至深褐色均匀油膏	目测
滴点,℃	不低于	58	SH/T 0115
运动黏度(100℃), mm^2/s	不小于	20	GB/T 265
水溶性酸或碱		无	GB/T 259
腐蚀(100℃, 3h)		合格	SH/T 0331 及注①
滑落试验(55℃, 1h)		实测	附录 A
水分,%	不大于	痕迹	GB/T 512
低温性能(-30℃, 30min)		合格	附录 B
湿热试验(钢片, 30d)		合格	GB/T 2361 及注②
盐雾试验(钢片)		实测	SH/T 0081

注：① 腐蚀试验用含碳 0.4% ~0.5% 钢片和 T3 铜片及锌片进行。

② 作为出厂保证项目。

4 包装、标志、贮运

本产品的包装、标志、贮存、运输及交货验收按 SH 0164 进行。

5 取样

取样按 SH/T 0229 进行，取 1.5kg 作为检验和留样用。

中国石油化工总公司 1992-05-20 批准 1992-05-20 实施

附 录 A
钢丝绳表面脂滑落测定法
（补充件）

A1 主题内容与适用范围

本标准规定了钢丝绳表面脂滑落测定法。

本标准适用于测定钢丝绳表面脂从金属表面滑落的情况。

A2 方法概要

本方法是将涂好钢丝绳表面脂的试片在55℃ ±0.5℃的条件下，经1 h后观察从金属表面滑落的情况。

A3 试剂与材料

A3.1 试剂

A3.1.1 无水乙醇。

A3.2 材料

A3.2.1 橡胶工业用溶剂油。

A3.2.2 砂布：0号和00号。

A3.2.3 钢片：50mm×50mm×3～5mm，钢片每距离两边5mm处开孔，直径为3mm～5mm。

A3.2.4 涂油模具金属片：50mm×51mm×0.4mm±0.1mm，中心有直径为20mm的圆孔，要求模具表面光滑平整。

A3.2.5 脱脂棉。

A4 仪器

A4.1 搪瓷烧杯或玻璃烧杯：300mL～500mL。

A4.2 玻璃吸管。

A4.3 温度计：0℃～150℃。

A4.4 电炉。

A4.5 刮刀。

A4.6 镊子。

A4.7 挂钩。

A4.8 电热鼓风恒温干燥箱，附有温度计，0℃～100℃，分度为0.5℃。

A5 准备工作

A5.1 将三块钢片的全部表面用砂布纵向磨光至光亮为止。

A5.2 磨好的钢片，先用溶剂油，后用热乙醇洗涤，吹干，冷至室温。

A5.3 模具用溶剂油洗净，保持光洁无油迹。

A5.4 将钢片与涂油模具吻合放好。

A5.5 将试样放入搪瓷杯内，加热到100℃～105℃，用玻璃吸管浸入油中预热后吸取油样，一次注入模具内，待冷却到半凝固状态即用刮刀将多余的脂刮去，取出模具，要求模具平整，继续冷却20min以上。

按上述方法涂3片，共计6个面。

A6 试验步骤

将涂好脂冷却后的试片，挂入已恒定55℃ ±0.5℃的烘箱内，1h后观察结果。

A7 判断

A7.1 试片上的油膜产生任何位移和流失现象均为滑落。
A7.2 6个试面上有4个面或4个面以上不滑落，则为合格。

附 录 B
低温性能测定法
（补充件）

B1 主题内容与适用范围

本标准规定了钢丝绳表面脂和麻芯脂的低温性能测定法。
本标准适用于测定钢丝绳表面脂和麻芯脂的低温柔韧性。

B2 方法概要

本方法是将涂好钢丝绳表面脂和麻芯脂的试片在规定的低温条件下，使试片进行弯曲，观察脆裂情况，判断油脂的低温柔韧性。

B3 试剂与材料

B3.1 试剂
B3.1.1 工业乙醇。
B3.2 材料
B3.2.1 冷剂，干冰。
B3.2.2 橡胶工业用溶剂油。
B3.2.3 脱脂棉，纱布。
B3.2.4 砂纸：0号和00号。

B4 仪器

B4.1 黄铜片或紫铜片：70mm ×30mm ×0.1 ~0.15mm，两端中心线距边缘2.0mm处开孔。
B4.2 涂片顶板90mm ×45mm ×0.7mm ±0.1mm，中间有55mm ×9mm ±0.1mm的孔槽(见图1)，底板100mm ×50mm ×3mm平整的金属板(见图2)。
B4.3 直径15mm，长70mm轴。
B4.4 固体轴支架(见图3)。
B4.5 保温瓶：3.2L，内径12cm。
B4.6 高型烧杯：800mL。
B4.7 液体温度计：符合GB 514规定。
B4.8 温度计：0℃ ~150℃。
B4.9 刮刀，镊子。
B4.10 玻璃吸管。
B4.11 电炉。
B4.12 挂钩，尼龙线。

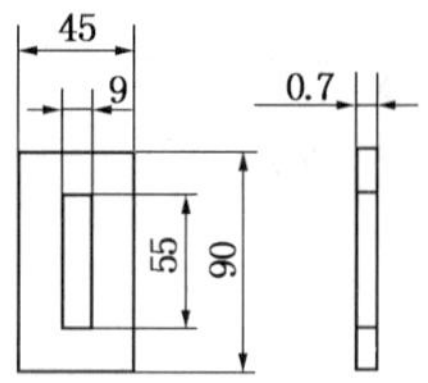

顶板(材料：铜)

图 1

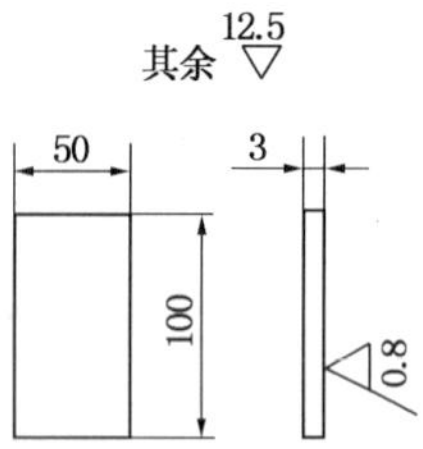

底板(材料：A3)

图 2

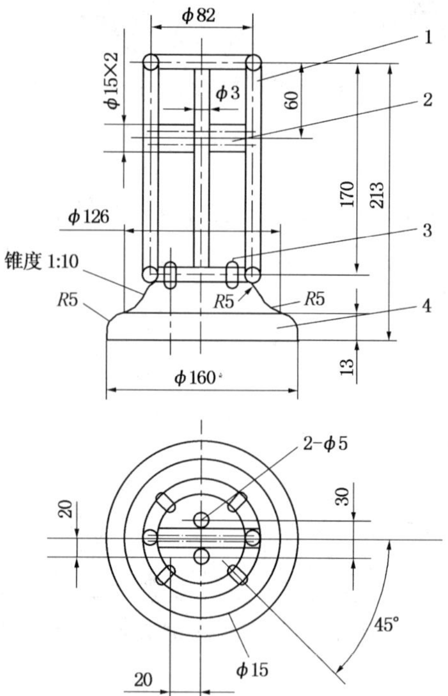

1—钢丝框架；2—管(无缝钢管)；
3—固定钢丝钉(钢丝)；4—软木塞

图 3

B5 准备工作

B5.1 铜片的处理

铜片的试验面用 0 号和 00 号砂纸打磨，铜片的纹路与长边平行。打磨后铜片用溶剂油清洗后，再用纱布或脱脂棉擦干，要求光亮平整，不得有划伤和油迹。

B5.2 铜片涂油

把清洗干净的铜片夹在涂片顶板和底板之间，将油脂加热至 100～105℃，用玻璃吸管浸入预热后的油中吸取油样，一次注入顶板孔槽处。待冷却呈凝固状态后，用刮刀将多余的脂刮去。从涂脂器中取出铜片，油模要求平整，然后将涂油的铜片悬挂在支架固定轴中间，油模向下，再将支架放入高型玻璃烧杯中。

B6 试验步骤

将上述烧杯放入盛有乙醇的保温瓶中，并往保温瓶内注入冷剂，使其温度降低到试验温度，在试验温度 ±1℃的条件下，保持 30min，然后在两秒钟内完成拉线动作，使铜片绕轴弯曲 180℃，取出支架，观察脆裂情况，依此法做两次试验，对产品进行判断。

B7 判断

若两片铜片油膜均出现脱落，脆裂试验不合格。若两片铜片油膜均未出现脱落，则为合格。

若出现一片铜片油膜脱落、脆裂，而另一片铜片油膜不脱落、脆裂，则再重复试验一次，如仍有脱落、脆裂，则认为不合格。

附加说明：

本标准由石油化工科学研究院技术归口。

本标准由湖南省长沙石油厂负责起草。

中华人民共和国石油化工行业标准

SH/T 0388—1992(2005)

钢丝绳麻芯脂

代替 SY 1578—1978(1988)

1 主题内容与适用范围

本标准规定了钢丝绳麻芯脂的技术要求，包装、标志、贮运与取样。

本标准适用于固体烃类稠化高黏度矿物油并加有添加剂而制成的钢丝绳麻芯脂。

符合本标准的产品具有较好的防锈性、抗水性、化学安定性和润滑性能。主要使用于钢丝绳麻芯的浸渍和润滑。

2 引用标准

GB/T 259 石油产品水溶性酸及碱测定法

GB/T 265 石油产品运动黏度测定法和动力黏度计算法

GB/T 512 润滑脂水分测定法

GB/T 2361 防锈油脂湿热试验法

SH/T 0081 防锈油脂盐雾试验法

SH/T 0115—1992 润滑脂和固体烃滴点测定法

SH 0164 石油产品包装、贮运及交货验收规则

SH/T 0229 固体和半固体石油产品取样法

SH/T 0331 润滑脂腐蚀试验法

SH/T 0387 钢丝绳表面脂

3 技术要求

项　目		质量指标	试验方法
外观		褐色至深褐色均匀油膏	目测
滴点,℃		45～55	SH/T 0115
运动黏度(100℃), mm^2/s	不小于	25	GB/T 265
水溶性酸或碱		无	GB/T 259
腐蚀(100℃, 3h)		合格	SH/T 0331 及注①
水分,%	不大于	痕迹	GB/T 512
低温性能(-30℃, 30min)		合格	SH/T 0387 附录 B
湿热试验(钢片, 30d)		合格	GB/T 2361 及注②
盐雾试验(钢片)		实测	SH/T 0081

注：① 腐蚀试验用含碳 0.4%～0.5% 钢片和 T3 铜片及锌片进行。

② 作为出厂保证项目。

中国石油化工总公司 1992-05-20 批准　　1992-05-20 实施

4 包装、标志、贮运

本产品的包装、标志、贮存、运输及交货验收按 SH 0164 进行。

5 取样

采样按 SH/T 0229 进行，取 1.5 kg 作为检验和留样用。

附加说明：

本标准由石油化工科学研究院技术归口。

本标准由湖南省长沙石油厂负责起草。

中华人民共和国石油化工行业标准

SH 0431—1992(1998)

7017－1号高低温润滑脂

代替 ZB E40 001—1986

1 主题内容与适用范围

本标准规定了7017－1号高低温润滑脂的技术要求、检验规则、包装，贮运及交货验收。

本标准适用于以脲类化合物稠化硅油，并加有多种添加剂制成的7017－1号高低温润滑脂。

符合本标准的产品适用于宽温度条件下工作的滚珠和滚柱轴承的润滑。使用温度范围为：－60℃～＋250℃，短期可达300℃。

2 引用标准

GB/T 269 润滑脂和石油脂锥入度测定法
GB/T 392 润滑脂压力分油测定法
GB/T 3498 润滑脂宽温度范围滴点测定法
SH/T 0048 润滑脂相似黏度测定法
SH 0164 石油产品包装、贮运及交货验收规则
SH/T 0229 固体和半固体石油产品取样法
SH/T 0331 润滑脂腐蚀试验法
SH/T 0335 润滑脂化学安定性测定法
SH/T 0337 润滑脂蒸发度测定法

3 技术要求

项目		质量指标	试验方法
外观		灰色均匀油膏	目测
滴点,℃	不低于	300	GB/T 3498
1/4 锥入度，0.1mm		65～80	GB/T 269
压力分油,%(m/m)	不大于	15.0	GB/T 392
蒸发度,%(m/m)			SH/T 0337
200℃	不大于	4.0	
250℃		测定	
相似黏度(－50℃，$10s^{-1}$)，Pa·s	不大于	1 800	SH/T 0048
腐蚀(T3 铜片，100℃，3h)		合格	SH/T 0331[1)]
化学安定性(0.78MPa 氧压下，120℃，100h)			SH/T 0335
压力降，MPa	不大于	0.034	

注：1）金属片尺寸为25mm×25mm×3mm，烧杯容积为50mL。

中国石油化工总公司 1992-05-20 批准　　1992-05-20 实施

4 检验规则

4.1 检验分类

产品检验分出厂检验和型式检验。

4.2 出厂检验

产品在出厂时必须进行以下检验：

a. 外观；

b. 滴点；

c. 1/4 锥入度；

d. 压力分油；

e. 蒸发度；

f. 相似黏度；

g. 腐蚀。

产品经生产技术检验部门进行出厂检验，检验合格后，附有产品检验合格证，方可出厂。

4.3 型式检验

对产品质量进行全面考核，即对本标准中规定的技术要求进行全部检验。

4.3.1 有下列情况之一时，一般应进行型式检验：

a. 产品转产时；

b. 正式生产时，如原料、工艺等有较大改变，可能影响产品性能时；

c. 产品长期停产后，恢复生产时；

d. 出厂检验结果与上次型式检验有较大差异时；

e. 国家质量监督机构提出进行型式检验要求时。

4.3.2 型式检验每年至少进行一次。

4.4 分批、取样和判定

4.4.1 分批

以生产单元一次或数次投料生产，混合均匀的产品为一批。

4.4.2 取样

4.4.2.1 取样按 SH/T 0229 进行。

4.4.2.2 从平均试样中取两份同等数量的样品(每份 0.5kg)作为检验和留样用。

4.4.3 判定

根据每批质量检验结果，对照技术要求的质量指标进行判定。

5 包装、标志、贮运及交货验收

本产品的包装、标志、贮存、运输及交货验收按 SH 0164 进行。

附加说明：

本标准由中国石化一坪化工厂提出。

本标准由中国石化一坪化工厂技术归口。

本标准由中国石化一坪化工厂负责起草。

本标准于 1978 年 9 月首次发布，第二次修订于 1986 年 5 月。

中华人民共和国石油化工行业标准

SH/T 0432—1992(1998)

7502、7503号硅脂

代替 ZB E40 002—1986

1　主题内容与适用范围

本标准规定了7502、7503号硅脂的技术要求、检验规则、包装、贮运及交货验收。

本标准适用于由白炭黑稠化硅油，并加有多种添加剂制成的7502、7503号硅脂。

2　引用标准

GB/T 269　润滑脂和石油脂锥入度测定法

GB/T 392　润滑脂压力分油测定法

SH/T 0048　润滑脂相似黏度测定法

SH 0164　石油产品包装、贮运及交货验收规则

SH/T 0229　固体和半固体石油产品取样法

SH/T 0324　润滑脂钢网分油测定法(静态法)

SH/T 0331　润滑脂腐蚀试验法

SH/T 0335　润滑脂化学安定性测定法

SH/T 0337　润滑脂蒸发度测定法

SH/T 0452　润滑脂贮存安定性试验法

3　产品分类

3.1　本标准包括7502号和7503号两种牌号。

3.2　7502号硅脂适用于橡胶与金属间的密封和润滑；与某些化学品接触的玻璃、陶瓷或金属制阀门旋塞、接头等低速滑动部位的密封与润滑；电位器的阻尼，电器的绝缘与密封；液体联轴节的填充介质等，还可用于真空度达 1.33×10^{-4} Pa的真空系统的润滑与密封。使用温度范围：－54℃～＋205℃，短期可用于260℃。

3.3　7503号硅脂适用于黑色金属零部件(带螺纹或不带螺纹)的配合面的腐蚀抑制剂和润滑剂，也可用于电器防护与绝缘，使用温度范围为：－60℃～＋200℃。

中国石油化工总公司1992-05-20批准　　1992-05-20实施

4 技术要求

技术要求见表1。

表1

项　　目		质量指标	
		7502	7503
外观		白色半透明光滑均匀油膏	
1/4锥入度，0.1mm		55～70	62～75
蒸发度(200℃)，%(m/m)	不大于	2.0	3.0
腐蚀(LC9超硬铝合金、45号钢片，100℃，3h)		合格	
相似黏度，Pa·s			
(-40℃，$10s^{-1}$)	不大于	1100	—
(-54℃，$25s^{-1}$)	不大于	—	250
分油量			
压力法，%(m/m)	不大于	5.0	8.0
钢网法及蒸发损失			
钢网法，%(m/m)			
(204℃，30h)	不大于	8.0	—
(150℃，24h)	不大于	—	4.0
蒸发损失，%(m/m)			
(204℃，30h)	不大于	2.0	—
(150℃，24h)	不大于	—	2.0
烘烤试验(204℃，24h)			
1/4锥入度，0.1mm	不大于	70	—
抗水密封性		合格	
化学安定性(0.78MPa氧压下，100℃，100h)			
压力降，MPa	不大于	—	0.034
贮存安定性(38℃±3℃，6个月)			
1/4锥入度，0.1mm		55～70	62～75

5 试验方法

5.1　本标准试验方法见表2。

5.2　腐蚀试验中金属试片尺寸：25mm×25mm×3mm，烧杯容积为50mL。

5.3　测定钢网分油和蒸发损失时，镍丝锥网应挂在玻璃棒上，使镍丝锥网位置为悬挂在烧杯内。试验后按式(1)和(2)计算钢网分油量和蒸发损失量。

$$X_1 = \frac{P_1}{W} \times 100 \quad \cdots\cdots (1)$$

$$X_2 = \frac{P_2}{W} \times 100 \quad \cdots\cdots (2)$$

式中：X_1——蒸发损失，%（m/m）；

W——试料重量，g；

P_1——整个装置的重量损失量，g；

X_2——钢网分油，%（m/m）；

P_2——烧杯重量的增量，g。

除此之外，其余按 SH/T 0324 的步骤进行。

表 2

试验项目	试验方法
外　观	目测
1/4 锥入度	GB/T 269
蒸发度	SH/T 0337
腐　蚀	SH/T 0331 及 5.2
相似黏度	SH/T 0048
分油量 压力法 钢网法及蒸发损失	 GB/T 392 SH/T 0324 及 5.3
烘烤试验	5.4
抗水密封性	附录 A
化学安定性	SH/T 0335
贮存安定性	SH/T 0452 及 5.5

5.4　烘烤试验

5.4.1　本试验方法适用于测定 7502、7503 号硅脂的烘烤性能。

5.4.2　引用标准

GB/T 269　润滑脂和石油脂锥入度测定法

5.4.3　仪器、设备

a. 玻璃皿，ϕ30mm×25mm。

b. 恒温箱。

5.4.4　分析步骤

将试样装入玻璃皿中，试样面低于皿口 2mm～3mm，置于恒温箱内，在规定的试验条件下试验后，取出按 GB/T 269 测定 1/4 锥入度。

5.5　贮存安定性试验中，样品取 0.5kg，锥入度按 GB/T 269 测定 1/4 锥入度值。

6　检验规则

6.1　检验分类

产品检验分出厂检验和型式检验。

6.2　出厂检验

产品出厂时必须进行以下检验：

a. 外观；

b. 1/4 锥入度；

c. 蒸发度；

d. 相似黏度；

e. 分油量；

f. 化学安定性。

产品经生产技术检验部门进行出厂检验，检验合格后，附有产品检验合格证，方可出厂。

6.3 型式检验

对产品质量进行全面考核，即对本标准中规定的技术要求进行全部检验。

6.3.1 有下列情况之一时，一般应进行型式检验：

a. 产品转产时；

b. 正式生产时，如原料、工艺等有较大改变，可能影响产品性能时；

c. 产品长期停产后，恢复生产时；

d. 出厂检验结果与上次型式检验结果有较大差异时；

e. 国家质量监督机构提出进行型式检验要求时。

6.3.2 型式检验每年至少进行一次。

6.4 分批、取样和判定

6.4.1 分批

以生产单元一次或数次投料生产，混合均匀的产品为一批。

6.4.2 取样

6.4.2 1 取样按照 SH/T 0229 进行。

6.4.2.2 从平均试样中取两份同等数量的样品(每份 1kg)作为检验和留样用。

6.4.3 判定

根据每批产品的质量检测结果，对照技术要求的质量指标进行判定。

7 包装、标志、贮运及交货验收

本产品的包装、标志、贮存、运输和交货验收按 SH 0164 进行。

附　录　A
抗水密封性试验
（补充件）

A1　主题内容与适用范围

本方法适用于测定7502、7503号硅脂的抗水密封性能。

A2　方法提要

将浸过氯化钴水溶液并干燥成蓝色的滤纸放在皿的底部，上面用脂填满，将皿放入水中，观察滤纸颜色变化。

A3　试剂和材料

A3.1　氯化钴水溶液：浓度25%（m/m）。

A4　仪器、设备

A4.1　水浴。
A4.2　烘箱：能维持105℃±1℃。
A4.3　氧化皿：符合SH/T 0335中的规定。
A4.4　培养皿。

A5　分析步骤

将五张直径为22mm的滤纸在25%（m/m）的氯化钴水溶液中浸渍，吸去过剩的溶液，然后在105℃下，干燥直至全部变成蓝色为止。将这些滤纸分别放在五个氧弹的氧化皿中，用脂样装满该皿避免空气泡混入，并刮平脂面。并将每个氧化皿浸入盛水的培养皿中，在25℃±3℃下保持24h，然后观察试验滤纸上粉红色的呈现情况。

A6　分析结果

五个氧化皿中的滤纸至少有三个不呈现粉红色，才可判为合格；否则为不合格。观察时，沿着滤纸边沿3mm内的颜色变化可以忽略不计。

附加说明：
本标准由中国石化一坪化工厂提出。
本标准由中国石化一坪化工厂技术归口。
本标准由中国石化一坪化工厂负责起草。
本标准主要起草人：张秉智、刘兴胜。
本标准于1983年6月首次发布，第一次修订于1986年5月。

中华人民共和国石油化工行业标准

SH 0434—1992(1998)

4839号抗化学润滑油

代替 ZB E40 005—1986

1 主题内容与适用范围

本标准规定了4839号抗化学润滑油的技术要求、检验规则、包装、标志、贮运及交货验收。

本标准适用于由氟氯碳油调制的抗化学润滑油。

符合本标准的产品适用于制氧系统氧气阀门润滑及其他与强腐蚀性介质接触的各种机器轴承润滑，并可作为陀螺液使用。

2 引用标准

GB/T 265 石油产品运动黏度测定法和动力黏度计算法

GB/T 510 石油产品凝点测定法

GB/T 614 化学试剂 折光率测定通用法

GB/T 1884 石油和液体石油产品密度测定法(密度计法)

GB/T 4756 石油液体手工取样法

SH 0164 石油产品包装、贮运及交货验收规则

3 技术要求

项　目		质量指标	试验方法
外观		室温下为透明或半透明液体	目测
运动黏度(50℃)，mm^2/s(cSt)		20～40	GB/T 265
密度(25℃)，kg/m^3		1900～2000	GB/T 1884
酸值，mgKOH/g	小于	0.05	附录A
凝点，℃	不高于	-10	GB/T 510
折光率，N_D^{25}		实测	GB/T 614

4 检验规则

4.1 检验分类

产品检验分出厂检验和型式检验。

4.2 出厂检验

产品出厂时必须进行以下检验：

a. 外观；

b. 运动黏度(50℃)；

c. 密度(25℃)；

d. 酸值；

中国石油化工总公司1992-05-20批准　　1992-05-20实施

e. 折光率。

产品经生产技术检验部门进行出厂检验，检验合格后，附有产品检验合格证，方可出厂。

4.3 型式检验

对产品质量进行全面考核，即对本标准中规定的技术要求进行全部检验。

4.3.1 有下列情况之一时，一般应进行型式检验：

a. 产品转产时；

b. 正式生产时，如原料、工艺等有较大改变，可能影响产品性能时；

c. 产品长期停产后，恢复生产时；

d. 出厂检验结果与上次型式检验有较大差异时；

e. 国家质量监督机构提出进行型式检验要求时。

4.3.2 型式检验每年进行二次。

4.4 分批、取样和判定

4.4.1 分批

4.4.1.1 本产品必须按国家规定的鉴定程序通过的试样所采用的原料和生产工艺进行生产。

4.4.1.2 用相同的原料按固定的工艺在同一设备中，间歇生产一个周期的产品为一批。

4.4.2 取样

4.4.2.1 取样按 GB/T 4756 进行。

4.4.2.2 从平均试样中取两份同等数量的样品(每份 1kg)作为检验和留样用。

4.4.3 判定

根据每批质量检验结果，对照技术要求的质量指标进行判定。

5 包装、标志、贮运及交货验收

5.1 本产品的包装、标志、贮存、运输及交货验收按 SH 0164 进行。

5.2 本产品采用清洁、密封、干燥的无色玻璃瓶或铝桶包装，每瓶净重 1kg，每桶净重 10kg。

5.3 本产品存放在阴凉、干燥处。

附　录　A
含氟油产品酸值测定法
（补充件）

A1　主题内容与适用范围

本方法规定了全氟碳油、氟氯碳油、全氟醚类油产品酸值测定方法。

本方法适用于测定全氟碳油、氟氯碳油、全氟醚类油产品的酸值。

A2　引用标准

GB/T 601　化学试剂　标准溶液制备方法

A3　方法提要

用沸腾的60%乙醇水溶液抽提出试样中的酸性成分，然后用氢氧化钾标准溶液滴定。

A4　试剂

A4.1　乙醇：95%。

A4.2　氢氧化钾。

A4.3　0.5%酚酞：指示剂。

A5　仪器、设备

A5.1　锥形烧瓶：24号内磨口，250或300mL。

A5.2　球形回流冷凝管：24号外磨口，长约300mm。

A5.3　微量滴定管：2mL，分度为0.02mL。

A5.4　分析天平：感量为0.01g。

A5.5　电热恒温水浴：HH·S 214型。

A6　准备工作

A6.1　0.5%酚酞指示剂的配制：称0.5g酚酞溶于100mL 95%乙醇中。

A6.2　氢氧化钾标准溶液[$c(KOH)=0.05mol/L$]的配制：称3g氢氧化钾溶于煮沸过并冷却后的1000mL蒸馏水中，摇匀配制而成。

A6.3　60%的乙醇溶液：将7.5份95%乙醇与3.5份蒸馏水配制而成。

A6.4　氢氧化钾标准溶液[$c(KOH)=0.05mol/L$)的标定，按GB 601的规定进行(其中称样为0.3g)。

A7　分析步骤

A7.1　用清洁、干燥的锥形瓶称取试样5g，称准至0.01g。

A7.2　在另一只清洁、干燥的锥形瓶中，加入50mL 60%的乙醇溶液，装在回流冷凝管，在不断摇动下，将60%的乙醇煮沸5min除去溶解于60%乙醇内的二氧化碳。

在煮沸过的60%乙醇中加入3~4滴0.5%酚酞指示剂，趁热用氢氧化钾标准溶液[$c(KOH)=0.05mol/L$]中和滴定至溶液呈粉红色为终点。

A7.3　将中和过的60%乙醇注入装有已称好试样的锥形瓶中，并装上回流冷凝管。在不断摇动下，将溶液煮沸5min。

在煮沸过的混合液中，加入3～4滴酚酞指示剂，趁热用氢氧化钾标准溶液[c(KOH)＝0.05 mol/L]滴定，直到60%乙醇层呈现粉红色为终点。

在每次滴定过程中，自锥形瓶停止加热到滴定达到终点所经过的时间不应超过3min。

A8 分析结果的表述

A8.1 计算

试样的酸值x，用mgKOH/g的数值表示，按式(A1)计算：

$$x=\frac{c\cdot V\times 56.1}{m} \qquad \text{(A1)}$$

式中：c——氢氧化钾溶液的物质的量浓度mol/mL；

V——滴定时消耗氢氧化钾标准溶液体积，mL；

56.1——每单位物质的量的氢氧化钾标准溶液所含氢氧化钾的质量，mg/moL；

m——试样质量，g。

A8.2 结果的表述

A8.2.1 两个平行测定结果间差值，不应超过下列数值：

酸值，mgKOH/g	允许差值，mgKOH/g
0.05以下	0.01

A8.2.2 取平行测定两个结果的算术平均值，作为试样的酸值。

附加说明：

本标准由中国石化长城高级润滑油公司提出。

本标准由中国石化一坪化工厂技术归口。

本标准由中国石化长城高级润滑油公司负责起草。

本标准主要起草人：马光华。

本标准于1986年首次发布，于1988年确认。

编者注：本标准中引用标准的标准名称变动如下。

标 准 号	现 标 准 名 称
CB/T 1884	原油和液体石油产品密度实验室测定法(密度计法)
GB/T 601	化学试剂 标准滴定溶液的制备
GB/T 614	化学试剂 折光率测定通用方法

中华人民共和国石油化工行业标准

SH/T 0435—1992(1998)

4830号检漏液

代替 ZB E40 006—1986

1 主题内容与适用范围

本标准规定了4830号检漏液的技术要求、检验规则、包装、标志、贮运及交货验收。

本标准适用于由全氟碳油或氟氯碳油调配的检漏液。

符合本标准的产品适用于电子元器件密封检漏的粗检用油及接触腐蚀性介质的仪表用油。

2 引用标准

GB/T 255 石油产品馏程测定法

GB/T 265 石油产品运动黏度测定法和动力黏度计算法

GB/T 510 石油产品凝点测定法

GB/T 614 化学试剂 折光率测定通用法

GB/T 1884 石油和液体石油产品密度测定法(密度计法)

GB/T 4756 石油液体手工取样法

SH 0164 石油产品包装、贮运及交货验收规则

SH 0434 4839号抗化学润滑油

3 技术要求

项目		质量指标	试验方法
外观		无色透明液体(25℃)	目测
运动黏度(25℃), mm^2/s(cSt)		4~9	GB/T 265
馏分组成 初馏点,℃	不低于	170	GB/T 255
密度(25℃), kg/m^3		1800~2000	GB/T 1884
酸值, mgKOH/g	小于	0.05	SH 0434 附录A
凝点,℃	不高于	-20	GB/T 510 及注
折光率, N_D^{25}		实测	GB/T 614

注:本项目为保证指标。

4 检验规则

4.1 检验分类

产品检验分出厂检验和型式检验。

4.2 出厂检验

产品出厂时必须进行以下检验:

a. 外观;

b. 运动黏度;

c. 馏分组成;

中国石油化工总公司 1992-05-20 批准　　1992-05-20 实施

d. 密度；

e. 酸值；

f. 折光率。

产品经生产技术检验部门进行出厂检验，检验合格后，附有产品检验合格证，方可出厂。

4.3 型式检验

对产品质量进行全面考核，即对本标准中规定的技术要求进行全部检验。

4.3.1 有下列情况之一时，一般应进行型式检验：

a. 产品转产时；

b. 正式生产时，如原料、工艺等有较大改变，可能影响产品性能时；

c. 产品长期停产后，恢复生产时；

d. 出厂检验结果与上次型式检验有较大差异时；

e. 国家质量监督机构提出进行型式检验要求时。

4.3.2 型式检验每年抽测两次。

4.4 分批、取样和判定

4.4.1 分批

4.4.1.1 本产品必须按国家规定之鉴定程序通过的试样所采用的原料和生产工艺进行生产。

4.4.1.2 用相同的原料按固定的工艺在同一设备中，间歇生产一个周期的产品为一批。

4.4.2 取样

4.4.2.1 取样按 GB/T 4756 进行。

4.4.2.2 从平均试样中取两份同等数量的样品（每份 1kg）作为检验和留样用。

4.4.3 判定

根据每批质量检验结果，对照技术要求的质量指标进行判定。

5 包装、标志、贮运及交货验收

5.1 本产品的包装、标志、贮存、运输及交货验收按 SH 0164 进行。

5.2 本产品采用清洁、密封、干燥的无色玻璃瓶或铝桶包装，每瓶净重 1kg，每桶净重 10kg。

5.3 本产品存放在阴凉、干燥处。

附加说明：

本标准由中国石化长城高级润滑油公司提出。

本标准由中国石化一坪化工厂技术归口。

本标准由中国石化长城高级润滑油公司负责起草。

本标准主要起草人：马光华。

本标准于 1986 年首次发布，于 1988 年确认。

编者注：本标准中引用标准的标准名称变动如下。

标 准 号	现 标 准 名 称
GB/T 1884	原油和液体石油产品密度实验室测定法（密度计法）
GB/T 614	化学试剂 折光率测定通用方法

中华人民共和国石油化工行业标准

SH 0437—1992(1998)

7007、7008号通用航空润滑脂

代替 ZB E40 008—88

1 主题内容与适用范围

本标准规定了7007、7008号通用航空润滑脂的技术要求、检验规则、包装、标志、贮运及交货验收。

本标准适用于以硬脂酸锂皂稠化双酯，并加有结构改善剂及抗氧添加剂制成的7007、7008号通用航空润滑脂。7008号通用航空润滑脂另加有防锈添加剂。

符合本标准的产品适用于航空电机和微型电机的轴承、齿轮及操纵机构的支点、组装联接以及某些仪器、仪表的润滑。使用温度范围为：-60℃～+120℃。

2 产品分类

本产品按使用性能要求分为7007和7008两个牌号。

3 引用标准

GB/T 269 润滑脂和石油脂锥入度测定法

GB/T 392 润滑脂压力分油测定法

GB/T 3142 润滑剂承载能力测定法(四球法)

SH/T 0048 润滑脂相似黏度测定法

SH/T 0115—1992 润滑脂和固体烃滴点测定法

SH/T 0122 润滑脂滚筒安定性测定法

SH 0164 石油产品包装、贮运及交货验收规则

SH/T 0229 固体和半固体石油产品取样法

SH/T 0331 润滑脂腐蚀试验法

SH/T 0333—1992 润滑脂防护性能测定法

SH/T 0335 润滑脂化学安定性测定法

SH/T 0336 润滑脂杂质含量测定法(显微镜法)

SH/T 0337 润滑脂蒸发度测定法

中国石油化工总公司 1992-05-20 批准　　　　1995-05-20 实施

4 技术要求

项目		质量指标		试验方法
		7007 号	7008 号	
外观		浅灰色至浅褐色均匀油膏	浅黄色至褐色均匀油膏	目测[1]
滴点,℃	不低于	160		SH/T 0115
1/4 锥入度,0.1mm		55~76		GB/T 269
腐蚀(T3 铜片,100℃,3h)		合格		SH/T 0331[2]
压力分油,%(m/m)	不大于	26.0	20.0	GB/T 392
相似黏度(-50℃,$10s^{-1}$),Pa·s	不大于	1100	1000	SH/T 0048
蒸发度(120℃),%	不大于	2.0		SH/T 0337
化学安定性(0.78MPa 氧压下,100℃,100h)				SH/T 0335
压力降,MPa	不大于	0.034		
滚筒安定性				SH/T 0122
1/4 锥入度变化值,0.1mm		测定		
承载能力(常温)				GB/T 3142
最大无卡咬负荷 P_B,N		测定		
杂质含量,颗数/cm^3				SH/T 0336
直径 25~74μm	不多于	5000		
直径 75~124μm	不多于	1000		
直径大于等于 125μm		无		
防护性能(45 号钢片,H62 黄铜片,60℃,48h)		—	合格	SH/T 0333

注:1)本产品遇光变色,不影响使用。

2)金属片尺寸为 25mm×25mm×3mm,烧杯容积为 50mL。

5 检验规则

5.1 检验分类

产品检验分出厂检验和型式检验。

5.2 出厂检验

产品出厂时必须进行以下检验:

a. 外观;

b. 滴点;

c. 1/4 锥入度;

d. 腐蚀;

e. 压力分油;

f. 相似黏度;

g. 蒸发度;

h. 滚筒安定性;

i. 杂质含量。

产品经生产技术检验部门进行出厂检验，检验合格后，附有产品检验合格证，方可出厂。

5.3 型式检验

对产品质量进行全面考核，即对本标准中规定的技术要求进行全部检验。

5.3.1 有下列情况之一时，一般应进行型式检验：

a. 产品转产时；

b. 正式生产时，如原料、工艺等有较大改变，可能影响产品性能时；

c. 产品长期停产后，恢复生产时；

d. 出厂检验结果与上次型式检验有较大差异时；

e. 国家质量监督机构提出进行型式检验要求时。

5.3.2 型式检验每年至少进行一次。

5.4 分批、取样、判定和复验

5.4.1 分批

以生产单元一次或数次投料生产，混合均匀的产品为一批。

5.4.2 取样

5.4.2.1 取样按 SH/T 0229 进行。

5.4.2.2 从平均试样中取两份同等数量的样品(每份 0.5kg)作为检验和留样用。

5.4.3 判定

根据每批质量检验结果，对照技术要求的质量指标进行判定。

5.4.4 复验

检验结果如有 1 ~ 2 项不符合本标准技术要求的质量指标时，可对留样样品进行复验，复验结果不符合要求，则该批产品为不合格品。

6 包装、标志、贮运及交货验收

6.1 本产品的包装、标志、贮存、运输及交货验收按 SH 0164 进行。

6.2 本产品采用清洁、干燥的容器包装，每盒净重分 0.25kg 和 1kg 两种。

附加说明：

本标准由中国石油化工总公司一坪化工厂提出。

本标准由中国石油化工总公司一坪化工厂技术归口。

本标准由中国石油化工总公司一坪化工厂负责起草。

本标准于 1973 年 9 月首次发布，第三次修订于 1988 年 4 月。

中华人民共和国石油化工行业标准

SH/T 0438—1992(1998)

7011 号低温极压脂

代替 ZB E40 009—1988

1 主题内容与适用范围

本标准规定了 7011 号低温极压脂的技术要求、检验规则、包装、标志、贮运及交货验收。

本标准适用于以硬脂酸锂皂稠化酯类油，并加有胶体二硫化钼及抗氧添加剂制成的 7011 号低温极压脂。

符合本标准的产品适用于飞机上重负荷齿轮、襟翼操纵机沟、尾轮和起落架支点轴承以及其他螺旋传动、链条传动等机械部件的润滑。使用温度范围为：-60℃ ~ +120℃。

2 引用标准

GB/T 269 润滑脂和石油脂锥入度测定法
GB/T 392 润滑脂压力分油测定法
GB/T 3142 润滑剂承载能力测定法(四球法)
SH/T 0048 润滑脂相似黏度测定法
SH/T 0115—1992 润滑脂和固体烃滴点测定法
SH/T 0122 润滑脂滚筒安定性测定法
SH 0164 石油产品包装、贮运及交货验收规则
SH/T 0229 固体和半固体石油产品取样法
SH/T 0331 润滑脂腐蚀试验法
SH/T 0335 润滑脂化学安定性测定法
SH/T 0337 润滑脂蒸发度测定法

3 技术要求

项 目		质量指标	试验方法
外观		黑色均匀油膏	目测
滴点,℃	不低于	160	SH/T 0115
1/4 锥入度，0.1mm		55 ~ 76	GB/T 269
腐蚀(T3 铜片，100℃，3h)		合格	SH/T 0331[1)]
压力分油,%(m/m)	不大于	25	GB/T 392
相似黏度(-50℃，$10s^{-1}$)，Pa·s	不大于	1100	SH/T 0048
蒸发度(120℃),%(m/m)	不大于	2.0	SH/T 0337
化学安定性(0.78MPa 氧压下，100℃，100h)			SH/T 0335
压力降，MPa	不大于	0.034	

中国石油化工总公司 1992-05-20 批准　　1992-05-20 实施

续表

项　　目		质 量 指 标	试 验 方 法
承载能力(常温)			GB/T 3142
综合磨损值 *ZMZ*	不小于	50	
滚筒安定性			SH/T 0122
1/4 锥入度变化值，0.1mm		测定	

注：1）金属片尺寸为 25mm×25mm×3mm，烧杯容积为 50mL。

4　检验规则

4.1　检验分类

产品检验分出厂检验和型式检验。

4.2　出厂检验

产品在出厂时必须进行以下检验：

a. 外观；

b. 滴点；

c. 1/4 锥入度；

b. 腐蚀；

e. 压力分油；

f. 相似黏度；

g. 蒸发度；

h. 滚筒安定性。

产品经生产技术检验部门进行出厂检验，检验合格后，附有产品检验合格证，方可出厂。

4.3　型式检验

对产品质量进行全面考核，即对标准中规定的技术要求进行全部检验。

4.3.1　有下列情况之一时，一般应进行型式检验：

a. 产品转产时；

b. 正式生产时，如原料、工艺等有较大改变，可能影响产品性能时；

c. 产品长期停产后，恢复生产时；

d. 出厂检验结果与上次型式检验有较大差异时；

e. 国家质量监督机构提出进行型式检验要求时。

4.3.2　型式检验每年至少进行一次。

4.4　分批、取样和判定

4.4.1　分批

以生产单元一次或数次投料生产，混合均匀的产品为一批。

4.4.2　取样

4.4.2.1　取样按 SH/T 0229 进行。

4.4.2.2　从平均试样中取两份同等数量的样品(每份 0.5kg)作为检验和留样用。

4.4.3　判定

根据每批质量检验结果，对照技术要求的质量指标进行判定。

5 包装、标志、贮运及交货验收

5.1 本产品的包装、标志、贮存、运输及交货验收按 SH 0164 进行。

5.2 本产品采用清洁、干燥的容器包装，每盒净重 0.25kg。

附加说明：

本标准由中国石化一坪化工厂提出。
本标准由中国石化一坪化工厂技术归口。
本标准由中国石化一坪化工厂负责起草。
本标准于 1973 年 9 月首次发布，第三次修订于 1988 年 4 月。

中华人民共和国石油化工行业标准

SH/T 0442—1992(1998)

7105号光学仪器极压脂

代替 ZB E40 013—88

1 主题内容与适用范围

本标准规定了7105号光学仪器极压脂的技术要求、检验规则、包装、标志、贮运及交货验收。

本标准适用于以脂肪酸锂皂稠化酯类油和优质矿油，并加有二硫化钼和抗氧、防锈、结构改善等添加剂制成的7105号光学仪器极压脂。

符合本标准的产品适用于光学仪器极压部位的润滑，如蜗轮、齿轮、钢铜轴和燕尾槽、滑道等。使用温度范围为：-50℃~+70℃。

2 引用标准

GB/T 269 润滑脂和石油脂锥入度测定法

GB/T 392 润滑脂压力分油测定法

SH/T 0048 润滑脂相似黏度测定法

SH/T 0115—1992 润滑脂和固体烃滴点测定法

SH 0164 石油产品包装、贮运及交货验收规则

SH/T 0229 固体和半固体石油产品取样法

SH/T 0331 润滑脂腐蚀试验法

SH/T 0337 润滑脂蒸发度测定法

3 技术要求

项　　目		质量指标	试验方法
外观		黑色均匀油膏	目测
滴点,℃	不低于	160	SH/T 0115
1/4锥入度，0.1mm		50~65	GB/T 269
压力分油,%(m/m)	不大于	15.0	GB/T 392
蒸发度(120℃),%(m/m)	不大于	1.0	SH/T 0337
相似黏度(-40℃，$10s^{-1}$)，Pa·s	不大于	2000	SH/T 0048
腐蚀(T3铜片，100℃，3h)		合格	SH/T 0331 1)

注：1）金属片尺寸为25mm×25mm×3mm，烧杯容积为50mL。

4 检验规则

4.1 出厂检验

产品在出厂时必须进行本标准技术要求中全部项目的检验。

中国石油化工总公司 1992-05-20 批准　　1992-05-20 实施

产品经生产技术检验部门进行出厂检验，检验合格后，附有产品检验合格证，方可出厂。

4.2 分批、取样和判定

4.2.1 分批

以生产单元一次或数次投料生产，混合均匀的产品为一批。

4.2.2 取样

4.2.2.1 取样按 SH/T 0229 进行。

4.2.2.2 从平均试样中取两份同等数量的样品(每份 0.5kg)作为检验和留样用。

4.2.3 判定

根据每批质量检验结果，对照技术要求的质量指标进行判定。

5 包装、标志、贮运及交货验收

5.1 本产品的包装、标志、贮存、运输及交货验收按 SH 0164 进行。

5.2 罐装贮存期为四年，超过贮存期限的产品经复验合格仍可使用。

附加说明：

本标准由中国石化一坪化工厂提出。
本标准由中国石化一坪化工厂技术归口。
本标准由中国石化一坪化工厂负责起草。
本标准于 1973 年 9 月首次发布，第三次修订于 1988 年 4 月。

中华人民共和国石油化工行业标准

SH/T 0443—1992

7106、7107号光学仪器润滑脂

代替 ZB E40 014—88

1 主题内容与适用范围

本标准规定了7106、7107号光学仪器润滑脂的技术要求、检验规则、包装、标志、贮运及交货验收。

本标准适用于以脂肪酸铝皂、铅皂稠化硅油和优质矿物油，并加有防锈、抗氧和结构改善等添加剂制成的7106、7107号光学仪器润滑脂。

符合本标准的产品适用于光学仪器不同间隙的滚动、滑动部位的润滑和密封。使用温度范围为：-50℃ ~ +70℃。

2 产品分类

本产品按用途分为7106、7107两个牌号。7106号脂适用于较小间隙,7107号脂适用于较大间隙。

3 引用标准

GB/T 269 润滑脂和石油脂锥入度测定法
GB/T 392 润滑脂压力分油测定法
SH/T 0048 润滑脂相似黏度测定法
SH/T 0115—1992 润滑脂和固体烃滴点测定法
SH 0164 石油产品包装、贮运及交货验收规则
SH/T 0229 固体和半固体石油产品取样法
SH/T 0331 润滑脂腐蚀试验法
SH/T 0336 润滑脂杂质含量测定法(显微镜法)
SH/T 0337 润滑脂蒸发度测定法

4 技术要求

项目		质量指标		试验方法
		7106	7107	
外观		黄色至浅褐色均匀油膏，无硬粒夹杂物		目测
滴点,℃	不低于	95		SH/T 0115
1/4锥入度，0.1mm		60 ~ 75	45 ~ 60	GB/T 269
压力分油,%(m/m)	不大于	10.0	8.0	GB/T 392
蒸发度(120℃),%(m/m)	不大于	2.0		SH/T 0337
相似黏度(-40℃，$10s^{-1}$)，Pa·s	不大于	2 500	—	SH/T 0048
腐蚀(T3铜片，100℃，3h)		合格		SH/T 0331[1)]
杂质含量		合格		SH/T 0336

注：1）金属片尺寸为25mm×25mm×3mm烧杯容积为50mL。

中国石油化工总公司1992-05-20批准　　1992-05-20实施

5 检验规则

5.1 出厂检验

产品在出厂时必须进行本标准技术要求中全部项目的检验。

产品经生产技术检验部门进行出厂检验，检验合格后，附有产品检验合格证，方可出厂。

5.2 分批、取样和判定

5.2.1 分批

以生产单元一次或数次投料生产，混合均匀的产品为一批。

5.2.2 取样

5.2.2.1 取样按 SH/T 0229 进行。

5.2.2.2 从平均试样中取两份同等数量的样品(每份 0.5kg)作为检验和留样用。

5.2.3 判定

根据每批质量检验结果，对照技术要求的质量指标进行判定。

6 包装、标志、贮运及交货验收

6.1 本产品的包装、标志、贮存、运输及交货验收按 SH 0164 进行。

6.2 罐装贮存期为四年，超过贮存期限的产品经复验合格仍可使用。

附加说明：

本标准由中国石化一坪化工厂提出。

本标准由中国石化一坪化工厂技术归口

本标准由中国石化一坪化工厂负责起草。

本标准于 1973 年 9 月首次发布，第三次修订于 1988 年 4 月。

中华人民共和国石油化工行业标准

SH/T 0444—1992

7108 号光学仪器防尘脂

代替 ZB E40 015—88

1 主题内容与适用范围

本标准规定了7108号光学仪器防尘脂的技术要求、检验规则、包装、标志、贮运及交货验收。

本标准适用于以白炭黑稠化硅油，并加有结构改善剂制成的7108号光学仪器防尘脂。

符合本标准的产品适用于光学仪器的内壁“防尘”。使用温度范围为：-50℃～+70℃。

2 引用标准

GB/T 269 润滑脂和石油脂锥入度测定法

GB/T 392 润滑脂压力分油测定法

SH/T 0048 润滑脂相似黏度测定法

SH 0164 石油产品包装、贮运及交货验收规则

SH/T 0229 固体和半固体石油产品取样法

SH/T 0331 润滑脂腐蚀试验法

SH/T 0337 润滑脂蒸发度测定法

3 技术要求

项　　目		质量指标	试验方法
外观		白色至灰白色均匀油膏，无硬粒夹杂物	目测
1/4 锥入度，0.1mm		55～70	GB/T 269
压力分油，%（m/m）	不大于	10.0	GB/T 392
蒸发度（120℃），%（m/m）	不大于	1.0	SH/T 0337
相似黏度（-40℃，$10s^{-1}$），Pa·s	不大于	600	SH/T 0048
腐蚀（T3 铜片，100℃，3h）		合格	SH/T 0331[1)]

注：1）金属片尺寸为25mm×25mm×3mm，烧杯容积为50mL。

4 检验规则

4.1 出厂检验

产品在出厂时必须进行本标准技术要求中全部项目的检验。

产品经生产技术检验部门进行出厂检验，检验合格后，附有产品检验合格证，方可出厂。

4.2 分批、取样和判定

4.2.1 分批

以生产单元一次或数次投料生产，混合均匀的产品为一批。

中国石油化工总公司 1992-05-20 批准　　　　1992-05-20 实施

4.2.2 取样

4.2.2.1 取样按 SH/T 0229 进行。

4.2.2.2 从平均试样中取两份同等数量的样品(每份 0.5kg)作为检验和留样用。

4.2.3 判定

根据每批质量检验结果，对照技术要求的质量指标进行判定。

5 包装、标志、贮运及交货验收

5.1 本产品的包装、标志、贮存、运输及交货验收按 SH 0164 进行。

5.2 罐装贮存期为二年，超过贮存期限的产品经复验合格仍可使用。

附加说明：

本标准由中国石化一坪化工厂提出。

本标准由中国石化一坪化工厂技术归口。

本标准由中国石化一坪化工厂负责起草。

本标准于 1973 年 9 月首次发布，第三次修订于 1988 年 4 月。

中华人民共和国石油化工行业标准

SH/T 0445—1992

7112 号宽温航空润滑脂

代替 ZB E40 016—88

1 主题内容与适用范围

本标准规定了7112号宽温航空润滑脂的技术要求、检验规则、包装、标志、贮运及交货验收。

本标准适用于由酰胺和脂肪酸复合锂皂稠化硅油，并加有抗氧、抗腐蚀等添加剂制成的7112号宽温航空润滑脂。

符合本标准的产品适用于宽温度范围内轻负荷下工作的仪器、仪表轴承和其他滚动轴承的润滑。如各种航空机载电机、电器、仪表、电动机构以及其他一些低温启动性能要求高的仪器、仪表和微电机的润滑。使用温度范围为：-70℃ ~ +180℃。

2 引用标准

GB/T 269 润滑脂和石油脂锥入度测定法
GB/T 392 润滑脂压力分油测定法
SH/T 0048 润滑脂相似黏度测定法
SH/T 0115—1992 润滑脂和固体烃滴点测定法
SH 0164 石油产品包装、贮运及交货验收规则
SH/T 0229 固体和半固体石油产品取样法
SH/T 0331 润滑脂腐蚀试验法
SH/T 0335 润滑脂化学安定性测定法
SH/T 0336 润滑脂杂质含量测定法(显微镜法)
SH/T 0337 润滑脂蒸发度测定法

3 技术要求

项目		质量指标	试验方法
外观		乳白色均匀光滑油膏	目测
滴点,℃	不低于	225[1)]	SH/T 0115
1/4 锥入度, 0.1mm		66 ~ 78	GB/T 269
压力分油,% (m/m)	不大于	20	GB/T 392
蒸发度(180℃),% (m/m)	不大于	3.0	SH/T 0337
相似黏度(-60℃, $10s^{-1}$), Pa · s	不大于	300	SH/T 0048
腐蚀(T3 铜片, 100℃, 3h)		合格	SH/T 0331[2)]
化学安定性(0.78MPa 氧压下, 100℃, 100h)			SH/T 0335
压力降, MPa	不大于	0.01	

续表

项　　目		质量指标	试验方法
杂质含量，颗数/cm^3			SH/T 0336
直径 25μm ~ 74μm	不多于	1000	
直径 75μm ~ 124μm	不多于	120	
直径大于等于 125μm		无	

注：1）本产品为飞机制造厂专用时，滴点按不低于 230℃ 检验判定和验收。

2）金属片尺寸为 25mm × 25mm × 3mm，烧杯容积为 50mL。

4 检验规则

4.1 检验分类

产品检验分出厂检验和型式检验。

4.2 出厂检验

4.2.1 产品在出厂时必须进行以下检验：

a. 外观；

b. 滴点；

c. 1/4 锥入度；

d. 压力分油；

e. 蒸发度(180℃)；

f. 相似黏度；

g. 腐蚀；

h. 杂质含量。

4.2.2 应向首次使用本产品的飞机制造厂提供产品红外光谱图。

4.2.3 产品经生产技术检验部门进行出厂检验，检验合格后，附有产品检验合格证，方可出厂。

4.3 型式检验

对产品质量进行全面考核，即对本标准中规定的技术要求进行全部检验。

4.3.1 有下列情况之一时，一般应进行型式检验：

a. 产品转产时；

b. 正式生产时，如原料、工艺等有较大改变，可能影响产品性能时；

c. 产品长期停产后，恢复生产时；

d. 国家检验结果与上次型式检验有较大差异时；

e. 国家质量监督机构提出进行型式检验要求时。

4.3.2 型式检验每年至少进行一次。

4.4 分批、取样和判定

4.4.1 分批

以生产单元一次或数次投料生产，混合均匀的产品为一批。

4.4.2 取样

4.4.2.1 取样按 SH/T 0229 进行。

4.4.2.2 从平均试样中取两份同等数量的样品(每份 0.5kg)作为检验和留样用。

4.4.3 判定

根据每批质量检验结果，对照技术要求的质量指标进行判定。

5 包装、标志、贮运及交货验收

5.1 本产品的包装、标志、贮存、运输及交货验收按SH 0164进行。

5.2 本产品采用清洁、干燥的容器包装，每盒净重0.25kg。

附加说明：

本标准由中国石化一坪化工厂提出。

本标准由中国石化一坪化工厂技术归口。

本标准由中国石化一坪化工厂负责起草。

本标准主要起草人：谢良森。

本标准于1984年2月首次发布，第一次修订于1988年4月。

中华人民共和国石油化工行业标准

SH/T 0446—1992

代替 ZB E40 017—88

7602号高温密封剂

1 主题内容与适用范围

本标准规定了7602号高温密封剂的技术要求、检验规则、包装、标志、贮运及交货验收。

本标准适用于由白炭黑稠化酯类油，并加有聚烯烃及固体填料，按特定工艺制成的7602号高温密封剂。

符合本标准的产品适用于输送蒸汽、稀酸、空气等介质的各种高温高压阀门的二次密封与润滑。介质温度可达530℃，压力达10.29MPa。

2 引用标准

GB/T 269　润滑脂和石油脂锥入度测定法

GB/T 3498　润滑脂宽温度范围滴点测定法

SH 0164　石油产品包装、贮运及交货验收规则

SH/T 0229　固体和半固体石油产品取样法

SH/T 0331　润滑脂腐蚀试验法

3 技术要求

项　　目		质量指标	试验方法
外观		白色至浅黄色塑性棒状物	目测
滴点,℃	不低于	300	GB/T 3498
1/4锥入度(未工作)，0.1mm		15~35	GB/T 269
腐蚀(45号钢片，100℃，3h)		合格	SH/T 0331[1)]

注：1）金属试片尺寸：25mm×25mm×3mm，烧杯容积为50mL。

4 检验规则

4.1　出厂检验

产品出厂时必须按照本标准中规定的技术要求进行全部检验。

产品经生产技术检验部门进行出厂检验，检验合格后，附有产品检验合格证，方可出厂。

4.2　分批、取样和判定

4.2.1　分批

以生产单元一次或数次投料生产，混合均匀的产品为一批。

4.2.2　取样

4.2.2.1　取样按照SH/T 0229进行。

4.2.2.2　从平均试样中取两份同等数量的样品(每份0.2kg)作为检验和留样用。

中国石油化工总公司1992-05-20批准　　　　1992-05-20实施

4.2.3 判定

根据每批质量检验结果，对照技术要求的质量指标进行判定。

5 包装、标志、贮运及交货验收

本产品的包装、标志、贮存、运输及交货验收按 SH 0164 进行。

附加说明：

本标准由中国石化一坪化工厂提出。

本标准由中国石化一坪化工厂技术归口。

本标准由中国石化一坪化工厂负责起草。

本标准于 1981 年 6 月首次发布，第一次复审确认于 1988 年 4 月。

中华人民共和国石油化工行业标准

SH/T 0447—1992

7163 号专用阻尼脂

代替 ZB E40 018—88

1 主题内容与适用范围

本标准规定了7163号专用阻尼脂的技术要求、检验规则、包装、标志、贮运及交货验收。

本标准适用于由白炭黑稠化硅油，并加有抗腐蚀添加剂和结构改善剂制成的7163号专用阻尼脂。

2 引用标准

GB/T 269 润滑脂和石油脂锥入度测定法

GB/T 392 润滑脂压力分油测定法

SH/T 0048 润滑脂相似黏度测定法

SH 0164 石油产品包装、贮运及交货验收规则

SH/T 0229 固体和半固体石油产品取样法

SH/T 0331 润滑脂腐蚀试验法

SH/T 0337 润滑脂蒸发度测定法

3 技术要求

项目		质量指标	试验方法
1/4 锥入度，0.1mm		75～85	GB/T 269
腐蚀(45 号钢，100℃，3h)		合格	SH/T 0331 及注
相似黏度(－40℃，$10s^{-1}$)，Pa·s	不大于	300	SH/T 0048
蒸发度(120℃，1h)，%(m/m)	不大于	15.0	SH/T 0337
分油量(200g±5g)，%(m/m)		测定	GB/T 392

注：金属片尺寸：25mm×25mm×3mm，烧杯容积为50mL。

4 检验规则

4.1 出厂检验

产品出厂时必须按照本标准中规定的技术要求进行全部检验。

产品经生产技术检验部门进行出厂检验，检验合格后，附有产品检验合格证，方可出厂。

4.2 分批、取样和判定

4.2.1 分批

以生产单元一次或数次投料生产，混合均匀的产品为一批。

4.2.2 取样

4.2.2.1 取样按照 SH/T 0229 进行。

中国石油化工总公司 1992-05-20 批准　　1992-05-20 实施

4.2.2.2　从平均试样中取两份同等数量的样品（每份0.5kg）作为检验和留样用。

4.2.3　判定

根据每批质量检验结果，对照技术要求的质量指标进行判定。

5　包装、标志、贮运及交货验收

本产品的包装、标志、贮存、运输及交货验收按 SH 0164 进行。

附加说明：

本标准由中国石化一坪化工厂提出。

本标准由中国石化一坪化工厂技术归口。

本标准由中国石化一坪化工厂负责起草。

本标准于 1981 年 12 月首次发布，第一次修订于 1988 年 4 月。

中华人民共和国石油化工行业标准

SH 0448—1992(1998)

4802号抗化学润滑油

代替 ZB E40 019—88

1　主题内容与适用范围

本标准规定了4802号抗化学润滑油的技术要求、检验规则、包装、标志、贮运及交货验收。

本标准适用于由聚全氟异丙醚油调配的抗化学润滑油。

符合本标准的产品适用于接触特殊介质的活门润滑。

2　引用标准

GB/T 265　石油产品运动黏度测定法和动力黏度计算法

GB/T 510　石油产品凝点测定法

GB/T 4756　石油液体手工取样法

SH 0164　石油产品包装、贮运及交货验收规则

SH/T 0195　润滑油腐蚀试验法

SH 0434　4839号抗化学润滑油

3　技术要求

项　目		质量指标	试验方法
水分		无	目测[1]
固体杂质及悬浮物		无	目测[2]
运动黏度(50℃)，mm^2/s	不小于	40	GB/T 265
酸值，mgKOH/g	不大于	0.05[3]	SH 0434 附录 A
凝固点，℃	不高于	-30	GB/T 510
腐蚀(100℃，3h)		合格	SH/T 0195[4]

注：1) 润滑油水分的测定，把油以每分钟3℃的速度加热至120℃，注意升温过程中，液面有无炸响声发生，如有声发生，此油含水为不合格，液面没有声响发生，则认为合格。

2) 将油样加入无色透明的玻璃管中，将其放在光线充足的地方，管壁背面衬白纸，透过光线观察有无杂质及悬浮物存在。

3) 当两次实验计算结果一次数值小于0.05，一次数值大于0.05时，则需重新试验。

4) 本标准所用金属片 AlMg6 或 1Cr18Ni9Ti 是由703所提供的。

4　检验规则

4.1　出厂检验

产品出厂时必须按本标准中规定的技术要求进行全部检验。

产品经生产技术检验部门进行出厂检验，检验合格后，附有产品检验合格证，方可出厂。

中国石油化工总公司 1992-05-20 批准　　　　1992-05-20 实施

4.2　分批、取样和判定

4.2.1　分批

4.2.1.1　本产品必须按国家规定之鉴定程序通过的试样所采用的原料和生产工艺进行生产。

4.2.1.2　用相同的原料按固定的工艺在同一设备中，间歇生产一个周期的产品为一批。

4.2.2　取样

4.2.2.1　取样按 GB/T 4756 进行。

4.2.2.2　从平均试样中取两份同等数量的样品(每份 1kg)作为检验和留样用。

4.2.3　判定

根据每批质量检验结果，对照技术要求的质量指标进行判定。

5　包装、标志、贮运及交货验收

5.1　本产品的包装、标志、贮存、运输及交货验收按 SH 0164 进行。

5.2　本产品采用清洁、密封、干燥的无色玻璃瓶或铝桶包装，每瓶净重 1kg，每桶净重 10kg。

5.3　包装瓶或桶上贴有标签。

附加说明：

本标准由中国石化长城高级润滑油公司提出。

本标准由中国石化一坪化工厂技术归口。

本标准由中国石化长城高级润滑油公司负责起草。

本标准于 1982 年 2 月首次发布，于 1988 年 4 月确认。

中华人民共和国石油化工行业标准

SH 0449—1992(1998)

7805号抗化学密封脂

代替 ZB E40 020—88

1 主题内容与适用范围

本标准规定了7805号抗化学密封脂的技术要求、检验规则、包装、贮运及交货验收。

本标准适用于由聚全氟异丙醚油及氟塑料粉调配而成的7805号抗化学密封脂。

符合本标准的产品适用于接触特殊介质的活门的密封与润滑。

2 引用标准

GB/T 269　润滑脂和石油脂锥入度测定法

GB/T 392　润滑脂压力分油测定法

SH/T 0115—1992　润滑脂和固体烃滴点测定法

SH/T 0229　固体和半固体石油产品取样法

SH/T 0331　润滑脂腐蚀试验法

SH/T 0336　润滑脂杂质含量测定法(显微镜法)

SH/T 0337　润滑脂蒸发度测定法

3 技术要求

项　　目		质量指标	试验方法
外观		白色均匀油膏	目测
滴点,℃	不低于	120	SH/T 0115
1/4锥入度，0.1mm		50~70	GB/T 269
蒸发度(100℃),%(*m/m*)	不大于	1	SH/T 0337[1)]
分油量(200g±2g),%(*m/m*)	不大于	7	GB/T 392
腐蚀(50℃，48h)		合格	SH/T 0331[2)]
杂质含量，颗数/cm^3			SH/T 0336
直径大于等于25μm	不多于	4000	
直径大于等于75μm	不多于	120	
直径大于等于125μm		无	

注：1）恒温器使用自动恒温烘箱，蒸发皿放在烘箱内中间的一块玻璃板上。

2）本标准所用金属片(防锈铝合金片)由703所提供。

4 检验规则

4.1 出厂检验

产品出厂时必须按照本标准中规定的技术要求进行全部检验。

中国石油化工总公司1992-05-20批准　　1992-05-20实施

产品经生产技术检验部门进行出厂检验，检验合格后，附有产品检验合格证，方可出厂。

4.2　分批、取样和判定

4.2.1　分批

以生产单元一次或数次投料生产，混合均匀的产品为一批。

4.2.2　取样

4.2.2.1　取样按照 SH/T 0229 进行。

4.2.2.2　从平均试样中取两份同等数量的样品(每份 0.2kg)作为检验和留样用。

5　包装、标志、贮运及交货验收

5.1　本产品采用清洁、密封、干燥的白色瓷瓶包装，每瓶净重 150g。

5.2　包装瓶上贴有标签，标签上注有厂名、产品名称、规格、批量、产品净重、出厂日期等。

附加说明：

本标准由中国石化长城高级润滑油公司提出。

本标准由中国石化一坪化工厂技术归口。

本标准由中国石化长城高级润滑油公司负责起草。

本标准首次发布于 1982 年，第一次确认于 1988 年。

中华人民共和国石油化工行业标准

SH/T 0454—1992(1998)

代替 SY 1225—80(88)

特3、4、5、14、16号精密仪表油

1 主题内容与适用范围

本标准规定了特3、4、5、14、16号精密仪表油的技术要求、检验规则、包装、标志、贮运及交货验收。

本标准适用于由乙基硅油及低凝点润滑油调配制成的精密仪表油。

2 引用标准

GB/T 260 石油产品水分测定法
GB/T 264 石油产品酸值测定法
GB/T 265 石油产品运动黏度测定法和动力黏度计算法
GB/T 267 石油产品闪点与燃点测定法(开口杯法)
GB/T 510 石油产品凝点测定法
GB/T 2540 石油产品密度测定法(比重瓶法)
GB/T 4756 石油液体手工取样法
SH 0164 石油产品包装、贮运及交货验收规则
SH/T 0328—1992 润滑脂腐蚀试验法(常温法)

3 产品分类

本标准的产品分为特3、4、5、14、16号精密仪表油五个牌号。它们适用于精密仪表轴承和摩擦部件的润滑。使用温度范围为：-60～+120℃。

4 技术要求

项目		质量指标					试验方法
		3号	4号	5号	14号	16号	
密度[1)](20℃)，kg/m^3		920～940	940～960	940～960	920～940	930～950	GB/T 2540
运动黏度(50℃)，mm^2/s(cst)		11～14		18～23	22.5～28.5	19～25	GB/T 265
闪点(开口),℃	不低于	160		170			GB/T 267
酸值，mgKOH/g	不大于	0.2		0.25			GB/T 264
凝点,℃	不高于	-65	-70				GB/T 510
机械杂质[2)]		无					
水分,%		无					GB/T 260
腐蚀(50℃，48h，40号钢片、H62黄铜、LY11硬铝合金片)		合格					SH/T 0328

注：1) 密度只作为参考指标，不作为验收指标。

2) 测定机械杂质时，将100mL试样注入直径为40mm，容量为200mL的量筒内，以20W日光灯为光源，用肉眼观察，应透明、无悬浮物及沉淀物。

中国石油化工总公司 1992-05-20 批准　　1992-05-20 实施

5 检验规则

5.1 出厂检验

产品出厂时必须对本标准中规定的技术要求进行全部检验。

产品经生产技术检验部门进行出厂检验，检验合格后，附有产品检验合格证，方可出厂。

5.2 分批、取样和判定

5.2.1 分批

以生产单元一次或数次投料生产，混合均匀的产品为一批。

5.2.2 取样

5.2.2.1 取样按 GB/T 4756 进行。

5.2.2.2 从平均试样中取两份同等数量的样品(每份 1L)作为检验和留样用。

5.2.3 判定

根据每批质量检验结果，对照技术要求的质量指标进行判定。

6 包装、标志、贮运及交货验收

本产品的包装、标志、贮存、运输及交货验收按 SH 0164 进行。

附加说明：

本标准由中国石化一坪化工厂提出。
本标准由中国石化一坪化工厂技术归口。
本标准由中国石化一坪化工厂负责起草。
本标准于 1966 年 10 月首次发布，于 1988 年 4 月确认。

中华人民共和国石油化工行业标准

SH 0456—1992(1998)

代替 SY 1522—82(88)

特 7 号精密仪表脂

1 主题内容与适用范围

本标准规定了特 7 号精密仪表脂的技术要求、检验规则、包装、标志、贮运及交货验收。

本标准适用于由地蜡、硬脂酸锂皂稠化精密仪表油制成的特 7 号精密仪表脂。

符合本标准的产品适用于精密仪器、仪表的轴承及摩擦部件上，作为润滑和防护剂。使用温度范围：－70℃ ~ ＋120℃。

2 引用标准

GB/T 512 润滑脂水分测定法

GB/T 513 润滑脂机械杂质测定法(酸分解法)

SH/T 0048 润滑脂相似黏度测定法

SH/T 0115—1992 润滑脂和固体烃滴点测定法

SH 0164 石油产品包装、贮运及交货验收规则

SH/T 0229 固体和半固体石油产品取样法

SH/T 0321—1992 润滑脂漏斗分油测定法

SH/T 0328—1992 润滑脂腐蚀试验法(常温法)

SH/T 0329 润滑脂游离碱和游离有机酸测定法

SH/T 0337 润滑脂蒸发度测定法

3 技术要求

项 目		质量指标	试验方法
滴点,℃	不低于	160	SH/T 0115
相似黏度(－50℃, $10s^{-1}$), Pa·s	不大于	2600	SH/T 0048
分油量(50℃, 48h),%(*m/m*)	不大于	2.5	SH/T 0321
水分,%(*m/m*)		无	GB/T 512
机械杂质,%(*m/m*)		无	GB/T 513
游离碱, NaOH%	不大于	0.05	SH/T 0329
蒸发度(120℃),%(*m/m*)	不大于	2.5	SH/T 0337
腐蚀(50℃, 48h, 40 号钢片、H62 黄铜片、LY11 硬铝合金片)		合格	SH/T 0328 及注

注：金属片尺寸：25mm×25mm×3mm，烧杯容积为 50mL。

4 检验规则

4.1 出厂检验

产品出厂时必须按照本标准中规定的技术要求进行全部检验。

中国石油化工总公司 1992-05-20 批准　　1992-05-20 实施

产品经生产技术检验部门进行出厂检验，检验合格后，附有产品检验合格证，方可出厂。

4.2　分批、取样和判定

4.2.1　分批

以生产单元一次或数次投料生产，混合均匀的产品为一批。

4.2.2　取样

4.2.2.1　取样按照 SH/T 0229 进行。

4.2.2.2　从平均试样中取两份同等数量的样品(每份 0.5kg)作为检验和留样用。

4.2.3　判定

根据每批质量检验结果，对照技术要求的质量指标进行判定。

5　包装、标志、贮运及交货验收

本产品的包装、标志、贮存、运输及交货验收按 SH 0164 进行。

附加说明：

本标准由中国石化一坪化工厂提出。

本标准由中国石化一坪化工厂技术归口。

本标准由中国石化一坪化工厂负责起草。

本标准于 1966 年 6 月首次发布，第三次复审确认于 1988 年 4 月。

中华人民共和国石油化工行业标准

SH 0459—1992(1998)

代替 SY 1525—82(88)

特 221 号 润 滑 脂

1 主题内容与适用范围

本标准规定了特 221 号润滑脂的技术要求、检验规则、包装、标志、贮运及交货验收。

本标准适用于由硬脂酸钙和醋酸钙稠化硅油制成的特 221 号润滑脂。

符合本标准的产品适用于与腐蚀性介质接触的摩擦组合件，如：金属与金属或金属与橡胶的接触面上，起润滑和密封作用。也适用于滚动轴承的润滑。使用温度范围：-60℃ ~ +150℃。

2 引用标准

GB/T 269 润滑脂和石油脂锥入度测定法

GB/T 392 润滑脂压力分油测定法

GB/T 512 润滑脂水分测定法

GB/T 513 润滑脂机械杂质测定法(酸分解法)

SH/T 0048 润滑脂相似黏度测定法

SH 0164 石油产品包装、贮运及交货验收规则

SH/T 0229 固体和半固体石油产品取样法

SH/T 0323 润滑脂强度极限测定法

SH/T 0329 润滑脂游离碱和游离有机酸测定法

SH/T 0331 润滑脂腐蚀试验法

3 技术要求

项 目		质量指标	试验方法
外观		浅黄色至浅褐色均匀油膏	目测
滴点,℃	不低于	200	SH/T 0115
1/4 锥入度，0.1mm		64 ~ 94	GB/T 269
分油量(200g ± 5g),% (m/m)	不大于	7.0	GB/T 392
水分,% (m/m)		无	GB/T 512
机械杂质,% (m/m)		无	GB/T 513
游离碱，NaOH,%	不大于	0.08	SH/T 0329
强度极限(50℃)，Pa	不小于	118	SH/T 0323
相似黏度(-50℃，$10s^{-1}$)，Pa·s	不大于	800	SH/T 0048
腐蚀(T3 铜片，100℃，3h)		合格	SH/T 0331 及注

注：金属片尺寸：25mm × 25mm × 3mm，烧杯容积为 50mL。

中国石油化工总公司 1992-05-20 批准　　　　1992-05-20 实施

4 试验方法

4.1 本标准试验方法见上表。

4.2 测定滴点时，如发现润滑脂样品内有气泡，应将试样涂在玻璃片上，脂层厚度约 2mm，在 70℃和残压 2.7kPa ~ 6.7kPa 的真空干燥箱内放置 1h，取出试样，在干燥器内冷至室温。然后按 SH/T 0115进行分析。

4.3 测定机械杂质时，置 20g ±0.1g 试样于烧杯内，再慢慢加入 75mL 馏程为 60℃ ~90℃的直馏汽油，搅拌均匀后倒入分液漏斗中，并用汽油洗净烧杯，洗涤液也一并移入分液漏斗中，在分液漏斗中加入 50% 醋酸 75mL，强烈振摇直至试样完全分解为止。然后将分液漏斗中的混合液进行过滤。过滤完后，依次用苯乙醇(容积比 4:1)溶液、乙醇以及热蒸馏水冲洗过滤器，并将过滤器放入 105℃ ~110℃恒温箱中烘干。再按照 GB/T 513 进行。

4.4 测定游离碱时，溶剂采用分析纯的苯，试样溶解后，趁热进行滴定。

5 检验规则

5.1 出厂检验

产品出厂时必须按照本标准中规定的技术要求进行全部检验。产品经生产技术检验部门进行出厂检验，检验合格后，附有产品检验合格证，方可出厂。

5.2 分批、取样和判定

5.2.1 分批

以生产单元一次或数次投料生产，混合均匀的产品为一批。

5.2.2 取样

5.2.2.1 取样按照 SH/T 0229 进行。

5.2.2.2 从平均试样中取两份同等数量的样品(每份 0.5kg)作为检验和留样用。

5.2.3 判定

根据每批质量检验结果，对照技术要求的质量指标进行判定。

5 包装、标志、贮运及交货验收

本产品的包装、标志、贮存、运输及交货验收按 SH 0164 进行。

附加说明：

本标准由中国石化一坪化工厂提出。

本标准由中国石化一坪化工厂技术归口。

本标准由中国石化一坪化工厂负责起草。

本标准于 1966 年 6 月首次发布，第三次复审于 1988 年 4 月。

中华人民共和国石油化工行业标准

SH/T 0465—1992

4122 号高低温仪表油

代替 SY 4014—82(88)

1 主题内容与适用范围

本标准规定了4122号高低温仪表油的技术要求、检验规则、包装、标志、贮运及交货验收。

本标准适用于由氯苯基硅油等调配的高低温仪表油。

符合本标准的产品适用于微型电机轴承的润滑。使用温度范围为：-60℃ ~ +200℃。

2 引用标准

GB/T 265 石油产品运动黏度测定法和动力黏度计算法

GB/T 267 石油产品闪点与燃点测定法(开口杯法)

GB/T 510 石油产品凝点测定法

GB/T 4756 石油及液体石油产品取样法(手工法)

GB/T 7304 石油产品和润滑剂中和值测定法(电位滴定法)

GB/T 7325 润滑脂和润滑油蒸发损失测定法

SH 0164 石油产品包装、贮运及交货验收规则

SH/T 0450 合成油氧化腐蚀测定法

SH/T 0464—1992 4121号低黏度仪表油

3 技术要求

项　目	质量指标	试验方法
运动黏度，mm^2/s 100℃　不小于 40℃ -40℃ -55℃　不大于	 14.0 报告 报告 2 500	GB/T 265 及注
闪点(开口),℃　不低于	260	GB/T 267
凝点,℃　不高于	-65	GB/T 510
酸值，mgKOH/g　不大于	0.1	GB/T 7304
蒸发度(200℃，22h),%　不人于	1.8	GB/T 7325
机械杂质	无	SH/T 0464 附录 A
氧化腐蚀试验(200℃，72h，50mL 空气/min) 运动黏度变化(40℃),% 酸值增加值，mgKOH/g 腐蚀，mg/cm^2 45号钢片 T3号铜片 LY11 硬铝合金片 MB8 镁合金片	 ±10 0.5 ±0.2 ±0.4 ±0.2 ±0.2	SH/T 0450

注：测定低温黏度时，在品氏毛细管黏度计(见 GB/T 265)管身 B 的扩张部分以上 10mm 处，刻一环线，试样由管身上口直接注入至刻线处，其余按 GB/T 265 进行。校正黏度计也按此规定进行。

中国石油化工总公司 1992-05-20 批准　　1992-05-20 实施

4 检验规则

4.1 出厂检验

产品出厂时必须按本标准中规定的技术要求进行全部检验。

产品经生产技术检验部门进行出厂检验，检验合格后，附有产品检验合格证，方可出厂。

4.2 分批、取样和判定

4.2.1 分批

以生产单元一次或数次投料生产，混合均匀的产品为一批。

4.2.2 取样

4.2.2.1 取样按 GB/T 4756 进行。

4.2.2.2 从平均试样中取两份同等数量的样品(0.5L)作为检验和留样用。

4.2.3 判定

根据每批质量检验结果，对照技术要求的质量指标进行判定。

5 包装、标志、贮运及交货验收

本产品的包装、标志、贮存、运输及交货验收按 SH 0164 进行。

附加说明：

本标准由中国石化一坪化工厂提出。

本标准由中国石化一坪化工厂技术归口。

本标准由中国石化一坪化工厂负责起草。

本标准于 1982 年 5 月首次发布，于 1988 年 4 月确认。

编者注：本标准中引用标准的标准名称变动如下。

标准号	现标准名称
GB/T 4756	石油液体手工取样法
GB/T 7304	石油产品和润滑剂酸值测定法(电位滴定法)

中华人民共和国石油化工行业标准

SH 0466—1992

代替 SY 4021—83(88)

7023 号低温航空润滑脂

1 主题内容与适用范围

本标准规定了7023号低温航空润滑脂的技术要求、检验规则、包装、标志、贮运及交货验收。

本标准适用于由烷基对苯二甲酸酰胺钠盐稠化半合成油，并加有抗氧、防锈等添加剂制成的7023号低温航空润滑脂。

符合本标准的产品适用于飞机航炮，收放系统及操纵系统的防护与润滑。使用温度范围：-60℃～+120℃。

2 引用标准

GB/T 269 润滑脂和石油脂锥入度测定法

GB/T 392 润滑脂压力分油测定法

SH/T 0048 润滑脂相似黏度测定法

SH/T 0109 润滑脂抗水淋性能测定法

SH/T 0115—1992 润滑脂和固体烃滴点测定法

SH 0164 石油产品包装、贮运及交货验收规则

SH/T 0229 固体和半固体石油产品取样法

SH/T 0324 润滑脂钢网分油测定法(静态法)

SH/T 0331 润滑脂腐蚀试验法

SH/T 0333—1992 润滑脂防护性能测定法

SH/T 0335 润滑脂化学安定性测定法

SH/T 0336 润滑脂机械杂质含量测定法(显微镜法)

SH/T 0337 润滑脂蒸发度测定法

3 技术要求

项　　目		质量指标	试验方法
外观		红色均匀油膏	目测
滴点,℃	不低于	180	SH/T 0115
1/4 锥入度, 0.1mm		66～76	GB/T 269
分油量,%(m/m)	不大于		
压力法		20.0	GB/T 392
钢网法		6.0	SH/T 0324
蒸发度(120℃),%(m/m)	不大于	12.0	SH/T 0337
腐蚀(T3 铜片, 100℃, 3h)		合格	SH/T 0331[1)]

中国石油化工总公司 1992-05-20 批准　　　　1993-01-01 实施

续表

项目		质量指标	试验方法
相似黏度($-50℃$, $10s^{-1}$), Pa·s	不大于	1100	SH/T 0048
抗水性(38℃ ±2℃),% (*m/m*)	不大于	15	SH/T 0109
防护性能(45号钢片、H62号黄铜片, 60℃, 48h)		合格	SH/T 0333
化学安定性(0.78MPa 氧压下, 100℃, 100h)			SH/T 0335
压力降, MPa	不大于	0.029	
机械杂质含量, 颗/cm^3			SH/T 0336[2)]
直径 25μm ~ 74μm	不多于	5000	
直径 75μm ~ 124μm	不多于	1000	
直径大于等于 125μm		无	

注：1）金属片尺寸：25mm×25mm×3mm，烧杯容积为50mL。

2）本产品允许有直径大于100μm至小于125μm的颗粒，但在由平均试样制备的十个试样片中发现大于或等于125μm的颗粒多于一颗时，则此润滑脂为不合格。

4 检验规则

4.1 检验分类

产品检验分出厂检验和型式检验。

4.2 出厂检验

产品出厂时必须进行以下检验：

a. 外观；

b. 滴点；

c. 1/4 锥入度；

d. 分油量(GB/T 392)；

e. 蒸发度；

f. 腐蚀；

g. 相似黏度；

h. 机械杂质。

产品经生产技术检验部门进行出厂检验，检验合格后，附有产品检验合格证，方可出厂。

4.3 型式检验

对产品质量进行全面考核，即对本标准中规定的技术要求进行全部检验。

4.3.1 有下列情况之一时，一般应进行型式检验：

a. 产品转产时；

b. 正式生产时，如原料、工艺有较大改变，可能影响产品性能时；

c. 产品长期停产后，恢复生产时；

d. 出厂检验结果与上次型式检验有较大差异时；

e. 国家质量监督机构提出进行型式检验要求时。

4.3.2 型式检验每年至少进行一次。

4.4 分批、取样和判定

4.4.1　分批

以生产单元一次或数次投料生产，混合均匀的产品为一批。

4.4.2　取样

4.4.2.1　取样按照 SH 0229 进行。

4.4.2.2　从平均试样中取两分同等数量的样品(每份 1kg)作为检验和留样用。

4.4.3　判定

根据每批产品的质量检验结果，对照技术要求的质量指标，进行判定。

5　包装、标志、贮运及交货验收

本产品的包装、标志、贮存、运输及交货验收按 SH 0164 进行。

附加说明：

本标准由中国石化一坪化工厂提出。

本标准由中国石化一坪化工厂技术归口。

本标准由中国石化一坪化工厂负责起草。

本标准于 1984 年 2 月首次发布，第一次修订于 1988 年 4 月。

中华人民共和国石油化工行业标准

SH/T 0467—1994

4403 号合成齿轮油

代替 SH 0467—1992

1 主题内容与适用范围

本标准规定了 4403 号合成齿轮油的技术要求，检验、包装、标志、贮运及交货验收规则。

本标准适用于以合成油为基础油，并加有抗氧、抗腐蚀和抗极压等添加剂制成的 4403 号合成齿轮油。

符合本标准的产品适用于闭式工业齿轮和蜗轮蜗杆传动装置的润滑，特别适用于由不同材料(如钢－铜)制成的摩擦副的长期润滑。使用温度范围为：－35℃～＋150℃。

2 引用标准

GB/T 265 石油产品运动黏度测定法和动力黏度计算法
GB/T 1995 石油产品黏度指数计算法
GB/T 3142 润滑剂承载能力测定法(四球法)
GB/T 3535 石油倾点测定法
GB/T 3536 石油产品闪点和燃点测定法(克利夫兰开口杯法)
GB/T 4756 石油和液体石油产品取样法(手工法)
GB/T 5096 石油产品铜片腐蚀试验法
GB/T 11144 润滑油极压性能测定法(梯姆肯试验机法)
SH 0164 石油产品包装、贮运及交货验收规则
SH/T 0450 合成油氧化腐蚀测定法

3 技术要求

项目		质量指标	试验方法
外观		红棕色透明液体	目测[1)]
运动黏度(40℃)，mm^2/s		153～187	GB/T 265
黏度指数	不小于	190	GB/T 1995
闪点(开口)，℃	不低于	230	GB/T 3536
倾点，℃	不高于	－35	GB/T 3535
铜片腐蚀(T2 铜，100℃，3h)，级	不大于	1b	GB/T 5096
承载能力(四球法)			GB/T 3142
烧结负荷 P_D，N	不小于	1961	
综合磨损值 *ZMZ*，N	不小于	343	
极压性能(梯姆肯试验机法)			GB/T 11144
无擦伤最大负荷 *OK* 值，N		测定	

中国石油化工总公司 1994-05-04 批准　　1994-12-01 实施

续表

项　　目	质 量 指 标	试 验 方 法
氧化腐蚀(150℃，50h，50mL 空气/min)		SH/T 0450
运动黏度变化(40℃),%	0～20	
腐蚀，mg/cm²		
45 号钢片	±0.2	
T3 号铜片	±0.4	
LY11 硬铝合金片	±0.2	

注：1）将试样装在 250g 采样瓶中于室内目测(阴天须开灯)。

4　检验规则

4.1　检验分类

产品检验分出厂检验和型式检验。

4.2　出厂检验

产品在交货验收时必须进行以下检验：

a. 外观；

b. 运动黏度；

c. 黏度指数；

d. 闪点；

e. 倾点；

f. 铜片腐蚀；

g. 氧化腐蚀；

h. 承载能力(四球法)。

产品经生产技术检验部门进行出厂检验，检验合格后，附有产品检验合格证，方可出厂。

4.3　型式检验

对本标准中规定的技术要求进行全部检验。

4.3.1　有下列情况之一时，一般应进行型式检验：

a. 产品转产时；

b. 正式生产中，如原料、工艺等有较大改变，可能影响产品性能时；

c. 产品长期停产后，恢复生产时；

d. 出厂检验结果与上次型式检验有较大差异时；

e. 国家质量监督机构提出进行型式检验要求时。

4.4　组批、取样、判定和复验

4.4.1　组批

在原料、工艺相同的情况下，以生产单元一次或数次连续生产的产品为一批。

4.4.2　取样

4.4.2.1　取样按 GB/T 4756 进行。

4.4.2.2　从平均试样中取两份同等数量的样品(每份 0.5L)作为检验和留样用。

4.4.3　判定

根据每批质量检验结果，对照技术要求的质量指标进行判定。检验结果全部符合质量指标为合格。

4.4.4　复验

检验结果如有个别项目不符合本标准技术要求的质量指标时，可对保留样品进行复验(复验应经质量管理部门认可后进行)。复验结果中任一项不符合质量指标，则该批产品不能按合格品出厂。

5 包装、标志、贮运及交货验收

本产品的包装、标志、贮存、运输及交货验收按 SH 0164 进行。

附加说明：

本标准由中国石化一坪化工厂提出并技术归口。

本标准由中国石化一坪化工厂负责起草。

本标准主要起草人钟淑芳、卓世富。

编者注：本标准中引用标准的标准名称变动如下。

标　准　号	现 标 准 名 称
GB/T 4756	石油液体手工取样法
GB/T 3535	石油产品倾点测定法
GB/T 3536	石油产品闪点和燃点的测定　克利夫兰开口杯法
GB/T 11144	润滑液极压性能测定法　梯姆肯法

中华人民共和国石油化工行业标准

SH/T 0469—1994

7407 号齿轮润滑脂

代替 SH 0469—92

1 主题内容与适用范围

本标准规定了 7407 号齿轮润滑脂的技术要求，检验、包装、贮运及交货验收规则。

本标准适用于由复合皂稠化剂稠化矿物油和合成油的混合油，并加有抗氧、极压等添加剂制成的 7407 号齿轮润滑脂。

符合本标准的产品适用于各种低速，中、重负荷齿轮、链轮和联轴节等部位的润滑，适宜采用涂刷润滑方式。使用温度范围为：－10℃ ~ ＋120℃。

符合本标准的产品不适用于未经跑合过的新齿轮。

2 引用标准

GB/T 269　润滑脂和石油脂锥入度测定法

GB/T 3142　润滑剂承载能力测定法(四球法)

GB/T 3498　润滑脂宽温度范围滴点测定法

SH 0164　石油产品包装、贮运及交货验收规则

SH/T 0229　固体和半固体石油产品取样法

SH/T 0331　润滑脂腐蚀试验法

SH/T 0337　润滑脂蒸发度测定法

3 技术要求

项　　目		质量指标	试验方法
外观		深棕色光滑均匀油膏	目测
滴点,℃	不低于	160	GB/T 3498
1/4 工作锥入度，0.1mm		75 ~ 90	GB/T 269
蒸发度(120℃，1h)，%(*m/m*)	不大于	2.5	SH/T 0337
腐蚀(45 号钢片，100℃，3h)		合格	SH/T 0331
粘附性(66℃ ±1℃，150r/min ± 10r/min) 粘附率，%(*m/m*)		测定	附录 A
承载能力 最大无卡咬负荷 P_B，N 烧结负荷 P_D，N	 不小于 不小于	 1078 6080	GB/T 3142

4 检验规则

4.1　检验分类

产品检验分出厂检验和型式检验。

中国石油化工总公司 1994-05-04 **批准**　　　　1994-12-01 **实施**

4.2 出厂检验

产品出厂前必须进行以下检验：

a. 外观；

b. 滴点；

c. 1/4 工作锥入度；

d. 蒸发度；

e. 腐蚀。

产品经生产技术检验部门检验合格后，附有产品检验合格证，方可出厂。

4.3 型式检验

对标准中规定的技术要求进行全部检验。有下列情况之一时，一般应进行型式检验：

a. 产品转产时；

b. 正式生产中，如原料、工艺等有较大改变，可能影响产品性能时；

c. 产品长期停产后，恢复生产时；

d. 出厂检验结果与上次型式检验结果有较大差异时；

e. 国家质量监督机构提出进行型式检验要求时。

4.4 组批、取样、判定和复验

4.4.1 组批

以生产单元一次或数次投料生产、混合均匀的产品为一批。

4.4.2 取样

4.4.2.1 取样按 SH/T 0229 进行。

4.4.2.2 从平均试样中取两份同等数量的样品(每份 0.5kg)，作为检验和留样用。

4.4.3 判定

根据每批质量检验结果，对照技术要求的质量指标进行判定。检验结果全部符合质量指标为合格。

4.4.4 复验

检验结果如有个别项目不符合本标准技术要求的质量指标时，可对保留样品进行复验(复验应经质量管理部门认可后进行)。复验结果中任一项不符合质量指标，则该批产品不能按合格品出厂。

5 包装、标志、贮运及交货验收

本产品的包装、标志、贮存、运输及交货验收按 SH 0164 进行。

附 录 A
润滑脂粘附性测定法
（参考件）

A1 主题内容与适用范围

本方法规定了润滑脂粘附性试验的试剂和材料、仪器、设备、试验步骤等。
本方法适用于测定润滑脂对金属表面的粘附性。

A2 方法概要

在规定的温度下经一定时间的离心作用后，测定润滑脂在试验金属件表面的粘附率。

A3 试剂

石油醚，90℃～120℃。

A4 仪器、设备

A4.1 同步电动机：转速可控制在100r/min～350r/min±10r/min。
A4.2 固定支架：可以固定同步电动机。
A4.3 烘箱：内有防护挡圈，可在40℃～200℃范围内控制试验温度。
A4.4 试验圆盘及轴组合件：铸铁或铝合金，详见图A1、图A2。
A4.5 瓷板。

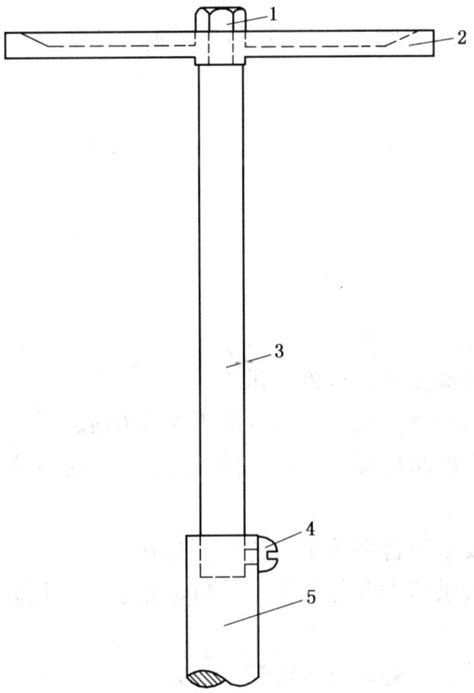

图A1 试验圆盘及轴组合图

1—*M*5螺母；2—试验圆盘；3—轴；4—顶丝；5—电动机轴

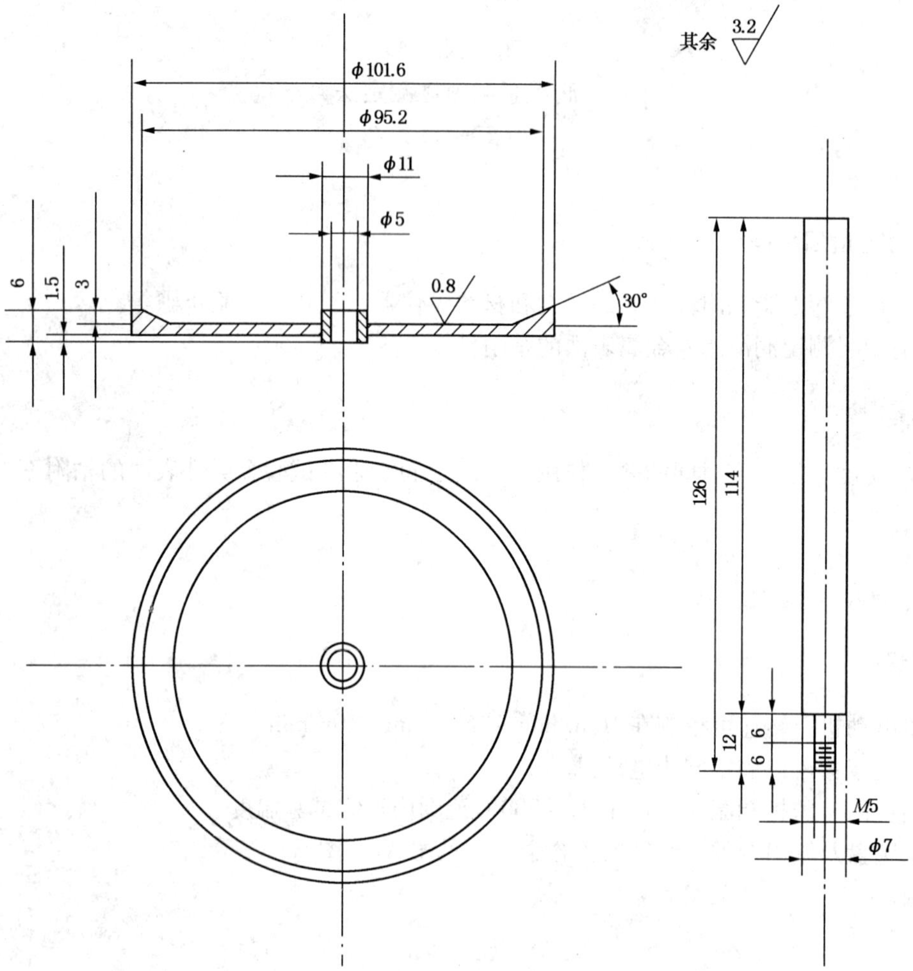

图 A2　试验圆盘、轴零件图

A4.6　刮刀。

A4.7　天平：感量为 0.01g。

A5　试样

润滑脂约 15g。

A6　试验步骤

A6.1　用石油醚洗净试验用圆盘及轴组合件，烘干。

A6.2　在天平上称量烘干后的圆盘及轴组合件，称准至 0.01g。

A6.3　用刮刀在瓷板上研匀润滑脂试样，涂抹在圆盘上，赶出带进的气泡，以盘沿高为准刮平试样表面。

A6.4　称量装好试样的圆盘及轴组合件质量，称准至 0.01g。

A6.5　将称量后的组合件放入烘箱中并与同步电动机轴相连接，用防护挡圈圈住圆盘，加热到试验温度后，恒温 15min。

A6.6　开启同步电动机，使其在试验转速下运转 15min。

A6.7　运转时间结束，断开电源，取出防护挡圈，从同步电动机上卸下组合件，冷却至室温后称量。

A7 计算

润滑脂的粘附率按式(A1)计算：

$$X = \frac{G_3 - G_1}{G_2 - G_1} \times 100 \quad \cdots\cdots (A1)$$

式中：X——润滑脂粘附率,%(m/m)；

G_1——试验圆盘及轴组合件的质量，g；

G_2——试验前圆盘组合件和脂的质量，g；

G_3——试验后圆盘组合件和脂的质量，g。

A8 报告

取二次重复测定结果的算术平均值作为测定值。

附加说明：

本标准由中国石化一坪化工厂提出并技术归口。

本标准由中国石化一坪化工厂负责起草。

本标准主要起草人李秀珍、颜自力、黎万祥。

中华人民共和国石油化工行业标准

SH/T 0534—1993(2003)

极压复合铝基润滑脂

1 主题内容与适用范围

本标准规定了极压复合铝基润滑脂的技术要求，包装、标志、贮运与取样。

本标准适用于由复合铝皂稠化矿物润滑油并加入极压添加剂所制得的润滑脂。

符合本标准所属产品，适用于工作温度在 -20 ~ 160℃范围的高负荷机械设备及集中润滑系统。按 GB/T 7631.8 的规定，其代号为 L-XBEHB0、L-XBEHB1 和 L-XBEHB2。

2 引用标准

GB/T 269　润滑脂和石油脂锥入度测定法

GB/T 3498　润滑脂宽温度范围滴点测定法

GB/T 5018　润滑脂防腐蚀性试验法

GB/T 7325　润滑脂和润滑油蒸发损失测定法

GB/T 7326　润滑脂铜片腐蚀试验法

GB/T 7631.8　润滑剂和有关产品(L类)的分类　第8部分：X组(润滑脂)

SH/T 0048　润滑脂相似黏度测定法

SH/T 0109　润滑脂抗水淋性能测定法

SH 0164　石油产品包装、贮运及交货验收规则

SH/T 0203　润滑脂极压性能测定法(梯姆肯试验机法)

SH/T 0229　固体和半固体石油产品取样法

SH/T 0324　润滑脂钢网分油测定法(静态法)

SH/T 0325　润滑脂氧化安定性测定法

SH/T 0336　润滑脂杂质含量测定法(显微镜法)

3 技术要求

项　目		质量指标			试验方法
		0号	1号	2号	
工作锥入度，0.1mm		355 ~ 385	310 ~ 340	265 ~ 295	GB/T 269
滴点,℃	不低于	235	240	240	GB/T 3498
腐蚀(T2 铜片，100℃，24h)		铜片无绿色或黑色			GB/T 7326 乙法
钢网分油(100℃，24h),%(*m*/*m*)	不大于	—	10	7	SH/T 0324
蒸发量(99℃，22h),%(*m*/*m*)	不大于	1.0			GB/T 7325
氧化安定性1)(99℃，100h，0.770MPa) 压力降，MPa	不大于	0.070			SH/T 0325

中国石油化工总公司 1993-02-25 批准　　　　1993-10-01 实施

续表

项　　目		质量指标			试验方法
		0号	1号	2号	
水淋流失量(38℃，1h)，%(*m/m*)	不大于	—	10	10	SH/T 0109
杂质(显微镜法)，个/cm^3					SH/T 0336
25μm 以上	不大于	3000			
75μm 以上	不大于	500			
125μm 以上	不大于	0			
相似黏度(－10℃，$10s^{-1}$)，Pa·s	不大于	250	300	550	SH/T 0048
延长工作锥入度(100000 次)，0.1mm 变化率，%	不大于	10	13	15	GB/T 269
防腐蚀性(52℃，48h)，级	不大于	2			GB/T 5018
极压性能(梯姆肯法)*OK* 值，N	不小于	156			SH/T 0203

注：① 基础油黏度由生产厂与用户协商确定。

1）为保证项目，每半年测定一次。如原料、工艺变动时必须进行测定。

4　包装、标志、贮运

本产品的包装、标志、贮存、运输及交货验收按 SH 0164 进行。

5　取样

取样按 SH/T 0229 进行，取 2.5kg 作为检验和留样用。

附加说明：

本标准由石油化工科学研究院提出并技术归口。

本标准由石油化工科学研究院负责起草。

本标准主要起草人金宝印。

中华人民共和国石油化工行业标准

SH/T 0535—1993(2003)

极压复合锂基润滑脂

1 主题内容与适用范围

本标准规定了极压复合锂基润滑脂的技术要求，包装、标志、贮运与取样。

本标准适用于由复合锂皂稠化矿物润滑油并加入极压添加剂所制得的润滑脂。

符合本标准所属产品，适用于工作温度在 -20 ~ 160℃ 范围的高负荷机械设备润滑。按 GB/T 7631.8 的规定，其代号为 L-XBEHB1、L-XBEHB2 和 L-XBEHB3。

2 引用标准

GB/T 269　润滑脂和石油脂锥入度测定法
GB/T 3498　润滑脂宽温度范围滴点测定法
GB/T 5018　润滑脂防腐蚀性试验法
GB/T 7326　润滑脂铜片腐蚀试验法
GB/T 7631.8　润滑剂和有关产品(L类)的分类　第8部分：X组(润滑脂)
SH/T 0048　润滑脂相似黏度测定法
SH/T 0109　润滑脂抗水淋性能测定法
SH 0164　石油产品包装、贮运及交货验收规则
SH/T 0202　润滑脂极压性能测定法(四球机法)
SH/T 0203　润滑脂极压性能测定法(梯姆肯试验机法)
SH/T 0204　润滑脂抗磨性能测定法(四球机法)
SH/T 0229　固体和半固体石油产品取样法
SH/T 0324　润滑脂钢网分油测定法(静态法)
SH/T 0325　润滑脂氧化安定性测定法
SH/T 0326　汽车轮轴承润滑脂漏失量测定法
SH/T 0337　润滑脂蒸发度测定法
SH/T 0428　高温下润滑脂在抗磨轴承中工作性能测定法

3 技术要求

中国石油化工总公司 1993-02-25 批准　　1993-10-01 实施

项目		质量指标						试验方法
		一等品			合格品			
		1号	2号	3号	1号	2号	3号	
工作锥入度,0.1mm		310~340	265~295	220~250	310~340	265~295	220~250	GB/T 269
滴点,℃	不低于	260			250	260		GB/T 3498
腐蚀(T2 铜片,100℃,24h)	不大于	2级			—			GB/T 7326 甲法
		—			铜片无绿色或黑色			GB/T 7326 乙法
水淋流失量(38℃,1h),%(*m/m*)	不大于	5			10			SH/T 0109
延长工作锥入度变化率,%:								GB/T 269
10000次	不大于	10			—	—		
100000次	不大于	10			15	20		
漏失量(104℃,6h),g	不大于	2.5			5.0	2.5		SH/T 0326
漏失量(163℃,60g,6h),g	不大于	2.5			—			SH/T 0326
防腐蚀性(52℃,48h),级	不大于	1			2			GB/T 5018
极压性能(四球机法),N								SH/T 0202
P_D	不小于	3089			3089			
ZMZ	不小于	637			441			
极压性能(梯姆肯法)OK值,N	不小于	200			156			SH/T 0203
抗磨性能(四球机法),mm	不大于	0.5			—			SH/T 0204
蒸发度(180℃,1h),%(*m/m*)	不大于	—			5			SH/T 0337
钢网分油(100℃,24h),%(*m/m*)	不大于	—			6	5	3	SH/T 0324
氧化安定性[1](99℃,100h,0.770MPa)								SH/T 0325
压力降,MPa	不大于	—			0.070			
相似黏度(−10℃,$10s^{-1}$),Pa·s	不大于	500	800	1200	500	800	1200	SH/T 0048
轴承寿命[2](149℃),h	不小于	400			—			SH/T 0428

注:1)为保证项目,每半年测定一次。如原料、工艺变动时必须进行测定。

2)为保证项目,每4年测定一次。如原料、工艺变动时必须进行测定。

4 包装、标志、贮运

本产品的包装、标志、贮存、运输及交货验收按SH 0164进行。

5 取样

取样按SH/T 0229进行，取2.5kg作为检验和留样用。

附加说明：

本标准由石油化工科学研究院提出并技术归口。

本标准由石油化工科学研究院负责起草。

本标准主要起草人金宝印。

编者注：本标准中引用的标准名称变动如下。

标　准　号	现标准名称
SH/T 0428	高温下润滑脂在球轴承中的寿命测定法

中华人民共和国石油化工行业标准

SH/T 0536—1993(2003)

膨 润 土 润 滑 脂

1 主题内容与适用范围

本标准规定了膨润土润滑脂的技术要求，包装、标志、贮运与取样。

本标准适用于由有机膨润土稠化高黏度矿物润滑油并加有添加剂制成的润滑脂。

符合本标准所属产品适用于工作温度在0℃～160℃温度范围的中低速机械设备润滑。

本标准所属产品按GB/T 7631.8的规定，其代号分别为L－XAEGA1、L－XAEGA2和L－XAEGA3。

2 引用标准

GB/T 269 润滑脂和石油脂锥入度测定法

GB/T 3498 润滑脂宽温度范围滴点测定法

GB/T 7325 润滑脂和润滑油蒸发损失测定法

GB/T 7326 润滑脂铜片腐蚀试验法

GB/T 7631.8 润滑剂和有关产品(L类)的分类 第8部分：X组(润滑脂)

SH/T 0048 润滑脂相似黏度测定法

SH/T 0109 润滑脂抗水淋性能测定法

SH 0164 石油产品包装、贮运及交货验收规则

SH/T 0229 固体和半固体石油产品取样法

SH/T 0324 润滑脂钢网分油测定法(静态法)

SH/T 0325 润滑脂氧化安定性测定法

3 技术要求

项 目		质量指标			试验方法
		1号	2号	3号	
工作锥入度，0.1mm		310～340	265～295	220～250	GB/T 269
滴点，℃	不低于	270			GB/T 3498
钢网分油(100℃，30h)，%	不大于	5	5	3	SH/T 0324
腐蚀(T2铜片，100℃，24h)		铜片无绿色或黑色			GB/T 7326 乙法
蒸发量(99℃，22h)，%	不大于	1.5			GB/T 7325
水淋流失量(38℃，1h)，%	不大于	10			SH/T 0109
延长工作锥入度(100000次)变化率，%	不大于	15	20	25	GB/T 269

中国石油化工总公司 1993-02-25 批准 1993-10-01 实施

续表

项目	质量指标			试验方法
	1号	2号	3号	
氧化安定性[1)](99℃，100h，0.770MPa) 压力降，MPa 不大于	0.070			SH/T 0325
相似黏度(0℃，$10s^{-1}$)，Pa·s	报告			SH/T 0048

注：1）为保证项目，每半年测定一次。如原料、工艺变动时必须进行测定。

4 包装、标志、贮运

本产品的包装、标志、贮存、运输及交货验收按 SH 0164 进行。

5 取样

取样按 SH/T 0229 进行，取 2.5kg 作为检验和留样用。

附加说明：

本标准由石油化工科学研究院提出并技术归口。
本标准由石油化工科学研究院负责起草。
本标准主要起草人李显名。

中华人民共和国石油化工行业标准

SH/T 0537—1993(2003)

极压膨润土润滑脂

1 主题内容与适用范围

本标准规定了极压膨润土润滑脂的技术要求，包装、标志、贮运与取样。

本标准适用于由有机膨润土稠化精制矿物油并加有极压、抗氧和防锈添加剂制成的润滑脂。

符合本标准所属产品适用于工作温度在 -20～180℃温度范围内的高负荷机械设备润滑。

本标准所属产品按 GB/T 7631.8 的规定，其代号分别为 L-XBFHB1 和 L-XBFHB2。

2 引用标准

GB/T 269　润滑脂和石油脂锥入度测定法

GB/T 3498　润滑脂宽温度范围滴点测定法

GB/T 5018　润滑脂防腐蚀性试验法

GB/T 7325　润滑脂和润滑油蒸发损失测定法

GB/T 7326　润滑脂铜片腐蚀试验法

GB/T 7631.8　润滑剂和有关产品(L类)的分类　第8部分：X组(润滑脂)

SH/T 0048　润滑脂相似黏度测定法

SH/T 0109　润滑脂抗水淋性能测定法

SH 0164　石油产品包装、贮运及交货验收规则

SH/T 0202　润滑脂极压性能测定法(四球机法)

SH/T 0229　固体和半固体石油产品取样法

SH/T 0324　润滑脂钢网分油测定法(静态法)

SH/T 0325　润滑脂氧化安定性测定法

3 技术要求

项　　目		质量指标		试验方法
		1号	2号	
工作锥入度，0.1mm		310～340	265～295	GB/T 269
滴点，℃	不低于	270		GB/T 3498
钢网分油(100℃，30h)，%	不大于	5		SH/T 0324
腐蚀(T2铜片，100℃，24h)		铜片无绿色或黑色		GB/T 7326 乙法
蒸发量(99℃，22h)，%	不大于	1.5		GB/T 7325
水淋流失量(38℃，1h)，%	不大于	10		SH/T 0109
延长工作锥入度(100000次)变化率，%	不大于	20	25	GB/T 269
氧化安定性[1](99℃，100h，0.770MPa) 压力降，MPa	不大于	0.070		SH/T 0325

中国石油化工总公司 1993-02-25 批准　　1993-10-01 实施

续表

项　　目		质量指标		试验方法
		1号	2号	
相似黏度(-15℃, $10s^{-1}$), Pa·s	不大于	1200	1500	SH/T 0048
防腐蚀性(52℃, 48h), 级	不大于	1		GB/T 5018
极压性能(四球机法)*ZMZ* 值, N	不小于	490		SH/T 0202

注：1) 为保证项目，每半年测定一次。如原料、工艺变动时必须进行测定。

4　包装、标志、贮运

本产品的包装、标志、贮存、运输及交货验收按 SH 0164 进行。

5　取样

取样按 SH/T 0229 进行，取 2.5kg 作为检验和留样用。

附加说明：

本标准由石油化工科学研究院提出并技术归口。

本标准由石油化工科学研究院负责起草。

本标准主要起草人李显名。

中华人民共和国石油化工行业标准

SH/T 0587—1994(2003)

二硫化钼极压锂基润滑脂

1 主题内容与适用范围

本标准规定了二硫化钼极压锂基润滑脂的技术要求、包装、标志、贮运与取样。

本标准适用于由脂肪酸锂皂稠化矿物润滑油并加有极压添加剂及二硫化钼粉所制得的润滑脂。

符合本标准的产品，适用于工作温度在 -20 ~ 120℃ 范围内轧钢机械、矿山机械、重型起重机械等重负荷齿轮和轴承的润滑，并能使用于有冲击负荷的部件。按 GB/T 7631.8 的规定，其代号为：L-XBCHB0；L-XBCHB1；L-XBCHB2。

2 引用标准

GB/T 269　润滑脂和石油脂锥入度测定法

GB/T 4929　润滑脂滴点测定法

GB/T 5018　润滑脂防腐蚀性试验法

GB/T 7325　润滑脂和润滑油蒸发损失测定法

GB/T 7326　润滑脂铜片腐蚀试验法

GB/T 7631.8　润滑剂和有关产品(L类)的分类　第8部分：X组(润滑脂)

SH/T 0048　润滑脂相似黏度测定法

SH/T 0109　润滑脂抗水淋性能测定法

SH 0164　石油产品包装、贮运及交货验收规则

SH/T 0203　润滑脂极压性能测定法(梯姆肯试验机法)

SH/T 0229　固体和半固体石油产品取样法

SH/T 0324　润滑脂钢网分油测定法(静态法)

3 技术要求

项目		质量指标			试验方法
		0号	1号	2号	
工作锥入度，0.1mm		355 ~ 385	310 ~ 340	265 ~ 295	GB/T 269
滴点，℃	不低于	170		175	GB/T 4929
腐蚀(T2 铜片，100℃，24h)		铜片无绿色或黑色变化			GB/T 7326 乙法
蒸发量(99℃，22h)，%	不大于	2.0			GB/T 7325
钢网分油(100℃，24h)，%	不大于	—	10	5	SH/T 0324
延长工作锥入度(100 000 次)，0.1mm	不大于	420	390	360	GB/T 269
水淋流失量(38℃，1h)，%	不大于	—	10		SH/T 0109
防腐蚀性(52℃，48h)，级	不大于	1			GB/T 5018
极压性能(梯姆肯法)OK 值，N	不小于	177			SH/T 0203
相似黏度(-10℃，$10s^{-1}$)，Pa·s	不大于	150	250	500	SH/T 0048

中国石油化工总公司 1994-03-10 批准　　1994-10-01 实施

4 包装、标志、贮运

本产品的包装、标志、贮存、运输及交货验收按 SH 0164 进行。

5 取样

取样按 SH/T 0229 进行，取 2.5kg 作为检验和留样用。

附加说明：

本标准由石油化工科学研究院提出。

本标准由石油化工科学研究院技术归口。

本标准由石油化工科学研究院负责起草。

本标准主要起草人李文慧。

本标准参照采用日本工业标准 JIS K 2220－1984《高负荷用润滑脂 1 种》。

中华人民共和国石油化工行业标准

SH/T 0595—1994

7405 号高温高压螺纹密封脂

1 主题内容与适用范围

本标准规定了 7405 号高温高压螺纹密封脂的技术要求，检验、包装、贮运及交货验收规则。

本标准适用于由无机稠化剂稠化矿物油，并加有一定量的固体填料、高分子聚合物和抗腐蚀添加剂等制成的高温高压螺纹密封脂。

符合本标准的产品适用于油气田井下套管螺纹的润滑与密封。也适用于某些高温高压设备螺纹联接处的润滑与密封。

2 引用标准

GB/T 269　润滑脂和石油脂锥入度测定法

GB/T 308　滚动轴承　钢球

GB 1922　溶剂油

GB/T 3498　润滑脂宽温度范围滴点测定法

GB/T 12707—1991　工业产品质量分等导则

SH/T 0048　润滑脂相似黏度测定法

SH/T 0109　润滑脂抗水淋性能测定法

SH 0164　石油产品包装、贮运及交货验收规则

SH/T 0229　固体和半固体石油产品取样法

SH/T 0324　润滑脂钢网分油测定法(静态法)

SH/T 0331　润滑脂腐蚀试验法

SH/T 0337　润滑脂蒸发度测定法

HG/T 3－1003　石油醚

3 产品质量等级划分

本产品按 GB/T 12707 划分为一等品和合格品两个质量等级。一等品适用于深井或超深井的井下套管，使用温度达 200℃，可承受 59MPa 蒸汽压力，且能耐中等浓度的酸、碱及盐溶液等化学介质。合格品适用于井深 5000m 以内的井下套管。

中国石油化工总公司 1994-05-04 批准　　　　1994-12-01 实施

4 技术要求

项目		质量指标		试验方法
		一等品	合格品	
外观		黑色均匀油膏		目测
工作锥入度，0.1mm		300~340		GB/T 269
滴点，℃	不低于	250	200	GB/T 3498
钢网分油(65℃，24h)，%(*m*/*m*)	不大于	5.0	8.0	SH/T 0324
蒸发度(150℃，1h)，%(*m*/*m*)	不大于	2.0	3.0	SH/T 0337
相似黏度(−10℃，$10s^{-1}$)，Pa·s		测定		SH/T 0048
抗水淋性(65℃±1℃，2h)，%(*m*/*m*)	不大于	5.0		SH/T 0109
腐蚀(45号钢，100℃，3h)		合格		SH/T 0331[1)]
逸气量(65℃，120h)，mL	不大于	20	测定	附录A
摩擦系数(常温，SRV试验机)		测定		附录B

注：1）金属片尺寸为25mm×25mm×3mm，烧杯容积为50mL。

5 检验规则

5.1 检验分类

产品检验分出厂检验和型式检验。

5.2 出厂检验

产品在出厂前必须进行以下检验：

a. 外观；

b. 工作锥入度；

c. 滴点；

d. 蒸发度；

e. 相似黏度；

f. 腐蚀。

产品经生产技术检验部门进行出厂检验，检验合格后，附有产品检验合格证，方可出厂。

5.3 型式检验

对本标准中规定的技术要求进行全部检验。

5.3.1 有下列情况之一时，一般应进行型式检验：

a. 产品转产时；

b. 正式生产中，如原料、工艺有较大改变，可能影响产品性能时；

c. 产品长期停产后，恢复生产时；

d. 出厂检验结果与上次型式检验有较大差异时；

e. 国家质量监督机构提出进行型式检验要求时。

5.4 组批、取样、判定和复验

5.4.1 组批

以生产单元一次或数次投料生产、混合均匀的产品为一批。

5.4.2 取样

5.4.2.1 取样按 SH/T 0229 进行。

5.4.2.2 从平均试样中取两份同等数量的样品(每份 0.75kg)作为检验和留样用。

5.4.3 判定

根据每批质量检验结果，对照技术要求的质量指标进行判定。检验结果全部符合质量指标为合格。

5.4.4 复验

检验结果如有个别项目不符合本标准技术要求的质量指标时，可对保留样品进行复验(复验应经质量管理部门认可后进行)。复验结果中任一项不符合质量指标，则该批产品不能按合格品出厂。

6 包装、标志与贮运

本产品的包装、标志、贮存、运输及交货验收按 SH 0164 进行。

附 录 A
螺纹密封润滑脂逸气量测定法
（补充件）

A1 主题内容与适用范围

本方法规定了螺纹密封润滑脂逸气量的测定方法。
本方法适用于测定螺纹密封润滑脂的逸气量。

A2 方法概要

将盛有试样的专用密封装置，浸入规定温度的油浴中，经过一定时间后，测定螺纹密封脂排出的气体体积。

A3 试剂

A3.1 溶剂油：符合 GB 1992 中 NY 190 要求。
A3.2 石油醚：馏程 60℃～90℃。

A4 仪器

弹体、气瓶及压力计见图 A1。

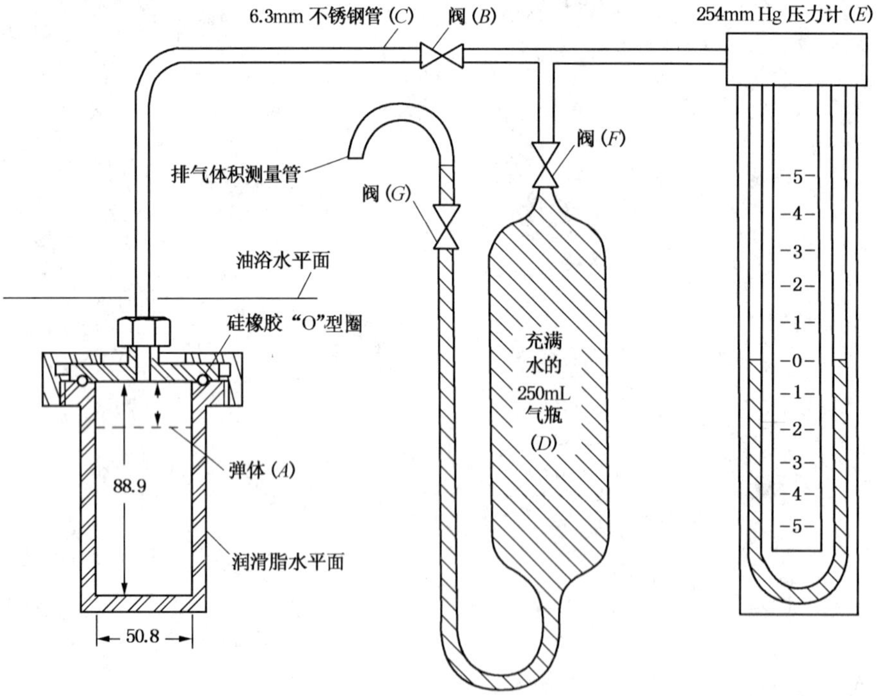

图 A1 逸气量试验仪器

A5 试样

螺纹密封脂约 300g。

A6 试验步骤

A6.1 将试样装入弹体 A，使试样表面与内壁上环线(距弹体口 15.9mm)齐平。为防止气泡和使试样表面平整，可震动装样。

A6.2 密封弹体，关闭针阀 B，将弹体装置放入预先调整到试验温度为 65℃ ±1℃ 的油浴中，保持试验温度，同时记录室温。

A6.3 用管道 C 将弹体装置与气瓶 D 和压力计 E 连接。

A6.4 打开针阀 B。

A6.5 15min 后，观察和记录由于系统内气体和试样两者膨胀导致的压力计上的气压增值数。

A6.6 打开阀 F 和 G，用量筒测量被排出的水的体积，并记录之，然后关闭阀 F 和 G。

A6.7 在试验温度下保持 5d，然后重复步骤 A6.6，同时记录室温。

A6.8 计算逸气量

a. 总排水量为：在试验温度下，15min 后测得的被排出的水体积与试验结束时测得的被排出的水体积总和。

b. 计算在试验温度下，从弹体内排出的修正后的空气膨胀量。

c. 逸气量 = 总排水量 - 修正后的空气膨胀量。

A7 试验结果的表述

A7.1 试验数据

a. 试验温度(油浴温度)	(t_1),℃
b. 试验开始时的室温	(t_2),℃
c. 试验结束时的室温	(t_3),℃
d. 空气膨胀系数	(0.00367)，mL/℃ · mL
e. 弹体内径	(D)，cm
f. 弹体内试样上方空间高度	(h)，cm
g. 总排水量	(V)，mL

A7.2 计算

a. 在室温下，弹体内试样上方空气体积 V_1(mL)：

$$V_1 = \pi(D/2)^2 h \qquad \text{(A1)}$$

b. 在试验温度下，空气体积 V_1 的膨胀量 V_2(mL)：

$$V_2 = V_1 \times 0.00367 \times (t_1 - t_2) \qquad \text{(A2)}$$

c. 空气膨胀量 V_2 冷却到室温时的收缩量 V_3(mL)：

$$V_3 = V_2 \times 0.00367 \times (t_1 - t_3) \qquad \text{(A3)}$$

d. 修正后的空气膨胀量 V_4(mL)：

$$V_4 = V_2 - V_3 \qquad \text{(A4)}$$

e. 逸气量 X(mL)：

$$X = V - V_4 \qquad \text{(A5)}$$

附 录 B
润滑剂摩擦系数测定法(SRV 法)
(补充件)

B1 主题内容与适用范围

本方法规定了润滑剂摩擦系数测定方法(SRV 法)。

本方法适用于测定润滑油脂的摩擦系数。

B2 方法概要

本方法是在设定试验条件下，用钢球与圆块在点接触下作往复直线运动来测定润滑油脂的摩擦系数。

B3 试剂与材料

B3.1 试验钢球：GCr15 钢，直径 12.7mm(1/2in)，符合 GB/T 308 标准Ⅱ级球。

B3.2 试验圆块：GCr15 钢，直径 24mm，高 7.85mm，硬度 HRC 61～65，表面粗糙度 R_a0.2(光洁度▽10)。

B3.3 溶剂油：符合 GB 1922 中的 NY 190 要求。

B3.4 石油醚：馏程 60℃～90℃。

B4 仪器

SRV 摩擦磨损试验机。

B5 试样

润滑油或脂约 1g。

B6 试验步骤

B6.1 将试验钢球和圆块浸泡在溶剂油中反复清洗，完全除去钢球和圆块上的防锈层，然后用石油醚清洗，最后，用吹风机吹干待用。

B6.2 将试验圆块放到试验腔的基座上，用固定夹夹紧，并在试验圆块的上表面试验部位涂上试样。

B6.3 将试验钢球放入球夹具中，旋紧夹具上的固定螺钉，然后将球夹具放到试验腔内的两根支承杆上，拧紧上部的加载螺母及两侧支承杆上的固定螺栓。

B6.4 设定试验条件

a. 温度：用控温器设定所要求的温度。如未提要求，则按 40℃设定。

b. 时间：用定时器设定所要求的试验时间。如未提要求，则按 30min 设定。

c. 频率：用频率控制器设定所要求的试验频率。如未提要求，则按 50Hz 设定。

d. 负荷：用加载器施加所要求的负荷。如未提要求，则按 50N 施加。

B6.5 待上述试验条件设定及温度稳定后，启动主开关，并通过冲程调节开关使冲程调至所要求值(若未提要求，则调至 0.5mm)。此时试验机完全自控，并自动记录摩擦系数曲线，经设定的试验时间后自动停止运行。

B7 报告

读出记录纸上曲线稳定后所指示的摩擦系数值，作为测定结果。

附加说明：

本标准由中国石化一坪化工厂提出并技术归口。

本标准由中国石化一坪化工厂负责起草。

本标准主要起草人李淑范、肖存亮、曾一兵、陈大鹏。

本标准参照采用美国石油学会标准 API Bull 5A2－1988《套管、油管及管线管螺纹脂》。

编者注：本标准中引用的标准名称变动如下。

标 准 号	现 标 准 名 称
GB 1922	油漆及清洗用溶剂油
GB/T 15894（代替 HG/T 3－1003）	化学试剂　石油醚

前　　言

本标准是电位器阻尼脂的产品标准，它将国内电位器用阻尼脂形成系列，标准按 GB/T 1.1—1993 的规定编写。

本标准中附录 A 为标准的附录。

本标准由中国石油化工总公司重庆一坪高级润滑油公司提出。

本标准由中国石油化工总公司重庆一坪高级润滑油公司技术归口。

本标准由中国石油化工总公司重庆一坪高级润滑油公司、长城高级润滑油公司负责起草。

本标准主要起草人：颜自力、李长龙、李天均、薛玉苓。

中华人民共和国石油化工行业标准

电位器阻尼脂

SH/T 0640—1997

Damping greases for potentiometer

1 范围

本标准规定了电位器阻尼脂的技术要求。按锥入度和使用要求分为Ⅰ、Ⅱ、Ⅲ、Ⅳ四种类型。

本标准适用于由皂基或无机稠化剂稠化精制矿油或合成油制成的电位器阻尼脂。

符合本标准的产品适用于旋转式电位器轴系或直滑式电位器滑片与滑轨的阻尼和润滑。Ⅰ型脂的使用温度范围为：－10℃～70℃；Ⅱ型脂的使用温度范围为：－20℃～120℃；Ⅲ、Ⅳ型脂的使用温度范围为：－40℃～150℃。Ⅰ、Ⅱ型脂适用于旋转式电位器；Ⅲ型脂适用于直滑式电位器；Ⅳ型脂适用于直滑式或旋转式电位器。

2 引用标准

下列标准包含的条文，通过引用而构成为本标准的一部分。除非在标准中另有明确规定，下列引用标准都应是现行有效标准。

GB/T 269　润滑脂和石油脂锥入度测定法

GB/T 3498　润滑脂宽温度范围滴点测定法

SH/T 0048　润滑脂相似黏度测定法

SH 0164　石油产品包装、贮运及交货验收规则

SH/T 0229　固体和半固体石油产品取样法

SH/T 0331　润滑脂腐蚀试验法

SH/T 0337　润滑脂蒸发度测定法

3 技术内容

3.1 技术要求

电位器阻尼脂的详细要求见表1。

表1　电位器阻尼脂的详细要求

项　目		质量指标				试验方法
		Ⅰ型	Ⅱ型	Ⅲ型	Ⅳ型	
外观		乳白色至浅褐色粘稠油膏				目测
1/4 工作锥入度，0.1mm		40～56	60～76	80～96	100～116	GB/T 269
滴点，℃	不低于	200	250		200	GB/T 3498
蒸发度，%（m/m）	不大于					SH/T 0337
100℃，1h		2.0	—		—	
120℃，1h		—	5.0		—	
200℃，1h		—	—		2.0	

中国石油化工总公司 1997-07-12 批准　　　1997-12-01 实施

表 1(完)

项目	质量指标				试验方法
	Ⅰ型	Ⅱ型	Ⅲ型	Ⅳ型	
腐蚀(T3 铜，100℃，3h)	合格				SH/T 0331
相似黏度($10s^{-1}$)，Pa·s					SH/T 0048
-40℃　不大于	—	—	300	150	
0℃　不大于	2000	实测	—	—	
25℃	不小于 250	100～500	—	—	
旋转力矩(20℃，20r/min，转 20 圈)，mN·m	实测	30～100	—	—	附录 A

4 检验方法

4.1 本标准中检验方法分为出厂检验和型式检验，见表 2。

表 2 检验方法分类

检验项目	型式检验	出厂检验
外观	✓	✓
1/4 工作锥入度	✓	✓
滴点	✓	✓
蒸发度	✓	✓
腐蚀	✓	✓
相似黏度	✓	
旋转力矩	✓	

4.2 有下列情况之一时，应进行型式检验：

a) 产品转产时；

b) 正式生产中，如遇原料、工艺等有较大改变，可能影响产品性能时；

c) 产品长期停产后，恢复生产时；

d) 出厂检验结果与上次型式检验结果有较大差异时；

e) 国家质量监督机构提出进行型式检验要求时；

f) 正常生产时，每年首批全检。

5 包装、标志、贮运及交货验收

本产品的包装、标志、贮存、运输及交货验收按 SH 0164 进行。

6 取样

6.1 取样按 SH/T 0229 进行。

6.2 从平均试样中取两份同等数量的样品(每份 0.5kg)作为检验和留样用。

附 录 A

（标准的附录）

电位器阻尼脂旋转力矩测定法

A1 范围

本方法规定了电位器阻尼脂旋转力矩测定法。

本方法适用于测定转轴式电位器所用阻尼润滑脂的旋转力矩。

A2 方法原理

本方法是借助于测量杆，通过力矩仪测量一定转速下，电位器阻尼润滑脂的旋转力矩值。

A3 试剂和材料

A3.1 石油醚：90℃～120℃

A4 仪器和设备

A4.1 FDT－1 型阻尼力矩测定仪（见图 A1）或相当的旋转力矩测定装置。

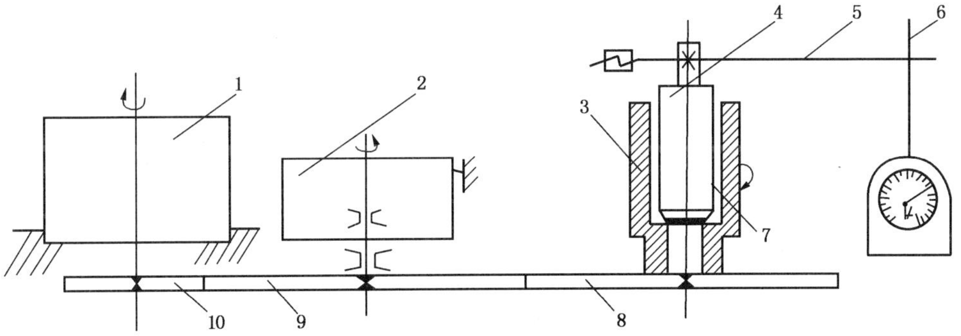

1—电机；2—测速传感器；3—轴套；4—转轴；5—测量杆；6—力矩表；

7—装脂空隙；8—含有试验槽的齿轮；9、10—齿轮（其中 10 为主动轮）

图 A1 FDT－1 型阻尼力矩测定仪原理图

A4.2 恒温试验箱：包括有高温、低温和常温三种。

A5 试样

电位器阻尼脂约 0.01kg。

A6 准备工作

A6.1 利用仪器的可调支脚将仪器调整至水平状态。

A6.2 用石油醚（A3.1）清洗转轴与轴套，清洗后放置 5min，备用。

A6.3 选择量程适当的力矩表，松开力矩表的紧固螺钉，将其安装到定位槽中，用紧固螺钉上紧。

A7 操作步骤

A7.1 将试样均匀地涂抹在清洗干净的转轴表面，厚度约为 0.1mm。

A7.2 涂脂后的转轴插入轴套，推拉或旋转数次，以使脂充满轴与轴套之间的空隙，擦去被挤出空隙的多余的脂。

A7.3　将 A6.2.2 准备好的轴与轴套组合件，按要求放入不同的温度的试验箱内，至少恒温 30min。

A7.4　启动电机，调节电机电流，使电机转速达到试验规定的转速，一般为 10r/min ± 2r/min，或 20r/min ± 4r/min 后关闭电机。

A7.5　从试验箱中取出组合件，在 5s 内放入试验槽中，启动电机带动轴套开始转动。此时校正转轴与轴套组合件的转速，使其达到试验规定的转速。

A7.6　在达到规定的转动圈数时，记录力矩表的值。

A8　测定结果的表述

取重复测定二次结果的算术平均值，作为测定结果。

A9　精密度

A9.1　重复性

二次测定结果与其平均值的差值应小于平均值的 10%。

前　言

本标准非等效采用原苏联 TY 6－02－989－77(1998 年 1 月 1 日前有效)《电接点润滑脂》。本标准与所采用标准相比未列出介电穿透度、介质损失角正切。其原因是：介电穿透度的测定国内无对应方法，不具备测定条件；介质损失角正切的测定国内虽有对应方法，但不适应润滑脂。所采用标准中相似黏度列出 50℃、1000s^{-1}条件下的指标，而电接点润滑脂在常温下黏度较小无法测定，因此选择－20℃、10s^{-1}测定相似黏度。

本标准附录 A 为标准的附录。

本标准由长城高级润滑油公司提出。

本标准由合成润滑油脂标准化技术归口单位归口。

本标准由长城高级润滑油公司负责起草。

本标准主要起草人：金中令、薛玉苓。

中华人民共和国石油化工行业标准

电接点润滑脂

SH/T 0641—1997

Lubricating greases for electric contacting point

1 范围

本标准规定了电接点润滑脂的技术条件、检验方法、包装、储运及采样规则。

本标准适用于电接点润滑脂。

2 引用标准

下列标准包含的条文，通过引用而构成为本标准的一部分。除非在标准中另有明确规定，下列引用标准都应是现行有效标准。

GB/T 269 润滑脂和石油脂锥入度测定法
GB/T 392 润滑脂压力分油测定法
GB/T 512 润滑脂水分测定法
SH/T 0019 石油蜡和石油脂体积电阻率测定法
SH/T 0048 润滑脂相似黏度测定法
SH/T 0115—1992 润滑脂和固体烃滴点测定法
SH 0164 石油产品包装、储运及交货验收规定
SH/T 0229 固体和半固体石油产品取样方法
SH/T 0331 润滑脂腐蚀试验法
SH/T 0336 润滑脂杂质含量测定法(显微镜法)
SH/T 0337 润滑脂蒸发度测定法
SH/T 0596 润滑脂接触电阻测定法

3 技术内容

电接点润滑脂性能应符合表1的要求。

表1 电接点润滑脂性能

项 目		质量指标	试验方法
外观		均匀油膏	目测1)
1/4 锥入度，0.1mm		70～100	GB/T 269
压力分油，2N,%	不大于	15	GB/T 392
滴点,℃	不低于	200	SH/T 0115
水分,%	不大于	痕迹	GB/T 512
体积电阻率(30℃)，Ω·cm	不大于	$1\times10^{11}\sim6\times10^{12}$	SH/T 0019

中国石油化工总公司 1997-07-12 批准　　1997-12-01 实施

表 1(续)

项目		质量指标	试验方法
蒸发度(100℃, 1h),%	不大于	2.0	SH/T 0337
腐蚀(T2 铜片, 100℃, 3h)		合格	SH/T 0331
相似黏度(−20℃, $10s^{-1}$), Pa·s		150~300	SH/T 0048
接触电阻, mΩ	不大于	0.1	SH/T 0596
杂质, >75μm, 颗/cm^3		无	SH/T 0336
寿命试验 磨损直径, mm	不大于	1.0	附录 A

1）将待测润滑脂均匀涂在 50mm×70mm×3mm 的无色玻璃片上，脂的厚度为 2.0mm±0.5mm，目测观察有无结块或杂质。

4 检验规则

4.1 检验分类

产品检验分为出厂检验和型式检验。

4.2 出厂检验

4.2.1 出厂检验项目

产品出厂检验的项目为：

a）外观；

b）滴点；

c）锥入度；

d）压力分油；

e）蒸发度；

f）腐蚀。

4.2.2 产品经生产技术检验部门进行出厂检验，合格后附有产品检验合格证方可出厂。

4.3 型式检验

对本标准中规定的技术要求进行全面检验。

4.3.1 在下列情况之一时，一般应进行型式检验。

a）产品转产时；

b）正式生产时，如原料工艺有较大改变，可能影响产品性能时；

c）产品长期停产后，恢复生产时；

d）出厂检验结果与上次型式检验有较大差别时；

e）国家质量监督机构或中国石油化工总公司提出进行型式检验要求时；

f）正常生产情况每年首批全检。

4.4 组批、取样、判定和复验

4.4.1 组批

在相同原料相同工艺下，生产单元一次或数次连续生产的产品为一批。

4.4.2 取样

取样按 SH/T 0229 进行，取 1.0kg 作为检验和留样用。

4.4.3 判定

根据每批质量检验结果，对照技术要求的质量指标进行判定。检验结果全部符合质量指标要求为合格。

4.4.4 复验

检验结果如有个别项目不符合本标准技术要求时，可对保留样品进行复验(复验应经质量管理部门认可进行)。复验结果中任一项不符合质量指标，则该批产品不能按合格品出厂。

5 标志、包装、运输、储存

本产品的标志、包装、储存、运输及交货验收按 SH 0164 进行。

附　录　A
（标准的附录）
电接点润滑脂寿命试验测定法

A1　范围

本标准规定了电接点润滑脂使用寿命性能的测定方法。

本标准适用于电接点润滑脂。

A2　方法概要

本方法是测定试样在曲率半径为2mm的半球电极与长度为9cm的板状电极接触并承受0.98N力的条件，以8cm/s的速度，4cm的行程作往复运动25000次后，在显微镜下测量半球电极的磨损情况，以磨损直径(mm)表示。

A3　仪器

A3.1　电接点润滑脂寿命试验仪：见图A1，接点以8cm/s的速度往复运动25000次。

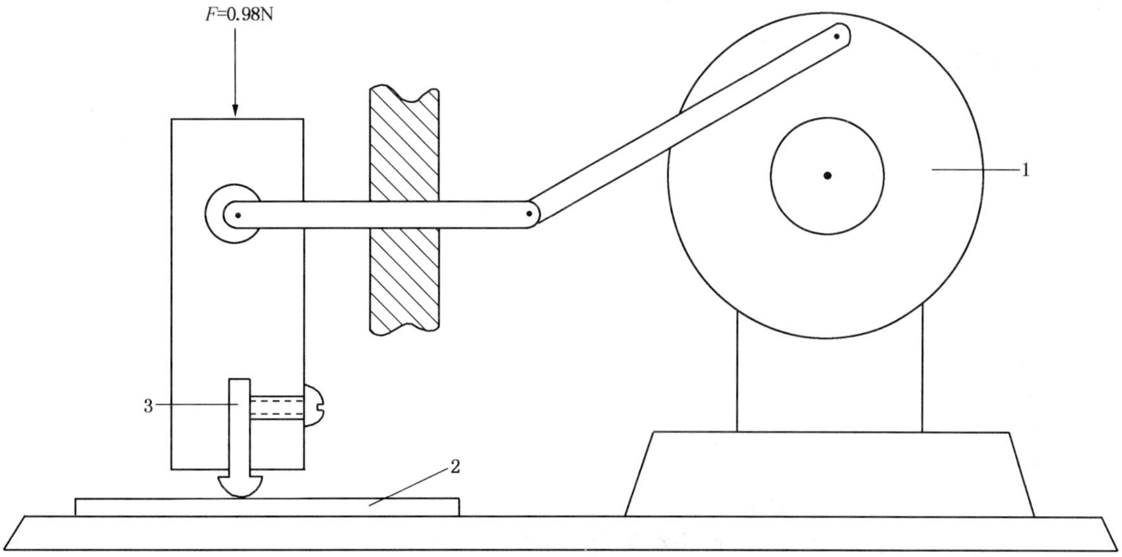

1—马达；2—板状电极；3—半球状电极

图A1　电接点润滑脂寿命试验仪示意图

A3.2　显微镜：放大倍数约30倍，带有目镜测微尺。

A3.3　血球计数板：见SH/T 0336。

A4　材料

各电极及形状见SH/T 0596。

A5　试验步骤

A5.1　按SH/T 0596中5.1条处理电极。

A5.2　按图A1组装电极、试样，并使之承受0.98N的力。

A5.3 将电接点润滑脂寿命试验仪上的数码器调至零，并设置所需运转次数 25000 次，启动试验仪，此时接点作往复运动。

A5.4 试验停止后，取下半球状电极放在显微镜下测量其顶部磨损直径。见图 A2。

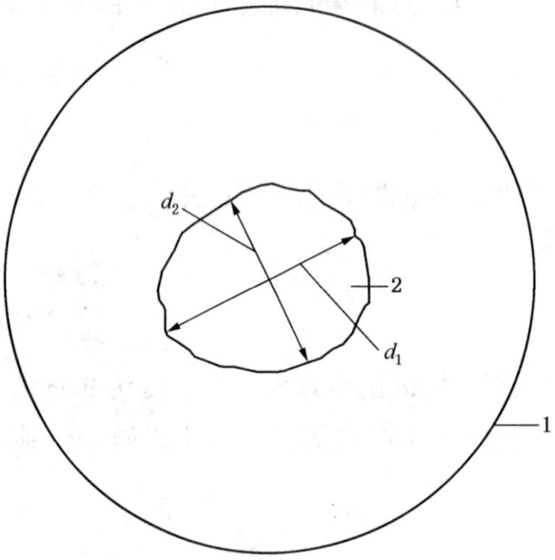

1—半球状电极顶部外径；2—磨损痕迹

图 A2 半球状电极顶部磨损示意图

A6 测定结果表述

A6.1 计算

半球状电极磨损直径按 A1 公式计算：

$$d = (d_1 + d_2)/2 \qquad (A1)$$

式中：d——半球状电极磨损直径，mm；

d_1——最大磨损直径，mm；

d_2——最小磨损直径，mm。

A6.2 报告

取重复测定两个结果的算术平均值作为试验结果。

A7 精密度

重复性：同一操作者重复测定的两个结果之差不应大于 0.1mm。

ICS 75.100
E 36

SH

中华人民共和国石油化工行业标准

SH/T 0789—2007

极压聚脲润滑脂

Extreme pressure polyurea lubricating grease

2007-08-01 发布　　2008-01-01 实施

中华人民共和国国家发展和改革委员会　发布

前 言

本标准由全国石油产品和润滑剂标准化技术委员会提出。

本标准由中国石油化工股份有限公司石油化工科学研究院归口。

本标准起草单位：中国石油化工股份有限公司石油化工科学研究院。

本标准主要起草人：杨玮、姚立丹、王平。

本标准为首次发布。

极压聚脲润滑脂

1 范围

本标准规定了极压聚脲润滑脂的要求和试验方法、检验规则及标志、包装、运输和贮存。

本标准所属产品适用于冶金行业钢厂热连铸机集中润滑系统及其他处于高温、高负荷、水淋条件下工作设备的润滑与防护。

2 规范性引用文件

下列文件中的条款通过本标准的引用而成为本标准的条款。凡是注日期的引用文件，其随后所有的修改单(不包括勘误的内容)或修订版均不适用于本标准，然而，鼓励根据本标准达成协议的各方研究是否可使用这些文件的最新版本。凡是不注日期的引用文件，其最新版本适用于本标准。

GB/T 269 润滑脂和石油脂锥入度测定法

GB/T 3498 润滑脂宽温度范围滴点测定法

GB/T 5018 润滑脂防腐蚀性试验法

GB/T 7325 润滑脂和润滑油蒸发量损失测定法

GB/T 7326 润滑脂铜片腐蚀试验法

SH/T 0048 润滑脂相似黏度测定法

SH/T 0109 润滑脂抗水淋性能测定法

SH 0164 石油产品包装、贮运及交货验收规则

SH/T 0202 润滑脂极压性能测定法(四球机法)

SH/T 0203 润滑脂极压性能测定法(梯姆肯试验机法)

SH/T 0229 固体和半固体石油产品取样法

SH/T 0324 润滑脂钢网分油测定法(静态法)

SH/T 0325 润滑脂氧化安定性测定法

SH/T 0428 高温下润滑脂在抗磨轴承中工作性能测定法

3 要求和试验方法

3.1 产品分类

本标准所属产品按锥人度分为0号、1号和2号3个稠度牌号。

3.2 技术要求

极压聚脲润滑脂的技术要求与试验方法见表1。

表1 极压聚脲润滑脂技术要求和试验方法

项目		质量指标			试验方法
		0号	1号	2号	
工作锥入度，0.1mm		355~385	310~340	265~295	GB/T 269
延长工作锥入度(十万次) 差值变化率[a],%	不大于	15	20	25	GB/T 269
滴点,℃	不低于	250			GB/T 3498
钢网分油(100℃，24h),%(质量分数)	不大于	—	8.0	5.0	SH/T 0324
腐蚀(T_2铜片，100℃，24h)		铜片无绿色或黑色变化			GB/T 7326 乙法

表 1(续)

项　　目		质量指标			试验方法
		0号	1号	2号	
蒸发量(99℃，22h)，%（质量分数）　不大于		1.5			GB/T 7325
相似黏度（-10℃，$D=10s^{-1}$），Pa·s　不大于		300	500	1000	SH/T 0048
水淋流失量(38℃，1h)，%（质量分数）　不大于		—	7.0	5.0	SH/T 0109
氧化安定性(100℃，100h，氧分压 0.785MPa) 压力降，MPa　不大于		0.050			SH/T 0325
防腐蚀性能(52℃，48h)		合格			GB/T 5018
极压性能	TIMKEN 法，N　不小于	178			SH/T 0203
	四球机法最大无卡咬负荷 P_B，N 不小于	686			SH/T 0202
轴承寿命(149℃)，h　不小于		—	—	120	SH/T 0428

[a] 差值变化率计算方法为：工作十万次后的锥入度值与工作 60 次的锥入度值的差值，除以工作 60 次的锥入度值，乘以 100% 所得的百分数。

4　检验规则

4.1　检验分类与检验项目

产品检验分出厂检验和型式检验。

4.1.1　出厂检验

出厂批次检验项目包括：工作锥入度、滴点、腐蚀和钢网分油。

出厂周期检验项目包括：延长工作锥入度、蒸发量、水淋流失量、相似黏度、氧化安定性、防腐蚀性和极压性能每年检验一次。

4.1.2　型式检验

型式检验项目包括技术要求表中的全部项目。有下列情况之一时，应进行型式检验。

a)新产品投产或产品定型鉴定时；

b)原材料工艺等发生较大变化，可能影响产品质量时；

c)出厂检验结果与上次型式检验结果有较大差异时。

4.2　组批

在原材料、工艺不变的条件下，产品每生产一罐或釜为一组(批)。

4.3　取样

取样按 SH/T 0229 进行，取 6kg 作为检验和留样用。

4.4　判定规则

出厂检验和型式检验结果符合第 3 章的技术要求，则判定该产品合格。

4.5　复验规则

如出厂检验结果中有不符合第 3 章技术指标的规定时，按 SH/T 0229 的规定重新取样进行复检，复检结果如仍有一项不符合本标准规定的技术指标时，则判该批产品为不合格。

5　标志、包装、运输和贮存

本产品的标志、包装、运输、贮存及交货验收按 SH 0164 进行。

编者注：本标准中引用的标准名称变动如下。

标　准　号	现 标 准 名 称
SH/T 0428	高温下润滑脂在球轴承中的寿命测定法

五、石　油　蜡

前　言

本标准等效采用日本工业标准 JIS K 2231—1993《液体石蜡》对 SH 0006—90(98)《工业白油》产品标准进行修订。

本标准与 JIS K 2231—1993 的差异：

——本标准的引用标准采用我国相应的国家标准。

——增加了 5#和 7#两个牌号。

——技术指标中增加了机械杂质和水分这两项指标。

——将工业白油分为优级品和合格品两个等级。

本标准与 SH 0006—90(98)的差异：

——本标准为推荐性行业标准。

——在优级品中增加了 5#和 100#两个牌号。

——在合格品中增加了 5#一个牌号。

——取消了附录 A 的 A3.4 中对标准比色液有效期的规定。

——将附录 B 中 B3.1“取 5mL95% 乙醇”改为“取 15mL95% 乙醇”。

本标准自实施之日起代替 SH 0006—90(98)。

本标准的附录 A、附录 B 是标准的附录。

本标准由中国石油化工股份有限公司提出。

本标准由中国石油化工股份有限公司抚顺石油化工研究院归口。

本标准主要起草人：王丽君、高俊兴。

本标准首次发布于 1990 年，1998 年重新确认。

中华人民共和国石油化工行业标准

SH/T 0006—2002

工　业　白　油

Industrial mineral oil

代替 SH/T 0006—90(1998)

1　主题内容与适用范围

本标准规定了工业白油的技术要求、试验方法、包装、标志、贮存及交货验收。

本标准适用于石油润滑油馏分经脱蜡、化学精制或加氢而制取的工业白油。

本产品适用作化纤、铝材加工、杀虫喷雾剂、橡胶增塑等用油；也适用于作纺织机械、精密仪器的润滑用油以及压缩机密封用油。

2　引用标准

下列标准包括的条文，通过引用而成为本标准的一部分。除非在标准中另有明确规定，下列引用标准都应是现行有效标准。

GB/T 259　石油产品水溶性酸及碱测定法

GB/T 260　石油产品水分测定法

GB/T 265　石油产品运动黏度测定法和动力黏度计算法

GB/T 511　石油产品和添加剂机械杂质测定法(重量法)

GB/T 3535　石油倾点测定法

GB/T 3536　石油产品闪点和燃点测定法(克里夫兰开口杯法)

GB/T 3555　石油产品赛波特颜色测定法(赛波特比色计法)

GB/T 4756　石油液体手工取样法

GB/T 5096　石油产品铜片腐蚀试验法

SH 0164　石油产品包装、储运及交货验收规则

3　技术要求(见表1)

表1　工业白油技术要求

项　目	质　量　指　标											试验方法
等　级	优　级　品							合　格　品				
牌　号	5	7	10	15	32	68	100	5	7	10	15	
运动黏度(40℃)/(mm²/s)	4.14～5.06	6.12～7.48	9.00～11.0	13.5～16.5	28.8～35.2	61.2～74.8	90.0～110	4.14～5.06	6.12～7.48	9.00～11.0	13.5～16.5	GB/T 265
闪点(开口)/℃ 不低于	110	130	140	150	180	200	200	110	130	140	150	GB/T 3536
倾点/℃ 不高于	-5			-10				3			2	GB/T 3535

国家经济贸易委员会 2002-05-31 批准　　　　2002-07-01 实施

表 1(续)

项目	质量指标											试验方法
等级	优级品							合格品				
牌号	5	7	10	15	32	68	100	5	7	10	15	
颜色/赛氏号 不低于	+30							+20			+24	GB/T 3555
腐蚀试验 (100℃,3h)/级	1											GB/T 5096
水分/%	无											GB/T 260
机械杂质/%	无											GB/T 511
水溶性酸或碱	无											GB/T 259
硫酸显色试验	通过							—				附录 A
硝基萘试验	通过							—				附录 B
外观	本产品为无色、无味、无荧光、透明的油状液体											目测

4 标志、包装、贮运及交货验收

本产品的标志、包装、贮运及交货验收按 SH 0164 进行。

5 采样

采样按 GB/T 4756 进行，取 2L 作为检验和留样用。

附　录　A
硫酸显色试验法
（标准的附录）

本方法表示在规定条件下，白油与硫酸反应的程度，用反应后的酸层颜色和标准比色液相比，如果酸层颜色经目测不深于标准比色液，则认为试样通过。

A1　仪器

A1.1　纳氏比色管(无色玻璃制)：50mL。
A1.2　磨口具塞量筒：100mL。
A1.3　刻度移液管：1mL，5mL，10mL。
A1.4　水浴可用1000mL 搪瓷量杯代替。
A1.5　滴定管：50mL。
A1.6　称量瓶。
A1.7　容量瓶：50mL，500mL。
A1.8　碘量瓶：500mL。
A1.9　锥形烧瓶：250mL。
A1.10　洗瓶：500mL。
A1.11　烧杯：100mL，200mL。
A1.12　药勺。

A2　试剂

A2.1　硫酸：分析纯，含量95%～98%。配成85%～86%硫酸溶液，应无氮，再按硫酸与蒸馏水体积比1:4 配成硫酸溶液。

注1：无氮的检查方法是将被检验的硫酸，用同体积的蒸馏水稀释，冷却，取冷却后的硫酸10mL，轻轻地加在二苯胺溶液上层，不要混合，在1h 内接触面不应出现蓝色。

注2：85%～86%硫酸以中和滴定法进行标定。

A2.2　盐酸：分析纯，含量36%～38%，按盐酸与蒸馏水体积比1:39 配成稀盐酸溶液。
A2.3　冰乙酸：分析纯，含量99%。
A2.4　过氧化氢：分析纯，含量30%。
A2.5　硫酸铜：分析纯。
A2.6　氯化钴：分析纯。
A2.7　三氯化铁：化学纯。
A2.8　氢氧化钠：分析纯，按氢氧化钠和蒸馏水质量比1:5 配成溶液。
A2.9　碘化钾：分析纯。
A2.10　二苯胺：分析纯，配成浓度为10g/L 的硫酸溶液，将1g 二苯胺溶解在100mL 浓硫酸中。
A2.11　可溶性淀粉指示剂：配成0.5%水溶液。
A2.12　甲基橙指示剂：配成0.5%水溶液。
A2.13　硫代硫酸钠：分析纯，配成0.1mol/L 的标准溶液。
A2.14　蒸馏水。

A3　准备工作

A3.1　氯化钴基础液(59.5mg$CoCl_2 \cdot 6H_2O$/mL)的配制。

称取氯化钴约32.5g，置于500mL容量瓶中，用稀盐酸溶液稀释到刻线。溶解后，用移液管准确量取5mL于碘量瓶中。加15mL氢氧化钠溶液和10~15mL过氧化氢放置10min后煮沸10min。冷却后，加2g碘化钾和20mL(1∶4)硫酸溶液，并迅速塞好瓶塞，用蒸馏水封住瓶口，静置。当沉淀完全溶解后，以淀粉溶液作指示剂。用0.1mol/L硫代硫酸钠标准溶液滴定游离碘(每毫升0.1mol/L硫代硫酸钠标准溶液相当于23.799mg氯化钴)。用稀盐酸调节氯化钴溶液的浓度，使每毫升基础溶液中含59.5mg氯化钴。

A3.2　三氯化铁基础溶液(45.0mg$FeCl_3 \cdot 6H_2O$/mL)的配制

称取三氯化铁约27.5g于500mL容量瓶中，用稀盐酸溶液稀释到刻线。溶解后，用移液管准确量取10mL于碘量瓶中，加5mL盐酸，25mL蒸馏水和3g碘化钾，并迅速塞好瓶塞，用蒸馏水封住瓶口，静置5min后，用50mL蒸馏水稀释混合物，以淀粉溶液作指示剂。以0.1mol/L硫代硫酸钠标准溶液滴定游离碘(每毫升0.1mol/L硫代硫酸钠标准溶液相当于27.03mg三氯化铁)。用稀盐酸溶液调节三氯化铁溶液的浓度，使每毫升基础溶液中含45.0mg三氯化铁。

A3.3　硫酸铜基础溶液(62.4mg$CuSO_4 \cdot 5H_2O$/mL)的配制

称取硫酸铜约32.5g，置于500mL容量瓶中，用稀盐酸溶液稀释到刻线。溶解后，用移液管准确量取10mL于碘量瓶中，加50mL蒸馏水，4mL冰乙酸和3g碘化钾，并迅速塞好瓶塞，用蒸馏水封住瓶口。混合物静置5min后，以淀粉溶液作指示剂，用0.1mol/L硫代硫酸钠标准溶液滴定游离碘(每毫升0.1mol/L硫代硫酸钠标准溶液相当于24.97mg硫酸铜)。用稀盐酸溶液调节硫酸铜溶液浓度，使每毫升基础溶液中含62.4mg硫酸铜。

A3.4　标准比色液的配制

准确吸取3mL氯化钴基础溶液，1mL硫酸铜基础溶液，6mL三氯化铁基础溶液于50mL容量瓶中。以蒸馏水稀释到刻度线，摇匀后，取出溶液25mL于50mL比色管中，此溶液上面用液体石蜡覆盖到50mL刻度线处。

A4　试验步骤

A4.1　用重铬酸钾洗液清洗具塞量筒，再用蒸馏水冲洗，置于恒温箱内干燥。

A4.2　取试样25mL置于清洁、干燥的100mL具塞量筒内，再加入含量为85%~86%的硫酸25mL，盖上瓶塞，置于沸水浴中，其量筒内液面应低于水浴面1cm以下。

A4.3　将装有试样的具塞量筒(包括硫酸)，在水浴中加热3min，打开塞子排气后，重新盖上，迅速从水浴中取出量筒，用一只手指压住盖子，以垂直方向上下剧烈振荡三次，振幅约15cm。以后每3min重复一次，每次振荡时，量筒在水浴外的停留时间不得超过3s。

A4.4　从量筒最初放入水浴到振荡完毕共10min，取出量筒，立即将内容物倒入比色管中与标准比色液进行比较(硫酸层颜色在1min内应保持不变)。

A5　结果和判断

A5.1　平行测定的两个结果，当酸层颜色不深于标准比色液时，认为试样通过。

A5.2　如果平行测定的两个结果，有一个未通过时，应再做一次重复试验。重复试验时，平行测定的两个结果都通过时，认为试样通过；反之，则认为试样未通过。

附　录　B
硝基萘试验法
（补充件）

本方法是在规定条件下，用乙醇萃取检测白油中硝基萘存在与否的定性测定。

B1　仪器

B1.1　磨口具塞试管：50mL。
B1.2　刻度移液管：5mL。
B1.3　量筒：20mL。
B1.4　瓷蒸发皿：50mL。
B1.5　水浴。
B1.6　定性滤纸：直径 11cm。
B1.7　玻璃漏斗：直径 9cm。

B2　试剂

乙醇：分析纯，含量 95%。

B3　试验步骤

B3.1　用刻度移液管吸取 3mL 试样置于洁净的具塞磨口试管中，再用量筒量取 15mL95% 乙醇置于同一试管中。在室温下，用拇指压盖上下剧烈振动 1min，静置沉降分层。
B3.2　将上层乙醇用定性滤纸过滤到瓷蒸发皿中，并将瓷蒸发皿移至水浴中，在水浴中进行加热蒸发，直至残留物蒸发到约剩 1mL。冷却后，观察是否有黄色的浑浊出现。

B4　结果和判断

B4.1　平行测定的两次结果，在冷却的残液中，无黄色浑浊出现时，认为试样通过。
B4.2　如果平行测定的两次结果，有一次未通过时，应再做一次重复试验。重复试验后，平行测定的两次结果都无黄色浑浊出现时，则认为试样通过；反之，则认为试样未通过。

编者注：本标准中引用标准的标准名称变动如下。

标　准　号	现标准名称
GB/T 511	石油和石油产品及添加剂机械杂质测定法
GB/T 3535	石油产品倾点测定法
GB/T 3536	石油产品闪点和燃点的测定　克利夫兰开口杯法

中华人民共和国石油化工行业标准

SH 0007—1990(2005)

化 妆 用 白 油

1 主题内容与适用范围

本标准规定了化妆用白油的技术要求及其检验、验收方法。

本标准适用于由石油的润滑油馏分经脱蜡、化学精制或加氢而制取的白油。

本产品适用于作化妆品工业原料、制作发乳、发油、唇膏、护肤脂等。

2 引用标准

GB/T 260 石油产品水分测定法

GB/T 265 石油产品运动黏度测定法和动力黏度计算法

GB/T 511 石油产品和添加剂机械杂质测定法(重量法)

GB/T 3536 石油产品闪点和燃点测定法(克利夫兰开口杯法)

GB/T 4756 石油液体手工取样法

GB/T 7364 石蜡易炭化物试验法

GB/T 11081 白色油紫外吸光度测定法

SH/T 0130 石油蜡砷限量试验法

SH/T 0134 白色油固态石蜡试验法

SH/T 0136 石油蜡硫化物试验法

SH 0164 石油产品包装、贮运及交货验收规则

SH/T 0405 凡士林重金属限量试验法

3 技术要求

项目	质量指标								试验方法
等级	优级品				一级品				
牌号	10	15	26	36	10	15	26	36	
运动黏度(40℃), mm^2/s	7.6～12.4	12.5～17.5	24～28	32.5～39.5	7.6～12.4	12.5～17.5	24～28	32.5～39.5	GB/T 265
闪点(开口),℃ 不低于	140	150	160	160	140	150	160	160	GB/T 3536
稠环芳烃,紫外吸光度(260nm～350nm),cm 不大于	0.1				0.2				GB/T 11081
酸碱性试验	中性[1)]								
易炭化物	通过								GB/T 7364
硫化物	通过								SH/T 0136

中国石油化工总公司 1991-03-26 批准　　　　1992-04-01 实施

续表

项　　目	质量指标								试验方法
等　　级	优级品				一级品				
牌　　号	10	15	26	36	10	15	26	36	
重金属，ppm　　不大于	30								SH/T 0405
砷，ppm　　不大于	2								SH/T 0130
固态石蜡	通过								SH/T 0134
水分	无								GB/T 260
机械杂质	无								GB/T 511
外观	无色、无嗅、无味、无荧光、透明的油状液体								目测

注：1）本产品10mL加入10mL中性乙醇，煮沸后静置，乙醇层对湿润的石蕊试纸应保持中性。

4　包装、标志、贮运

本产品的包装、标志、贮存、运输及交货验收按SH 0164进行。

5　采样

采样按GB/T 4756进行，取2L作为检验和留样用。

附加说明：

本标准由抚顺石油化工研究院技术归口。

本标准由抚顺石油化工研究院负责起草。

本标准主要起草人刘建西、孙微。

自本标准实施之日起原国家标准GB 1791—84《化妆、工业用白色油》作废。

编者注：本标准中引用标准的标准名称变动如下。

标　准　号	现标准名称
GB/T 511	石油和石油产品及添加剂机械杂质测定法
GB/T 3536	石油产品闪点和燃点的测定　克利夫兰开口杯法
GB/T 11081	白油紫外吸光度测定法

中华人民共和国石油化工行业标准

SH 0008—1990(2005)

化 妆 用 凡 士 林

1 主题内容与适用范围

本标准规定了化妆用凡士林的技术要求及其检验方法。

本标准适用于由高黏度石油润滑油馏分经脱蜡所得的蜡膏，掺合机械油，再经精制而得的化妆用凡士林。

本产品可作为发蜡、香脂、润肤脂等化妆品工业原料。

2 引用标准

GB/T 265 石油产品运动黏度测定法和动力黏度计算法

GB/T 269 润滑脂和石油脂锥入度测定法

GB/T 3536 石油产品闪点与燃点测定法(克利夫兰开口杯法)

GB/T 8026 石油蜡和石油脂滴熔点测定法

SH/T 0115—1992 润滑脂和固体烃滴点测定法

SH/T 0129 石油蜡和石油脂灼烧残渣测定法

SH/T 0130 石油蜡砷限量试验法

SH/T 0136 石油蜡硫化物试验法

SH 0164 石油产品包装、贮运及交货验收规则

SH/T 0229 固体和半固体石油产品取样法

SH/T 0405 凡士林重金属限量试验法

SH/T 0406 凡士林紫外吸光度测定法

3 技术要求

项　　目		质量指标	试验方法
外观		白色至微黄色均质软膏状物，几乎无嗅无味	目测
紫外吸光度(290nm)	不大于	0.25	SH/T 0406
酸碱性试验		中性[1)]	
硫化物		通过	SH/T 0136
重金属(铅)，ppm	不大于	30	SH/T 0405
砷，ppm	不大于	2	SH/T 0130
灼烧残渣，%	不大于	0.05	SH/T 0129
锥入度(25℃，150g)，0.1mm		95～250	GB/T 269
闪点(开口)，℃	不低于	190	GB/T 3536

中国石油化工总公司 1991-03-26 批准　　　　1992-04-01 实施

续表

项　　目	质量指标	试验方法
滴点,℃	45～58	SH/T 0115
滴熔点,℃	报告	GB/T 8026
运动黏度(100℃), mm^2/s	8～18	GB/T 265
有机杂质	无2)	

注：1）取10g样品，加热熔化，加10mL 95%热中性乙醇，经振荡混合后静置，分离后的乙醇层用石蕊试纸试验，应显中性。

2）取2g样品，置于瓷蒸发皿中，用暗电炉直接加热(注意勿着火)，不应产生刺激性嗅味。

4 包装、标志、贮运

本产品的包装、标志、贮存、运输及交货验收按SH 0164进行。

5 采样

采样按SH/T 0229进行，取1kg作为检验和留样用。

附加说明：

本标准由抚顺石油化工研究院技术归口。

本标准由金陵石油化工公司化工一厂、抚顺石油化工研究院共同负责起草。

本标准主要起草人马云升、朱济海。

编者注：本标准中引用标准的标准名称变动如下。

标　准　号	现标准名称
GB/T 3536	石油产品闪点和燃点的测定　克利夫兰开口杯法

ICS 75.140
E 42

SH

中华人民共和国石油化工行业标准

SH/T 0013—2008
代替 SH/T 0013—1999

微 晶 蜡

Microcrystalline wax

2008-04-23 发布　　2008-10-01 实施

中华人民共和国国家发展和改革委员会　发布

前　　言

本标准为全文推荐性标准。

本标准与日本工业标准 JIS K2235—1991(2006 年确认)《石油蜡》中的微晶蜡技术指标[日文版]的一致程度为非等效。

本标准代替 SH/T 0013—1999《微晶蜡》。

本标准与 SH/T 0013—1999《微晶蜡》相比主要差异如下：

——取消微晶蜡产品的分等分级。

——食品级微晶蜡标准另行起草，不包含在本标准内。

——整合微晶蜡的牌号，按照滴熔点将其分为 5 个牌号：70 号、75 号、80 号、85 号和 90 号。

——增加 90 号微晶蜡的产品技术指标。

——颜色的质量指标改为 3.0 号。

——含油量的质量指标改为质量分数 3.0%。

本标准由中国石油化工集团公司提出。

本标准归口单位：中国石油化工股份有限公司抚顺石油化工研究院。

本标准起草单位：中国石油化工股份有限公司抚顺石油化工研究院、中国石油化工股份有限公司荆门分公司。

本标准起草人：程仲芊、高健、谭春义、蒋秀华。

本标准于 1991 年 3 月首次发布，于 1999 年第一次修订，本次为第二次修订。

微　晶　蜡

1　范围

1.1　本标准规定了微晶蜡的技术要求、试验方法、标志、包装、贮运、取样。

1.2　本标准适用于由石油的重馏分或减压渣油的溶剂脱沥青油经过溶剂精制、脱蜡、脱油、再经白土或加氢精制得到的微晶蜡。

1.3　本标准所属产品适用于军工、电子、冶金和化工等行业的用蜡。主要用于防潮、防腐、粘结、上光、绝缘、钝感、铸膜和橡胶防护等。

2　规范性引用文件

下列文件中的条款通过本标准的引用而成为本标准的条款。凡是注明日期的引用文件，其随后所有的修改单(不包括勘误的内容)或修订版均不适用于本标准。然而鼓励根据本标准达成协议的各方面研究是否可使用这些文件的最新版本。凡是未注明日期的引用文件，其当前最新版本适用于本标准。

GB/T 265　石油产品运动黏度测定法和动力黏度计算法

GB/T 4985　石油蜡针入度测定法

GB/T 6540　石油产品颜色测定法

GB/T 8026　石油蜡和石油脂滴熔点测定法(GB/T 8026—1987，mod ISO 6244－1982)

SH 0164　石油产品包装、贮运及交货验收规则

SH/T 0229　固体和半固体石油产品取样法

SH/T 0407　石油蜡水溶性酸或碱试验法

SH/T 0638　微晶蜡含油量测定法(体积法)(SH/T 0638—1996，neq ISO 2908－1974)

3　技术要求和试验方法

微晶蜡的技术要求和试验方法见表1。

4　取样

取样按SH/T 0229进行，取1kg作为检验及留样用。

5　标志、包装、运输和贮存

本产品的标志、包装、运输、贮存及交货验收按SH 0164进行。

表1　微晶蜡的技术要求和试验方法

牌号		质量指标					试验方法
		70	75	80	85	90	
滴熔点，℃	不低于	67	72	77	82	87	GB/T 8026
	低于	72	77	82	87	92	
针入度，1/10mm							GB/T 4985
35℃，100g		报告					
25℃，100g	不大于	30	30	20	18	14	
含油量，%（质量分数）	不大于	3.0					SH/T 0638
颜色，号	不大于	3.0					GB/T 6540
运动黏度（100℃），mm^2/s	不小于	6.0	10				GB/T 265
水溶性酸或碱		无					SH/T 0407

中华人民共和国石油化工行业标准

SH/T 0014—1990(2005)

皂用蜡

1 主题内容与适用范围

本标准规定了由天然原油生产的含油蜡，经溶剂脱油或发汗脱油所制成的皂用蜡的技术条件。

本标准所属产品适用于做催化氧化制取合成脂肪酸的原料。

2 引用标准

GB/T 260 石油产品水分测定法
GB/T 2539 石蜡熔点(冷却曲线)测定法
GB/T 3554 石油蜡含油量测定法
GB/T 9168 石油产品减压馏程测定法
SH/T 0076 润滑油中糠醛试验法
SH/T 0120 酚精制润滑油酚含量测定法
SH 0164 石油产品包装、贮运及交货验收规则
SH/T 0229 固体和半固体石油产品取样法
SH/T 0243 溶剂汽油碘值测定法

3 产品分类

本产品质量等级按质量分为优级品、一级品和合格品三个等级。

4 技术要求

项目		质量指标			试验方法
等级		优级品	一级品	合格品[1]	
外观		白色结晶稍带黄色	淡黄色	黄色	目测
含油量,%	不大于	2	6	8	GB/T 3554
熔点,℃		44 ~ 52	42 ~ 52	40 ~ 52	GB/T 2539
馏程:					
5%馏出温度,℃	不低于	320	320	—	GB/T 9168
400℃前馏出量,%	不小于	60	—	—	GB/T 9168
95%馏出温度,℃	不高于	460	460	—	GB/T 9168
机械杂质[2]		无	无	无	
水分,%	不大于	0.2	0.2	实测	GB/T 260
碘值，gI/100g	不大于	2.0	2.0	2.5	SH/T 0243

中国石油化工总公司 1991-03-26 批准 1992-04-01 实施

续表

项　　目	质量指标			试验方法
等　　级	优级品	一级品	合格品[1]	
酚含量[3]	无		—	SH/T 0120
糠醛含量[3]	无		—	SH/T 0076

注：1）用沈北原油生产的合格品，允许含油量不大于10%，熔点不低于48℃。

2）测定机械杂质时，将约10g皂蜡放入容积为100～250mL的锥形烧瓶内，加入50mL初馏点不低于70℃的无水直馏汽油，并在振荡下于70℃的水浴内加热，直至试样溶解为止。将该溶液置于70℃的水浴内15min后，溶液中不应呈现肉眼可以看出的浑浊、沉淀。

3）酚和糠醛含量测定只用于由酚和糠醛精制油制取的皂用蜡。

5　包装、标志、贮运

本产品包装、标志、贮存、运输及交货验收按SH 0164进行。

6　采样

采样按SH/T 0229进行，取1kg作为检验和留样用。

附加说明：

本标准由抚顺石油化工研究院技术归口。

本标准由上海高桥石油化工公司炼油厂负责起草。

本标准主要起草人顾臻。

本标准参照采用苏联国家标准 ГОСТ 23683－86《固体石油蜡》中C规格。

编者注：本标准中引用标准的标准名称变动如下。

标　准　号	现标准名称
GB/T 2539	石油蜡熔点的测定　冷却曲线法

中华人民共和国石油化工行业标准

SH/T 0039—1990(2005)

工业凡士林

1 主题内容与适用范围

本标准规定了工业凡士林的技术要求及其检验方法。

本标准适用于由高黏度润滑油馏分，经脱蜡所得的蜡膏掺合机械油经白土精制后加入防腐蚀添加剂而得的工业凡士林。

2 引用标准

GB/T 259 石油产品水溶性酸及碱测定法

GB/T 264 石油产品酸值测定法

GB/T 265 石油产品运动黏度测定法和动力黏度计算法

GB/T 269 润滑脂和石油脂锥入度测定法

GB/T 511 石油产品和添加剂机械杂质测定法(重量法)

GB/T 512 润滑脂水分测定法

GB/T 3536 石油产品闪点和燃点测定法(克利夫兰开口杯法)

GB/T 8026 石油蜡和石油脂滴熔点测定法

SH 0164 石油产品包装、贮运及交货验收规则

SH/T 0229 固体和半固体石油产品取样法

SH/T 0331 润滑脂腐蚀试验法

3 产品分类

本产品分1号、2号工业凡士林两个牌号，适用于作橡胶软化剂、金属器件防锈、防锈脂原料使用。

4 技术要求

项目		质量指标		试验方法
		1号	2号	
外观		淡褐色至深褐色均质无块软膏	淡褐色至深褐色均质无块软膏	目测
滴熔点,℃		45~80		GB/T 8026
酸值，mgKOH/g	不大于	0.1		GB/T 264
腐蚀[1)](钢片、铜片，100℃，3h)		合格		SH/T 0331
水溶性酸或碱		无		GB/T 259
闪点(开口),℃	不低于	190		GB/T 3536

中国石油化工总公司 1991-03-26 批准　　　1992-04-01 实施

续表

项 目		质量指标		试验方法
		1号	2号	
运动黏度(100℃), mm^2/s		10~20	15~30	GB/T 265
锥入度(150g, 25℃), 0.1mm		140~210	80~140	GB/T 269
机械杂质,%	不大于	0.03	0.03	GB/T 511
水分,%		无	无	GB/T 512

注：1) 腐蚀试验用45号钢片和T2铜片进行。

5 包装、标志、贮运

本产品的包装、标志、贮存、运输及交货验收按SH 0164进行。

6 采样

6.1 采样按SH/T 0229进行。

6.2 从平均试样中取2份同等数量的样品(每份1kg)作为检验和留样用。

附加说明：

本标准由抚顺石油化工研究院技术归口。

本标准由金陵石油化工公司化工一厂负责起草。

本标准主要起草人马云升。

本标准参照采用日本工业标准JIS K 2235—80《石油蜡》中石油脂部分。

自本标准实施之日起原国家标准GB 6731—86《工业凡士林》作废。

编者注：本标准中引用标准的标准名称变动如下。

标准号	现标准名称
GB/T 511	石油和石油产品及添加剂机械杂质测定法
GB/T 3536	石油产品的闪点和燃点的测定 克利夫兰开口杯法

中华人民共和国石油化工行业标准

SH/T 0416—1992(2005)

重质液体石蜡

代替 ZB E42 051—90

1 主题内容与适用范围

本标准规定了重质液体石蜡的技术要求及检验方法。

本标准适用于由天然原油生产的柴油馏分，经尿素脱蜡或分子筛脱蜡而制取的重质液体石蜡。

本产品适用于生产加酯剂、增塑剂、合成洗涤剂等产品的原料。

2 引用标准

GB/T 259 石油产品水溶性酸及碱测定法
GB/T 260 石油产品水分测定法
GB/T 261 石油产品闪点测定法(闭口杯法)
GB/T 511 石油产品和添加剂机械杂质测定法(重量法)
GB/T 3555 石油产品赛波特颜色测定法(赛波特比色计法)
GB/T 4756 石油液体手工取样法
GB/T 6536 石油产品蒸馏测定法
SH 0164 石油产品包装、贮运及交货验收规则
SH/T 0236 石油产品溴值测定法
SH/T 0253 轻质石油产品中总硫含量测定法(电量法)
SH/T 0411 液体石蜡中芳香烃含量测定法(比色法)

3 产品分类

本产品按质量分为一级品、合格品两个等级。

4 技术要求

项目		一级品	合格品	试验方法
馏程:				
初馏点,℃	不低于	220	195	GB/T 6536
98%(V/V)馏出温度,℃	不高于	310	310	
颜色，赛波特号	不低于	+20	+15	GB/T 3555
芳香烃含量,%(m/m)	不大于	0.7	1.0	SH/T 0411
正构烷烃含量,%(m/m)	不大于	95	90	附录 A
溴值，gBr/100g	不大于	1.5	2.0	SH/T 0236
硫，ppm(m/m)	不大于	40	—	SH/T 0253

中国石油化工总公司 1992-05-20 发布　　1992-05-20 实施

续表

项　　目		一级品	合格品	试验方法
闪点(闭口),℃	不低于	90	80	GB/T 261
水溶性酸或碱		无		GB/T 259
水分及机械杂质		无		注

注：将样品注入100mL量筒中，在20℃ ±5℃时观察，应当是透明的，不应有悬浮物和机械杂质及水。遇有争议时须依GB/T 511及GB/T 260测定。

5　包装、标志、贮运及交货验收

本产品的包装、标志、贮存、运输及交货验收按SH 0164进行。

6　采样

采样按GB/T 4756进行，取2L作为检验及留样用。

附 录 A
液体石蜡正构烷烃含量测定法
（补充件）

A1 适用范围

本方法适用于液体石蜡正构烷烃含量的测定。

A2 方法概要

以氮气为载气，试样在涂有 OV－101 固定液的毛细管色谱柱上被分离。正构烷烃按沸点先后次序通过氢焰离子检定器检定，并在记录器上得到正构烷烃、非正构烷烃的色谱图，以峰面积归一化法定量。

A3 仪器与材料

A3.1 经改装后具有分流和尾吹装置的气相色谱仪。

A3.2 XWC－100/A 型记录仪，满刻度 10mV，扫描时间 1s。

A3.3 氢气发生器或氢气钢瓶。

A3.4 微量注射器：1μL。

A3.5 氮气：纯度为 99.5%。

A3.6 净化空气。

A3.7 长 18m，涂有 OV－101 固定液的弹性石英毛细管柱。

A4 准备工作

A4.1 检测室温度 250℃，汽化室温度 290℃～300℃，进样 0.2～0.3μL，柱温 130℃恒温，进样后以每分钟 10℃的速度升到 230℃恒温。

A4.2 载气（氮气）每分钟 0.5mL；尾吹气（氮气）每分钟 25mL。

A4.3 氢气每分钟 30mL，空气每分钟 300mL，分流比为 7:1，柱压为 5.9×10^4Pa。

A5 试验步骤

A5.1 仪器启动前要先通载气。

A5.2 氢焰放大器预热时间 2h～3h。

A5.3 按操作温度启动色谱仪，使检测、汽化、层析室温度处于恒温状态，待放人器稳定后，加极化电压，把氢气、空气流量调到所需值后点火，待基线走稳后，方可进样。

A5.4 汽化室用密封胶垫，要做一次试验换一次胶垫，用微量注射器注进 0.2μL～0.3μL 试样。出峰后，用 1×10 或 1×20 倍的读数放大镜准确量取正构烷烃峰和非正构烷烃峰的面积。

A5.5 停机后，在开启层析室上盖迅速降温时，应小心操作，以防毛细管损坏，并一定要等层析室温度降至室温后，才能关闭载气，以防固定液变质。

A5.6 氢焰灭火后要及时关闭氢气路气源，以防爆炸。

A5.7 色谱图：见图 A1。

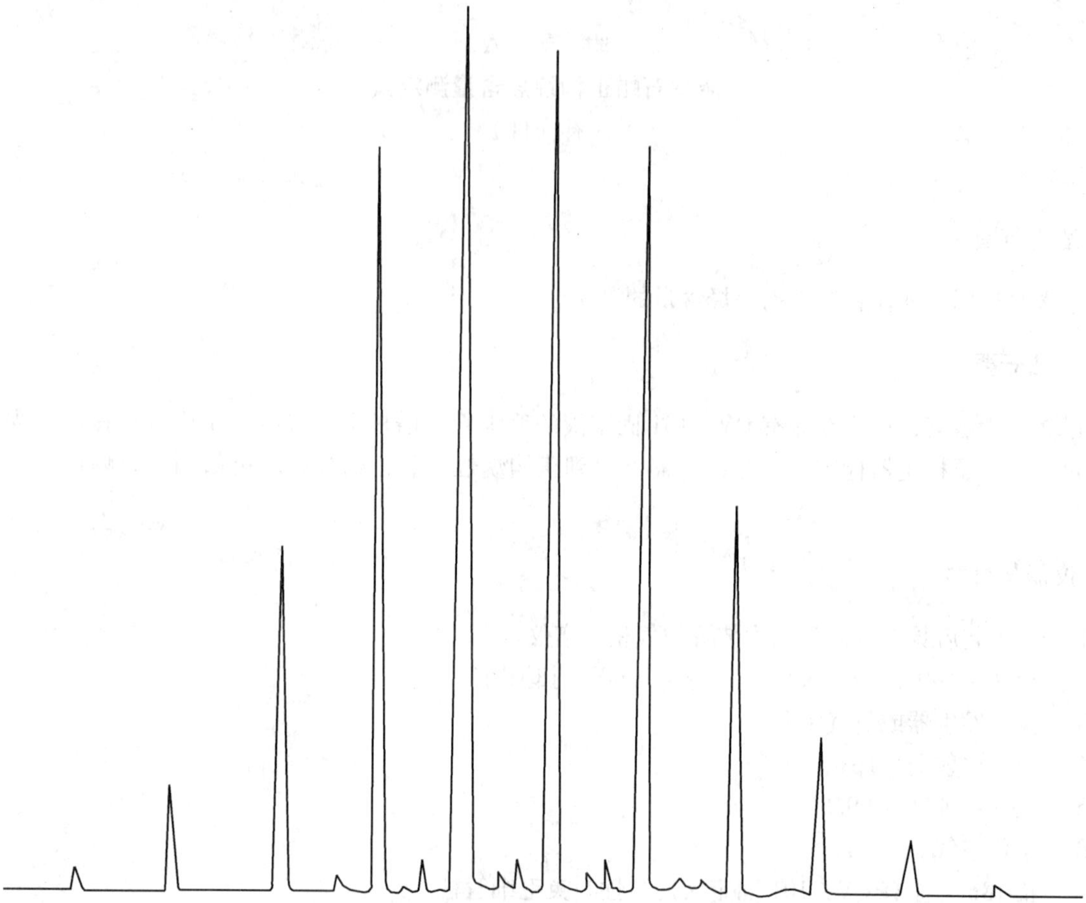

图 A1　液体石蜡正构烷烃色谱图

A6　计算

把测得的各正构烷烃峰面积和非正构烷烃峰面积加在一起，按式(A1)归一法进行定量计算：

$$W = \frac{A}{A + B} \times 100 \qquad \text{(A1)}$$

式中：W——液体石蜡正构烷烃的百分含量(重量)，%；

A——正构烷烃峰面积之和；

B——非正构烷烃峰面积之和。

A7　精密度

重复测定的两个结果与其算术平均值之差不应大于 ±0.5%。

A8　报告

取重复测定两个结果的算术平均值，作为试样的测定结果。

附加说明：

本标准由抚顺石油化工研究院技术归口。

本标准由中国石油化工总公司锦西炼油化工总厂负责起草。
本标准主要起草人李开基。

编者注：本标准中引用标准的标准名称变动如下。

标　准　号	现 标 准 名 称
GB/T 261	闪点的测定　宾斯基－马丁闭口杯法
GB/T 511	石油和石油产品及添加剂机械杂质测定法

中华人民共和国石油化工行业标准

SH/T 0417—1992

液体石蜡

代替 SY 1810—75(88)

1 主题内容与适用范围

本标准规定了液体石蜡的技术要求及检验方法。

本标准适用于由天然原油生产的直馏馏分，经尿素脱蜡或分子筛脱蜡而制取的液体石蜡。

本产品适用于生产合成洗涤剂、农药乳化剂等。

2 引用标准

GB/T 255 石油产品馏程测定法

GB/T 260 石油产品水分测定法

GB/T 511 石油产品和添加剂机械杂质测定法(重量法)

GB/T 4756 石油和液体石油产品取样法(手工法)

SH 0164 石油产品包装、贮运及交货验收规则

SH/T 0411 液体石蜡中芳香烃含量测定法(比色法)

SH/T 0412 液体石蜡及其原料油中正构烷烃含量测定法(色谱法)

SH/T 0413 液体石蜡中微量碱性氮含量测定法

3 技术要求

项目		质量指标		试验方法
		1号	2号	
馏程				
初馏点,℃	不低于	185	180	GB/T 255
98%(*V/V*)馏出温度,℃	不高于	240	250	
正构烷烃含量,%(*m/m*)	不小于	96	90	SH/T 0412
芳香烃含量,%(*m/m*)	不大于	1		SH/T 0411
碱性氮含量,%(*m/m*)	不大于	0.0005	—	SH/T 0413
机械杂质及水		无		注

注：将样品注入100mL量筒中，在15～20℃时观察，应当是透明的，不应有悬浮物和机械杂质及水。遇有争议时须依GB/T 511及GB/T 260测定。

4 包装、标志、贮运及交货验收

本产品的包装、标志、贮存、运输及交货验收按SH 0164进行。

中国石油化工总公司 1992-05-20 发布　　　　1992-05-20 实施

5 采样

采样按 GB/T 4756 进行，取 2L 作为检验及留样用。

附加说明：

本标准由江苏省燃料化学工业局提出。

本标准由南京石油化工厂负责起草。

编者注：本标准中引用标准的标准名称变动如下。

标 准 号	现 标 准 名 称
GB/T 4756	石油液体手工取样法
GB/T 511	石油和石油产品及添加剂机械杂质测定法

ICS 75.140
E 42

SH

中华人民共和国石油化工行业标准

SH/T 0767—2005

食品级凡士林

Food grade Vaseline

2005-04-11 发布　　2005-09-01 实施

中华人民共和国国家发展和改革委员会　发布

前　言

本标准修改采用联合国粮农组织和世界卫生组织(FAO/WHO)《食品凡士林添加剂》标准(英文版)。

考虑到我国国情，在采用联合国粮农组织和世界卫生组织(FAO/WHO)《食品凡士林添加剂》标准时，本标准做了一些修改。这些技术性差异用垂直单线标识在它们所涉及的条款的页边空白处。在附录A中给出了这些技术性差异及其原因的一览表以供参考。

为了便于使用，本标准还做了下列编辑性修改：

——将FAO/WHO《食品凡士林添加剂》标准中的“红外吸收”、“颜色”、“酸碱度”、“硫”、“易炭化物”试验方法作为本标准的附录。

——FAO/WHO《食品凡士林添加剂》标准中的“5%蒸馏点碳数”、“平均分子量”、“灼烧残渣”、“稠环芳烃”、“铅含量”等指标，采用我国相应的方法标准，本标准只引用其标准号，未列出具体的操作方法。

本标准的附录A是标准的资料性附录，附录B、附录C、附录D、附录E、附录F是标准的规范性附录。

本标准由中国石油化工集团公司提出。

本标准由中国石油化工股份有限公司抚顺石油化工研究院归口。

本标准起草单位：中国石油化工股份有限公司抚顺石油化工研究院、金陵石油化工有限责任公司化工一厂。

本标准主要起草人：高俊兴、齐邦峰、徐素芬。

食品级凡士林

1 范围

本标准规定了食品级凡士林的技术要求、试验方法、包装、标志、贮运及交货验收。

本标准适用于由高黏度石油润滑油馏分，经脱蜡所得的蜡膏掺合润滑油基础油，再经精制而得到的食品级凡士林。本产品适用于食品加工中的润滑剂、脱模剂、防护涂层、消泡剂等用途的凡士林。

2 规范性引用文件

下列文件中的条款通过本标准的引用而成为本标准的条款。凡是注日期的引用文件，其随后所有的修改单(不包括勘误的内容)或修订版均不适用于本标准，然而，鼓励根据本标准达成协议的各方研究是否可使用这些文件的最新版本。凡是不注日期的引用文件，其最新版本适用于本标准。

GB/T 265 石油产品运动黏度测定法和动力黏度计算法

GB/T 601 化学试剂 标准滴定溶液的制备

GB/T 8026 石油蜡和石油脂滴熔点测定法(GB/T 8026－87，eqv ISO6244：1982)

GB 8449 食品添加剂中铅的测定法(GB 8449－87，neq FAO/WHO JECFA－1983)

GB/T 11079 白色油易炭化物试验法

SH/T 0129 石油蜡和石油脂灼烧残渣试验法

SH 0164 石油产品包装、贮运及交货验收规则

SH/T 0229 固体和半固体石油产品取样法

SH/T 0398 石油蜡和石油脂分子量测定法

SH/T 0558 石油馏分沸程分布测定法(气相色谱法)

SH/T 0655 凡士林稠环芳烃试验法

3 技术要求

食品级凡士林不溶于水，易溶于二硫化碳，可溶于乙醚和己烷。

3.1 食品级凡士林的技术要求见表1。

表1 食品级凡士林技术要求

项目	质量指标	试验方法
外观	白色到淡黄色或浅琥珀色的半固体物质，薄层时透明，几乎无荧光	目测
滴熔点/℃	38～60	GB/T 8026
红外吸收 $3000cm^{-1}$～$2800cm^{-1}$ $1500cm^{-1}$～$1300cm^{-1}$ $750cm^{-1}$～$700cm^{-1}$	 高强度 中等强度 低等强度	附录B
运动黏度(100℃)/(mm^2/s)	3～20	GB/T 265
碳数少于18的分子/%(V/V) 不大于	5	SH/T 0558

表 1（续）

项　目		质量指标	试验方法
平均相对分子质量		350～650	SH/T 0398
灼烧残渣/%	不大于	0.05	SH/T 0129
颜色		合格	附录 C
酸碱度		合格	附录 D
硫		合格	附录 E
易炭化物		通过	附录 F
稠环芳烃（吸光度/cm）			SH/T 0655
280nm～289nm	不大于	0.15	
290nm～299nm	不大于	0.12	
300nm～359nm	不大于	0.08	
360nm～400nm	不大于	0.02	
铅/（mg/kg）	不大于	2	GB 8449 或原子吸收法

注：铅含量的仲裁试验采用原子吸收方法。

4　包装、标志、贮运及交货验收

本产品的包装、标志、贮运及交货验收按 SH 0164 进行，并避光保存。

5　取样

取样按 SH/T 0229 进行，取 2.5kg 作为检验和留样用。

附　录　A
（资料性附录）
本标准与 FAO/WHO《食品凡士林添加剂》标准的技术性差异及其原因

表 A.1 给出了本标准与 FAO/WHO《食品凡士林添加剂》标准的技术性差异及其原因的一览表。

表 A.1　本标准与 FAO/WHO《食品凡士林添加剂》标准的技术性差异及其原因

本标准的章条编号	技术性差异	原　因
1	增加适用范围	适应我国国情和标准版式
2	增加规范性引用文件	适应我国国情和标准版式
3	采用蒸气压渗透法直接测定平均分子量	减少试验的难度，增加可操作性
4	增加易炭化物试验的反应温度	适应我国国情，增加可操作性
5	增加铅含量测量法 GB 8449	适应我国国情，增加可操作性
6	增加包装、标志、贮运及交货验收	适应我国国情和标准版式
7	增加取样	适应我国国情和标准版式

附　录　B
（规范性附录）
红外吸收试验法

在专用的氯化钠研片之间，涂抹一薄层熔化的凡士林样品，夹在研片架上，将研片架放在红外光谱仪上扫描，观测 $3000cm^{-1} \sim 2800cm^{-1}$、$1500cm^{-1} \sim 1300cm^{-1}$、$750cm^{-1} \sim 700cm^{-1}$之间的吸收强度。

附　录　C
（规范性附录）
颜色试验法

C.1　试验步骤：熔化约 10g 样品，取约 5mL 置于 150mm × 16mm 清洁的玻璃试管中，保持样品处于熔化状态。以白色为背景，在没有荧光情况下，进行颜色比较。凡士林颜色应不深于 3.8mL 氯化铁和 1.2mL 氯化钴的混合溶液在同类试管中的颜色。

C.2　试剂的配制：

C.2.1　氯化铁：称 9g 三氯化铁（$FeCl_3 \cdot 6H_2O$）于 100mL 烧杯中，加水溶解后转入 100mL 容量瓶中，稀释至刻度。

C.2.2　氯化钴：在 1mL 的盐酸中溶解 2g 氯化钴（$CoCl_2 \cdot 6H_2O$）加水稀释到 100mL。

附　录　D
（规范性附录）
酸碱度试验法

D.1　试验步骤：取 10g 样品并熔化，加入 20mL 沸水，用力摇动 1min，冷却并分液。在 10mL 水层溶液中加入酚酞溶液0.1mL，溶液应无色。再加入0.01mol/L氢氧化钠溶液，当溶液变为红色时氢氧化钠的用量应不超过0.5mL。

D.2 试剂的配制：

D.2.1 酚酞溶液：在60mL的90%乙醇溶液中溶解0.02g酚酞，并加水稀释到100mL。

D.2.2 0.01mol/L氢氧化钠：按GB/T 601规定的方法配制0.1mol/L氢氧化钠溶液，取一定体积的0.1mol/L氢氧化钠溶液，用无二氧化碳的水稀释至10倍体积。

附 录 E
（规范性附录）
硫试验法

取两支洁净的25mL试管，分别注入4.0融化试样、2mL无水乙醇和1:5的氢氧化钠溶液（预先用氧化铅饱和），将一支试管插入70℃水浴，在不断摇动下加热1min，冷却，与另一支未加热的参比试管进行比较，如果颜色深于参比试管的颜色，试验结果为不合格，如果颜色浅于参比试管的颜色，则试验结果为合格。

附 录 F
（规范性附录）
易炭化物试验法

F.1 试验步骤：取一洁净、干燥的长约125mm、内径为18mm的具塞的玻璃试管，在5mL和10mL处标上刻度。向试管中加入5mL熔化的样品和5mL硫酸。插入塞子，在试管纵向用力摇动5s。松开塞子，立即将试管放入70℃恒温槽中，试管不应触及恒温浴的底板或侧面，加热10min。分别在2min、4min、6min和8min时，将试管在垂直方向用力摇动5s。在10min加热结束后，从恒温槽中取出试管，放置10min。在大约19.6N力下离心作用5min，酸层液体颜色应不深于0.5mL硫酸铜、1.5mL氯化钴、3.0mL氯化铁和2mL0.3mol/L盐酸的混合物颜色。

F.2 试剂的配制：

F.2.1 硫酸：将已知浓度的浓硫酸加入到水中并调整 H_2SO_4 的最终浓度为94.5%～95.5%。

F.2.2 硫酸铜：按GB/T 11079中6.2条配制。

F.2.3 氯化钴：按GB/T 11079中6.1条配制。

F.2.4 氯化铁：按GB/T 11079中6.3条配制。

ICS 75.140
E 42

SH

中华人民共和国石油化工行业标准

SH/T 0807—2008

炸药专用复合蜡

Special compound wax for dynamite

2008-04-23 发布　　2008-10-01 实施

中华人民共和国国家发展和改革委员会　发布

前　言

本标准由中国石油化工集团公司提出。

本标准由中国石油化工股份有限公司抚顺石油化工研究院归口。

本标准起草单位：中国石油化工股份有限公司河南油田分公司南阳石蜡精细化工厂。

本标准主要起草人：杨国太、路胜旗、白静、杨蒸、张晓霞。

本标准为首次发布。

炸药专用复合蜡

1 范围

1.1 本标准规定了以不同馏程的含蜡馏分或与助乳剂、增稠剂等复合而制得的炸药专用复合蜡的要求、试验方法、取样、标志、包装、运输和贮存。
1.2 本标准所属产品适用于民用爆破等行业。

2 规范性引用文件

下列文件中的条款通过本标准的引用而成为本标准的条款。凡是注日期的引用文件，其随后所有的修改单(不包括勘误的内容)或修订版均不适用于本标准，然而，鼓励根据本标准达成协议的各方研究是否可使用这些文件的最新版本。凡是不注日期的引用文件，其最新版本适用于本标准。

GB/T 260 石油产品水分测定法
GB/T 265 石油产品运动黏度测定法和动力黏度计算法
GB/T 511 石油产品和添加剂机械杂质测定法(重量法)
GB/T 1884 原油和液体石油产品密度实验室测定法(密度计法)
GB/T 1885 石油计量表
GB/T 3536 石油产品闪点和燃点测定法(克利夫兰开口杯法)
GB/T 8026 石油蜡和石油脂滴熔点测定法
SH 0164 石油产品包装、贮运及交货验收规则
SH/T 0229 固体和半固体石油产品取样法
SH/T 0556 石油蜡含油量测定法(丁酮－甲苯法)

3 要求与试验方法

3.1 产品分类

本标准所属产品按含油量不同分为六个牌号：1号、2号、3号、4号、5号、6号。1号、2号适用于连续自动化装置生产的乳化炸药，3号适用间歇式生产工艺生产低梯粉状炸药，4号适用于老式乳化炸药生产装置，5号适用于生产TNT炸药，6号适用于煤矿使用的乳化炸药。

3.2 技术要求和试验方法

炸药专用复合蜡的技术要求和试验方法见表1。

表1 炸药专用复合蜡的技术要求和试验方法

项目		质量指标						试验方法
		1号	2号	3号	4号	5号	6号	
含油量(质量分数)，%	不小于	15	20	25	30	35	35	SH/T 0556
	小于	20	25	30	35	40	45	
滴熔点，℃		58～75						GB/T 8026
运动黏度(100℃)，mm^2/s		7.0～10					13～20	GB/T 265
闪点(开口)，℃	不低于	200						GB/T 3536
密度(20℃)，kg/m^3		实测						GB/T 1884 和 GB/T 1885
机械杂质(质量分数)，%	不大于	0.05						GB/T 511
水分(质量分数)，%	不大于	无						GB/T 260

4 取样

4.1 取样

取样按 SH/T 0229 进行，取 1kg 作为检验和留样用。

5 标志、包装、运输和贮存

本产品标志、包装、运输、贮存及交货验收按 SH 0164 进行。

编者注：本标准中引用标准的标准名称变动如下。

标 准 号	现标准名称
GB/T 511	石油和石油产品及添加剂机械杂质测定法

六、石油沥青

中华人民共和国石油化工行业标准

SH/T 0001—1990(2004)

电　缆　沥　青

代替 SY 1668—81

1　主题内容与适用范围

本标准规定了电缆沥青的技术要求。

本标准适用于天然石油减压蒸馏的渣油经氧化而制得的电缆沥青。本产品用作电缆外护层的防腐涂料。

2　引用标准

GB/T 267　石油产品闪点与燃点测定法(开口杯法)

GB/T 4507　沥青软化点测定法(环球法)

GB/T 4509　沥青针入度测定法

GB/T 11147　石油沥青取样法

SH 0164　石油产品包装、贮运及交货验收规则

SH/T 0424　石油沥青垂度测定法

3　产品分类

本产品按冷弯温度分为 1 号、2 号两个牌号，1 号适用于南方用电缆，2 号适用于北方用电缆。

4　技术要求

<table>
<tr><th colspan="2" rowspan="2">项　目</th><th colspan="2">指　标</th><th rowspan="2">试验方法</th></tr>
<tr><th>1 号</th><th>2 号</th></tr>
<tr><td colspan="2">软化点,℃</td><td colspan="2">85 ~ 100</td><td>GB/T 4507</td></tr>
<tr><td colspan="2">针入度，1/10mm　不小于</td><td colspan="2">35</td><td>GB/T 4509</td></tr>
<tr><td colspan="2">闪点(开口),℃　不低于</td><td colspan="2">260</td><td>GB/T 267</td></tr>
<tr><td colspan="2">垂度(70℃)，mm　不大于</td><td colspan="2">60</td><td>SH/T 0424</td></tr>
<tr><td rowspan="2">冷弯(ϕ20mm)</td><td>0℃</td><td>合格</td><td>—</td><td rowspan="2">附录 A</td></tr>
<tr><td>-10℃</td><td>—</td><td>合格</td></tr>
<tr><td colspan="2">粘附率(0℃),%　不小于</td><td colspan="2">95</td><td>附录 B</td></tr>
<tr><td colspan="2">热稳定性(200℃，24h)
软化点升高,℃　不大于
针入度比,%　不小于</td><td colspan="2">
15
80</td><td>附录 C</td></tr>
</table>

中国石油化工总公司 1991-03-26 批准　　　　1992-04-01 实施

5 包装、标志、贮运

本产品的包装、标志、贮运及交货验收按 SH 0164 进行。

用户要求特殊包装时，可与生产厂家协议。

6 采样

本产品的采样按 GB/T 11147 进行，取 2kg 作为检验和留样用。

附 录 A
冷弯试验法
（补充件）

本方法用于测定电缆沥青的低温性能。

A1 方法概要

将1mm厚的试样片在规定的温度下保持15min后，沿ϕ20mm的轴弯曲，观察其开裂状态，以不裂纹为冷弯合格。

A2 仪器

A2.1 冷弯试验器及试验片，见图A1。
A2.2 致冷器：可冷至 -15℃，精确至 ±0.5℃。
A2.3 温度计：-38℃ ~30℃，分度0.5℃，采用沥青脆点用温度计。
A2.4 电炉或其他加热器。

A3 材料

A3.1 工业乙醇。
A3.2 溶剂油：GB 1922(190号或其他牌号)。
A3.3 甘油-滑石粉隔离剂(甘油2份、滑石粉1份，以重量计)。

A4 准备工作

A4.1 将试验片(薄铜片)用溶剂油洗净，再用乙醇擦拭。将模框边涂上隔离剂，用夹子固定在薄铜片中部。
A4.2 熔化试样(熔化温度不得高于估计软化点100℃)，将试样注入模框中，在室温下冷却15min，用热刀刮去高出部分的沥青，脱去模框。

A5 试验步骤

将试样片套在冷弯器的转轴和滑块的销钉上，固紧，然后把冷弯器放入事先调至试验温度的冰箱或致冷器中(若放入液体冷剂中时，冷弯器外须加铁皮桶隔开冷剂)，把温度计插到冷弯器中间孔内，待温度达到试验温度 ±0.5℃范围内时开始计时，保持15min，然后，转动转柄约在5s ~10s内至挡住为止，取出，立即观察试样片沥青涂层开裂状态。

A6 结果判断

目测检测试样涂层有无开裂或裂痕。
每次同时试验3片，以2片不裂为合格。

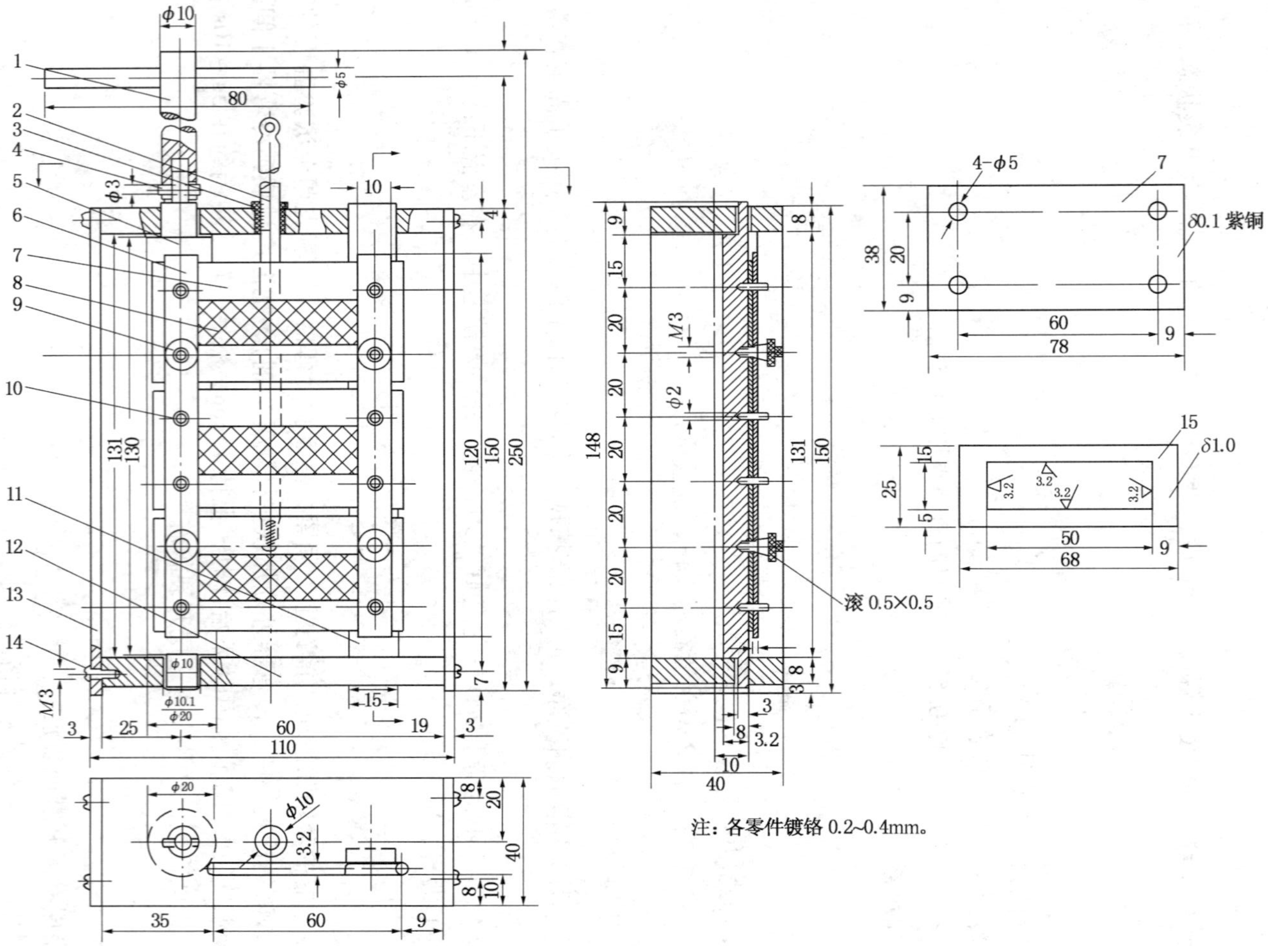

注：各零件镀铬 0.2~0.4mm。

图 A1　冷弯试验器

1—转柄；2—温度计；3—橡皮套；4—销子；5—转轴(ϕ20mm)；6—夹板；7—紫铜片(厚 0.1mm)；
8—试样；9—螺杆螺帽；10—销钉；11—滑板；12—上下板；
13—侧板；14—螺钉；15—试样模框(厚 1mm)

附 录 B
粘附率测定法
(补充件)

本方法用于测定电缆沥青的粘附性能。

B1 方法概要

将装入模筒与模板之间的试样，在规定温度下保持1h后，用拉力机拉开，拉断后试样在模板上的覆盖率为粘附率，以百分数表示。

B2 仪器

B2.1 粘附性试验模具(黄铜镀铬)，见图B1。
B2.2 拉力机：0N ~ 1000N。
B2.3 烘箱：0℃ ~ 200℃。
B2.4 致冷器：可冷至试验温度，精确至±0.5℃。
B2.5 温度计：-38℃ ~ 30℃，分度0.5℃，采用沥青脆点用温度计。
B2.6 电炉或其他加热器。
B2.7 筛网：孔径为0.5mm。

B3 材料

B3.1 工业乙醇。
B3.2 溶剂油：GB 1922(90号或其他牌号)。
B3.3 甘油-滑石粉隔离剂(甘油2份，滑石粉1份，以重量计)。

B4 准备工作

B4.1 将模板用溶剂油洗净，再用乙醇擦拭，然后将板面朝上置于模座内，放入温度为60℃±5℃的烘箱内预热30min。
B4.2 熔化试样(熔化温度不得高于估计软化点100℃)，并充分搅拌至气泡消失。
B4.3 将模芯的直筒部位涂上隔离剂，使喇叭口朝上，置于从烘箱中取出的模板(连同模座)之上，立即注入试样(注入时要通过筛网滤杂)至喇叭口高度的一半。在室温下冷却30min。

B5 试验步骤

将模芯旋上模盖，在两端环孔中拴上合成纤维绳，置于达到试验温度±0.5℃范围内的冰箱或致冷器中保持1h，取出，立即用拉力机的夹头夹紧试样模具两端的纤维绳，以100mm/min的速度使沥青试样拉断，取下模板，测量沥青试样在模板上的未粘结面积(cm^2)。

B6 计算

电缆沥青粘附率K(%)按式(B1)计算：

$$K = \frac{S - V}{S} \times 100 \quad \text{(B1)}$$

式中：V——试样在模板上未粘结面积，cm^2；
S——试样在模板上全部粘结时面积即$3cm^2$。

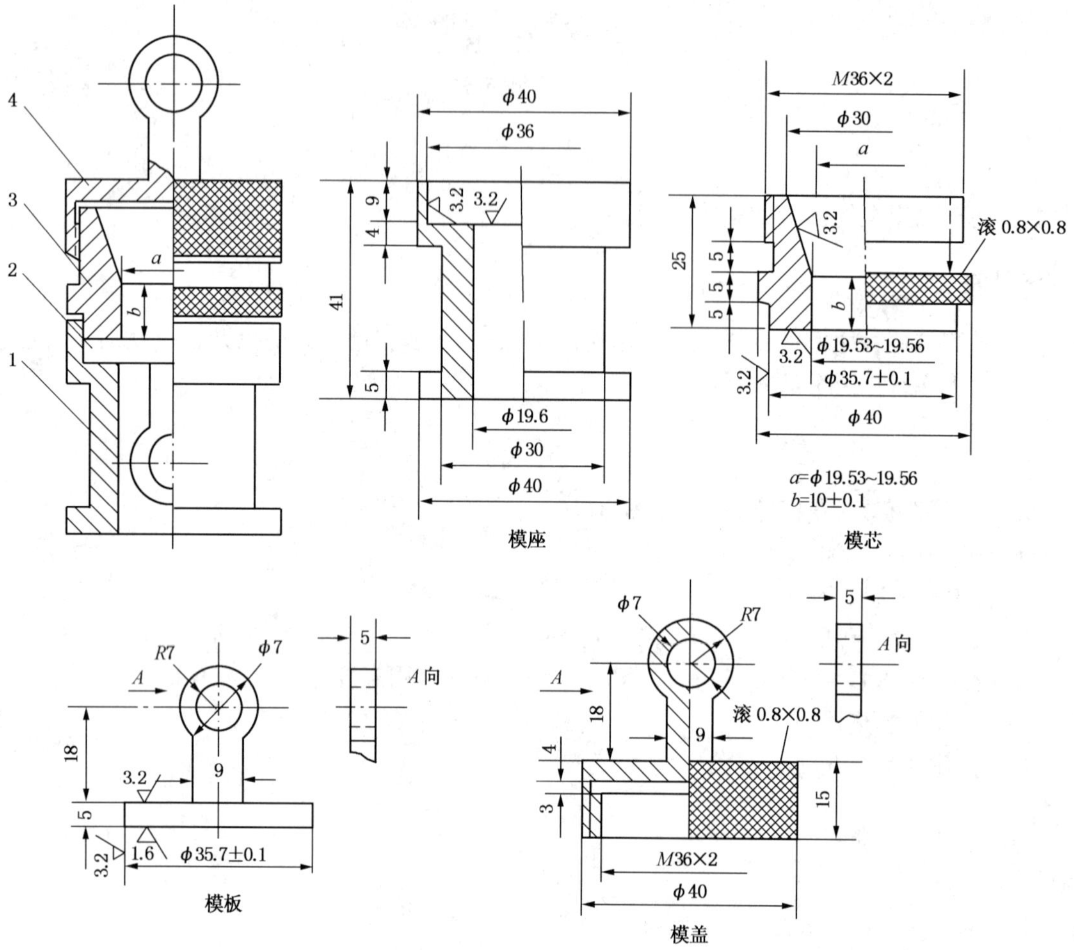

图 B1　沥青粘附性试验模具示意图

1—模座；2—模板；3—模芯；4—模盖

B7　精密度

重复性：同一操作者对同一试样重复测定的三个结果之间的最大差值，不大于 15%。

B8　报告

取重复测定三个结果的算术平均值作为测定结果。

附　录　C
热稳定性试验法
（补充件）

本方法用以测定电缆沥青的热稳定性能。

C1　方法概要

将试样在 200℃ 下保持 24h 后，测定软化点和针入度，算出加热后比加热前软化点升高和针入度比。以软化点升高较少和针入度比较大为热稳定性较好。

C2 仪器

C2.1 烘箱：0℃～300℃，恒温精度±3℃。

C2.2 温度计：0℃～360℃，分度1℃，全浸式。

C2.3 瓷柄皿：250mL或300mL，直径约105mm。

C2.4 电炉或其他加热器。

C3 试验步骤

C3.1 将试样熔化(加热温度不超过估计软化点100℃)，注入250或300mL瓷柄皿中，使液面距皿顶约15mm，然后，放入200℃±3℃的烘箱内，保持24h。

C3.2 将试样从烘箱中取出，刮去表面硬皮后，搅拌均匀，用此加热后的沥青试样，按GB/T 4507测定软化点。按GB/T 4509测定针入度。

C3.3 将未经200℃下24h加热的同批沥青试样，按GB/T 4507方法测定软化点。按GB/T 4509方法测定针入度。

C4 结果计算

C4.1 热稳定性软化点升高X(℃)按式(C1)计算：

$$X = T_2 - T_1 \qquad \text{(C1)}$$

式中：T_1——加热前软化点,℃；

T_2——加热后软化点,℃。

C4.2 热稳定性针入度比R(%)按式(C2)计算：

$$R = \frac{A_2}{A_1} \times 100 \qquad \text{(C2)}$$

式中：A_1——加热前针入度，1/10mm；

A_2——加热后针入度，1/10mm。

5 报告

取软化点升高度数和针入度比的计算结果作为试验结果。

附加说明：

本标准由新疆石油管理局提出。

本标准由石油大学技术归口。

本标准由新疆独山子炼油厂负责起草。

本标准主要起草人申国禧、孟淑芳。

中华人民共和国石油化工行业标准

SH/T 0002—1990(1998)

防水防潮石油沥青

1 主题内容与适用范围

本标准规定了由不同原油的减压渣油经加工制得的防水防潮石油沥青技术要求。

本标准所属产品适用做油毡的涂覆材料及建筑屋面和地下防水的粘结材料。

2 引用标准

GB/T 267 石油产品闪点与燃点测定法(开口杯法)

GB/T 4507 石油沥青软化点测定法

GB/T 4509 石油沥青针入度测定法

GB/T 4510 石油沥青脆点测定法

GB/T 11147 石油沥青取样法

GB/T 11148 石油沥青溶解度测定法

GB/T 11964 石油沥青蒸发损失测定法

SH 0164 石油产品包装、贮运及交货验收规则

SH/T 0424 石油沥青垂度测定法

3 名词术语

针入度指数：表明沥青的温度特性，通称感温性，代号 *PI*，此值越大，感温性越小，沥青应用温度范围越宽。

4 产品分类

本标准按产品的针入度指数分为 4 个牌号：

3 号，感温性一般，质地较软，用于一般温度下，室内及地下结构部分的防水。

4 号，感温性较小，用于一般地区可行走的缓坡屋顶防水。

5 号，感温性小，用于一般地区暴露屋顶或气温较高地区的屋顶。

6 号，感温性最小，并且质地较软，除一般地区外，主要用于寒冷地区的屋顶及其他防水防潮工程。

5 技术要求

项　　目	质量指标				试验方法
牌　　号	3 号	4 号	5 号	6 号	
软化点,℃　　不低于	85	90	100	95	GB/T 4507
针入度，1/10mm	25～45	20～40	20～40	30～50	GB/T 4509

中国石油化工总公司 1991-03-26 批准　　1992-04-01 实施

续表

项　　目	质量指标				试验方法
牌　　号	3号	4号	5号	6号	
针入度指数　　不小于	3	4	5	6	附录A
蒸发损失(163℃，5h),%　不大于	1				GB/T 11964
闪点(开口),℃　　不低于	250	270			GB/T 267
溶解度,%　　不小于	98	98	95	92	GB/T 11148
脆点,℃　　不高于	-5	-10	-15	-20	GB/T 4510
垂度，mm　　不大于	—	—	8	10	SH/T 0424
加热安定性,℃　　不高于	5				附录B

6　包装、标志、贮运

本产品的包装、标志、贮存，运输及交货按 SH 0164 进行。

7　采样

采样按 GB/T 11147 进行，取 2kg 作为检验和留样。

附　录　A
防水防潮石油沥青针入度指数表示法
（补充件）

A1　**针入度指数 *PI* 按下式计算：**

$$PI = \frac{30}{1+50A} - 10 \quad \cdots\cdots (A1)$$

$$A = \frac{\lg 800 - \lg P_{25}}{T-25} \quad \cdots\cdots (A2)$$

式中：A——沥青的感温性；

800——沥青在软化点温度下，针入度约为 800；

P_{25}——25℃时的针入度；

T——软化点。

A2　**针入度指数测定诺模图见图 A1。**

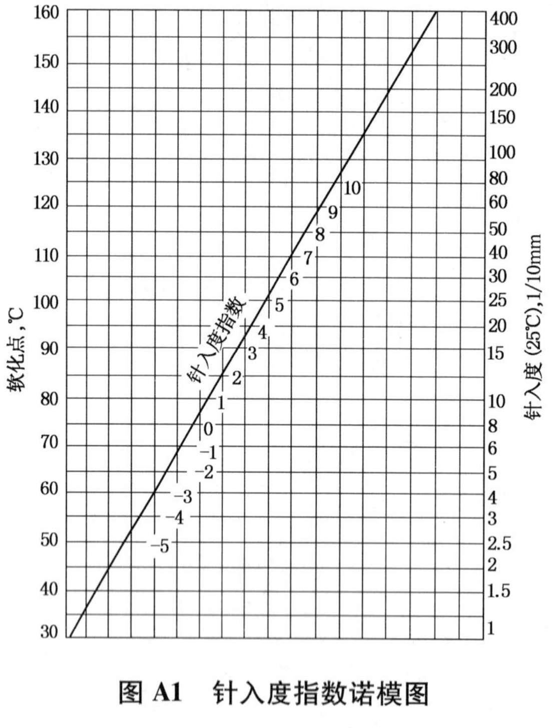

图 A1　针入度指数诺模图

附　录　B
防水防潮沥青加热安定性试验法
（补充件）

B1　**方法概要**

沥青试样在 300℃ ±5℃电热器上加热 5h，通过测定试样在加热前后脆点的变化，来确定沥青试样的加热安定性。

B2 仪器

B2.1 容器：内径约 180mm，高约 200mm 搪瓷烧杯。
B2.2 加热器：自动恒温烘箱和带变压器的 1kW 电热器。

B3 试验步骤

B3.1 在容器中称取 2kg 试样。将盛有试样的容器放入恒温 100℃ ~110℃烘箱中预热，至有部分试样熔化流动，随后将其移置在电热器上边搅拌，边加热至 300℃ ±5℃。从容器中心取出测定脆点用试样。
B3.2 停止搅拌，在 300℃ ±5℃条件下，保持 5h 后，再从容器中心取出测定脆点用试样。将两次所取的试样按 GB/T 4510 测定脆点，并算出两者的脆点之差。

B4 报告

报告加热前后试样的脆点差值。

附加说明：
本标准由齐鲁石化公司提出。
本标准由石油大学技术归口。
本标准由齐鲁石化公司胜利炼油厂负责起草。
本标准主要起草人韩明善、崔新天、朱建民。
本标准参照采用日本工业标准 JIS K 2207－1980《防水工程沥青》。

编者注：本标准中引用的标准名称变动如下。

标 准 号	现 标 准 名 称
GB/T 4507	沥青软化点测定法(环球法)
GB/T 4510	石油沥青脆点测定法(弗拉斯法)

中华人民共和国石油化工行业标准

SH/T 0098—1991(2005)

管 道 防 腐 沥 青

1 主题内容与适用范围

本标准规定了管道防腐沥青的技术要求及其试验方法。

本标准适用于天然石油减压渣油经氧化或经溶剂脱沥青工艺制得的管道防腐沥青。本产品用于管道输送介质温度低于80℃的金属管道防腐。

2 引用标准

GB/T 267 石油产品闪点与燃点测定法(开口杯法)

GB/T 4507 沥青软化点测定法(环球法)

GB/T 4508 沥青延度测定法

GB/T 4509 沥青针入度测定法

GB/T 4510 石油沥青脆点测定法

GB/T 11147 石油沥青取样法

GB/T 11148 石油沥青溶解度测定法

GB/T 11964 石油沥青蒸发损失测定法

SH 0164 石油产品包装、贮运及交货验收规则

SH/T 0425 石油沥青蜡含量测定法

3 产品分类

本产品按管道输送介质温度要求分为两个牌号。输送介质温度低于50℃者称为1号;输送介质温度在51℃~80℃者称为2号。

4 技术要求

项 目		质量指标		试验方法
		1号	2号	
软化点(环球法),℃		95~110	125~140	GB/T 4507
延度(25℃),cm	不小于	2	1	GB/T 4508
针入度(25℃,100g),1/10mm	不小于	15	5	GB/T 4509
溶解度(三氯乙烯),%	不小于	99.0		GB/T 11148
闪点(开口),℃	不低于	230		GB/T 267
粘附率,% 20℃ 0℃		 实测 实测		附录A
脆点,℃	不高于	-3	0	GB/T 4510

中国石油化工总公司 1992-01-15 批准　　　　1992-12-01 实施

续表

项目		质量指标		试验方法
		1号	2号	
蒸发损失(163℃，5h),%	不大于	1		GB/T 11964
蒸发后针入度比[1),%]	不小于	60		—
含蜡量[2)](裂解法),%	不大于	—	5.5	SH/T 0425

注：1）测定蒸发损失后样品的针入度与原针入度之比乘以100后所得的百分比称蒸发后针入度比。

2）作为出厂保证项目。

5 采样

采样按GB/T 11147进行。

6 包装、标志与贮运

本产品的包装、标志、贮运及交货验收按SH 0164进行。

附 录 A
沥青粘附率的测定
（补充件）

A1 方法概要

本方法系将沥青在规定的温度下灌注在光滑的金属表面上，当试样受外力拉开时，粘附在金属表面上试样的面积和金属总面积之比的百分数，即为粘附率。

A2 仪器与材料

A2.1 仪器

a. 钢制粘附率测定仪(见图A1)；

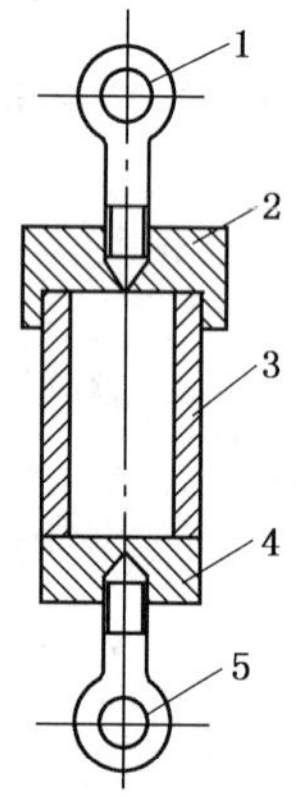

图A1 粘附率测定仪

1—带环螺丝 ϕ10mm，一端为环孔，一端为外螺丝；2—顶盖 ϕ43mm，厚23mm，内径有螺扣8mm可与圆管拧紧；3—圆筒高55mm，内径25mm；4—底盖 ϕ36mm，厚15mm；5—带环螺丝 ϕ10mm

b. 烘箱；

c. 温度计：0℃～200℃；

d. 拉力机。

A2.2 材料

a. 苯(工业用)或轻质汽油；

b. 工业乙醇；

c. 脱脂棉。

A3 试验步骤

A3.1 将粘附率测定仪仔细用苯或轻质汽油洗净，再用95%乙醇擦拭，保证表面没有油垢存在，然后在100℃～110℃的烘箱内保持恒温30min。

A3.2 将试样在电炉上慢慢加热熔化到沥青的浇灌温度或按技术条件所规定的温度。

A3.3 从烘箱中取出仪器，将圆管3整齐地放在底盖4的表面上，然后把熔化好的试样浇满到圆管内，待稍冷却，旋上顶盖2，放置在20℃±5℃或技术条件规定温度下，保持1h。

A3.4 在试验仪器的两端，旋上带环的螺丝1，然后迅速在拉力机上或用铁棒插入带环螺丝的环孔中，用人力平直地拉开。

A4 **计算**

用近似求面积法，算出粘附于底盖上的试样面积。试样的粘附率 X(%)按式(A1)计算：

$$X = A/S \times 100 \quad \text{(A1)}$$

式中：A——粘附在底盖上试样面积，mm^2；

S——底盖总面积，mm^2。

附加说明：

本标准由石油大学提出并技术归口。

本标准由石油大学重质油研究所负责起草。

本标准主要起草人孙秀芬、刘以红、范耀华。

本标准参照采用罗马尼亚国家标准 STAS 2484－85《地下金属管道保护层用沥青》。

编者注：本标准中引用的标准名称变动如下。

标 准 号	现标准名称
GB/T 4510	石油沥青脆点测定法(弗拉斯法)

中华人民共和国石油化工行业标准

SH/T 0419—1994(2005)

绝　缘　沥　青

代替 SH 0419—92

1　主题内容与适用范围

本标准规定了由渣油经氧化或石油沥青添加改性剂制得的绝缘沥青的技术条件。

本标准所属产品按软化点分为70、90、110、130、140、150六个牌号，其中：

70、90、110号绝缘沥青适用于灌注电缆接线中间盒和终端盒做绝缘填充用。

130、140、150号绝缘沥青适用于灌注避电器、镇流器、汽车点火线圈等电器做绝缘填充用，做调制特种蓄电池封口剂及蓄电池壳体的配料，也适用于做电解槽涂料及其他需要高软化点沥青的场合用。

2　引用标准

GB/T 267　石油产品闪点与燃点测定法(开口杯法)

GB/T 4507　沥青软化点测定法(环球法)

GB/T 4509　沥青针入度测定法

GB/T 11147　石油沥青取样法

GB/T 11148　石油沥青溶解度测定法

SH/T 0001　电缆沥青

SH 0164　石油产品包装、贮运及交货验收规则

SH/T 0600　石油沥青冻裂点测定法(器皿法)

3　技术要求

项　目		质量指标						试验方法
		70号	90号	110号	130号	140号	150号	
软化点(环球法),℃		65~75	85~95	105~115	125~135	135~145	145~155	GB/T 4507
针入度(25℃, 100g), 1/10mm		>35	>30	>25	15~25	10~20	5~15	GB/T 4509
溶解度,%	不小于	99						GB/T 11148
闪点(开口),℃	不低于	240			260			GB/T 267
冻裂点,℃	不高于	-40	-30	-20	—			SH/T 0600
绝缘电压(60℃, 2.5mm, 球电极), kV	不小于	35			20			附录A
收缩率(150℃冷至20℃),%	不大于	8						附录B
粘附率(20℃),%	不小于	95			—			SH/T 0001 附录B

中国石油化工总公司 1994-10-07 批准　　　　1995-07-01 实施

4 包装、标志、贮运

包装、标志、贮存、运输及交货验收按 SH 0164 进行，或按生产厂与用户协议进行。

5 取样

取样按 GB/T 11147 进行，取 2kg 作检验和留样用。

附 录 A
绝缘沥青绝缘电压测定法
（补充件）

本方法用于测定绝缘沥青的绝缘电压。

A1 方法概要

将试样熔化倒入电极盒内，在规定的温度下放在耐电压试验的变压器中，逐渐升压，至测得击穿时的电压，即为试样的绝缘电压，以千伏表示。

A2 仪器与材料

A2.1 耐电压试验变压器：100kV(有自动遮断装置)。
A2.2 电极盒：绝缘材料制，如图 A1。
A2.3 电极：青铜或黄铜制，如图 A2。
A2.4 恒温箱。
A2.5 电极间隙测量片：钢制，厚度 2.5mm ±0.05mm。
A2.6 绝缘手套：耐电压不小于 1kV。
A2.7 洗涤汽油。

A3 准备工作

A3.1 将牛皮纸(二层)按电极盒的内壁形状折放于盒内。将电极洗净晾干，用电极间隙测量片调节电极间隙为 2.5mm，然后置于电极盒中间。
A3.2 选择纯净的试样，将其熔化，熔化温度不超过试样估计软化点 100℃，熔化后，稍静置，将浮于上面的气泡层刮去，然后沿电极盒边注入盒内，至上边缘约 5mm 处，注入时严防气泡产生。
A3.3 试样在室温下冷却 1.5h ~2h(冷至约 60℃)，然后放入 60℃ ±1℃烘箱内恒温不少于 2h。

A4 试验步骤

检查耐电压试验用变压器，确认安全后，将装样的电极安放在仪器中。戴上绝缘手套，接通电源，开启自动遮断装置，手握升压杆以每秒 3kV 的速率均匀升压，直至发生击穿，记录击穿时的瞬时电压。把升压杆推回原位，切断电源。

A5 精密度

重复性：重复测定的两个结果与算术平均值之差，不大于平均值的 15%。

A6 报告

取重复测定两个结果的算术平均值作为试验结果。

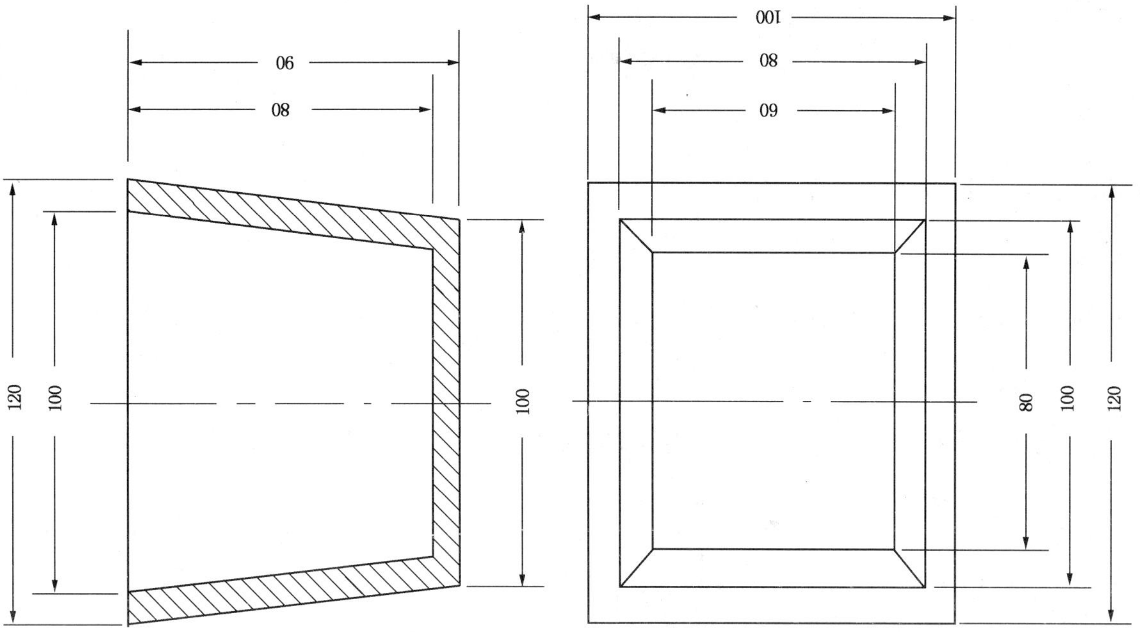

图 A2 电极盒

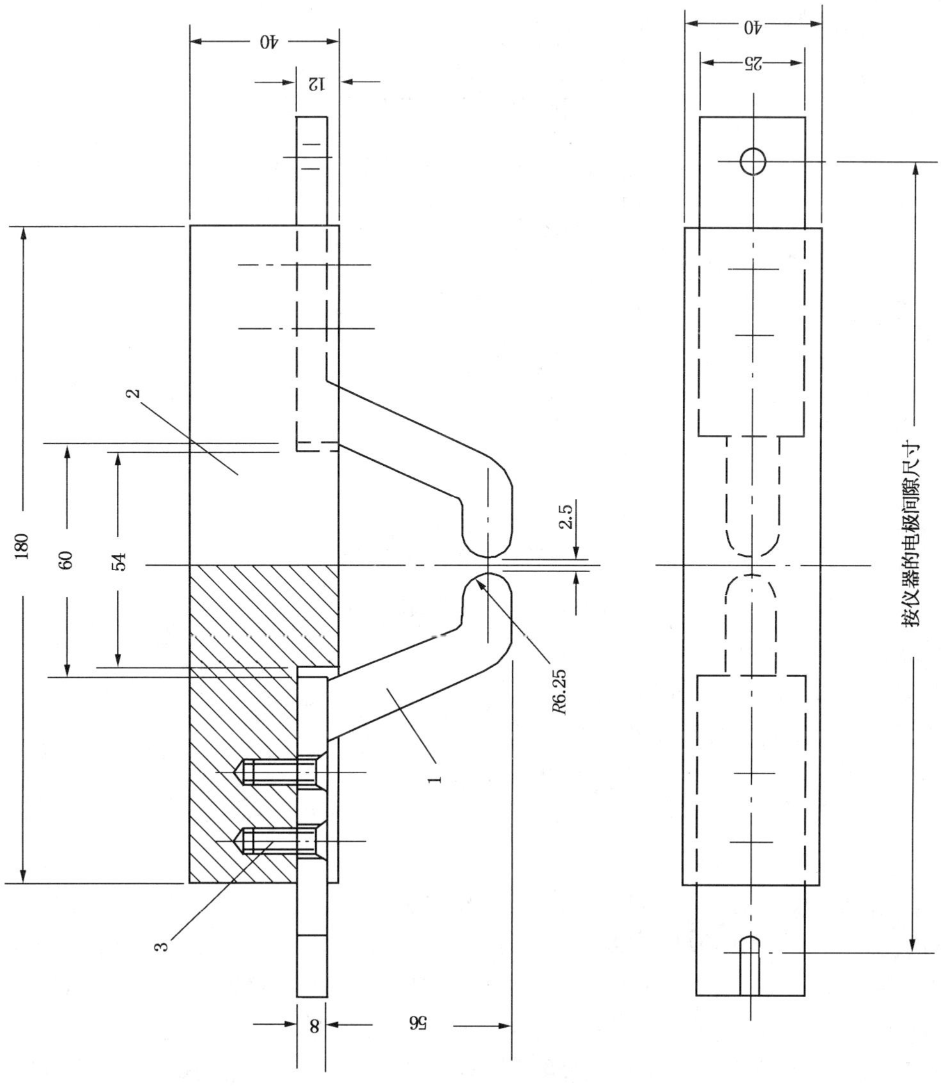

图 A1 电极

1—电极（φ12.5mm铜制）；2—电极架（聚四氟乙烯或其他绝缘材料）；3—连接螺栓

附 录 B
绝缘沥青收缩率测定法
（补充件）

本方法用于测定绝缘沥青的收缩率。

B1 方法概要

100mL 的试样从 150℃降到 20℃，其体积缩小的百分数即为收缩率。

B2 仪器与材料

B2.1 测定器：如图 B1，钢制，100mL（容积需标定）。

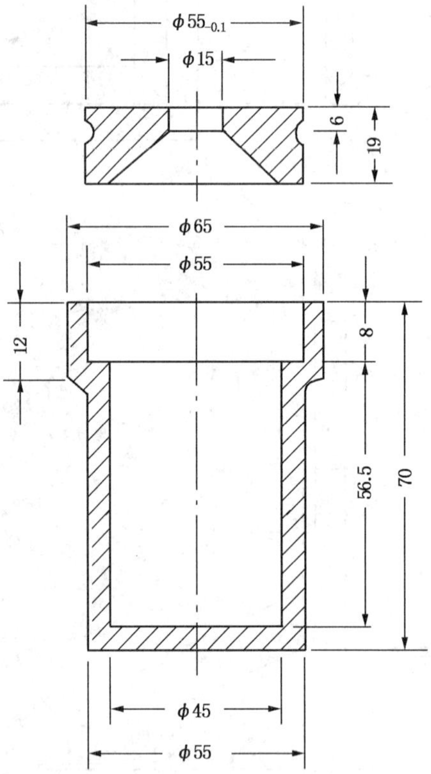

图 B1 测定器

B2.2 恒温干燥箱：200℃。

B2.3 滴定管：25mL，分度 0.1mL。

B2.4 温度计：0℃～200℃，分度值，1℃。

B2.5 工业乙醇。

B3 试验步骤

将试样熔化，熔化温度不超过试样估计软化点的 100℃，熔化后，稍静置，刮去气泡层。把预热至 150℃的测定器从烘箱中取出，拿下盖，注入试样于测定器至内上沿约 5mm 处，盖上盖，再从盖孔中注满（注入时严防气泡产生），在室温下冷却约 20min（冷至约 150℃以下），再填满。放入 150℃ ±2℃烘箱中恒温 2h。取出，立即用刮刀刮去多余试样，使其与盖口齐平。在 20℃ ±2℃下放置 5h。然后，用滴定管将乙醇滴入收缩孔内至与盖口边缘齐平，记录滴入乙醇毫升数。

B4 计算

试样的收缩率 $X[\%(V/V)]$ 按下式计算：

$$X=\frac{V_0}{V}\times 100 \qquad \text{(B1)}$$

式中：V_0——滴定用乙醇的体积，mL；

V——测定器的标定容积，mL。

B5 精密度

重复性：重复测定两个结果之差不超过0.5%。

B6 报告

取重复测定两个结果的算术平均值作为试验结果。

附加说明：
本标准由石油大学技术归口。
本标准由独山子炼油厂负责起草。
本标准主要起草人申国禧、孟淑芳、赵宝来。
本标准实施之日起，原石化行业标准 SH 0418—92《专用石油沥青》中2号作废。

中华人民共和国石油化工行业标准

SH/T 0421—1992(2005)

电　池　封　口　剂

代替 ZB E43 001—88

1　主题内容与适用范围

本标准规定了由石油沥青或石油沥青添加改性剂而制得的电池封口剂。

本产品按耐寒性分为四个牌号，其中 20 号用于干电池封口，30、35、40 号用于各种蓄电池封口。

2　引用标准

GB/T 267　石油产品闪点与燃点测定法(开口杯法)

GB/T 4507　沥青软化点测定法(环球法)

GB/T 4509　沥青针入度测定法

GB/T 11147　石油沥青取样法

SH 0164　石油产品包装、贮运及交货验收规则

SH/T 0423—1992　绝缘胶检验法

3　技术要求

项　　目		质量指标				试验方法
		20 号	30 号	35 号	40 号	
软化点(环球法),℃		90～110				GB/T 4507
针入度(25℃, 100g), 1/10mm	不小于	40	50	60	70	GB/T 4509
耐寒性(器皿法),℃	不高于	-20	-30	-35	-40	附录 A
耐热性,℃	不低于	65				附录 B
粘附率,%	不小于	95				SH/T 0423
闪点(开口杯法),℃	不低于	220				GB/T 267
耐冲击性(0℃ ±2℃)		合格				附录 C
耐酸性		合格				附录 D

4　包装、标志、贮运

本产品的包装、标志、贮存、运输及交货验收按 SH 0164 进行。

5　采样

本产品的采样按 GB/T 11147 进行，取 2kg 作为检验和留样用。

中国石油化工总公司 1992-05-20 批准　　1992-05-20 实施

附 录 A
电池封口剂耐寒性测定法
（补充件）

本方法适用于测定电池封口剂的耐寒性。

A1 方法概要

本方法系测定试样在冷冻温度下发生裂纹时的温度。

A2 仪器及材料

A2.1 金属器皿：同沥青针入度盛样皿。
A2.2 金属容器：钢质，直径 110mm ± 5mm，高 150mm ± 5mm，壁厚 0.5mm ~ 1mm。内底部垫 5mm ~ 10mm 橡胶垫，顶部加塞。
A2.3 温度计：-60℃ ~60℃，分度 1℃。
A2.4 低温箱：-60℃，控温精度 ±2℃。
A2.5 广口保温瓶：内径不小于 200mm，高不小于 200mm。
A2.6 冷却剂：工业乙醇及干冰等。

A3 准备工作

熔化试样，熔化温度不超过软化点 100℃。将洗净的金属器皿放在 100℃ ~ 110℃ 烘箱内预热 15min。取出随即将试样注入皿内，至皿口平，防止气泡产生，试样在室温中冷却不少于 3h。

A4 试验步骤

A4.1 采用冷却剂冷冻法时

在广口保温瓶中，注入乙醇至适当高度，将平行试验的两个盛样皿放入金属容器中，插入温度计，使温度计水银球接近试样表面。将金属容器放入冷剂中，浸入液面不得小于 120mm。逐渐加入干冰降温，容器内部冷却速度保持每分钟下降 2℃ ~3℃。冷至要求测试温度，在此温度下保持 1h，取出后立即观察，如果有裂纹，重新装样升高温度再测，如果无裂纹，为合格。需测最低耐寒性温度时，继续降低温度测试，直到测得开始出现裂纹时的温度，即为试样的耐寒性温度。

A4.2 采用低温箱冷冻法时

启动低温箱，将盛样金属皿放入低温箱内，降温至要求的测试温度，在此温度下，保持 3h 后，取出在 1min 内目测，如果有裂纹，重新装样升高温度再测；如果无裂纹，为合格。需测最低耐寒性温度时，继续降低温度再测，至测得开始出现裂纹时的温度。

样品仲裁时，以冷却剂冷冻法为准。

A5 精密度

重复测定两个结果间的差数不应超过 2℃。

A6 报告

取重复测定两个结果的算术平均值作为试验结果。

在未测得实际耐寒性结果时，报告测试温度及未裂或裂。

附 录 B
电池封口剂耐热性测定法
（补充件）

本方法适用于测定电池封口剂的耐热性。

B1 方法概要

本方法系测定试样在规定的试验条件下不溢流的温度。

B2 仪器

B2.1 电热恒温箱：60℃ ~80℃，控温精度 ±2℃。
B2.2 盛样容器：内径 25mm，高 60mm 的平底玻璃试管或 1 号干电池壳。
B2.3 试管架：可使试管呈 45 度角放置。
B2.4 温度计：100℃、250℃各一支，分度为 1℃。

B3 准备工作

熔化样品，熔化温度不超过软化点 100℃。将试样慢慢倒入经预热的盛样容器，使液面与管口平，试样在室温下冷却 1h。将恒温箱调至所要测定之温度。

B4 试验步骤

将冷却的盛样容器放入到已测定温度的恒温箱内，在试管架上呈 45 度角并稳之。保持恒温 6h 后，取出观察判断。

B5 判断

试样表面不溢流为耐热性高于测试温度；溢流则为耐热性低于测试温度。
如果试样未流，而需测最高耐热性温度时，则需提高测试温度重测。

B6 报告

以平行测定两个结果为准，报告测定温度及未流或流。
如果在指标要求温度下测定时，其中一个溢流，应做第二次，仍有一个溢流，结果为不合格。

附 录 C
电池封口剂的耐冲击性测定法
（补充件）

本方法适用于测定电池封口剂的耐冲击性。

C1 方法概要

试验块在 0℃下用 200g 重球从 500mm 高处落下冲击，观察是否发生裂痕或裂开。

C2 仪器及材料

C2.1 制样筒：能制成直径 50mm，高 50mm 试验块的铁皮筒。

C2.2 恒温槽或恒温箱：可致冷 0℃ ±2℃。
C2.3 钢球：重 200g ±2g。
C2.4 钢球架。

C3 准备工作

将制样筒内贴纸涂上甘油，置于涂有甘油(隔离剂)的金属板上。熔化试样(熔化温度不超过软化点 100℃)浇满制样筒，室温下冷却不少于 2h，剥去铁皮筒，制成直径 50mm，高 50mm 的试验块。

C4 试验步骤

将试验块在 0℃ ±2℃恒温槽(或箱)中，冷却 1h 后取出，置于钢球架下，将 200g 重的钢球从试验块上表面 500mm 高的架上落到试验块中心处，然后，观察试验块状态。

C5 报告

在试验条件下，有无裂痕或裂开，不裂为合格。
以平行两个试验结果为准，其中有一个裂纹，应重作，仍有一个裂纹为不合格。

附　录　D
电池封口剂的耐酸性测定法
（补充件）

本方法适用于测定电池封口剂的耐酸性。

D1 方法概要

将硫酸注到试样表面，观察有无反应。

D2 仪器及材料

D2.1 盛样皿：平底玻璃皿，内直径约 30mm，高约 20mm。
D2.2 硫酸：精制稀硫酸 15℃时，比重为 1.28，浓度约 37%。

D3 准备工作

熔化试样，注入经预热的盛样皿中约 10mm(防止气泡产生)。在室温下冷却 1h。

D4 试验步骤

向试样表面注 10mL 稀硫酸(15℃比重为 1.28)，在 40℃ ±3℃保持约 5h。目测，观察试样状态。

D5 报告

在试验条件有无产生气泡或表面膨胀、有无侵蚀，无上述状况，为合格。

附加说明：

本标准由华东石油学院技术归口。

本标准由新疆独山子炼油厂负责起草。

本标准参照日本工业标准 JISC 2380－86《电绝缘混合剂》中的 K81、K82、K83《电池封口剂》制定。

ICS 75.140
E 43

SH

中华人民共和国石油化工行业标准

NB/SH/T 0522—2010
代替 SH/T 0522—2000

道路石油沥青

Petroleum asphalt for road pavement

2010-05-01 发布 2010-10-01 实施

国家能源局 发布

前　　言

本标准是根据我国中、低等级道路及城市道路非主干道沥青路面的需要和沥青生产技术的发展，对 SH/T 0522—2000《道路石油沥青》进行修订。

本标准代替 SH/T 0522—2000《道路石油沥青》。

本标准与 SH/T 0522—2000 的主要差异如下：

——取消了原标准中的蒸发后针入度比改为薄膜烘箱后针入度比，将原标准的蒸发损失改为薄膜烘箱后质量变化。

——增加了蜡含量和密度(25℃)质量指标，密度质量指标要求报告。

——规定了薄膜烘箱试验后质量变化的具体指标、针入度比、延度(25℃)要求报告。

本标准由中国石油化工集团公司提出。

本标准由全国石油产品和润滑剂标准化技术委员会石油沥青分技术委员会归口。

本标准起草单位：中国石油化工股份有限公司齐鲁分公司胜利炼油厂。

本标准主要起草人：王斌、荆元工。

本标准历次颁布情况：

——SY 1661—1959、SY 1661—1962、SY 1661—1985、SH 0522—1992、SH/T 0522—2000，本次修订为第 6 次修订。

道 路 石 油 沥 青

1 范围

1.1 本标准规定了以石油为原料，经各种工艺生产的适用于修建中、低等级道路及城市道路非主干道路面的道路石油沥青的技术要求及试验方法，以及包装、标志、贮存、运输及交货验收、采样。

1.2 本标准所属产品适用于中、低等级道路及城市道路非主干道的道路沥青路面，也可作为乳化沥青和稀释沥青的原料。

1.3 本标准未涉及有关使用的安全规定，标准使用者有责任在使用前制定合适的安全使用规程。

2 规范性引用文件

下列文件中的条款通过本标准的引用而成为本标准的条款。凡是注日期的引用文件，其随后所有的修改单(不包括勘误的内容)或修订版均不适用于本标准，然而，鼓励根据本标准达成协议的各方研究是否可使用这些文件的最新版本。凡是不注日期的引用文件，其最新版本适用于本标准。

GB/T 267 石油产品闪点与燃点测定法(开口杯法)

GB/T 4507 沥青软化点测定法(环球法)

GB/T 4508 沥青延度测定法

GB/T 4509 沥青针入度测定法

GB/T 5304 石油沥青薄膜烘箱试验法

GB/T 8928 石油沥青比重和密度测定法

GB/T 11147 石油沥青取样法

GB/T 11148 石油沥青溶解度测定法

SH 0164 石油产品包装、贮运及交货验收规则

SH/T 0425 石油沥青蜡含量测定法

3 产品分类

本标准所属产品按针入度范围分为200号、180号、140号、100号、60号五个牌号。

4 技术要求和试验方法

道路石油沥青的技术要求和试验方法见表1。

表1 道路石油沥青技术要求

项目	质量指标					试验方法
	200号	180号	140号	100号	60号	
针入度(25℃，100g，5s)/(1/10mm)	200～300	150～200	110～150	80～110	50～80	GB/T 4509
延度[注)](25℃)/cm 不小于	20	100	100	90	70	GB/T 4508
软化点/℃	30～48	35～48	38～51	42～55	45～58	GB/T 4507
溶解度/% 不小于	99.0					GB/T 11148

表 1(续)

项目		质量指标					试验方法
		200 号	180 号	140 号	100 号	60 号	
闪点(开口)/℃	不低于	180	200	230			GB/T 267
密度(25℃)/(g/cm³)		报告					GB/T 8928
蜡含量/%	不大于	4.5					SH/T 0425
薄膜烘箱试验(163℃, 5h)							
质量变化/%	不大于	1.3	1.3	1.3	1.2	1.0	GB/T 5304
针入度比/%		报告					GB/T 4509
延度(25℃)/cm		报告					GB/T 4508
注：如25℃延度达不到，15℃延度达到时，也认为是合格的，指标要求与25℃延度一致。							

5 包装、标志、贮运及交货验收

本标准所属产品的包装、标志、贮运及交货验收按 SH 0164 进行。

6 取样

取样按 GB/T 11147 要求进行。

7 关键词 道路；石油；沥青。

中华人民共和国石油化工行业标准

SH/T 0523—1992(2005)

油　漆　石　油　沥　青

代替 SY 1667—81

1　主题内容与适用范围

本标准规定了油漆石油沥青的技术要求。

本标准适用于由石油渣油经加工制得的油漆石油沥青。该沥青具有光泽，耐水性和防腐性良好，与干性油互溶，适于制取各种沥青漆。

2　引用标准

GB/T 267　石油产品闪点与燃点测定法(开口杯法)

GB/T 4507　沥青软化点测定法(环球法)

GB/T 4509　沥青针入度测定法

GB/T 11147　石油沥青取样法

GB/T 11148　石油沥青溶解度测定法

SH 0164　石油产品包装、贮运及交货验收规则

SH/T 0422　沥青灰分测定法

3　产品分类

油漆石油沥青根据使用特性分1号、2号和3号三个牌号：1号为环烷基或中间环烷基石油渣油经加工制得的高软化点、高黑亮度沥青，主要用于制取具有良好装饰性的沥青烘干清漆；2号适于制取一般装饰和防腐的沥青清漆；3号适于制取满足防腐要求的沥青清漆。

4　技术要求

项　　目	1号	2号	3号	试验方法
外观	黑亮，无杂质			目测
软化点(环球法),℃	140～165	125～140	105～125	GB/T 4507
针入度(25℃，100g)，1/10mm　不大于	6	8	10	GB/T 4509
溶解度,%　不小于	99.5			GB/T 11148
闪点(开口),℃　不低于	260			GB/T 267
灰分,%　不大于	0.3			SH/T 0422
油溶性(沥青:亚麻油)	完全(1:0.5)	完全(1:1)	完全(1:1)	附录A

5　包装、标志、贮存、运输

产品的包装、标志、贮存、运输及交货验收规则按SH 0164进行。

6　采样

采样按GB/T 11147进行。

中国石油化工总公司 1992-09-19 批准　　　　1993-09-01 实施

附 录 A
油漆石油沥青油溶性试验法
（补充件）

A1 适用范围

本方法适用于测定油漆石油沥青的油溶性。

油漆石油沥青的油溶性系指油漆石油沥青在亚麻油中的溶解性。

A2 仪器与材料

A2.1 容器搪瓷缸，容积700mL。

A2.2 电炉1000W。

A2.3 温度计0℃～300℃，分度值2℃。

A2.4 玻璃板。

A2.5 玻璃棒或金属棒。

A2.6 亚麻油。

A3 试验步骤

在已称量的清洁容器内加入定量的亚麻油(详见技术要求)和150g小于5mm～10mm的块状油漆石油沥青试样。将盛有亚麻油和沥青试样的容器放在隔有石棉网的加热电炉上，加热到270℃～280℃，加热过程中不断用玻璃棒或金属棒搅动，以防局部过热。

用玻璃棒或金属棒挑出部分混合物涂于已预热的玻璃板上，使之形成一层薄膜。观测薄膜的均匀性。若此膜具有光泽且无块状沥青析出则认为油溶完全。

附加说明：

本标准由石油大学提出。

本标准由石油大学技术归口。

本标准由石油大学负责起草。

本标准主要起草人范耀华、刘国祥。

本标准参考前苏联国家标准ГОСТ 21822－87《专用石油沥青》。

中华人民共和国石油化工行业标准

SH/T 0624—1995(2004)

阳离子乳化沥青

1 主题内容与适用范围

本标准规定了阳离子乳化沥青的技术要求、试验方法、检验规则以及包装、贮存、运输等要求。

本标准适用于道路石油沥青与乳化剂和水经乳化而制得的阳离子乳化沥青。

本标准所属产品适用于道路铺装。

2 引用标准

GB/T 4508 沥青延度测定法

GB/T 4509 沥青针入度测定法

GB/T 11147 石油沥青取样法

GB/T 11148 石油沥青溶解度测定法

SH/T 0099.1 乳化沥青恩氏黏度测定法

SH/T 0099.2 乳化沥青筛上剩余量测定法

SH/T 0099.3 乳化沥青颗粒电荷试验法

SH/T 0099.4 乳化沥青蒸发残留物测定法

SH/T 0099.5 乳化沥青贮存稳定度测定法

SH/T 0099.6 乳化沥青水泥拌合性测定法

SH/T 0099.7 乳化沥青附着度试验法

SH/T 0099.8 乳化沥青冷冻安定性试验法

SH/T 0099.9 乳化沥青粗(密)粒度骨料拌合试验法

SH 0164 石油产品包装、贮运及交货验收规则

3 产品分类

本标准按施工方法分为贯入洒布用和拌合用两大类。

贯入洒布用以字母“G”表示，分为 G-1、G-2、G-3。

拌合用以字母“B”表示，分为 B-1、B-2、B-3。

3.1 G-1 适用于贯入式路面及表面处治。

G-2 适用于透层油及沥青稳定土。

G-3 适用作粘层油、表面处治及贯入式主层路面用。

3.2 B-1 适用于拌制粗粒式常温沥青混合料。

B-2 适用于拌制中粒式及细粒式常温沥青混合料。

B-3 适用于拌制砂粒式常温沥青混合料及稀浆封层。

中国石油化工总公司 1995-06-15 批准　　　　1995-10-01 实施

4 技术要求

<table>
<tr><th colspan="2" rowspan="2">项　目</th><th colspan="6">质 量 指 标</th><th rowspan="2">试验方法</th></tr>
<tr><th>G-1</th><th>G-2</th><th>G-3</th><th>B-1</th><th>B-2</th><th>B-3</th></tr>
<tr><td colspan="2">恩氏黏度(25℃),°E</td><td>3~15</td><td>1~6</td><td>1~6</td><td colspan="3">3~40</td><td>SH/T 0099.1</td></tr>
<tr><td colspan="2">筛上剩余量,%　不大于</td><td colspan="6">0.3</td><td>SH/T 0099.2</td></tr>
<tr><td colspan="2">附着度　不小于</td><td colspan="3">2/3</td><td colspan="3">—</td><td>SH/T 0099.7</td></tr>
<tr><td colspan="2">粗骨料拌合试验</td><td colspan="3">—</td><td>均匀</td><td colspan="2">—</td><td>SH/T 0099.9</td></tr>
<tr><td colspan="2">密骨料拌合试验</td><td colspan="3">—</td><td>—</td><td>均匀</td><td>—</td><td>SH/T 0099.9</td></tr>
<tr><td colspan="2">水泥拌合性试验,%　不大于</td><td colspan="3">—</td><td colspan="2">—</td><td>5</td><td>SH/T 0099.6</td></tr>
<tr><td colspan="2">颗粒电荷</td><td colspan="6">正</td><td>SH/T 0099.3</td></tr>
<tr><td colspan="2">蒸发残留物,%　不小于</td><td>60</td><td>50</td><td>50</td><td colspan="3">57</td><td>SH/T 0099.4</td></tr>
<tr><td rowspan="3">蒸发残留物性质</td><td>针入度(25℃, 100g), 1/10mm</td><td>80~200</td><td>80~300</td><td>40~160</td><td>40~200</td><td>40~300</td><td>40~200</td><td>GB/T 4509</td></tr>
<tr><td>延度(25℃), cm　不小于</td><td colspan="6">40</td><td>GB/T 4508</td></tr>
<tr><td>溶解度,%　不小于</td><td colspan="3">98</td><td colspan="3">97</td><td>GB/T 11148</td></tr>
<tr><td colspan="2">贮存稳定度(5d),%　不大于</td><td colspan="6">5</td><td>SH/T 0099.5</td></tr>
<tr><td colspan="2">冷冻安定性</td><td colspan="6">无粗粒、无结块</td><td>SH/T 0099.8</td></tr>
</table>

5 检验规则

5.1 检验分类

产品检验分出厂检验和型式检验。

5.2 出厂检验

5.2.1 产品交货验收时应按下列项目检验：

a. 恩氏黏度；

b. 筛上剩余量；

c. 粗骨料拌合试验；

d. 密骨料拌合试验；

e. 水泥拌合性试验；

f. 颗粒电荷；

g. 蒸发残留物。

5.2.2 产品生产技术检验部门进行出厂检验，检验合格后附有产品检验合格证，方可出厂。

5.3 型式检验

5.3.1 对产品质量进行全面考核，即对本标准中规定的技术要求进行全部检验。

5.3.2 有下列情况之一时，应进行型式检验：

a. 产品转产时；

b. 正式生产时，如沥青原料、乳化剂或工艺等有较大改变，可能影响产品性能时；

c. 产品长期停产后，恢复生产时；

d. 出厂检验结果与上次型试检验有较大差异时；

e. 国家质量监督机构提出进行型式检验要求时。

6 包装、标志、贮存、运输

6.1 本产品包装、标志、贮存、运输及交货验收规则按 SH 0164 进行。

6.2 本产品宜就地产销，不宜长期贮存。

采用汽车油罐车运输或由产、销、用各方面协商适当的装运办法。

7 取样

取样按 GB/T 11147 进行。

附加说明：
本标准由齐鲁石油化工公司提出。
本标准由石油大学技术归口。
本标准由齐鲁石化公司胜利炼油厂负责起草。
本标准主要起草人崔新天、武金明、王斌。
本标准非等效采用日本工业标准 JISK2208—1980《乳化沥青》制定。

编者注：本标准中引用的标准名称变动如下。

标　准　号	现 标 准 名 称
SH/T 0099.1	乳化沥青恩格拉黏度测定法
SH/T 0099.6	乳化沥青与水泥拌和测定法
SH/T 0099.7	乳化沥青裹附性试验法
SH/T 0099.9	乳化沥青与施工集料的裹附试验

ICS 75.140
E 43

SH

中华人民共和国石油化工行业标准

NB/SH/T 0652—2010
代替 SH/T 0652—1998

石油沥青专业名词术语

Petroleum asphalt professional field terminology

2010-05-01 发布 2010-10-01 实施

国家能源局 发布

前　　言

本标准根据国内外石油沥青科研、生产、应用领域的变化情况，对 SH/T 0652—1998 进行修订。

本标准是为了在石油沥青相关领域中产品和试验方法中引用术语时提供一个统一的概念。

本标准代替 SH/T 0652—1998。

本标准与 SH/T 0652—1998 的主要差异如下：

——将标准名称由石油沥青名词术语改为石油沥青专业名词术语。

——将标准名词术语分类由原料和产品、性质和试验方法、其他改为原料、产品、制品、性质和试验方法、其他。章节号进行相应修改。

——本标准将原标准已经存在但已经不够准确的名词术语进行了修订。

——本标准增加与改性沥青相关的名次术语。

——本标准增加了新出现的产品和分析方法的名词术语。

本标准由中国石油化工集团公司提出。

本标准由全国石油产品和润滑剂标准化技术委员会石油沥青分技术委员会归口。

本标准起草单位：中国石油大学(华东)重质油研究所。

本标准主要起草人：张玉贞、黄颂昌、张田英、张小英。

本标准历次版本发布情况为：

——SH/T 0652—1998。

石油沥青专业名词术语

1 范围

本标准规定了石油沥青及其制品相关的名词术语及定义。

本标准适用于制定修订有关石油沥青标准及编写、翻译相关的技术文件说明等。

2 参考文献

下列文件中的条款通过本标准的引用而成为本标准的条款。凡注明日期的引用文件，其随后所有的修改单(不包括勘误的内容)或修订版均不适用于本标准，然而，鼓励根据本标准达成协议的各方研究是否可使用这些文件的最新版本。凡是不注日期的引用文件，其最新版本适用于本标准。

GB/T 4016　石油产品名词术语

3 名词术语

本标准从原材料、产品和制品、性质和试验方法、其他五个方面进行叙述，并附有汉语拼音和英文索引。

3.1 原材料 raw materials

3.1.1 沥青 bitumen

暗褐色至黑色的、可溶于苯或二硫化碳等溶剂的固体或半固体有机物质，可以是自然界天然存在，也可以是石油、煤等原料经加工得到的残渣或黏稠物。主要由烃类和非烃类有机化合物组成。

3.1.2 天然沥青 native bitumen

在自然界中天然存在的沥青类物质。

3.1.3 岩沥青 bitumen in rock

在地壳运动过程中沉积形成的沥青类物质，一般认为是地层中的原油在地壳运动运移并沉积在岩层中的沥青类物质。

3.1.4 沥青砂 bituminous sands(tar sand)

浸渍了沥青类物质的砂子，其中沥青类物质可以被溶剂抽提出来。

3.1.5 石油沥青 asphalt(petroleum asphalt)

以原油为主要原料经加工得到的沥青类物质。

3.1.6 直馏沥青 straight asphalt

以原油为原料，经蒸馏工艺得到的沥青类物质。

3.1.7 沥青胶结料 bituminous binder(asphalt binder)

能使集料黏结成团的沥青类物质。

3.1.8 软化油(调合油) flux oil

能使沥青软化点降低的低挥发性油品。

3.1.9 减压渣油 vacuum residue(short residue)

原油经减压蒸馏塔底得到的沥青类物质。

3.1.10 乳化剂 emulsifying agent

能使油品乳化并保持一定稳定性的表面活性物质。

3.1.11 添加剂 additive

能赋予产品某些特殊性能或增强其原来具有的某些性能而加入的少量物质。

3.1.12 黏稠沥青 asphalt cement

道路沥青得一类。包括符合黏稠沥青规格的直馏沥青；或以渣油为原料经氧化或溶剂脱沥青得到的符合黏稠沥青规格的沥青产品。

3.1.13 沥青岩 asphalt rock(asphaltite)

浸有沥青类物质的石灰岩(calcareous)或硅质岩(siliceous)。

3.1.14 湖沥青 lake asphalt

天然沥青的一种表现形式，是石油中可挥发组分自然蒸发后留下的沥青类物质。湖沥青一般含有一定量的无机矿物质。

3.1.15 改性剂 modifier

加入后能改善沥青某种性质的添加剂。

3.1.16 抗剥离剂 anti stripping agent

为提高沥青在集料表面的黏附性能加入的添加剂。

3.1.17 橡胶 rubber

在很宽的温度范围内具有高弹性及伸缩性的高分子材料，包括天然橡胶与合成橡胶。代表性产品有 SBR 、CR 、EPDM 等。

3.1.18 热塑性橡胶 thermoplastic rubber

又称热塑性弹性体，兼具橡胶和热融性塑料特性，在常温下显示橡胶弹性，受热时显示塑料的可塑性的高分子材料。代表性产品有 SBS 、SB 、SIS 等。

3.1.19 热塑性树脂 thermoplastic resin

树脂的一类，可反复受热软化(或熔化)和冷却凝固的树脂，代表性产品有 EVA 、PE 等。

3.1.20 稳定剂 stabilizer

能增加溶液、胶体、固体、混合物等类物质稳定性能的添加剂。当用于改性沥青时，可以保持改性剂在基质沥青中的均匀分散，降低改性沥青的表面张力，防止改性剂凝聚、离析，提高改性沥青的储存稳定性。

3.1.21 沥青再生剂 recycling agent

能使老化后的沥青恢复其使用性能，并符合相关技术要求的产品。

3.2 产品 product

3.2.1 道路石油沥青 paving asphalt(road bitumen)

主要用于铺设道路并符合沥青路面使用要求的石油沥青产品。

3.2.2 建筑沥青 asphalt for roofing and waterproofing

主要用于建筑防水工程，并满足相关性能要求的沥青产品。

3.2.3 改性沥青 modified asphalt

加入改性剂或经特殊工艺处理，性能得到了改善的沥青产品。

3.2.4 氧化沥青 oxidized asphalt(blown asphalt)

用氧化工艺生产的沥青类物质。

3.2.5 催化氧化沥青 catalytic oxidized asphalt

在催化剂存在下氧化工艺生产的沥青类物质。

3.2.6 油漆沥青 asphalt for painting

制造油漆时用作原料的石油沥青产品。

3.2.7 乳化沥青 emulsified asphalt(emulsified bitumen)

沥青和水在乳化剂作用下制成的沥青乳化液。

3.2.8 阳离子乳化沥青 cationic emulsified asphalt(bitumen)

阳离子乳化剂作用下制成的沥青乳化液。

3.2.9 阴离子乳化沥青 anionic emulsified asphalt(bitumen)

阴离子乳化剂作用下制成的沥青乳化液。

3.2.10 **非离子乳化沥青 non-ion emulsified asphalt(bitumen)**

非离子乳化剂作用下制成的沥青乳化液。

3.2.11 **水工沥青 hydraulic asphalt**

主要用于水利工程中并符合相关技术要求的沥青产品。

3.2.12 **橡胶填充沥青 asphalt used as an additive for rubber**

主要用作橡胶软化剂、增强剂和填充剂，并符合相关技术要求的沥青产品。

3.2.13 **防水防潮沥青 asphalt for dampproofing and waterproofing**

主要用作各类防水防潮工程，并符合相关技术要求的沥青产品。

3.2.14 **管道防腐沥青 asphalt used as a protective coating for pipe**

主要用作金属管道防腐，并符合相关技术要求的沥青产品。

3.2.15 **电缆沥青 asphalt used as a protective coating for cable**

主要用作电缆防护层防腐防潮，并符合相关技术要求的沥青产品。

3.2.16 **绝缘沥青 insulating asphalt**

主要用作各种电器材料和电器设备涂料及绝缘填充物，并符合相关技术要求的沥青产品。

3.2.17 **绝缘胶 insulating mastic**

在沥青中加入适量绝缘油及少量添加剂，主要用于浇灌电器终端匣，并符合相关技术要求的沥青产品。

3.2.18 **电池封口剂 asphalt for battery sealing**

主要用于各种干电池及蓄电池封口，并符合相关技术要求的沥青产品。

3.2.19 **稀释沥青 cut-back asphalt**

在沥青中加入适量稀释剂制成的液态混合物。

3.2.20 **橡胶沥青 crumber asphalt (asphalt-rubber binder(AR))**

在沥青类物质中添加废旧轮胎橡胶粉，橡胶粉与热沥青接触软化而形成的混合物。

3.2.21 **橡胶改性沥青 crumber modified asphalt**

在热沥青类物质中加入废旧轮胎橡胶粉，橡胶粉在控制条件下降解，能够相对均匀的分散在沥青中，并具有一定储存稳定性的沥青产品。

3.2.22 **聚合物改性沥青 polymer-modified asphalt**

在沥青类物质中加入一种或几种聚合物，在一定的工艺条件下生产的改沥青产品。

3.2.23 **改性乳化沥青 modified asphalt emulsion**

在乳化剂作用下制得的改性沥青乳化液。

3.2.24 **阻燃沥青 flame retardant asphalt**

在沥青中加入一种或多种阻燃剂，使得到的混合物符合相关技术要求的沥青产品。

3.2.25 **改性阻燃沥青 flame retardant modified asphalt**

在改性沥青中加入一种或多种阻燃剂，使得到的混合物符合相关技术要求的沥青产品。

3.2.26 **重交通道路沥青 heavy traffic paving asphalt**

符合高速公路、一级公路、城市快速路、主干路等重交通量使用并符合“重交通道路石油沥青技术要求”的道路石油沥青，简称重交通道路沥青。

3.2.27 **泡沫沥青 foamed bitumen**

通过一定工艺条件将水、水蒸气或发泡剂引入到沥青中，使沥青体积膨胀而制得的泡沫状沥青。

3.3 **制品 work**

3.3.1 **沥青玛蹄脂(沥青胶) asphalt mastic**

在沥青中加入适量填充料及少量添加剂制成的混合物。主要用于建筑及道路工程。

3.3.2 沥青混合料

沥青与一定级配的矿质集料和矿粉经加热、拌合后的产品。

3.3.3 沥青混凝土 asphalt concrete

用沥青作黏结材料，与矿质集料和矿粉按一定比例经加热、拌合、压实而修成的工程实体。

3.3.4 沥青油毡 asphalt felt

建筑工业用的一种卷材，俗称油毡。系用适当的胎基(纸胎、玻璃纤维胎等)浸渍与涂覆沥青而制。

3.4 性质和试验方法 properties and test methods

3.4.1 黏度 viscosity

流体流动时内摩擦力的量度，黏度值随温度的升高而降低。

3.4.2 牛顿流体 Newtonian fluid

黏度与剪切速率无关的流体。

3.4.3 表观黏度 apparent viscosity

表示非牛顿流体流动时的内摩擦特征所采用的术语。

3.4.4 动力黏度 dynamic viscosity

表示液体在一定剪切应力下流动时内摩擦力的量度。其值为所加于流动液体的剪切应力和剪切速率之比，以帕(斯卡)·秒(Pa·s)表示。

3.4.5 运动黏度 kinematic viscosity

表示液体在重力作用下流动时内摩擦力的量度，其值为相同温度下液体的动力黏度与其密度之比，以平方米/秒(m^2/s)表示。

3.4.6 恩氏黏度 Engler viscosity

在规定条件下，一定体积的具有较高黏度石油产品试样，从恩氏黏度计中流出 50mL 所需要的时间(s)与该黏度计水值之比。

3.4.7 真空毛细管法黏度 viscosity measuring with vacuum capillary

在规定温度和真空度的条件下，采用毛细管黏度计测定沥青所得到的动力黏度。

3.4.8 密度 density

在规定温度下，单位体积内所含物质的质量数，以千克/米^3(kg/m^3)表示。

3.4.9 相对密度 relative density

物质在给定温度下的密度与标准温度下标准物质的密度之比值。对沥青试样而言，其标准物质是水。

3.4.10 溶解度 solubility

沥青试样在规定溶剂(三氯乙烯)中可溶解的量，以质量分数表示。

3.4.11 油溶性 solubility in oil

油漆沥青在规定条件下与亚麻油混合时的溶解性。

3.4.12 针入度 penetration

在规定条件下，标准针垂直穿入沥青试样的深度，以 1/10mm 表示。

3.4.13 针入度指数 penetration index

沥青温度敏感性的表示。针入度指数可以用沥青的针入度和软化点计算而得，也可以用两个或两个以上不同温度下测得的沥青针入度计算而得。

3.4.14 软化点 softening point

在规定条件下，加热沥青试样使其软化至一定稠度时的温度，以℃表示。

3.4.15 环球法 ring and ball method

测定沥青软化点的一种方法。

3.4.16 蒸发损失 loss on heating

沥青在规定条件下蒸发后，其质量损失的百分数。

3.4.17　闪点　flash point

在规定条件下加热石油产品所逸出的蒸气和空气组成的混合物与火焰接触发生瞬间闪火时的最低温度，以℃表示。

3.4.18　开口闪点 flash point(open cup)

用规定的开口杯闪点测定器所测得的闪点，以℃表示。

3.4.19　延度　ductility

在规定条件下，使沥青的标准试件拉伸至断裂时的长度，以 cm 表示。

3.4.20　脆点(或弗拉斯脆点)　breaking point(Fraass breaking point)

在规定条件下冷却并弯曲沥青涂片至出现裂纹时的温度，以℃表示。

3.4.21　薄膜烘箱试验　thin film oven test(TFOT)

在规定条件下加热沥青试样，并检验其加热前后特定的物性变化(如质量变化、针入度、延度、黏度等)以判断沥青抗热老化的性能的实验。

3.4.22　旋转薄膜烘箱试验　rotating thin film oven test(RTFOT)

在规定条件下，鼓风加热旋转的沥青薄膜，并检验其加热前后特定的物性变化(如质量变化、针入度、延度、黏度等)以判断沥青抗热和空气老化的性能的实验。

3.4.23　冻裂点　freezing breaking point

沥青试样在规定器皿内冷冻至发生裂纹时的温度，以℃表示。

3.4.24　垂度　droop

在规定条件下，黏附在试验板上的沥青试样受热产生蠕变下垂的距离，以 mm 表示。

3.4.25　黏附率　adherence ratio

在规定条件下，沥青试样黏附在金属表面上的面积占金属总面积的百分数。

3.4.26　收缩率　abbreviation ratio

绝缘沥青在规定的两个温度之间的体积变化，以体积分数表示。

3.4.27　附着度(黏结性)　coating ability

在规定条件下，乳化沥青黏附在潮湿石料上的面积占石料总面积之比。

3.4.28　四组分法　four groups analysis(SARA analysis)

对渣油、石油沥青或其他重质石油馏分在规定条件下测其饱和分、芳香分、胶质、沥青质四种组分的含量并以质量分数表示的分析过程。

3.4.29　沥青质　asphaltenes

在规定条件下不溶于正庚烷而溶于甲苯的沥青组分。

3.4.30　可溶质　maltene(petrolene)

在规定实验条件下分离出沥青质后得到的沥青组分。

3.4.31　饱和分　saturates

可溶质在规定条件下用正庚烷(仲裁时所用溶剂)或石油醚从液固色谱上脱附得到的沥青组分。

3.4.32　芳香分　aromatics

可溶质在规定条件下分离出饱和分后，再用甲苯从液固色谱上脱附得到的沥青组分。

3.4.33　胶质(极性芳香分)　resins(polar aromatics)

可溶质在规定条件下分离出饱和分和芳香分后，再用甲苯-乙醇从液固色谱上脱附得到的沥青组分。

3.4.34　蜡含量　wax content

在规定条件下，沥青试样经裂解蒸馏所得的馏出油脱出的蜡量，以质量分数表示。

3.4.35　水分　water content

存在于沥青试样中的水含量。

3.4.36 灰分 ash content

在规定条件下，沥青碳化后的残留物经煅烧所得的无机物，以质量分数表示。

3.4.37 耐久性 durability

反映沥青及其制品可持续使用的期限。

3.4.38 抗老化性 anti-aging property

沥青在长期使用过程中抗变质的能力。

3.4.39 感温性 susceptibility

指沥青对温度的敏感程度，常表征为黏度或稠度随温度变化而改变的程度。

3.4.40 疲劳阻力 fatigue resistance

沥青路面阻止由重复弯曲引发的开裂的能力。

3.4.41 加速老化 accelerated weathering

在较短的时间内，进行沥青老化模拟试验，并规定试验时间和其他条件，使老化试验对试件产生的影响与实际的老化效果相似。

3.4.42 内聚力 cohesion

由于沥青分子内部的化学键或分子间的范德华力等作用力引起的沥青内部抵抗沥青本身由于温度变化导致的变形而表现出来的一种性能。

3.4.43 黏附性 adhesion

沥青与一种界面相接触时由于化学键或分子间作用力的作用而产生的抵抗外界环境的变化而引起的沥青与界面之间相互脱离而表现出的一种性能。

3.4.44 配伍性或相容性 compactibility

沥青与一种有机物相互混合达到协调一致的程度，与沥青配伍性好的有机物会改善沥青的某种性能，而与沥青配伍性不好的有机物会降低沥青的某种性能。

3.4.45 溶胀 swelling and solubility

橡胶类改性剂加入到沥青中时，沥青中的油分进入到橡胶内部从而引起橡胶体积膨胀的现象通常称为溶胀，溶胀属于物理变化。

3.4.46 复合剪切模量 complex shear modulus(G^*)

由剪切应力的峰值的绝对值(τ)除以剪切应变的峰值的绝对值(γ)计算得到的比值。

3.4.47 相位角 phase angle(δ)

在控制应变模式下施加的正弦应变和产生的正弦应力之间或在控制应力模式下施加的应力与产生的应变之间的夹角。

3.4.48 耗能剪切模量 loss shear modulus(G'')

复合剪切模量乘以用度表示的相位角的正弦值。是损失能量(在负载循环中消耗的能量)的量度。

3.4.49 储能剪切模量 storage shear modulus(G')

复合剪切模量与用度表示的相位角的余弦值的乘积，是在负载循环中储存能量的量度。

3.4.50 物理硬化 physical hardening

当沥青在低于室温条件下贮藏时发生的可逆硬化，此类硬化与时间和温度有关。

3.4.51 振荡剪切 oscillatory shear

以振荡法向试验样品施加剪切应力或剪切应变的加载模式，可使剪切应力和剪切模量以正弦方式振动。

3.4.52 线性黏弹性 linear viscoelastic

在动态剪切流变仪试验方法范围内，动态剪切模量的变化与剪切应力及剪切应变无关的线性区域。

3.4.53 分子缔合 molecular association

沥青在室温储藏条件下发生在沥青分子之间的缔合作用，指的是沥青的空间硬化。分子缔合作用会增加沥青的动态剪切模量，分子缔合程度与沥青有关，储藏几个小时后缔合程度可能就较明显。

3.4.54 脆性破坏 brittle-type of failure

试验材料一种破坏类型。应力—应变曲线从开始到破坏点基本上是线性的，试件拉伸至突然断裂，其横截面没有明显的减小。

3.4.55 延－脆性破坏 brittle-ductile-type of failure

试验材料一种破坏类型。应力—应变曲线有弯曲下降阶段，破坏时试件突然断裂，但破坏前试件横截面发生有限的减小。

3.4.56 延性破坏 ductile-type of failure

拉伸试件在达到破坏点时不产生突然断裂而是横截面逐渐变小，从而产生大的应变。

3.4.57 弯曲蠕变柔量 flexural creep compliance($D(t)$)

在弯曲梁流变仪实验中，在规定实验条件下最大弯曲应变除以最大弯曲应力得到的比率，弯曲蠕变劲度是弯曲蠕变柔量的倒数。

3.4.58 弯曲蠕变 flexural creep

通过对被简单支撑的梁的中间施加一个恒负载，测定在加载时间下梁的形变试验而得到的材料特性。

3.4.59 弯曲蠕变劲度 flexural creep stiffness

在弯曲梁流变仪实验中，在规定实验条件下，以 8.0s，15.0s，30.0s，60.0s，120.0s 和 240.0s 处测量的劲度的对数为纵坐标，时间的对数为横坐标作图拟合二次多项式得到蠕变劲度。

3.4.60 实测弯曲蠕变劲度 measured flexural creep stiffness[$S_m(t)$]

在弯曲梁流变仪实验中在规定的实验条件下测得的最大弯曲应力除以测得的最大弯曲应变得到的比率。

3.4.61 *m* 值 *m* value

在弯曲梁流变仪实验中，在规定实验条件下，劲度对数与时间对数曲线的斜率的绝对值。

3.5 其他 miscellaneous

3.5.1 针入度分级 penetration grading

根据25℃的针入度对沥青进行分级的沥青分级系统。

3.5.2 SUPERPAVE

为 superior performing asphalt pavement 的缩语。一种混合料配合比设计方法 。

3.5.3 黏度分级 viscosity grading

根据60℃黏度对沥青进行分级的沥青分级系统。

3.5.4 性能分级 performance grading

在 SUPERPAVE 中使用的沥青分级体系，是以在临界温度和老化条件下沥青的力学性能为基础的沥青分级体系。

汉语拼音索引

英 文 索 引

A

B

C

D

E

F

H

I

S

T

V

W

ICS 75.140
E 43

SH

中华人民共和国石油化工行业标准

SH/T 0734—2003

聚合物改性道路沥青

Polymer modified asphalt cement for use in pavement construction

2004-01-09 发布　　2004-06-01 实施

中华人民共和国国家发展和改革委员会　发布

前　言

本标准修改采用美国材料与试验协会标准 ASTM D 5976-00《第Ⅰ类高聚物改性道路沥青胶结料》、ASTM D 5840-00《第Ⅱ类高聚物改性道路沥青胶结料》和 ASTM D 5841-00《第Ⅲ类高聚物改性道路沥青胶结料》。

本标准根据 ASTM D 5976-00，ASTM D 5840-00，ASTM D 5841-00 的要求指标重新起草。

为适合我国国情，本标准在采用 ASTM D 5976-00，ASTM D 5840-00，ASTM D 5841-00 时进行了如下修改：

——原 ASTM 标准 1.2 节中对Ⅰ、Ⅱ、Ⅲ类改性沥青所用的改性外掺材料范围做出过建议性规定，本标准将此删除并增加了相应材料的术语定义；

——原 ASTM 标准中包括的试验方法均列入规范性引用文件中；

——原 ASTM 标准中Ⅰ、Ⅱ、Ⅲ类改性沥青的技术要求指标并入同一个表中列出，并在采用 ASTM D 5840-00 时删去了我国道路建设中未采用的 CR 改性沥青的指标。

本标准资料性附录 A 中给出了技术性差异及其原因一览表。

本标准由中国石油化工集团公司提出。

本标准由石油大学重质油研究所技术归口。

本标准起草单位：石油大学(华东)重质油研究所。

本标准参加起草单位：交通部交通科学研究院。

本标准主要起草人：张玉贞、孔宪明。

本标准为首次发布，自 2004 年 6 月 1 日实施。

引　言

以热塑性弹性体SBS、丁苯橡胶(SBR)、热塑性树脂为改性外掺材料制作的改性沥青已广泛应用于道路的修建与维护。经过十几年的应用实践，我国改性沥青的生产技术、施工技术、设备制作，均有了成熟的经验。为保证改性沥青产品质量，使我国改性沥青的生产检测及施工方法尽快与国际接轨，依据我国现已使用的改性沥青生产品水平，特制定本标准。

本标准在保证ASTM标准对聚合物改性沥青的总体要求的前提下修改采用美国材料与试验协会(ASTM)标准中D 5976－00，D 5840－00，D 5841－00的有关指标，参考我国正在使用的交通部JTJ 036—98《公路改性沥青路面施工技术规范》中对聚合物改性沥青的要求制定。

聚合物改性道路沥青

1 范围

本标准规定了用于道路工程的聚合物改性沥青的分类、技术条件、贮存和运输要求。

本标准适用于以热塑性弹性体(SBS)、丁苯橡胶(SBR)、乙烯－醋酸乙烯共聚物(EVA)、聚乙烯(PE)为改性外掺材料制作的聚合物改性沥青，满足本标准系列指标的其他聚合物改性沥青可参用本标准。

2 规范性引用文件

下列文件中的条款通过本标准的引用而成为本标准的条款。凡是注日期的引用文件，其随后所有的修改单(不包括勘误的内容)或修改版均不适用于本标准，然而，鼓励根据本标准达成协议的各方研究是否可使用这些文件的最新版本。凡是不注日期的引用文件其最新版本适用于本标准。

GB/T 267 石油产品闪点与燃点测定法(开口杯法)

GB/T 4507 石油沥青软化点测定法

GB/T 4508 石油沥青延度测定法

GB/T 4509 石油沥青针入度测定法

GB/T 5304 石油沥青薄膜烘箱方法

GB/T 11147 石油沥青取样法

GB/T 11148 石油沥青溶解度测定法

SH 0164 石油产品包装、贮运及交货验收规则

SH/T 0735—2003 沥青粘韧性试验法

SH/T 0736—2003 沥青旋转薄膜烘箱试验法

SH/T 0737—2003 沥青弹性恢复测定法(延度仪法)

SH/T 0738—2003 聚合物改性沥青 1,1,1－三氯乙烷溶解度测定法

SH/T 0739—2003 沥青黏度测定法(布鲁克菲尔德旋转黏度仪法)

SH/T 0740—2003 聚合物改性沥青离析试验法

3 术语和定义

3.1

热塑性弹性体 Styrene-Butadiene-Styrene block copolymer

苯乙烯－丁二烯－苯乙烯嵌段共聚物，为热塑性弹性体，有线型(非交联型)和星型(交联型)两大类，均可用于沥青改性。

3.2

丁苯橡胶 Styrene-Butadiene rubber

丁二烯和苯乙烯共聚的、链节为无规分布的非结晶型弹性体，硫化后具有弹性。本标准中所指为乳液法合成的且未硫化的生胶。

3.3

乙烯－醋酸乙烯共聚物 Ethylene-Vinyl acetate copolymer

乙烯和醋酸乙烯共聚而成的树脂。常用的为高压本体聚合法产品。

3.4

聚乙烯 Polyethylene

乙烯单体在不同生产条件下均聚而成。本标准中常用的为高压聚合的低密度聚乙烯。

4 分类

4.1 按改性材料的不同，本标准将聚合物改性沥青分为SBS类（Ⅰ类）、SBR类（Ⅱ类）和EVA、PE类（Ⅲ类）。

4.2 按针入度和软化点不同，本标准将Ⅰ、Ⅲ类聚合物改性沥青分为A、B、C、D四个等级，Ⅱ类分为A、B两个等级。

5 技术要求

聚合物改性道路沥青的物理性能应符合表1的规定。

表1 聚合物改性道路沥青技术要求

项目		SBS类（Ⅰ类）				SBR类（Ⅱ类）		EVA、PE类（Ⅲ类）				试验方法
		Ⅰ-A	Ⅰ-B	Ⅰ-C	Ⅰ-D	Ⅱ-A	Ⅱ-B	Ⅲ-A	Ⅲ-B	Ⅲ-C	Ⅲ-D	
针入度(25℃，100g，5s)/(1/10mm)		100～150	75～100	50～75	40～75	≥100	≥80	≥80	≥60	≥40	≥30	GB/T 4509
针入度指数[a]（PI）		报告										
延度(5℃，5cm/min)/cm	>	50	40	30	20	60	50					GB/T 4508
软化点/℃	>	45	50	60	65	45	48	51	54	57	60	GB/T 4507
黏度[b]（135℃）/（Pa·s）		<3				>0.3		0.15～1.5				SH/T 0739
闪点（开口杯）/℃	>	230				230		230				GB/T 267
溶解度[c]/%	≥	99				99						SH/T 0738
离析（软化点差）/℃		≤2.5						无改性剂明显析出、凝聚[d]				SH/T 0740
弹性恢复（25℃）/%	≥	65	70	75	80							SH/T 0737
粘韧性/（N·m）						≥5						SH/T 0735
韧性/（N·m）						≥2.5						SH/T 0735
旋转薄膜烘箱后[e] 质量损失/%	≤	1.0										SH/T 0739
旋转薄膜烘箱后[e] 针入度比（25℃）/%	>	50	55	60	65	50	55	50	55	58	60	GB/T 4509
旋转薄膜烘箱后[e] 延度(5℃，5cm/min)/cm	>	30	25	20	15	30	20					GB/T 4508

[a] 针入度指数由实测15℃、25℃、30℃等不同温度下的针入度按式 $\lg P = AT + K$ 直线回归求得参数 A 后。以下式求得：$PI = (20 - 500A)/(1 + 50A)$，该经验式的直线回归的相关系数 R 不得低于0.997。

[b] 如果生产者能保证沥青在泵送和施工条件下安全使用，135℃黏度可不作要求。

[c] GB/T 11148《石油沥青溶解度测定法》可以替代SH/T 0738—2003《聚合物改性沥青1,1,1-三氯乙烷溶解度测定法》，但必须在报告中注明；仲裁试验用前者。EVA、PE类（Ⅲ类）改性沥青对溶解度不作要求；SBS（或SBR）改性沥青中如加入PE等三氯乙烷不溶物后，则不得称为SBS（或SBR）改性沥青，其溶解度指标按照具体工程上的技术要求处理。

[d] 定性观测法见SH/T 0740—2003《聚合物改性沥青离析试验法》的附录A。

[e] 老化试验以旋转薄膜烘箱试验（RTFOT）为准，允许以薄膜烘箱（TFOT）代替，但必须在报告中注明，且不得作为仲裁试验。

6 包装、标志、贮运

包装、标志、贮运及交货验收方法按 SH 0164 要求进行。

7 采样

采样按 GB/T 11147 要求进行。

附　录　A
（资料性附录）

本标准与 ASTM 标准技术差异与原因

ASTM 标准章节	本标准章节	技术性差异	原　　因
1，2	3，4	① 增加了术语含义 ② 改性剂范围扩展为三类	① 为更进一步明确所用聚合物性能 ② 三个标准所用技术指标合并
2～5	2	所有应用文件均用中国国家标准或行业标准	试验操作需要而且符合国际和 ASTM 标准的要求
6		删除两个试验法：离析与弹性恢复	已制定相应的试验法标准
表 1	表 1	合并 ASTM 三个标准的表为一个表，增加软化点、*PI* 和 RTFOT 后针入度比，删去Ⅱ类改性沥青中后两种 CR 改性沥青指标	国内所有沥青均测软化点；*PI* 为报告值；针入度比值可反映老化前后性能；CR 胶乳改性沥青应用很少，国内指标不成熟

ICS 75. 140
E 43

SH

中华人民共和国石油化工行业标准

SH/T 0798—2007

阴离子乳化沥青

Standard specification for anionic emulsified asphalt

2007-08-01 发布 2008-01-01 实施

中华人民共和国国家发展和改革委员会 发布

前　言

本标准修改采用美国材料与试验协会标准 ASTM 977－03《乳化沥青标准规范》(英文版)。

本标准根据 ASTM D977－03 重新起草。

为了更适合我国国情，本标准在采用 ASTM D977－03 时进行了编辑性与技术性修改。

本标准与 ASTM D977－03 的主要技术性差异如下：

——本标准删除了 ASTM D977－03 中我国未应用的 HFRS－2、HFMS－1、HFMS－2、HFMS－2h、HFMS－2S 和 QS－1H 类乳化沥青技术指标及相应的试验方法。

本标准的附录 A 为资料性附录。

本标准由中国石油化工集团公司提出。

本标准由中国石油大学(华东)重质油研究所技术归口。

本标准负责起草单位：中国石油大学(华东)重质油研究所。

本标准主要起草人：孔宪明、张玉贞、刘国祥。

本标准为首次发布。

阴离子乳化沥青

1 范围

本标准规定了7种路用阴离子乳化沥青的分类、技术要求、试验方法、包装、标志、贮运和取样要求。

本标准适用于以沥青、水和阴离子乳化剂等为原料制成的乳化沥青。

本标准未涉及有关使用的安全规定，标准使用者有责任在使用前制定合适的安全应用规范。

2 规范性引用文件

下列文件中的条款通过本标准的引用而成为本标准的条款。凡是注日期的引用文件，其随后所有的修改单(不包括勘误的内容)或修订版均不适用于本标准，然而，鼓励根据本标准达成协议的各方研究可否使用这些文件的最新版本。凡是不注日期的引用文件，其最新版本适用于本标准。

GB/T 4508 沥青延度测定法

GB/T 4509 沥青针入度测定法

GB/T 11147 石油沥青取样法

GB/T 11148 石油沥青溶解度测定法

SH 0164 石油产品包装、贮运及交货验收规则

SH/T 0099.2 乳化沥青筛上剩余量测定法

SH/T 0099.5 乳化沥青储存稳定性测定法

SH/T 0099.6 乳化沥青水泥拌合试验

SH/T 0099.10 乳化沥青粘附和抗水能力试验法

SH/T 0099.17 乳化沥青残留物与馏出油含量蒸馏测定法

SH/T 0779 乳化沥青赛波特黏度测定法

SH/T 0780 乳化沥青破乳度测定法

3 产品分类与命名

本标准按凝结速度与使用要求将阴离子乳化沥青分为快凝、中凝、慢凝3种类型7个产品。RS-1、RS-2为快凝型，适用于表面处治及贯入式碎石路面，MS-1、MS-2、MS-3为中凝型，适用于开级配混合料、碎石封层与即时修补，SS-1、SS-2为慢凝型，适用于密级配混合料及洒布处理。

4 技术要求和试验方法

4.1 阴离子乳化沥青应符合表1中的规定。

4.2 阴离子乳化沥青应在交货14天内进行试验，如果非因冷冻导致分离，充分混合后的阴离子乳化沥青应是均匀的。因受冷冻而导致分离的阴离子乳化沥青不进行交货与试验。

5 取样

5.1 取样按GB/T 11147要求进行。

5.2 试样取样后直至试验，应储藏于干净密封的容器中，温度不低于4℃。

6 包装、标志、贮运

包装、标志、贮运及交货验收方法按 SH 0164 要求进行。

表 1 阴离子乳化沥青技术要求及试验方法

项　目	快凝型				中凝型						慢凝型				试验方法
	RS－1		RS－2		MS－1		MS－2		MS－3		SS－1		SS－2		
	min	max	min	max	min	max	min	max	min	max	min	max	min	max	
赛波特黏度(25℃)，s	20	100			20	100	100		100		20	100	20	100	SH/T 0779
赛波特黏度(50℃)，s			75	400											SH/T 0779
储存稳定性(24h)，%		1		1		1		1		1		1		1	SH/T 0099.5
破乳能力(35mL，1.11g/L $CaCl_2$)，%	60		60												SH/T 0780
裹覆能力和抗水性 干集料上 喷水后粘附程度 湿集料上 喷水后粘附程度					 好 中 中 中		 好 中 中 中		 好 中 中 中						SH/T 0099.10
水泥拌合试验，%												2.0		2.0	SH/T 0099.6
筛上剩余物含量，%		0.1		0.1		0.1		0.1		0.1		0.1		0.1	SH/T 0099.2
蒸馏残留物含量，%	55		60		55		55		55		55		55		SH/T 0099.17
蒸馏残留物试验															SH/T 0099.17
针入度(25℃，100g，5s)，1/10mm	50	200	50	200	50	200	50	200	40	90	50	200	40	90	GB/T 4509
延度(15℃，5cm/min)，cm	40		40		40		40		40		40		40		GB/T 4508
溶解度(三氯乙烯)，%	97.5		97.5		97.5		97.5		97.5		97.5		97.5		GB/T 11148

附 录 A
（资料性附录）
运动黏度、恩氏黏度、赛氏黏度、雷氏黏度对照表

A.1 运动黏度与常用的三个条件黏度：恩氏黏度(Engler viscosity)、赛氏黏度(Saybolt viscosity)、雷氏黏度(Redwood viscosity)，可参考表A.1换算：

表 A.1 运动黏度、恩氏黏度、赛氏黏度、雷氏黏度对照表

运动黏度 mm^2/s	恩氏(Engler)黏度 °E	赛氏(Saybolt)黏度 SUS (通用)，s	雷氏(Redwood)黏度 RIS (1号)，s
1.0	1.00	—	—
2.0	1.14	32.6	30.95
3.0	1.22	36.0	33.45
4.0	1.30	39.2	35.95
5.0	1.40	42.3	38.45
6.0	1.48	45.5	41.05
7.0	1.56	48.7	43.70
8.0	1.65	52.0	46.35
9.0	1.74	55.4	49.10
10.0	1.83	58.8	52.01
11.0	1.92	62.3	55.01
12.0	2.02	65.9	58.10
13.0	2.12	69.6	61.30
14.0	2.21	73.4	64.55
15.0	2.32	77.2	67.90
16.0	2.43	81.1	71.40
17.0	2.54	85.1	74.85
18.0	2.64	89.2	78.45
19.0	2.75	93.3	82.10
20.0	2.87	97.5	85.75
21.0	2.98	101.7	89.50
22.0	3.10	106.0	93.25
23.0	3.21	110.3	97.05
24.0	3.33	114.6	100.9
25.0	3.45	118.9	104.7
26.0	3.57	123.3	108.6
27.0	3.69	127.7	112.5
28.0	3.82	132.1	116.5
29.0	3.94	136.5	120.4
30.0	4.07	140.9	124.4
31.0	4.19	145.3	128.3
32.0	4.32	149.7	132.3
33.0	4.44	154.2	136.3
34.0	4.57	158.7	140.2
35.0	4.69	163.2	144.2
36.0	4.82	167.7	148.2
37.0	4.95	172.2	152.2

表 A.1(续)

运动黏度 mm²/s	恩氏(Engler)黏度 °E	赛氏(Saybolt)黏度 SUS (通用), s	雷氏(Redwood)黏度 RIS (1号), s
38.0	5.08	176.7	156.2
39.0	5.20	181.2	160.3
40.0	5.33	185.7	164.3
41.0	5.46	190.2	168.3
42.0	5.59	194.7	172.3
43.0	5.72	199.2	176.4
44.0	5.84	203.8	180.4
45.0	5.97	208.4	184.5
46.0	6.10	213.0	188.5
47.0	6.23	217.6	192.6
48.0	6.36	222.2	196.6
49.0	6.49	226.8	200.7
50.0	6.63	231.4	204.7
51.0	6.76	236.0	208.8
52.0	6.89	240.6	212.8
53.0	6.99	245.2	216.9
54.0	7.10	249.9	221.0
55.0	7.23	254.4	225.0
56.0	7.37	259.0	229.1
58.0	7.63	268.2	237.2
60.0	7.89	277.4	245.3
62.0	8.15	286.6	253.5
64.0	8.42	295.8	261.6
66.0	8.68	305.0	269.8
68.0	8.94	314.2	277.2
70.0	9.21	323.4	286.0
72.0	9.47	332.6	294.1
74.0	9.73	341.9	302.2
75.0	9.87	346.5	306.3
78.5	10.3	363	320
83.5	11.0	386	340
88.5	11.6	409	360
93.5	12.3	432	380
98.5	13.0	455	400
110.5	14.6	512	450
123.0	16.2	569	500
135	17.8	626	550
147	19.4	683	600
160	21.0	739	650
172	22.7	796	700
184	24.3	853	750
197	25.9	910	800
209	27.5	967	850
221	29.2	1024	900
246	32.4	1138	1000

表 A.1(续)

运动黏度 mm^2/s	恩氏(Engler)黏度 °E	赛氏(Saybolt)黏度 SUS (通用),s	雷氏(Redwood)黏度 RIS (1号),s
270	35.6	1251	1100
295	39.0	1365	1200
320	42.0	1479	1300
369	48.0	1706	1500
393	52	1820	1600
442	58	2048	1800
491	65	2275	2000
540	71	2503	2200
590	78	2730	2400
639	84	2958	2600
688	91	3185	2800
737	97	3413	3000
786	103	3641	3200
835	110	3868	3400
860	113	3982	3500
909	120	4210	3700
983	130	4551	4000
1106	146	5119	4500
1229	162	5688	5000
1351	178	6257	5500
1474	194	6826	6000
1597	211	7395	6500
1720	227	7964	7000
1843	243	8532	7500
1966	259	9101	8000
2200	293	10000	8460
5500	734	25000	21154
11000	1467	50000	42308

ICS 75.140
E 43

SH

中华人民共和国石油化工行业标准

SH/T 0799—2007

水工石油沥青

Hydraulic asphalt

2007-08-01 发布　　2008-01-01 实施

中华人民共和国国家发展和改革委员会　发布

前　　言

本标准由中国石油化工集团公司提出。

本标准由中国石油大学(华东)重质油研究所技术归口。

本标准负责起草单位：中国石油大学(华东)重质油研究所。

本标准参加起草单位：中国石油天然气股份有限公司克拉玛依分公司炼油化工研究院。

本标准主要起草人：刘国祥、王金勤。

本标准为首次发布。

水工石油沥青

1 范围

本标准规定了水利水电工程用石油沥青的分类、技术要求、试验方法、包装、标志、贮运和取样要求。

本标准适合于原油经合适的加工工艺生产的石油沥青。

本标准未涉及有关使用的安全规定，标准使用者有责任在使用前制定合适的安全应用规程。

2 规范性引用文件

下列文件中的条款通过本标准的引用而成为本标准的条款。凡是注日期的引用文件，其随后所有的修改单(不包括勘误的内容)或修改版均不适用于本标准，然而，鼓励根据本标准达成协议的各方研究是否可使用这些文件的最新版本。凡是不注日期的引用文件其最新版本适用于本标准。

GB/T 267 石油产品闪点与燃点测定法(开口杯法)

GB/T 4507 沥青软化点测定法(环球法)

GB/T 4508 沥青延度测定法

GB/T 4509 沥青针入度测定法

GB/T 4510 石油沥青脆点测定法

GB/T 5304 石油沥青薄膜烘箱试验方法

GB/T 8928 石油沥青比重和密度测定法

GB/T 11147 石油沥青取样法

GB/T 11148 石油沥青溶解度测定法

SH 0164 石油产品包装、贮运及交货验收规则

SH/T 0422 沥青灰分测定法

SH/T 0425 石油沥青蜡含量测定法

3 产品分类与命名

本标准所属产品按使用要求分为1号、2号和3号3个牌号，其中1号、2号适用于水工结构心墙和面板防渗层与整平胶结层等，3号用于水工结构封闭层。

4 技术要求及试验方法

水工石油沥青的技术要求应符合表1的规定。

表1 水工石油沥青的技术要求及试验方法

项目		质量指标			试验方法
		1号	2号	3号	
针入度(25℃，100g，5s)，1/10mm		70~90	60~80	40~60	GB/T 4509
延度(15℃，5cm/min)，cm	不小于	150	150	80	GB/T 4508
延度(4℃，1cm/min)，cm	不小于	20	15	—	GB/T 4508
软化点(环球法)，℃		44~52	46~55	48~60	GB/T 4507
溶解度(三氯乙烯)，%	不小于	99.0	99.0	99.0	GB/T 11148
脆点，℃	不大于	-12	-10	-8	GB/T 4510

表1(续)

项　　目		质量指标			试验方法
		1号	2号	3号	
闪点(开口杯法),℃	不低于	230	230	230	GB/T 267
蜡含量(蒸馏法),%	不大于	2.2	2.2	2.2	SH/T 0425
灰分,%	不大于	0.5	0.5	0.5	SH/T 0422
密度(25℃),g/cm³		报告	报告	报告	GB/T 8928
薄膜烘箱试验(163℃,5h)					GB/T 5304
质量变化,%	不大于	0.6	0.5	0.4	GB/T 5304
针入度比,%	不小于	65	65	65	GB/T 4509
延度(15℃,5cm/min),cm	不小于	100	80	10	GB/T 4508
延度(4℃,1cm/min),cm	不小于	6	4	—	GB/T 4508
脆点,℃	不大于	-8	-6	-5	GB/T 4510
软化点升高,℃	不大于	6.5	6.5	6.5	GB/T 4507

5 包装、标志、贮运

包装、标志、贮运及交货验收方法按 SH 0164 要求进行。

6 取样

取样按 GB/T 11147 要求进行。

ICS 75.140
E 43

SH

中华人民共和国石油化工行业标准

NB/SH/T 0818—2010

橡 胶 沥 青

Asphalt-rubber binder

2010-05-01 发布　　2010-10-01 实施

国 家 能 源 局　发 布

前　言

本标准等同采用 ASTM D6114 -97 (Reapproved 2002)《橡胶沥青粘结剂规格》。

为适合我国国情，本标准在采用 ASTM D 6114 标准时进行了以下修改：

——将原 ASTM D6114 标准中的英制单位改为为 SI 制单位。

——原 ASTM D6114 标准中引用的标准均改为我国相应的标准，全文按我国标准体例编辑。

——为适应英制单位改为为 SI 制单位，调整了原 ASTM 标准中表 1 的部分指标；表中所引我国检测方法标准和 ASTM 检测标准一致。

——废橡胶粉的检测按我国 GB/T 19208《硫化橡胶粉》规定方法进行，该法与原 ASTM D6114 标准不一致之处从 ASTM D6114 的规定，列入本标准 5.1。

——作为选用废橡胶粉的参考，本标准的附录 A 为资料性附录。

本标准由中国石油化工集团公司提出。

本标准由全国石油产品和润滑剂标准化技术委员会石油沥青分技术委员会归口。

本标准主要起草单位：中国石油大学(华东)重质油研究所

本标准参加起草单位：武汉理工大学

本标准主要起草人：孔宪明、余剑英、林元奎。

本标准为首次发布。

橡胶沥青

1 范围

本标准规定了由沥青、废橡胶粉和其他添加剂组成的道路用橡胶沥青胶结料规格。

本标准所规定的橡胶沥青是用湿法生产的：橡胶粉与热沥青必须在工厂内充分搅拌混合，使沥青和废胶粉相互作用，将橡胶颗粒在沥青中溶胀并破碎后对沥青进行改性。

注：为使橡胶沥青满足应用性能，建议橡胶粉含量至少达到15%（质量分数）。

本标准未涉及有关使用的安全规定，标准使用者有责任在使用前制定合适的安全应用规程。

2 规范性引用文件

下列文件中的条款通过本标准的引用而成为本标准的条款。凡是注日期的引用文件，其随后所有的修改单（不包括勘误的内容）或修订版均不适用于本标准，然而，鼓励根据本标准达成协议的各方研究是否可使用这些文件的最新版本。凡是不注日期的引用文件，其最新版本适用于本标准。

GB/T 267　石油产品闪点和燃点测定法（开口杯法）

GB/T 4507　沥青软化点测定法（环球法）

GB/T 4508　沥青延度测定法

GB/T 4509　沥青针入度测定法

GB/T 5304　石油沥青薄膜烘箱试验法

GB/T 11147　沥青取样法

GB/T 15180　重交通道路石油沥青

GB/T 19208　硫化橡胶粉

SH/T 0164　石油产品包装、贮运及交货验收规则

SH/T 0522　道路石油沥青

SH/T 0736　沥青旋转薄膜烘箱试验法

SH/T 0816　橡胶沥青弹性恢复率的测定　球入度法

SH/T 0739　沥青黏度测定法（布如克菲尔德旋转黏度仪法）

3 原材料性质

3.1 沥青

可以选用道路石油沥青或重交通道路石油沥青。使沥青和废橡胶粉相互混合以后的产品性能可达到本标准表1中技术要求的基质沥青均可使用。

3.2 废橡胶粉

3.2.1　按质量份数计：废胶粉含水不超过0.75%，铁含量不超过0.01%。

3.2.2　按质量份数计：用于热拌施工的橡胶沥青的废胶粉，其中的纤维重量含量不超过0.5%，用于喷洒施工的橡胶沥青的废胶粉，纤维含量不超过0.1%；其他外来污染物应少于0.25%；目测时不能有可见金属颗粒。

注：其他外来的污染物包括玻璃，砂，木屑等。

3.2.3　橡胶粉粒度应符合GB/T 19208《硫化橡胶粉》中规定的细硫化橡胶粉（425μm～200μm）和粗硫化橡胶粉（1000μm～425μm）指标。

3.2.4　除本标准另有规定外，废橡胶粉性能按GB/T 19208规定的方法测试，在保证橡胶沥青产

品符合本标准表1要求的前提下，废橡胶粉的等级和性能也可由使用者和供货者协商处理

4 性能指标

4.1 橡胶沥青应符合表1要求。表1所列的测试方法有多个可选者，第一个为首选，并于仲裁时选用。

4.2 橡胶沥青加热到175℃时不应当起泡。

5 试验方法

5.1 废橡胶粉

5.1.1 按GB/T 19208规定的方法测量废橡胶粉含水量，但是要把烘箱温度调整到105℃±5℃。

5.1.2 铁含量测试：取50g废橡胶粉样品，用磁铁在里面搅动，以分离铁粒子，称量收集的铁粒子；非铁类的金属粒子用目测法分离测定。

5.1.3 纤维含量的测定可由使用者和供货者协商处理。

5.2 橡胶沥青

5.2.1 取样容器和取样方法遵循GB/T 11147《石油沥青取样法》的规定。

5.2.2 样品加热和融化：融化样品前拧松取样容器的盖子，以释放压力，将其置于预热的烘箱里，加热样品到开始流动，取出容器缓缓搅拌，以避免局部过热，然后再盖上盖子，重复上述步骤直到样品具有一定流动性，适于浇模。对于测175℃黏度的样品，可加热到175℃，而进行表1中其他项目测试时，相应样品只要加热到能液化、便于浇铸入模即可。

表1 橡胶沥青技术要求

指标名称		类型Ⅰ	类型Ⅱ	类型Ⅲ	测试方法
175℃黏度/(Pa·s)	min	1500	1500	1500	SH/T 0739
	max	5000	5000	5000	
25℃针入度(100g，5s)/(1/10mm)	min	25	25	50	GB/T 4509
	max	75	75	100	
4℃针入度(200g，60s)/(1/10mm)	min	10	15	25	GB/T 4509
软化点/℃	min	58	54	52	GB/T 4507
25℃弹性恢复/%	min	25	20	10	NB/SH/T 0816
闪点/℃	min	230	230	230	GB/T 267
薄膜烘箱(TFOT)或旋转薄膜烘箱(RTFOT)试验后性质					GB/T 5304 或 SH/T 0736
4℃针入度为原沥青的%	min	75	75	75	
注：NB/SH/T 0816与本标准同时制定。					

6 包装

包装、标志、贮运及交货验收方法按SH 0164要求进行。

7 关键词

沥青；橡胶沥青；废橡胶粉；湿法。

附 录 A
（资料性附录）
废橡胶粉技术指标

废橡胶技术指标见表A.1。

表A.1 废橡胶粉技术指标

检 测 项 目		检测单位	含 量
水的质量分数	≤	%	0.75
灰分的质量分数	≤	%	8
丙酮抽出物的质量分数	≤	%	12
橡胶烃的质量分数	≤	%	45
炭黑的质量分数	≤	%	28
铁的质量分数	≤	%	0.01
纤维的质量分数	≤	%	0.5

ICS 75.140
E 43

SH

中华人民共和国石油化工行业标准

NB/SH/T 0819—2010

热拌用沥青再生剂

Hot-mix asphalt recycling agents

2010-05-01 发布 2010-10-01 实施

国家能源局 发布

前　　言

本标准修改采用美国材料与试验协会标 ASTM D4552－92(Reapproved 2004)《热拌沥青再生剂规格》。

本标准根据 ASTM D4552－92(Reapproved 2004)的要求指标重新起草。

为适合我国国情，本标准在采用 ASTM D4552－92(Reapproved 2004)时进行了如下修改：

——原 ASTM 标准中所用英制单位改为 SI 制单位；

——原 ASTM 标准中引用的 ASTM 试验方法标准均改为我国相应的标准，并引用了我国交通部《公路沥青路面再生技术规范》作为参考文献，以利再生剂的选用；

本标准由中国石油化工集团公司提出。

本标准由全国石油产品和润滑剂标准化技术委员会石油沥青分技术委员会归口。

本标准主要起草单位：中国石油大学(华东)重质油研究所。

本标准参加起草单位：武汉理工大学。

本标准主要起草人：孔宪明、吴少鹏。

本标准为首次发布。

热拌用沥青再生剂

1 范围

本标准规定了热拌用沥青再生剂分类、技术要求、检验方法以及包装、标志、交货验收和取样规则。

本标准未涉及有关使用的安全规定，标准使用者有责任在使用前制定合适的安全应用规程。

2 规范性引用文件

下列文件中的条款通过本标准的引用而成为本标准的条款。凡是注日期的引用文件，其随后所有的修改单(不包括勘误的内容)或修订版均不适用于本标准，然而，鼓励根据本标准达成协议的各方研究是否可使用这些文件的最新版本。凡是不注日期的引用文件，其最新版本适用于本标准。

GB/T 267 石油产品闪点和燃点测定法(开口杯法)

GB/T 1884 原油和液体石油产品密度实验室测定法(密度计法)

GB/T 5304 石油沥青薄膜烘箱试验法

GB/T 8928 石油沥青比重和密度测定法

GB/T 11147 沥青取样法

SH/T 0164 石油产品包装、贮运及交货验收规则

SH/T 0509 石油沥青组分测定法

SH/T 0654 石油沥青运动黏度测定法

SH/T 0736 沥青旋转薄膜烘箱试验法

3 意义与用途

3.1 老化或损坏的沥青混凝土可经适当工艺再生，重复利用沥青混凝土中的集料与沥青；其中的沥青作为热塑性粘结材料，可加入再生剂恢复其性能。

3.2 本标准规定的是用于热拌再生沥青混凝土的再生添加剂类别和指标。

4 产品分类

4.1 本标准的沥青再生剂产品按60℃运动黏度分类。

4.2 本标准规定了6组再生剂：RA1，RA5，RA25，RA75，RA250和RA500(如表1所示)。表1黏度范围的规定没有交叠，为确保有合适的黏度区间可供选用，其规定区域较宽。

5 检验规则

5.1 本标准的规定性检验指标有：闪点(与施工安全有关)、饱和分含量(与相容性有关)，为出厂检验项目。

5.2 本标准的薄膜烘箱或旋转薄膜烘箱残留物性质(与耐久性有关)以及密度指标，为供需双方协商选用的检验项目。

6 技术要求

热拌用沥青再生剂性能应符合表1技术指标的要求。

表1 热拌用沥青再生剂技术要求与试验方法

指标名称	RA1	RA5	RA25	RA75	RA250	RA500	试验方法
60℃黏度/(mm^2/s)	50～175	176～900	901～4500	4501～12500	12501～37500	37501～60000	SH/T 0654[a]
闪点/℃ 不低于	220	220	220	220	220	220	GB/T 267
饱和分/% 不大于	30	30	30	30	30	30	SH/T 0509
25℃密度/(g/cm^3)	报告	报告	报告	报告	报告	报告	GB/T 8928（半固态和固态）GB/T 1884（液态）
外观	表观均匀、无分层现象						观 察
薄膜烘箱(TFOT)或旋转薄膜烘箱(RTFOT)试验后性质(GB/T 5304 或 SH/T 0736)							
黏度比[b] 不大于	3	3	3	3	3	3	
质量变化±,% 不大于	3	4	4	3	3	3	

[a] 60℃黏度按 SH/T 0654 标准规定的方法测试，但必须将测试温度调整为60℃。

[b] 黏度比为：薄膜烘箱试验后样品黏度/薄膜烘箱试验前样品黏度；仲裁时选用薄膜烘箱试验。

7 标志、包装、运输、储存

标志、包装、运输、储存及交货验收方法按 SH 0164 要求进行。凡向用户销售的符合本标准的产品，按技术要求不同，其包装和容器外都应明确标明下列标志：“热拌用沥青再生剂 RA1”或“热拌用沥青再生剂 RA5”、“热拌用沥青再生剂 RA25”、“热拌用沥青再生剂 RA75”、“热拌用沥青再生剂 RA250”、“热拌用沥青再生剂 RA500”。

8 取样

取样按 GB/T 11147 要求进行。

9 关键词

沥青；热拌和；再生剂。

参 考 文 献

[1] 中华人民共和国交通运输部行业标准 JTG F41—2008《公路沥青路面再生技术规范》
[2] 运动黏度、恩氏黏度、赛氏黏度、雷氏黏度简明对照表：

运动黏度/(mm^2/s)	恩氏黏度/°E	赛氏黏度(SUS)/s	雷氏黏度(RIS)(1号)/s
1.0	1.00	—	—
2.0	1.14	32.6	30.95
3.0	1.22	36.0	33.45
4.0	1.30	39.2	35.95
5.0	1.40	42.3	38.45
6.0	1.48	45.5	41.05
7.0	1.56	48.7	43.7
8.0	1.65	52.0	46.35
9.0	1.74	55.4	49.1
10.0	1.83	58.8	52.0
11.0	1.92	62.3	55.0
12.0	2.02	65.9	58.1
13.0	2.12	69.6	61.3
14.0	2.21	73.4	64.55
15.0	2.32	77.2	67.9
16.0	2.43	81.1	71.4
17.0	2.54	85.1	74.85
18.0	2.64	89.2	78.45
19.0	2.75	93.3	82.1
20.0	2.87	97.5	85.75
21.0	2.98	101.7	89.5
22.0	3.10	106.0	93.25
23.0	3.21	110.3	97.05
24.0	3.33	114.6	100.9
25.0	3.45	118.9	104.7
26.0	3.57	123.3	108.6
27.0	3.69	127.7	112.5
28.0	3.82	132.1	116.5
29.0	3.94	136.5	120.4
30.0	4.07	140.9	124.4
31.0	4.19	145.3	128.3
32.0	4.32	149.7	132.3
33.0	4.44	154.2	136.3
34.0	4.57	158.7	140.2
35.0	4.69	163.2	144.2

（续）

运动黏度/(mm^2/s)	恩氏黏度/°E	赛氏黏度(SUS)/s	雷氏黏度(RIS)(1号)/s
36.0	4.82	167.7	148.2
37.0	4.95	172.2	152.2
38.0	5.08	176.7	156.2
39.0	5.20	181.2	160.3
40.0	5.33	185.7	164.3
41.0	5.46	190.2	168.3
42.0	5.59	194.7	172.3
43.0	5.72	199.2	176.4
44.0	5.84	203.8	180.4
45.0	5.97	208.4	184.5
46.0	6.10	213.0	188.5
47.0	6.23	217.6	192.6
48.0	6.36	222.2	196.6
49.0	6.49	226.8	200.7
50.0	6.63	231.4	204.7
51.0	6.76	236.0	208.8
52.0	6.89	240.6	212.8
53.0	6.99	245.2	216.9
54.0	7.10	249.9	221.0
55.0	7.23	254.4	225.0
56.0	7.37	259.0	229.1
58.0	7.63	268.2	237.2
60.0	7.89	277.4	245.3
62.0	8.15	286.6	253.5
64.0	8.42	295.8	261.6
66.0	8.68	305.0	269.8
68.0	8.94	314.2	277.2
70.0	9.21	323.4	286.0
72.0	9.47	332.6	294.1
74.0	9.73	341.9	302.2
75.0	9.87	346.5	306.3
78.5	10.3	363	320
83.5	11.0	386	340
88.5	11.6	409	360
93.5	12.3	432	380
98.5	13.0	455	400
110.5	14.6	512	450
123.0	16.2	569	500

（续）

运动黏度/ （mm^2/s）	恩氏黏度/ °E	赛氏黏度（SUS）/ s	雷氏黏度（RIS） （1号）/s
135	17.8	626	550
147	19.4	683	600
160	21.0	739	650
172	22.7	796	700
184	24.3	853	750
197	25.9	910	800
209	27.5	967	850
221	29.2	1024	900
246	32.4	1138	1000
270	35.6	1251	1100
295	39.0	1365	1200
320	42.0	1479	1300
369	48.0	1706	1500
393	52	1820	1600
442	58	2048	1800
491	65	2275	2000
540	71	2503	2200
590	78	2730	2400
639	84	2958	2600
688	91	3185	2800
737	97	3413	3000
786	103	3641	3200
835	110	3868	3400
860	113	3982	3500
909	120	4210	3700
983	130	4551	4000
1106	146	5119	4500
1229	162	5688	5000
1351	178	6257	5500
1474	194	6826	6000
1597	211	7395	6500
1720	227	7964	7000
1843	243	8532	7500
1966	259	9101	8000
2200	293	10000	8460
5500	734	25000	21154
11000	1467	50000	42308

对于更高的黏度，其等温条件下运动黏度和恩氏黏度可按下式换算：

$$E_t = 0.135\nu_t$$

式中：

E_t——温度 t 时的恩氏黏度；

ν_t——温度 t 时的运动黏度，mm^2/s。

运动黏度单位在国际单位制中是 m^2/s，在 CGS 制中是 St，$1St = 1cm^2/s$，实际常用的是 cSt，$1cSt = 1mm^2/s$，$1St = 100cSt$。

ICS 75.140
E 43

SH

中华人民共和国石油化工行业标准

NB/SH/T 0820—2010

阻燃道路沥青

Flame retardanted asphalt for pavement

2010-05-01 发布 2010-10-01 实施

国 家 能 源 局 发 布

前　言

本标准由中国石油化工集团公司提出。

本标准由全国石油产品和润滑剂标准化技术委员会石油沥青分技术委员会归口。

本标准主要起草单位：武汉理工大学材料科学与工程学院。

本标准参加起草单位：中国石油大学(华东)重质油研究所、中国石油天然气股份有限公司克拉玛依分公司炼油化工研究院。

本标准主要起草人：吴少鹏、余剑英、孔宪明、蔺习雄。

本标准为首次发布。

阻燃道路沥青

1 范围

1.1 本标准规定了以石油沥青和阻燃剂为原料制得的适用于公路隧道沥青路面使用的阻燃道路沥青的产品分类、技术要求、试验方法、包装、标志、贮运和取样要求。

1.2 本标准适用于以道路石油沥青为原料，通过添加一定量的阻燃剂而制得的具有阻燃特性的道路沥青。

1.3 本标准未涉及有关使用的安全规定，标准使用者有责任在使用前制定合适的安全应用规程。

2 规范性引用文件

下列文件中的条款通过本标准的引用而成为本标准的条款。凡是注日期的引用文件，其随后所有的修改单(不包括勘误的内容)或修改版均不适用于本标准，然而，鼓励根据本标准达成协议的各方研究是否使用这些文件的最新版本。凡是不注日期的引用文件其最新版本适用于本标准。

GB/T 267 石油产品闪点与燃点测定法(开口杯法)

GB/T 4507 沥青软化点测定法(环球法)

GB/T 4508 沥青延度测定法

GB/T 4509 沥青针入度测定法

GB/T 5304 石油沥青薄膜烘箱试验法

GB/T 8928 石油沥青比重和密度测定法

GB/T 11147 沥青取样法

GB/T 11148 石油沥青溶解度测定法

SH 0164 石油产品包装、贮运及交货验收规则

SH/T 0425 石油沥青蜡含量测定法

SH/T 0740 聚合物改性沥青离析试验法

NB/SH/T 0815 沥青燃烧性能测定 氧指数法

3 产品分类

3.1 阻燃道路沥青按针入度分为70号和90号。

3.2 阻燃道路沥青按阻燃等级分为Ⅰ型和Ⅱ型。

4 技术要求和试验方法

阻燃道路沥青的技术要求和试验方法见表1。

表1 阻燃道路沥青的技术要求和试验方法

项目		70号阻燃道路沥青		90号阻燃道路沥青		试验方法
		Ⅰ型	Ⅱ型	Ⅰ型	Ⅱ型	
氧指数/%	不小于	23	25	23	25	SH/T 0815
针入度(25℃，100g，5s)/(1/10mm)		60～80		80～100		GB/T 4509
延度(15℃，5cm/min)/cm	不小于	80	60	80	60	GB/T 4508

表 1(续)

项　　目		70 号阻燃道路沥青		90 号阻燃道路沥青		试验方法
		Ⅰ型	Ⅱ型	Ⅰ型	Ⅱ型	
软化点/℃	不小于	45				GB/T 4507
溶解度/%	不小于	90.0				GB/T 11148
闪点(开口杯法)/℃	不小于	230				GB/T 267
蜡含量/%	不大于	3.0				SH/T 0425
离析(软化点差值)/℃	不大于	2.5				SH/T 0740
密度(25℃)/(g/cm³)		实测记录				GB/T 8928
薄膜烘箱试验(163℃，5h)						GB/T 5304
质量变化/%	不大于	0.8		1.0		GB/T 5304
针入度比/%	不小于	55		50		GB/T 4509
延度(15℃，5cm/min)/cm	不小于	15	10	15	10	GB/T 4508

5　包装、标志、贮运

包装、标志、贮运及交货验收方法按 SH 0164 要求进行。

6　取样

取样按 GB/T 11147 要求进行。

7　关键词

道路沥青；阻燃。

ICS 75.140
E 43

SH

中华人民共和国石油化工行业标准

NB/SH/T 0821—2010

路用阻燃改性沥青

Flame retardanted modified asphalt for pavement

2010-05-01 发布 2010-10-01 实施

国家能源局 发布

前 言

本标准由中国石油化工集团公司提出。

本标准由全国石油产品和润滑剂标准化技术委员会石油沥青分技术委员会归口。

本标准主要起草单位：武汉理工大学材料科学与工程学院。

本标准参加起草单位：中国石油大学(华东)重质油研究所、中国石油天然气股份有限公司克拉玛依分公司炼油化工研究院。

本标准主要起草人：余剑英、吴少鹏、孔宪明、罗来龙、李剑新。

本标准为首次发布。

路用阻燃改性沥青

1 范围

1.1 本标准规定了以 SBS 或 SBR 改性沥青和阻燃剂为原料制得的适用于公路隧道沥青路面使用的阻燃改性沥青的产品分类、技术要求、试验方法、包装、标志、贮运和取样要求。

1.2 本标准适用于以 SBS 改性沥青、SBR 改性沥青为原料，通过添加一定量的阻燃剂而制得的具有阻燃特性的路用改性沥青。

1.3 本标准未涉及有关使用的安全规定，标准使用者有责任在使用前制定合适的安全应用规程。

2 规范性引用文件

下列文件中的条款通过本标准的引用而成为本标准的条款。凡是注日期的引用文件，其随后所有的修改单(不包括勘误的内容)或修改版均不适用于本标准，然而，鼓励根据本标准达成协议的各方研究是否使用这些文件的最新版本。凡是不注日期的引用文件其最新版本适用于本标准。

GB/T 267 石油产品闪点与燃点测定法(开口杯法)

GB/T 4507 沥青软化点测定法(环球法)

GB/T 4508 沥青延度测定法

GB/T 4509 沥青针入度测定法

GB/T 5304 石油沥青薄膜烘箱试验法

GB/T 11147 沥青取样法

GB/T 11148 石油沥青溶解度测定法

SH 0164 石油产品包装、贮运及交货验收规则

SH/T 0736 沥青旋转薄膜烘箱试验法

SH/T 0737 沥青弹性恢复测定法(延度仪法)

SH/T 0739 沥青黏度测定法(布如克菲尔德旋转黏度仪法)

SH/T 0740 聚合物改性沥青离析试验法

NB/SH/T 0815 沥青燃烧性能测定 氧指数法

3 产品分类

3.1 路用阻燃改性沥青按改性剂的种类分为阻燃 SBS 改性沥青、阻燃 SBR 改性沥青。

3.2 路用阻燃改性沥青按阻燃等级分为Ⅰ型和Ⅱ型。

4 技术要求和试验方法

路用阻燃改性沥青的技术要求和试验方法见表 1。

表 1 路用阻燃改性沥青的技术要求和试验方法

项目		SBS 改性沥青类		SBR 改性沥青类		试验方法
		Ⅰ型	Ⅱ型	Ⅰ型	Ⅱ型	
氧指数/%	不小于	23	25	23	25	SH/T 0815
针入度(25℃，100g，5s)/(1/10mm)		40～75		60～100		GB/T 4509
延度(5℃，5cm/min)/cm	不小于	20		40		GB/T 4508

表 1（续）

项目		SBS 改性沥青类		SBR 改性沥青类		试验方法
		Ⅰ型	Ⅱ型	Ⅰ型	Ⅱ型	
软化点/℃	不小于	60		48		GB/T 4507
溶解度/%	不小于	90				GB/T 11148
闪点（开口杯法）/℃	不小于	230				GB/T 267
弹性恢复（25℃）/%	不小于	75		—		SH/T 0737
黏度（135℃）/（Pa·s）	不大于	3				SH/T 0739
离析（软化点差值）/℃	不大于	2.5	3	2.5	3	SH/T 0740
RTFOT 后残留物						SH/T 0736
质量变化/%	不大于	1.0				SH/T 0736
针入度比/%	不小于	60		55		GB/T 4509
延度（5℃，5cm/min）/cm	不小于	15	10	15	10	GB/T 4508

注：老化试验以 RTFOT 为准，允许以 TFOT 代替，但必须在报告中注明，且不得作为仲裁试验。

5 包装、标志、贮运

包装、标志、贮运及交货验收方法按 SH 0164 要求进行。

6 取样

取样按 GB/T 11147 要求进行。

7 关键词

改性沥青；阻燃。

七、油品应用

中华人民共和国石油化工行业标准

SH/T 0137—1992

抗氨汽轮机油换油指标

1 主题内容与适用范围

本标准规定了抗氨汽轮机油的换油指标。

本标准适用于大型化肥装置离心式合成气压缩机、冰机及汽轮机组使用的抗氨汽轮机油在使用中的质量监控。

当使用中的抗氨汽轮机油有一项指标达到本标准的技术要求时，应采取相应的维护措施或更换新油。

2 引用标准

GB/T 260 石油产品水分测定法
GB/T 264 石油产品酸值测定法
GB/T 265 石油产品运动黏度测定法和动力黏度计算法
GB/T 267 石油产品闪点与燃点测定法(开口杯法)
GB/T 7305 石油和合成液抗乳化性能测定法
GB/T 7602 运行中汽轮机油、变压器油 T 501 抗氧化剂含量测定法(分光光度法)
GB/T 11143 加抑制剂矿物油在水存在下防锈性能试验法
SH/T 0193 润滑油氧化安定性测定法(旋转氧弹法)
SH/T 0302 抗氨汽轮机油抗氨性能试验法

3 技术要求

项 目		换油指标	试验方法
运动黏度(40℃)，变化率[1] %	超过	±10	GB/T 265
酸值，mgKOH/g	不于	0.2	GB/T 264
闪点(开口)，℃(比新油标准低)		8	GB/T 267
水分，%	大于	0.1	GB/T 260
破乳化时间，min	大于	80	GB/T 7305
液相锈蚀试验(15 号钢棒，24h)	蒸馏水	锈	GB/T 11143
氧化安定性，min	小于	60	SH/T 0193
抗氨性能试验		不合格	SH/T 0302

注：1) $变化率\% = \frac{使用中汽轮机油的黏度实测值 - 新油的黏度实测值}{新油的黏度实测值} \times 100$

4 取样

4.1 试样应在油冷却器出口处采取。

中国石油化工总公司 1992-05-20 批准　　　　1992-05-20 实施

4.2 取样前应将油冷却器出口取样管线中的积水和剩余油料放净。

5 测试周期

运动黏度、酸值、闪点、水分、破乳化时间每月测试一次；液相锈蚀每季度测试一次；氧化安定性和抗氨性能试验每半年测试一次。

附 录 A
使用中抗氨汽轮机油的维护措施
（补充件）

A1 水分大于0.05%或破乳化时间上升较快时，应及时开动净化装置。

A2 T501抗氧防胶剂小于新油含量的50%时，应及时补加至新油标准（测试方法：GB/T 7602）。

A3 液相锈蚀不合格时，应及时补加适用于抗氨汽轮机油的防锈剂或防锈复合剂。

附加说明：

本标准由中国石化销售公司上海石油商品应用研究所归口。

本标准由中国石化销售公司上海石油商品应用研究所负责起草。

本标准主要起草人付树琴。

自本标准实施之日起，原国家标准GB 9940—88《抗氨汽轮机油换油指标》作废。

编者注：本标准中引用标准的标准名称变动如下。

标 准 号	现标准名称
GB/T 7305	石油和合成液水分离性测定法
GB/T 7602.1	变压器油、汽轮机油中T501抗氧剂含量测定法 第1部分：分光光度法
SH/T 0193	润滑油氧化安定性的测定 旋转氧弹法

中华人民共和国石油化工行业标准

SH/T 0475—1992(2003)

普通车辆齿轮油换油指标

代替 ZB E01 001—89

1 主题内容与适用范围

本标准规定了普通车辆齿轮油在使用过程中的换油要求。

本标准适用于普通车辆齿轮油在后桥渐开线齿轮润滑过程中的质量监控。当使用中油品有一项指标达到换油指标时应更换新油。

执行本标准要求汽车后桥技术状况要良好，主动和从动齿轮的装配间隙符合检修公差，不漏油，并在使用过程中对油品的性质进行定期监测。

2 引用标准

GB/T 260 石油产品水分测定法

GB/T 265 石油产品运动黏度测定法和动力黏度计算法

GB/T 8030—1987 润滑油现场检验法

GB/T 8926 用过的润滑油不溶物测定法

SH/T 0197 润滑油中铁含量测定法

3 技术内容

3.1 技术要求

项目		换油指标	试验方法
100℃运动黏度变化率,%	超过	+20～−10	本标准 3.2 条
水分,%	大于	1.0	GB/T 260
酸值增加值，mgKOH/g	大于	0.5	GB/T 8030
戊烷不溶物,%	大于	2.0	GB/T 8926
铁含量[1)],%	大于	0.5	SH/T 0197

注：1) 铁含量测定方法允许采用原子吸收光谱法。

3.2 100℃运动黏度变化率 η(%)按下式计算：

$$\eta = \frac{\gamma_1 - \gamma_2}{\gamma_2} \times 100$$

式中：γ_1——使用中油的黏度实测值，mm^2/s；

γ_2——新油黏度实测值，mm^2/s。

注：γ_1、γ_2 按 GB/T 265 测定。

4 采样

4.1 车辆在热车状态下采样，用取样注射器从后桥油位孔取试样 150mL。

4.2 取样器和容器必须清洁。

4.3 取样前不得加入新油，取样后才能补充新油。

中国石油化工总公司 1992-05-20 批准　　1992-05-20 实施

附　录　A
执行本标准的换油里程
（参考件）

A1　技术措施

A1.1　被润滑部件技术状况良好，各齿轮工况正常，不漏油。

A1.2　认真执行“一保”、“二保”维修。

A2　换油里程

由于地区气候差异，汽车型号不同，使用工况复杂，因此换油里程定为45000km。

附加说明：

本标准由中国石油化工总公司销售公司提出。
本标准由上海石油商品应用研究所技术归口。
本标准由中国石化销售公司沈阳公司负责起草。
本标准主要起草人贺颖杰、李治良、张维群、郑宏斌。

中华人民共和国石油化工行业标准

SH/T 0476—1992(2003)

L－HL 液压油换油指标

代替 ZB E01 002—89

1 主题内容与适用范围

本标准规定了 L－HL 液压油在使用过程中的换油要求。

本标准适用于一般机床的主轴箱、液压箱和齿轮箱或类似的机械设备循环系统润滑的 L－HL 液压油在使用过程中的质量监控。当使用中的 L－HL 液压油有一项指标达到换油指标时应更换新油。

执行本标准要求设备技术状况正常，根据设备的润滑部位、工作条件选用合适牌号的 L－HL 液压油并在使用过程中对油品的性质实行定期监测。

2 引用标准

GB/T260 石油产品水分测定法

GB/T 264 石油产品酸值测定法

GB/T 265 石油产品运动黏度测定法和动力黏度计算法

GB/T 511 石油产品和添加剂机械杂质测定法(重量法)

GB/T 5096 石油产品铜片腐蚀试验法

GB/T 6540 石油产品颜色测定法

3 技术内容

3.1 技术要求

项目		换油指标	试验方法
外观		不透明或浑浊	目测
40℃运动黏度变化率,%	超过	±10	本标准 3.2 条
色度变化(比新油)，号	等于或大于	3	GB/T 6540
酸值，mgKOH/g	大于	0.3	GB/T 264
水分,%	大于	0.1	GB/T 260
机械杂质,%	大于	0.1	GB/T 511
铜片腐蚀(100℃，3h)，级	等于或大于	2	GB/T 5096

3.2 40℃运动黏度变化率 η(%)按下式计算：

$$\eta = \frac{\gamma_1 - \gamma_2}{\gamma_2} \times 100$$

式中：γ_1——使用中油的黏度实测值，mm^2/s；

γ_2——新油黏度实测值，mm^2/s。

注：γ_1，γ_2 按 GB/T 265 测定。

中国石油化工总公司 1992-05-20 批准　　1992-05-20 实施

4 取样

4.1 取样应在机床正常运转停止 15min ~ 20min 内，于油箱上、中、下三点各取相同数量的油样混合作为分析用油样。

4.2 取样前不得向机油箱内补加新油。

4.3 采样器要清净，盛样容器要清净并带盖。

附 录 A
L－HL 液压油换油期
（参考件）

A1 基本要求

A1.1 根据设备的润滑部位、工作条件选用合适牌号的 L－HL 液压油。
A1.2 机械设备的技术状况良好。

A2 L－HL 液压油换油期

鉴于机械设备种类多，各有其特点，L－HL 液压油使用时间不尽一致，一般实际运转时间均超过 2500h，最长可达 4000h 以上(计时器计数)，因而建议换油周期为不少于 2500h。

附加说明：
本标准由中国石油化工销售公司上海石油商品应用研究所技术归口。
本标准由石油化工科学研究院负责起草。
本标准主要起草人向永濂。

编者注：本标准中引用标准的标准名称变动如下。

标 准 号	现 标 准 名 称
GB/T 511	石油和石油产品及添加剂机械杂质测定法

前　言

本标准是对 SH/T 0538—1993《轻负荷喷油回转式空气压缩机油换油指标》进行的修订。

本标准对 SH/T 0538—1993 的修改主要是在技术要求中增加水分换油指标。

本标准由中国石油化工集团公司提出。

本标准由中国石油化工集团公司上海石油商品应用研究所技术归口。

本标准由中国石油化工集团公司上海石油商品应用研究所负责起草。

本标准主要起草人：周霞、施东学。

本标准首次发布于 1993 年。

中华人民共和国石油化工行业标准

轻负荷喷油回转式空气压缩机油换油指标

SH/T 0538—2000

Criteria for change of compress oils used in light duty rotary oil - flooded air compressor

代替 SH/T 0538—1993

1 范围

本标准规定了轻负荷喷油回转式空气压缩机油在使用过程中的换油指标。

本标准适用于 GB 5904 的轻负荷喷油回转式空气压缩机油在运行过程中的质量监控，规定其中有一项指标达到本标准时应更换新油。

执行本标准必须是设备完好、运转正常的轻负荷喷油回转式空气压缩机。

2 引用标准

下列标准包含的条文，通过引用而构成为本标准的一部分。除非在标准中另有明确规定，下列引用标准都应是现行有效标准。

GB/T 260　石油产品水分测定法

GB/T 264　石油产品酸值测定法

GB/T 265　石油产品运动黏度测定法和动力黏度计算法

GB/T 8926　用过的润滑油不溶物测定法

SH/T 0193　润滑油氧化安定性测定法(旋转氧弹法)

3 技术内容

3.1 技术要求

技术要求见表 1。

表 1

项　目		换油指标	试验方法
40℃运动黏度变化率,%	超过	±10	GB/T 265 及本标准 3.2 条
酸值(增加值)，mgKOH/g	大于	0.2	GB/T 264
正戊烷不溶物,%	大于	0.2	GB/T 8926
润滑油氧化安定性，min	低于	50	SH/T 0193
水分,%	大于	0.1	GB/T 260

3.2 40℃运动黏度变化率 X(%)按下式计算：

$$X = \frac{\gamma_2 - \gamma_1}{\gamma_1} \times 100$$

国家石油和化学工业局 2000-04-10 批准　　2000-10-01 实施

式中：γ_1——新油的黏度，mm^2/s；

γ_2——使用中油的黏度，mm^2/s。

4 取样

4.1 应在停机卸压后及时从放油口取样，取样前应先放掉储存在放油管中的油。

4.2 取样前24h（工作小时）内不得向油箱内补加新油。

4.3 尽可能减少取样量，以分析项目所需的最少量为准。

4.4 采样容器要清洁，无水分和杂质。

编者注：本标准中引用标准的标准名称变更如下。

标 准 号	现 标 准 名 称
SH/T 0193	润滑油氧化安定性的测定　旋转氧弹法

ICS 75.100
E 34

SH

中华人民共和国石油化工行业标准

NB/SH/T 0586—2010
代替 SH/T 0586—1994

工业闭式齿轮油换油指标

Criteria for changing oil of enclosed industrial gear oil

2010-05-01 发布　　2010-10-01 实施

国家能源局　发布

前 言

本标准是对 SH/T 0586—1994(2003)《L-CKC 工业闭式齿轮油换油指标》的修订。

本标准与 SH/T 0586—1994 相比主要变化如下：

——将标准名称修订为《工业闭式齿轮油换油指标》

——对 L-CKC 工业闭式齿轮油换油指标技术内容中“外观注”和“运动黏度(40℃)变化率”进行修订

——增加了 L-CKD 工业闭式齿轮油换油指标的技术内容

本标准自实施之日起，代替 SH/T 0586—1994(2003)。

本标准由中国石油化工集团公司提出。

本标准由全国石油产品和润滑剂标准化技术委员会润滑油换油指标分技术委员会归口。

本标准起草单位：中国石油化工股份有限公司润滑油研发(上海)中心、中国石油化工股份有限公司销售公司华北公司。

本标准主要起草人：何晓瑛、张新昌、周霞、涂劲松。

本标准所代替标准的历次版本发布情况为：

SH/T 0586—1994，SH/T 0586—1994(2003)。

工业闭式齿轮油换油指标

1 范围

本标准规定了 L-CKC、L-CKD 工业闭式齿轮油在使用过程中的换油指标。

本标准适用于 L-CKC、L-CKD 工业闭式齿轮油在使用过程中的定期质量监控。

2 规范性引用文件

下列文件中的条款通过本标准的引用而成为本标准的条款。凡是注日期的引用文件，其随后所有的修改单(不包括勘误的内容)或修订版均不适用于本标准，然而，鼓励根据本标准达成协议的各方研究是否可使用这些文件的最新版本。凡是不注日期的引用文件，其最新版本适用于本标准。

GB/T 260 石油产品水分测定法

GB/T 265 石油产品运动黏度测定法和动力黏度计算法

GB/T 511 石油产品和添加剂机械杂质测定法(重量法)

GB/T 5096 石油产品铜片腐蚀试验法(GB/T 5096—85(91), eqv ASTM D 130-1983)

GB/T 7304 石油产品和润滑剂酸值测定法(电位滴定法)(GB/T 7304—2000, eqv ASTM D 664-1995)

GB/T 11144 润滑油极压性能测定法(梯姆肯试验机法)(GB/T 11144—2007, neq ASTM D2782-77(82))

GB/T 17476 使用过的润滑油中添加剂元素、磨损金属和污染物以及基础油中某些元素测定法(电感耦合等离子体发射光谱法)(GB/T 17476—1998, eqv ASTM D5185-95)

3 技术内容

工业闭式齿轮油换油指标的技术要求和试验方法见表1。

表1 工业闭式齿轮油换油指标的技术要求和试验方法

项目		L-CKC 换油指标	L-CKD 换油指标	试验方法
外观		异常[a]	异常[a]	目测
运动黏度(40℃)变化率/%	超过	±15	±15	GB/T 265
水分(质量分数)/%	大于	0.5	0.5	GB/T 260
机械杂质(质量分数)/%	大于或等于	0.5	0.5	GB/T 511
铜片腐蚀(100℃, 3h)/级	大于或等于	3b	3b	GB/T 5096
梯姆肯 OK 值/N	小于或等于	133.4	178	GB/T 11144
酸值增加/(mgKOH/g)	大于或等于	—	1.0	GB/T 7304
铁含量/(mg/kg)	大于或等于	—	200	GB/T 17476

[a] 外观异常是指使用后油品颜色与新油相比变化非常明显(如由新油的黄色或棕黄色等变为黑色)或油品中能观察到明显的油泥状物质或颗粒状物质等。

当其中一项指标达到标准中换油指标规定值时，应更换新油。

4 计算

运动黏度(40℃)变化率 $\Delta\nu$(%)按下式计算：

$$\Delta\nu = \frac{\nu_2 - \nu_1}{\nu_1} \times 100$$

式中：

ν_1——新油黏度实测值，mm^2/s；

ν_2——使用中油品黏度实测值，mm^2/s。

5 取样

5.1 取样应在机械正常运转停止后的10min中内于油箱的代表性部位取得所需试样。

5.2 取样前的24工作小时内不得向油箱内补加新油。

5.3 取样器和盛样容器(带盖)要清洁、干燥。

中华人民共和国石油化工行业标准

SH/T 0599—1994(2003)

L－HM 液压油换油指标

1　主题内容与适用范围

本标准规定了符合 GB 11118.1 矿物油型和合成烃型液压油中的 L－HM 液压油在使用过程中的换油指标。

本标准适用于 L－HM 液压油在使用过程中的质量监控。当使用中的 L－HM 液压油有一项指标达到换油指标时应更换新油。

执行本标准要求设备技术状况正常。

2　引用标准

GB/T 260　石油产品水分测定法

GB/T 264　石油产品酸值测定法

GB/T 265　石油产品运动黏度测定法和动力黏度计算法

GB/T 511　石油产品和添加剂机械杂质测定法(重量法)

GB/T 5096　石油产品铜片腐蚀试验法

GB/T 6540　石油产品颜色测定法

GB/T 8926　用过的润滑油不溶物测定法

GB 11118.1　矿物油型和合成烃型液压油

3　技术内容

3.1　技术要求

项　　目		换 油 指 标	试 验 方 法
40℃运动黏度变化率,%	超过	+15 或 －10	GB/T 265 及本标准 3.2 条
水分,%	大于	0.1	GB/T 260
色度增加(比新油), 号	大于	2	GB/T 6540
酸值			GB/T 264 及本标准 3.3 条
降低,%	超过	35	
或增加值, mgKOH/g	大于	0.4	
正戊烷不溶物[1),%]	大于	0.10	GB/T 8926 A 法
铜片腐蚀(100℃, 3h), 级	大于	2a	GB/T 5096

注：1) 允许采用 GB/T 511 方法，使用 60～90℃石油醚作溶剂，测定试样机械杂质。

3.2　40℃运动黏度变化率 η(%)按式(1)计算：

$$\eta = \frac{\nu_1 - \nu_2}{\nu_2} \times 100 \quad \cdots\cdots (1)$$

式中：ν_1——使用中油的黏度实测值，mm^2/s；

ν_2——新油黏度实测值，mm^2/s。

3.3　酸值降低百分数 $Y(\%)$ 按式(2)计算：

$$Y = \frac{X_1 - X_2}{X_1} \times 100 \quad \cdots\cdots (2)$$

式中：X_1——新油酸值实测值，mgKOH/g；

X_2——使用中油的酸值实测值，mgKOH/g。

4　取样

4.1　当设备停止运转后，立即从放油口或油箱的中下部采取油样，取样量以足够分析项目使用数量为准。

4.2　取样器及带盖的盛样容器均要清洁、干燥。

附加说明：

本标准由中国石化销售公司提出。

本标准由上海石油商品应用研究所技术归口。

本标准由中国石化销售沈阳公司起草。

本标准主要起草人张维群、李治良、杨立雄。

编者注：本标准中引用标准的标准名称变动如下。

标　准　号	现标准名称
GB/T 511	石油和石油产品及添加剂机械杂质测定法

中华人民共和国石油化工行业标准

SH/T 0601—1994(2005)

建筑机械用润滑剂的选用

1 主题内容与适用范围

本标准规定了建筑机械用润滑剂的品种的选用。

本标准适用于建筑机械的生产厂、建筑机械用户以及润滑剂供货单位对润滑剂的选用。

2 引用标准

GB 7323 极压锂基润滑脂
GB 7324 通用锂基润滑脂
GB 11118.1 矿物油型和合成烃型液压油
GB 11122 L-ECC 柴油机油
GB 11123 L-ECD 柴油机油
GB 11124—1989 7014-1 号高温润滑脂
GB 12981 HZY2、HZY3、HZY4 合成制动液
GB 13895 重负荷车辆齿轮油(GL-5)
SH/T 0350 普通车辆齿轮油
SH/T 0587 二硫化钼极压锂基润滑脂

注：除非在本标准中另有明确规定，上述引用标准都应是现行的有效标准。

3 润滑剂的选用

建筑机械所用内燃机油、齿轮油、液压油、液力传动油、汽车制动液和润滑脂的选用分别列于表1和表2。并对建筑机械制造厂、建筑机械用户以及润滑剂供货单位做如下提示。

表1 内燃机油、齿轮油、液压油、液力传动油和汽车制动液

序号	润滑油组别字母	润滑油品种	代号或牌号[1)]	应用场合
1 2 3 4 5	内燃机油 E	L-ECC 柴油机油 GB 11122	L-ECC30 L-ECC40 L-ECC5W/30 L-ECC10W/30 L-ECC15W/40	适用于高速低增压或自然吸气非增压的柴油机润滑
6 7 8 9 10		L-ECD 柴油机油 GB 11123	L-ECD30 L-ECD40 L-ECD5W/30 L-ECD10W/30 L-ECD15W/40	适用于要求高效地控制磨损和沉积物的高速高负荷增压柴油机的润滑

中国石油化工总公司 1994-05-04 批准　　　　1994-12-01 实施

表 1(续)

序号	润滑油组别字母	润滑油品种	代号或牌号[1]	应用场合
11 12 13	齿轮油 C	普通车辆齿轮油 SH/T 0350	90 80W/90 85W90	适用于汽车手动变速箱和螺旋伞齿轮后桥的润滑
14 15 16 17 18		重负荷车辆齿轮油 (GL-5) GB 13895	90 140 80W/90 85W/90 85W/140	适用于在高速冲击负荷，高速低扭矩和低速高扭矩工况下使用的车辆齿轮。特别是客车和其他各种车辆的准双曲线齿轮驱动桥，也可用于手动变速器
19 20 21	液压油 H	L-HM GB 11118.1	L-HM32 L-HM46 L-HM68	适用于低、中、高压液压系统，也可用于其他具有中等负荷的机械润滑部位
22 23 24		L-HV GB 11118.1	L-HV32 L-HV46 L-HV68	适用于环境温度变化较大和野外作业的低、中、高压液压系统及其他中等负荷的机械润滑部位
25		L-HS GB 11118.1	L-HS46	适用于北方冬季，也可全国四季通用
26		液力传动油[2]	—	适用于液力传动、变矩器、液力偶合器、动力换档变速箱
27 28 29	制动液	合成制动液 GB 12981	HZY2 HZY3 HZY4	适用于机动车辆液压制动系统

注：1）表1中所列产品均采用现有产品标准确定的产品名称、代号或牌号。

2）液力传动油尚无国家标准，可根据机械制造厂的推荐，选用企业标准的8号或6号液力传动油。

表 2　润滑脂

序号	润滑剂组别字母	润滑脂品种	代号或牌号[1]	应用场合
1	润滑脂 X	通用锂基润滑脂 GB 7324	L-XBCHA 2 号	适用于工作温度在 -20 ~ 120℃ 范围内的各种机械设备的滚动轴承和滑动轴承及其他摩擦部位
2		极压锂基润滑脂 GB 7323	L-XBCHB 2 号	适用于工作温度在 -20 ~ 120℃ 范围内的高负荷机械设备的轴承及齿轮的润滑
3			L-XBCHB 00 号	适用于工作温度在 -20 ~ 120℃ 范围内，可用于集中润滑系统
4		二硫化钼 极压锂基润滑脂 SH/T 0587	L-XBCHB 2 号	适用于工作温度 -20 ~ 120℃ 范围内的重负荷齿轮和轴承的润滑，并能使用于有冲击负荷的部件
5		7014-1 号 高温润滑脂 GB 11124	2 号	适用于高温下工作的各种滚动轴承的润滑，也可用于一般滑动轴承和齿轮的润滑。使用温度范围 -40 ~ 200℃

注：1）表中所列产品均采用现有产品标准确定的产品名称、代号或牌号。

3.1 建筑机械制造厂应以建筑机械部件的润滑需要为依据选用表中所列润滑剂，并考虑润滑剂生产单位能充足供应；若需要其他润滑剂可与润滑剂生产厂协商解决。

3.2 建筑机械用户应使用建筑机械制造厂选用的润滑剂，并在其贮存过程中防止质量降低。

3.3 润滑剂供货单位应按表中所列润滑剂供应用户。所供应的产品应提供产品规格和实测数据。如果满足不了用户需要可与用户协商解决。

附加说明：

本标准由石油化工科学研究院提出并技术归口。

本标准由石油化工科学研究院、北京建筑机械厂负责起草。

本标准主要起草人许淑艳、向永濂、曹宝才。

本标准参照采用德国标准 DIN 51516—86《建筑机械用润滑剂的选择》。

编者注：本标准中引用标准的标准名称和标准号变动如下。

标 准 号	现标准号	现 标 准 名 称
GB 11122 GB 11123	GB 11122—2006	柴油机油
GB 12981		机动车辆制动液

前　言

国家标准 GB 11120—1989 L－TSA 汽轮机油自 1990 年 4 月 1 日起实施。原石油部标准 SY 1230 防锈汽轮机油、国家标准 GB 2537 汽轮机油都被废除。

本标准适用于运行中 L－TSA 汽轮机油的质量监控。

本标准由上海石油商品应用研究所技术归口。

本标准由上海石油商品应用研究所负责起草。

本标准主要起草人：陆锦莲、田忠兰、李亮、施东学、潘健。

中华人民共和国石油化工行业标准

SH/T 0636—1996(2003)

L－TSA 汽轮机油换油指标

1 范围

本标准适用于 L－TSA 汽轮机油在运行过程中的质量监控，其中规定有一项指标达到本标准时应更换新油。

本标准适用于设备完好，运转状况正常的汽轮机组。

2 引用标准

GB/T 264 石油产品酸值测定法

GB/T 265 石油产品运动黏度测定法和动力黏度计算法

GB/T 3141 工业液体润滑剂 ISO 黏度分类

GB/T 3536 石油产品闪点和燃点测定法(克利夫兰开口杯法)

GB/T 7305 石油和合成液水分离性测定法

GB/T 11143 加抑制剂矿物油在水存在下防锈性能试验法

SH/T 0193 润滑油氧化安定性测定法(旋转氧弹法)

注：除非在标准中另有明确规定，上述引用标准都应是现行有效标准。

3 要求

3.1 技术要求见表 1。

表 1 L－TSA 汽轮机油换油指标

项目		换油指标				试验方法
黏度等级(按 GB/T 3141)		32	46	68	100	—
40℃运动黏度变化率,%	超过	±10				本标准 3.2 条
酸值，mgKOH/g 增加值	大于	0.1				GB/T 264
氧化安定性，min	低于	60				SH/T 0193
闪点(开口),℃	低于	170		185		GB/T 3536
破乳化值，(40－37－3)mL，54℃[1)]，min	大于	40		60		GB/T 7305
液相锈蚀试验(合成海水)	低于	轻锈				GB/T 11143
注：1) 当使用 100 号油时，测试温度为 82℃。						

3.2 40℃运动黏度变化率 $X(\%)$ 按式(1)计算：

$$X(\%) = \frac{\nu_2 - \nu_1}{\nu_1} \times 100 \qquad (1)$$

式中：ν_1——新油的运动黏度，mm^2/s，按 GB/T 265 测定；

中国石油化工总公司 1996-05-24 批准 1996-12-01 实施

ν_2——使用中油的运动黏度，mm^2/s，按 GB/T 265 测定。

3.3 取样：

3.3.1 试样应在油冷却器出口处采取。

3.3.2 取样前应将油冷却器出口取样管线中的积水和剩余油料放净。

3.3.3 取样前 24h(工作小时)内不得向油箱内补加新油。

3.3.4 尽可能减少取样量，以分析项目所需的最少量为准。

3.3.5 采样容器要清洁，无水杂。

编者注：本标准中引用标准的标准名称变动如下。

标 准 号	现标准名称
GB/T 3536	石油产品闪点和燃点的测定　克利夫兰开口杯法
SH/T 0193	润滑油氧化安定性测定法(旋转氧弹法)

八、添　加　剂

中华人民共和国石油化工行业标准

SH/T 0015—1990(1998)

501 抗 氧 剂

代替 ZB E61 001—88

1 主题内容与适用范围

本标准规定了以对甲酚与异丁烯进行烷基化反应，再经中和、结晶，制得2,6－二叔丁基对甲酚的技术条件。产品代号为T501。

本产品适用于作石油产品的抗氧和防胶添加剂，塑料和橡胶的防老剂。

2 引用标准

GB/T 261 石油产品闪点测定法(闭口杯法)

GB/T 508 石油产品灰分测定法

GB/T 606 化学试剂 水分测定通用方法(卡尔·费休法)

GB/T 617 化学试剂 熔点范围测定通用方法

3 技术内容

3.1 本标准所属产品按质量分为一级品和合格品。

3.2 技术要求

项 目		质量指标		试验方法
		一级品	合格品	
外观[1)]		白色结晶	白色结晶	目测
初熔点,℃		69.0～70.0	68.5～70.0	GB/T 617
游离甲酚,%(m/m)	不大于	0.015	0.03	附录A
灰分,%(m/m)	不大于	0.01	0.03	GB/T 508
水分,%(m/m)	不大于	0.05	0.08	GB/T 606[2)]
闪点(闭口),℃		报告	—	GB/T 261

注：1) 交货验收时为白色结晶。

2) 测定水分时，手续改为取3mL～4mL溶液甲，以溶液乙滴定至终点，不记录读数，然后迅速加入试样1g，称准至0.01g，在搅拌下使之溶解，再用溶液乙滴定至终点。

4 验收规则

4.1 每批出厂的501抗氧剂，都应符合本标准要求，并附有质量证明书(合格证)。

4.2 使用单位可按本标准规定的验收规则和试验方法进行检验. 其质量应符合本标准规定。

4.3 取样方法：每批产品可按5%袋数取样，但每批取样袋数不少于4袋。取样时应于每袋的中心位置取样50g，并将采取的样品装入干净的塑料袋中，充分混匀后作为分析试样。

4.4 检验结果如有一项指标不符合本标准要求时，应重新从两倍量的包装袋中取样，重新检验。若

中国石油化工总公司 1991-03-26 批准 1992-04-01 实施

仍有一项不符合本标准要求时，则该批产品不能验收。

4.5 若供需双方对501抗氧剂质量发生争议时，可由双方协商选定仲裁机构，仲裁时应按本标准规定试验方法分析。

5 包装、标志、贮存、运输

5.1 本产品由内衬塑料薄膜的牛皮纸袋包装，用二道线缝口，每袋净重25kg。

5.2 每批包装好的产品，包装袋上必须附有产品名称、等级、生产厂家、生产日期、批号、净重和防潮标志。

5.3 运输、装卸时，应防止雨淋，不得受潮，使包装袋保持干燥，不受损害及污染。

附 录 A
游离甲酚含量测定法
（补充件）

本方法是用溴酸钾与溴化钾在盐酸溶液中作用生成溴，与试样中酚发生取代反应，过量的溴以碘量法测定，以消耗硫代硫酸钠标准滴定溶液的体积求出甲酚含量。

A1 试剂和材料

A1.1 试剂

除另有说明外，试验用的试剂均为分析纯。

A1.1.1 盐酸：配制成按体积比 1:1 盐酸溶液。

A1.1.2 氢氧化钠：配制成 25g/L 氢氧化钠溶液。

A1.1.3 溴化钾。

A1.1.4 溴酸钾：配制成 $c(\frac{1}{6}KBrO_3)=0.1mol/L$ 溴酸钾－溴化钾标准滴定溶液。

A1.1.5 碘化钾：配制成 100g/L 碘化钾溶液。

A1.1.6 硫代硫酸钠：配制成 $c(Na_2S_2O_3)=0.1mol/L$ 硫代硫酸钠标准滴定滴液。

A1.1.7 淀粉指示剂：配成 5g/L 淀粉指示液。

A1.2 材料

滤纸：中速，直径 11cm。

A2 仪器

A2.1 碘量瓶：500mL。

A2.2 吸量管：10，100mL。

A2.3 滴定管：25mL。

A2.4 量筒：50，500mL。

A2.5 容量瓶：250mL。

A2.6 玻璃漏斗：直径 9cm。

A2.7 锥形烧瓶：250mL。

A2.8 水浴：能恒温至 65℃ ±1℃。

A3 试验步骤

A3.1 称取均匀试样 10g，称准至 0.1g，放入 250mL 锥形烧瓶中，加入 50mL 氢氧化钠溶液(25g/L)，在 65℃ ±1℃下加热并摇动 3min，趁热过滤至 250mL 容量瓶中。以 150mL 蒸馏水分三次洗涤锥形烧瓶，洗涤液收集于同一容量瓶中，冷却至室温后，以蒸馏水稀释至刻度，混匀备用。

A3.2 用吸量管从容量瓶中吸取 100mL 溶液，放入锥形烧瓶中，用另一支吸量管加入 10mL 溴酸钾－溴化钾标准滴定溶液[$c(\frac{1}{6}KBrO_3=0.1mol/L)$]及 10mL1:1 盐酸溶液，加盖摇动 3min～5min。

A3.3 加 5mL 碘化钾溶液(100g/L)封闭锥形烧瓶口，经 15min 后起塞，将碘化钾溶液放入碘量瓶中，加塞振荡 30s ±5s，再用 5mL 蒸馏水封闭瓶塞，放置 3min。

A3.4 用硫代硫酸钠标准滴定溶液[$c(Na_2S_2O_3)=0.1mol/L$]滴定，当溶液呈浅黄色时，加入 0.5mL 淀粉指示液(5g/L)，继续滴定至蓝色消失为止。记录消耗硫代硫酸钠标准滴定溶液的体积。

A3.5 按试验步骤规定的程序做一空白试验。

A4 计算

试样中游离甲酚含量(以间甲酚计)X[%(m/m)]按式(A1)计算:

$$X = \frac{\frac{1}{6} \times 0.108(V_1 - V_2) \times c}{\frac{m \times 100}{250}} \times 100$$

$$= \frac{(V_1 - V_2) \times c \times 4.5}{m} \quad \cdots\cdots (A1)$$

式中:V_1——空白试验消耗硫代硫酸钠标准滴定溶液的体积,mL;

V_2——滴定试样消耗硫代硫酸钠标准滴定溶液的体积,mL;

C——硫代硫酸钠标准滴定溶液的实际浓度,mol/L;

m——试样质量,g;

$\frac{1}{6} \times 0.108$——与1.00mL硫代硫酸钠标准滴定溶液[$c(Na_2S_2O_3) = 1.000$mol/L]相当的以克表示的间甲酚的质量。

A5 精密度

用下述规定判断试验结果的可靠性(95%置信水平)。

重复性:同一操作者,重复测定两个结果之差不应大于0.008%。

A6 报告

取重复测定两个结果的算术平均值作为测定结果。

附加说明:

本标准由锦州石油化工公司提出。

本标准由石油化工科学研究院技术归口。

本标准由锦州炼油厂负责起草。

本标准主要起草人于克利、王德歧。

编者注:本标准中引用的标准名称变动如下。

标 准 号	现标准名称
GB/T 261	闪点的测定 宾斯基-马丁闭口杯法
GB/T 606	化学试剂 水分测定通用方法 卡尔·费休法

中华人民共和国石油化工行业标准

SH/T 0016—1990(1998)

361 极压抗磨剂

1 主题内容和适用范围

本标准规定了用高碱值石油磺酸钙、硼酸等为原料与氢氧化钾或氢氧化钠反应而得的硼酸盐极压抗磨剂的技术条件，产品代号为 T 361。

本标准所属产品适用于作润滑油的极压抗磨剂。本产品具有优良的极压性能和减摩性能，用于配制车辆齿轮油、工业齿轮油、蜗轮蜗杆油、防锈润滑两用油和金属加工用油等，但不适用于与水接触的摩擦部位。

2 引用标准

GB/T 260 石油产品水分测定法
GB/T 265 石油产品运动黏度测定法和动力黏度计算法
GB/T 267 石油产品闪点与燃点测定法(开口杯法)
GB/T 1884 石油和液体石油产品密度测定法(密度计法)
GB/T 1885 石油计量表
GB/T 3142 润滑剂承载能力测定法(四球法)
GB/T 4756 石油液体手工取样法
GB/T 5096 石油产品铜片腐蚀试验法
GB/T 11144 润滑油极压性能测定法(梯姆肯试验机法)
SH 0164 石油产品包装、贮运及交货验收规则
SH/T 0227 添加剂中硼含量测定法
SH/T 0251 石油产品碱值测定法(高氯酸电位滴定法)

3 技术要求

项目		质量指标	试验方法
外观1)		红棕色透明粘稠液体	目测
密度(20℃)，kg/m^3		1200~1400	GB/T 1884 GB/T 1885
运动黏度(100℃)，mm^2/s		实测	GB/T 265
硼含量，%	不小于	5.8	SH/T 0227
闪点(开口杯法)，℃	不低于	170	GB/T 267
水分，%	不大于	0.1	GB/T 260
碱值，mgKOH/g		280~350	SH/T 0251

中国石油化工总公司 1991-03-26 批准　　　　1992-04-01 实施

续表

项　　目		质量指标	试验方法
铜片腐蚀(120℃，3h)，级	不大于	1	GB/T 5096
四球机试验2) 最大无卡咬负荷 P_B，N	不小于	900	GB/T 3142
抗极压性能2) 梯姆肯试验(OK值)，N	不小于	267	GB/T 11144

注：1）把产品注入100mL量筒中，在室温下观测应均匀透明。

2）以650 SN的中性油为基础油，加T361至油中，在含硼量为0.6%±0.01%时进行四球机试验和梯姆肯试验，梯姆肯试验为保证项目，每年评定一次。

4　包装、标志、贮存、运输

包装、标志、贮存、运输及交货验收按SH 0164进行。

5　取样

取样按GB/T 4756进行，取1kg作为检验和留样用。

附加说明：

本标准由茂名石油工业公司提出。

本标准由石油化工科学研究院技术归口。

本标准由茂名石油工业公司研究院负责起草。

本标准主要起草人郑定忠、钱尚瑗、曾晨楠。

编者注：本标准中引用的标准名称变动如下。

标准号	现标准名称
GB/T 1884	原油和液体石油产品密度实验室测定法(密度计法)
GB/T 11144	润滑油极压性能测定法　梯姆肯法

中华人民共和国石油化工行业标准

SH/T 0042—1991(1998)

石油磺酸钙清净剂

1 主题内容与适用范围

本标准规定了以润滑油馏分进行磺化、中和、钙化及后处理制得的石油磺酸钙的技术要求。

本标准所属产品根据产品的碱值，分为T101(低碱值)、T102(中碱值)和T103(高碱值)三个品种。T101适用于配制中、高档内燃机油，一般与T103复合使用；T102适用于配制普通内燃机油；T103适用于配制中、高档内燃机油。

2 引用标准

GB/T 260 石油产品水分测定法
GB/T 265 石油产品运动黏度测定法和动力黏度计算法
GB/T 511 石油产品和添加剂机械杂质测定法(重量法)
GB/T 2540 石油产品密度测定法(比重瓶法)
GB/T 3536 石油产品闪点和燃点测定法(克利夫兰开口杯法)
GB/T 4756 石油液体手工取样法
SH/T 0028 润滑油清净剂浊度测定法
SH/T 0034 添加剂中有效组分测定法
SH 0164 石油产品包装、贮运及交货验收规则
SH/T 0251 石油产品碱值测定法(高氯酸电位滴定法)
SH/T 0297 添加剂中钙含量测定法

3 技术内容

3.1 本标准所属产品中的中碱值和高碱值石油磺酸钙按质量分为一级品和合格品。

3.2 技术要求

项目		质量指标					试验方法
		T101	T102		T103		
		一级品	一级品	合格品	一级品	合格品	
密度(20℃), kg/m³		950.0～1050	1000～1150	1000～1150	1100～1200	1100～1200	GB/T 2540
运动黏度(100℃), mm²/s	不大于	报告	30	40	100	150	GB/T 265
闪点(开口),℃	不低于	180					GB/T 3536
碱值, mgKOH/g	不小于	20～30	140	130	290	270	SH/T 0251
水分,%	不大于	0.08	0.08	0.10	0.08	0.10	GB/T 260
机械杂质,%	不大于	0.08	0.08	0.10	0.08	0.10	GB/T 511

中国石油化工总公司 1991-07-11 批准 1992-07-01 实施

续表

项　　目		质量指标					试验方法
		T101	T102		T103		
		一级品	一级品	合格品	一级品	合格品	
有效组分[1],%	不小于	45	40	35	50	48	SH/T 0034
钙含量,%	不小于	2.0~3.0	6.0	5.0	11.0	10.0	SH/T 0297
浊度, JTU	不大于	—	200	270	220	270	SH/T 0028
中性磺酸钙[2],%		报告					附录 A

注：1）为保证项目，每季度抽查一次。
　　2）为保证项目，每半年抽查一次。

4 包装、标志、运输与贮存

本产品的包装、标志、运输、贮存和交货验收按 SH 0164 进行。

5 取样

取样按 GB/T 4756 进行，取 2L 作为检验和留样用。

附 录 A
油溶性石油磺酸钙分析方法
（补充件）

A1 方法概要

试样溶解在乙醚中，用稀盐酸将它转化成磺酸。磺酸通过萃取后被转化成磺酸钠，通过分离的磺酸钠和矿物油被溶解在三氯甲烷(氯仿)中。磺酸钠和矿物油在硅胶柱中进行分离，用氯仿冲洗矿物油，用95%乙醇冲洗磺酸钠，分别测定两者的质量。将分出的部分磺酸钠灰化得到磺酸钠的平均当量，再由磺酸钠的平均当量计算出磺酸钙的平均分子量。

A2 仪器与材料

A2.1 仪器

A2.1.1 色谱柱：用玻璃制成，含有贮器和分离段，下端带有2mm小孔的聚四氟乙烯活塞，见图A1。带有由标准锥度连接的可拆卸贮器的柱也可以用。

A2.1.2 蒸汽浴。

A2.1.3 干燥器。

A2.1.4 真空干燥器。

A2.1.5 真空烘箱：可加热到100℃，真空度74.5kPa~84.7kPa(559mmHg~635mmHg)。

A2.1.6 高温炉：可加热到800℃~1000℃。

A2.1.7 白金皿：100mL。

A2.1.8 分液漏斗：250，500mL。

A2.1.9 容量瓶：100mL。

A2.1.10 量筒：25，50mL。

A2.1.11 锥形瓶：250mL。

A2.1.12 移液管：25，50，75mL。

A2.2 材料

A2.2.1 滤纸：慢速度过滤，无灰，定量。

A2.2.2 硅胶：60~200目。

A3 试剂

A3.1 氯仿：分析纯。

A3.2 95%乙醇：分析纯。

A3.3 乙醚：分析纯。

A3.4 盐酸：分析纯。按1:1(体积比)和1:3(体积比)配成盐酸溶液。

A3.5 异丙醇：分析纯，含量99%，水含量不大于0.9%。

A3.6 硫酸钠：无水结晶，分析纯。配成硫酸钠溶液。

A3.7 硫酸：分析纯，相对密度1.84。

A3.8 氢氧化钠：分析纯。配成$c(NaOH)=0.1mol/L$的氢氧化钠标准滴定溶液。

A3.9 甲基橙指示剂：将1.0g甲基橙溶解在水中并稀释至1L，配成甲基橙指示液。

A3.10 酚酞指示剂：将1g酚酞溶解在100mL 50%乙醇中，配成酚酞指示液。

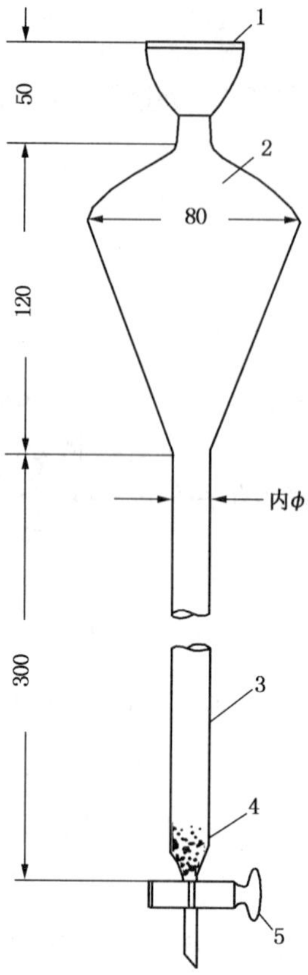

图 A1　色谱柱

1—28/15 球接口；2—250mL 贮器；3—分离段；4—棉花；5—聚四氟乙烯活塞

A4　准备工作

A4.1　将色谱柱活塞关闭，倒入 80mL～100mL 氯仿，用玻璃棒将一块棉花送到色谱柱底部。将棉花压紧，使其能阻止硅胶漏出，但不要太紧，以免影响溶剂的流动。

A4.2　将 15g±1g 硅胶倒入装有氯仿的色谱柱。色谱柱(硅胶柱)必须不存在气泡，以避免沟流。打开活塞排出氯仿，当液面高于硅胶表面 13mm 以下时，关闭活塞。

注：决不能让液面低于硅胶表面。

A5　试验步骤

A5.1　将磺酸钙转化成磺酸钠

A5.1.1　称取约 10g 试样(设试样的总质量为 m)，称准至 0.001g，放入 250mL 锥形瓶中。

A5.1.2　边摇动边加入 50mL 乙醚，使试样溶解。

A5.1.3　缓缓地加入 1:1 盐酸溶液 100mL，充分混匀，使反应完全。

A5.1.4　将该混合物定量转移到 500mL 分液漏斗中，充分振荡，静止后，将水层排入一个 250mL 分液漏斗中。

A5.1.5　先用 50mL 乙醚冲洗锥形瓶，然后用此 50mL 乙醚分三次萃取 250mL 分液漏斗中的水层。

A5.1.6　将所有的乙醚萃取物放入 500mL 分液漏斗中，并用 50mL 1:3 盐酸溶液冲洗此萃取物。将所有的含酸液层合并在一起，用 50mL 乙醚再萃取一次。

A5.1.7　将所有的乙醚冲洗液收集在 500mL 分液漏斗中，连续地加入已滴有 2～3 滴甲基橙指示液的 50mL 硫酸钠溶液，并一边振荡，直至冲洗液不出现粉红色，然后弃去冲洗液。

A5.1.8 尽量从冲洗的乙醚溶液中去掉水层。放置好分液漏斗，并加入约10g无水硫酸钠，盖上漏斗塞，确定漏斗口没有硫酸钠晶体后，剧烈振荡3～4min，并经常使漏斗通气，以除去最后的痕量水。

A5.1.9 将一个250mL锥形瓶置于蒸汽浴上，将乙醚溶液通过棉花过滤到锥形瓶中，在蒸发过程中使锥形瓶中溶液保持在约50mL。

A5.1.10 用50mL乙醚冲洗分液漏斗和过滤棉花，将冲洗液并入乙醚溶掖中，并使乙醚溶液蒸发，直至剩余10mL为止。

A5.1.11 加入50mL异丙醇和几滴酚酞指示液，用氢氧化钠标准滴定溶液，滴定至粉红色。将锥形瓶放在蒸汽浴上蒸发至干。

A5.1.12 将锥形瓶中的磺酸钠和矿物油的残留物用氯仿溶解，然后定量转移到100mL容量瓶中，并用氯仿稀释至刻线。溶液静止在实验室中可能会变为酸性，如果发生这种情况，则加入氢氧化钠标准滴定溶液，使溶液变粉红色。

A5.2 分离矿物油和磺酸钠

A5.2.1 试样的吸附

按表A1，用移液管准确地将一定量的含磺酸钠和矿物油的氯仿溶液转移到硅胶柱中。

表 A1

估计试样的磺酸钙含量,%(*m*/*m*)	量取体积(*V*)，mL
20	75
30	50
40以上	25

A5.2.2 矿物油的冲洗

A5.2.2.1 将一个250mL的烧杯称重，称准至0.0001g，置于硅胶柱的下方。打开活塞，调节流速为每秒1～5滴，在冲洗矿物油和磺酸钠的整个过程中，都保持这个流速。

A5.2.2.2 当液面下降至高于硅胶表面13mm以下时，用10mL氯仿冲洗硅胶柱壁。当液面再次下降到高于硅胶表面13mm以下时，加入200mL氯仿。

A5.2.2.3 当硅胶柱的流出液接近接收烧杯的一半容量时，移去该烧杯，用另一个干净、未称量过的250mL烧杯放在硅胶柱下继续接收。将称量过的烧杯放在蒸汽浴上，在液面上吹入经过滤的空气，使氯仿慢慢地蒸发。

A5.2.2.4 当硅胶柱液面下降至高于硅胶表面13mm以下时，用10mL95%乙醇冲洗硅胶柱壁。当液面再次下降至13mm以下时，重复冲洗。吸附的磺酸钠清晰可见，在此步骤中不会使磺酸钠冲洗出来。

A5.2.2.5 关闭活塞，用氯仿将未称量过烧杯中的溶液定量转移到蒸汽浴上称量过的烧杯中。蒸发至剩几毫升。保留此烧杯*A*，用于矿物油的测定。

A5.2.3 磺酸钠的冲洗

A5.2.3.1 将第二个250mL烧杯称量，称准至0.0001g，并放置在硅胶柱的下方。在贮器中加入230mL 95%乙醇，打开活塞，并按A5.2.2.1调节流量。当硅胶柱的流出液接近接收烧杯的一半容量时，将该烧杯移去，换一个干净、未称量过的250mL烧杯置于硅胶柱的下方。将称量过的烧杯放在蒸汽浴上，在液面上吹入经过滤的空气，进行慢慢地蒸发。

A5.2.3.2 当硅胶柱液面下降至高于硅胶表面13mm以下时，关闭活塞，并用95%乙醇将未称量过的烧杯中的溶液定量转移到蒸汽浴上第二个称量过的烧杯中，蒸发到干。保留此烧杯*B*用于磺酸钠的测定。

A5.2.4 矿物油的测定

将由矿物油冲洗得到的烧杯 A 从蒸汽浴上移去，冷却至室温后，放入室温下真空度为 74.5kPa ~ 84.7kPa(559mmHg ~ 635mmHg)的真空干燥器中。当氯仿蒸发干后，取出烧杯 A，并称重。将烧杯 A 再放入上述真空干燥器中 30min，取出并再称量。重复干燥和称重，直至两次连续称重间的差值不大于 0.001g 时为止。设干燥恒重后回收矿物油的质量为 m_1(g)。

A5.2.5 磺酸钠的测定

将由磺酸钠冲洗得到的烧杯 B 放在温度为 100℃、真空度为 74.5kPa ~ 84.7kPa(559mmHg ~ 635mmHg)的真空烘箱中 30min，然后取出烧杯 B，放入干燥器中冷却并称重。重复干燥和称重，直至两次连续称重间的差值不大于 0.001g 时止。设干燥恒重后回收磺酸钠的质量为 m_2(g)。保留此残留物 C 用于磺酸钠的平均当量的测定。

A5.2.6 空白测定

在相同的硅胶柱上做空白测定，用与实际分析同批的硅胶和试剂。空白测定的步骤除不加试样外，其他步骤和试样测定相同。按 A5.2.4 和 A5.2.5 所述分别测定氯仿和 95% 乙醇残渣的质量。设空白测定时，氯仿残渣的质量为 m_3(g)，95% 乙醇残渣的质量为 m_4(g)。每当使用新批号的硅胶或试剂时，做一次空白测定。

A5.3 测定磺酸钠的平均当量

A5.3.1 将由 A5.2.5 得到的残留物 C 溶解在 25mL 氯仿中。如果溶液浑浊，则把该溶液通过一个慢速、无灰定量滤纸进行过滤，并将溶液定量转移到一个称重过、并灼烧过的 100mL 白金皿中。

A5.3.2 用 25mL 氯仿冲洗含磺酸钠残留物的烧杯 B，将冲洗液通过滤纸倒在白金皿内。在蒸汽浴上将其蒸发至干。然后放入温度为 100℃、真空度为 74.5kPa ~ 84.7kPa(559mmHg ~ 635mmHg)真空烘箱中干燥至恒重。设磺酸钠残渣的质量为 m_5(g)。

A5.3.3 在小火上慢慢地加热白金皿，直至其内容物点燃并燃烧。将白金皿放在一个热的石棉板上使其慢慢地燃烧。冷却后，加 3 ~ 4 滴硫酸，并在小火上慢慢地加热，直至停止冒烟，注意不要加热太猛而使溶液喷溅。

A5.3.4 将该白金皿放在电炉上燃烧，千万不要使白金皿过热至暗红色，直至所有的碳消失。

A5.3.5 将白金皿冷却后，加入 3 ~ 4 滴硫酸，再按 A5.3.3 和 A5.3.4 进行，使其内容物灰化，注意避免喷溅。

A5.3.6 当停止冒烟时，将白金皿放在 800℃ ~ 1000℃ 的高温炉中加热，直至恒重。设硫酸盐灰分的质量为 m_6(g)。

A6 计算

A6.1 试样的矿物油含量 X[%(m/m)]，按式(A1)计算：

$$X = \frac{(m_1 - m_3) \times 100}{mV} \times 100 \qquad \text{(A1)}$$

式中：m——试样的总质量，g；

m_1——干燥恒重后回收矿物油的质量，g；

m_3——空白测定时氯仿残渣的质量，g；

V——进入硅胶柱的磺酸钠氯仿溶液的体积，mL。

A6.2 磺酸钠的平均当量 W_1，按式(A2)计算：

$$W_1 = 71 m_5 / m_6 \qquad \text{(A2)}$$

式中：m_5——磺酸钠残渣的质量，g；

m_6——硫酸盐灰分的质量，g。

A6.3　磺酸钙的平均分子量 W_2，按式(A3)计算：

$$W_2 = 2W_1 - 6 \quad \cdots\cdots (A3)$$

A6.4　试样的磺酸钙含量 $Y[\%(m/m)]$，按式(A4)计算：

$$Y = \frac{(m_2 - m_4) \times 100 \times W_2/2W_1}{mV} \times 100 \quad \cdots\cdots (A4)$$

式中：m——试样的总质量，g；

m_2——干燥恒重后回收磺酸钠的质量，g；

m_4——空白测定时95%乙醇残渣的质量，g；

V——进入硅胶柱的磺酸钠氯仿溶液的体积，mL；

W_1——磺酸钠平均当量，由式(A2)得到；

W_2——磺酸钙的平均分子量，由式(A3)得到。

A7　精密度

A7.1　重复性：同一操作者重复测定的两个结果之差，不应大于下列数值：

测定项目,%(m/m)	重复性,%(m/m)
矿物油	0.92
磺酸钙	0.63

A7.2　再现性：不同实验室各自测定的两个结果之差，不应大于下列数值：

测定项目,%(m/m)	再现性,%(m/m)
矿物油	1.74
磺酸钙	0.92

A8　报告

取重复测定两个结果的算术平均值作为试样的矿物油含量及磺酸钙含量。

附加说明：

本标准由上海高桥石油化工公司提出。

本标准由石油化工科学研究院技术归口。

本标准由高桥石油化工公司炼油厂负责起草。

本标准主要起草人季宁秀。

编者注：本标准中引用的标准名称变动如下。

标　准　号	现标准名称
GB/T 511	石油和石油产品及添加剂机械杂质测定法
GB/T 3536	石油产品闪点和燃点的测定　克利夫兰开口杯法

中华人民共和国石油化工行业标准

SH/T 0043—1991(1998)

746 防 锈 剂

1 主题内容与适用范围

本标准规定了以叠合汽油或四聚丙烯与顺丁烯二酸酐反应，经蒸馏和水解等工艺而制得的746防锈剂的技术条件，产品代号为T746。

本标准所属产品适用于作汽轮机油、液压油和齿轮油等工业润滑油的防锈添加剂。

2 引用标准

GB/T 265 石油产品运动黏度测定法和动力黏度计算法
GB/T 1884 石油和液体石油产品密度测定法(密度计法)
GB/T 1885 石油计量表
GB/T 3536 石油产品闪点和燃点测定法(克利夫兰开口杯法)
GB/T 4756 石油液体手工取样法
GB/T 5096 石油产品铜片腐蚀试验法
GB/T 7304 石油产品和润滑剂中和值测定法(电位滴定法)
GB/T 11143 加抑制剂矿物油在水存在下防锈性能试验法
SH 0164 石油产品包装、贮运及交货验收规则
SH/T 0243 溶剂汽油碘值测定法
SH/T 0298 含防锈剂润滑油水溶性酸测定法(pH 值法)

3 技术内容

3.1 本标准所属产品按质量分为一级品和合格品。

3.2 技术要求

项 目		质量指标		试验方法
质量等级		一级品	合格品	
外观		透明粘稠液体		目测
密度，kg/m^3		报告		GB/T 1884 GB/T 1885
运动黏度(100℃)，mm^2/s		报告		GB/T 265
闪点(开口),℃	不低于	100	90	GB/T 3536
酸值，mgKOH/g		300～395	235～395	GB/T 7304
pH 值	不小于	4.3	4.2	SH/T 0298
碘值，gI/100g		50～90		SH/T 0243

中国石油化工总公司 1991-07-11 批准　　　　1992-07-01 实施

续表

项　　目	质量指标		试验方法
质量等级	一级品	合格品	
铜片腐蚀(100℃，3h)，级　　不大于	1		GB/T 5096[1)]
液相锈蚀试验			GB/T 11143[1)]
蒸馏水	无锈	无锈	
合成海水	无锈	—	
坚膜韧性	无锈	—	

注：1）用32号未加防锈剂的汽轮机油添加0.03%T746。

4　标志、包装、运输与贮存

标志、包装、运输、贮存及交货验收按SH 0164进行。

5　取样

取样按GB/T 4756进行，取2L作检验和留样用。

附加说明：

本标准由石油化工科学研究院技术归口。
本标准由旅顺化工厂和兰州炼油化工总厂负责起草。
本标准主要起草人朱吉锦、汪溢、胡传祝、罗大慧。

编者注：本标准中引用的标准名称变动如下。

标　准　号	现标准名称
GB/T 1884	原油和液体石油产品密度实验室测定法(密度计法)
GB/T 7304	石油产品和润滑剂酸值测定法(电位滴定法)
GB/T 3536	石油产品闪点和燃点的测定　克利夫兰开口杯法

中华人民共和国石油化工行业标准

SH 0044—1991(1998)

1501 抗 静 电 剂

1 主题内容与适用范围

本标准规定了用铬、钙金属有机化合物等复合而成的石油燃料抗静电剂的技术条件。产品代号为 T1501。

本标准所属产品适用于喷气燃料及其他轻质燃料。

2 引用标准

GB/T 260 石油产品水分测定法

GB/T 261 石油产品闪点测定法(闭口杯法)

GB/T 265 石油产品运动黏度测定法和动力黏度计算法

GB/T 511 石油产品和添加剂机械杂质测定法(重量法)

GB/T 1884 石油和液体石油产品密度测定法(密度计法)

GB/T 1885 石油计量表

GB/T 4756 石油液体手工取样法

GB/T 6539 航空燃料与馏分燃料电导率测定法

SH 0164 石油产品包装、贮运及交货验收规则

SH/T 0297 添加剂中钙含量测定法

3 技术要求

项　　目		质量指标	试验方法
外观		褐色粘稠液体	目测
密度(20℃), kg/m^3		800~900	GB/T 1884、GB/T 1885
运动黏度(25℃), mm^2/s	不大于	1000	GB/T 265
闪点(闭口),℃	不低于	22	GB/T 261
铬含量,%		0.2~0.4	附录 A
钙含量,%		0.2~0.4	SH/T 0297
水分,%	不大于	0.1	GB/T 260
机械杂质,%	不大于	0.1	GB/T 511
电导率[1)](20℃~25℃), pS/m	不小于	200	GB/T 6539

注：1）测定电导率时，以喷气燃料作稀释剂，1L 喷气燃料中含 2mg T 1501。

中国石油化工总公司 1991-07-11 批准　　1992-07-01 实施

4 标志、包装、运输与贮存

标志、包装、运输、贮存及交货验收按 SH 0164 进行。

5 取样

取样按 GB/T 4756 进行，取 2L 作为检验和留样用。

附　录　A
烷基水杨酸铬中铬含量测定法
（补充件）

A1　方法概要

烷基水杨酸铬在重铬酸钾存在下用硫酸酸解得到三价铬的硫酸盐，在硝酸银存在下，用过硫酸铵将三价铬氧化成六价铬，在酸性条件下以二苯胺磺酸钠为指示剂，用硫酸亚铁铵标准滴定溶液滴定。

A2　仪器

A2.1　三角烧瓶：250，500mL。
A2.2　玻璃漏斗。
A2.3　滴定管：50mL。
A2.4　移液管：10mL。
A2.5　烧杯：200mL。
A2.6　量筒：5，25，50，100mL。
A2.7　容量瓶：1L。

A3　试剂

A3.1　重铬酸钾：分析纯。称取经120℃烘至恒重的基准重铬酸钾4.9030g，精确至0.0002g。用少量蒸馏水溶解后，移入1L容量瓶中，用蒸馏水稀释到刻度，摇匀。配成 $c_1(\frac{1}{6}K_2Cr_2O_7)=0.1mol/L$ 的重铬酸钾基准溶液。
A3.2　硫酸亚铁胺：分析纯。
A3.3　硫酸：分析纯。配成硫酸与水按体积比为1∶2的硫酸溶液和硫酸与水按体积比为1∶10的硫酸溶液。
A3.4　硝酸银：分析纯。配成10g/L的硝酸银溶液。
A3.5　过硫酸铵：分析纯。配成200g/L的过硫酸铵溶液。
A3.6　磷酸：分析纯。
A3.7　二苯胺磺酸钠：配成10g/L二苯胺磺酸钠指示剂。

A4　准备工作

A4.1　硫磷混合酸的配制：将150mL硫酸加入到700mL蒸馏水中，冷却后加磷酸(A3.6条)100mL。
A4.2　$c[(NH_4)_2Fe(SO_4)_2]=0.05mol/L \sim 0.08mol/L$ 硫酸亚铁铵标准滴定溶液的配制及标定。
A4.2.1　配制：称取硫酸亚铁铵19.71～31.36g于200mL烧杯中，加入50mL硫酸溶液(硫酸与水按体积比为1∶10)，如有不溶物应过滤，加热使其溶解，然后冷却转移至1L容量瓶内，加蒸馏水稀释至刻度。
A4.2.2　标定：吸取25mL已配制好的硫酸亚铁铵溶液(A4.2.1)于250mL三角烧瓶中，加入10mL硫磷混合酸(A4.1条)及65mL蒸馏水，并加入4滴二苯胺磺酸钠指示剂(A3.7条)，用重铬酸钾基准溶液滴至颜色由浅绿色变成亮蓝色，最后变成蓝紫色为终点。
A4.2.3　硫酸亚铁铵标准滴定溶液的实际浓度 $c[(NH_4)_2Fe(SO_4)_2]$，mol/L按式(A1)计算：

$$c = \frac{c_1 \times V_1}{V} \quad \cdots\cdots (A1)$$

式中：c_1——重铬酸钾基准滴定溶液(A3.1条)的实际浓度，mol/L；

V_1——重铬酸钾基准溶液的消耗体积，mL；

V——硫酸亚铁铵溶液(A4.2.1)的体积，mL。

A5 试验步骤

A5.1 称取0.2~0.5g(精确至0.2mg)烷基水杨酸铬试样，放入500mL三角烧瓶中，加入30mL硫酸溶液(硫酸与水按体积比为1:2)，再准确地加入10mL重铬酸钾基准溶液(A3.1条)，并放入一小块瓷片(防爆)，三角烧瓶口置一玻璃漏斗后放在电炉上加热至沸腾，维持微沸0.5h。在此过程中不断地摇动，加热至刚出现白烟为止。取下三角烧瓶冷至室温后，加入200mL蒸馏水，并煮沸。然后加入5mL硝酸银溶液(A3.4条)及20mL过硫酸铵溶液(A3.5条)，煮沸5min，以除去过量的过硫酸铵，冷却后加入20mL硫磷混合酸(A4.1条)及2滴管二苯胺磺酸钠指示剂(A3.7条)，以硫酸亚铁铵标准滴定溶液(A4.2.1)滴定至溶液颜色由紫黑色变为绿色为终点。

A5.2 空白测定：在500mL三角烧瓶中，用移液管加入10mL重铬酸钾基准溶液(A3.1条)及30mL硫酸溶液(硫酸与水按体积比为1:2)，160mL蒸馏水，5mL硝酸银溶液(A3.4条)和20mL过硫酸铵溶液(A3.5条)在电炉上煮沸5min，冷却后再加入20mL硫磷混合酸和2滴管二苯胺磺酸钠指示剂(A3.7条)，以硫酸亚铁铵标准滴定溶液(A4.2.1)滴定至溶液颜色由紫黑色变为绿色为终点。

A6 计算

试样中铬含量X[%(m/m)]按式(A2)计算：

$$X = \frac{c \times (V_2 - V_1) \times 0.0173}{m} \times 100 \quad \cdots\cdots (A2)$$

式中：c——硫酸亚铁铵标准滴定溶液(A4.2.1)的实际浓度，mol/L；

V_2——硫酸亚铁铵标准滴定溶液(A4.2.1)消耗的体积，mL；

V_1——空白滴定时消耗硫酸亚铁铵标准滴定溶液(A4.2.1)的体积，mL；

m——试样质量，g；

0.0173——铬的摩尔量，与1.00mL硫酸亚铁铵标准滴定溶液$c[(NH_4)_2Fe(SO_4)_2]$=1.000mL/L相当的以克表示的铬的质量。

A7 精密度

重复测定的两个结果之差，不应大于下列数值：

铬含量,%(m/m)	重复性,%(m/m)
≤1	算术平均值的10%
≥1	算术平均值的5%

A8 报告

取重复测定两个结果的算术平均值，作为烷基水杨酸铬中铬含量。

附加说明：

本标准由兰州炼油化工总厂提出。
本标准由石油化工科学研究院技术归口。
本标准由兰州炼油化工总厂负责起草。
本标准主要起草人罗大慧、赵晓亭。

编者注：本标准中引用的标准名称变动如下。

标　准　号	现标准名称
GB/T 1884	原油和液体石油产品密度实验室测定法(密度计法)
GB/T 261	闪点的测定　宾斯基-马丁闭口杯法
GB/T 511	石油和石油产品及添加剂机械杂质测定法

中华人民共和国石油化工行业标准

SH/T 0045—1991(1998)

109 清 净 剂

1 主题内容与适用范围

本标准规定了用低含油蜡经裂解所得合适的烯烃馏分与苯酚合成的烷基酚，再经中和、干燥、羧化、酸化、钙化等工艺过程，所制得的烷基水杨酸钙添加剂的技术条件，产品代号为T109。

本标准所属产品可与抗氧抗腐剂或其他清净分散剂复合使用，调制中、高档内燃机油，也可以单独使用调制普通内燃机油。

2 引用标准

GB/T 260　石油产品水分测定法
GB/T 265　石油产品运动黏度测定法和动力黏度计算法
GB/T 511　石油产品和添加剂机械杂质测定法(重量法)
GB/T 2433　添加剂和含添加剂润滑油硫酸盐灰分测定法
GB/T 2540　石油产品密度测定法(比重瓶法)
GB/T 3536　石油产品闪点和燃点测定法(克利夫兰开口杯法)
GB/T 4756　石油液体手工取样法
SH/T 0028　润滑油清净剂浊度测定法
SH 0164　石油产品包装、贮运及交货验收规则
SH/T 0251　石油产品碱值测定法(高氯酸电位滴定法)
SH/T 0297　添加剂中钙含量测定法

3 技术内容

3.1　本标准所属产品按质量分为一级品和合格品。

3.2　技术要求

项　　目		质量指标		试验方法
质量等级		一级品	合格品	
外观		褐色透亮液体	褐色透亮液体	目测
密度(20℃)，kg/m^3		900～1100	900～1100	GB/T 2540
运动黏度(100℃)，mm^2/s		10～30	10～40	GB/T 265
闪点(开口)，℃	不低于	165	165	GB/T 3536
钙含量，%	不小于	6.0	5.5	SH/T 0297
硫酸盐灰分，%	不小于	18	18	GB/T 2433
水分，%	不大于	0.1	0.1	GB/T 260
机械杂质，%	不大于	0.08	0.08	GB/T 511
浊度，JTU	不大于	180	报告	SH/T 0028
碱值，mgKOH/g	不小于	160	150	SH/T 0251

注：工艺控制稀释油加入量不应大于40%。

中国石油化工总公司 1991-07-11 批准　　　　1992-07-01 实施

4 标志、包装、运输与贮存

标志、包装、运输、贮存及交货验收规则按 SH 0164 进行。

5 取样

取样按 GB/T 4756 进行，取 2L 作为检验和留样用。

附加说明：

本标准由兰州炼油化工总厂提出。

本标准由石油化工科学研究院技术归口。

本标准由兰州炼油化工总厂负责起草。

本标准主要起草人罗大慧、赵晓亭。

编者注：本标准中引用的标准名称变动如下。

标 准 号	现 标 准 名 称
GB/T 3536	石油产品闪点和燃点的测定　克利夫兰开口杯法
GB/T 511	石油和石油产品及添加剂机械杂质测定法

前　言

本标准是对SH 0046—91《803A降凝剂》进行修订并系列化。1991年发布的803A降凝剂只有一个品种，本标准又增加了803B降凝剂品种。新制定的系列产品的质量指标，T803A除对机杂、有效浓度和水分作适当修改外，基本保持SH 0046—91的指标；T803B除对合格品的黏度作适当修改外，其他按803B降凝剂的鉴定证书规定的指标制定。标准按GB/T 1.1—1993规定编写，试验方法尽可能采用我国国家标准和行业标准。

本标准实施之日起，同时代替SH 0046—91。

本标准由中国石油化工总公司石油化工科学研究院、中国石化兰州炼油化工总厂提出。

本标准由中国石油化工总公司石油化工科学研究院技术归口。

本标准由中国石油化工总公司石油化工科学研究院、中国石化兰州炼油化工总厂负责起草。

本标准主要起草人：黄文轩、肖承瑶、王永棋。

中华人民共和国石油化工行业标准

SH/T 0046—1996

代替 SH 0046—1991

803 系列降凝剂

1 范围

本标准规定了以 α 烯烃为原料，在催化剂的作用下进行聚合，再经后处理得到的 803 系列降凝剂的技术条件。

本标准所属产品按黏度大小分为 803A 降凝剂(代号 T803A)和 803B 降凝剂(代号 T803B)两个品种，T803A 分子量较大，运用于内燃机油、车轴油及其他润滑油中，T803B 分子量较小、剪切稳定性较好，除运用于内燃机油等油品外，还可用于液压油等油品中，两个品种的降凝度相当。

2 引用标准

GB/T 260　石油产品水分测定法

GB/T 265　石油产品运动黏度测定法和动力黏度计算法

GB/T 267　石油产品闪点与燃点测定法(开口杯法)

GB/T 508　石油产品灰分测定法

GB/T 510　石油产品凝点测定法

GB/T 511　石油产品和添加剂机械杂质测定法(重量法)

GB/T 3536　石油产品闪点和燃点测定法(克利夫兰开口杯法)

GB/T 4756　石油和液体石油产品取样法(手工法)

SH/T 0034　添加剂中有效组分测定法

SH 0164　石油产品包装、贮运及交货验收规则

SH/T 0505　含聚合物油剪切安定性测定法(超声波剪切法)

注：除非在标准中另有明确规定，上述标准都应是现行有效标准。

3 技术内容

3.1　803 系列降凝剂按黏度大小分别定为 T803A 和 T803B 两个牌号，本标准中所属产品按质量分为一等品和合格品。

3.2　技术要求

表 1　803 系列降凝剂的详细要求

项　目	质量指标				试验方法
	T803A		T803B		
	一等品	合格品	一等品	合格品	
外观	橙黄色液体		橙黄色液体		目测[1)]
运动黏度(100℃)，mm^2/s　不大于	4000	5000	1500	2300	GB/T 265
闪点(开口)，℃　不低于	135	120	135	120	GB/T 3536[2)]

中国石油化工总公司 1996-05-24 批准　　1996-12-01 实施

续表

项目		质量指标				试验方法
		T803A		T803B		
		一等品	合格品	一等品	合格品	
机械杂质,%(m/m)	不大于	0.06	0.10	0.06	0.10	GB/T 511[3)]
灰分,%(m/m)	不大于	0.10	0.15	0.10	0.15	GB/T 508[4)]
水分,%(m/m)	不大于	0.03	0.05	0.03	0.05	GB/T 260
有效组分,%(m/m)	不小于	35	30	35	30	SH/T 0034
降凝度,℃	不低于	18	15	18	16	GB/T 510[5)]
剪切稳定指数(*SSI*)		—	—	报告	报告	附录 A

注:

1）将试样注入 50mL 量筒中，在室温下观察。

2）闪点允许用 GB/T 267 进行测定，但仲裁试验时以 GB/T 3536 为准。

3）加 10g 试样于 100gHVI 150 基础油中，用 G3 漏斗过滤，其他操作条件按 GB/T 511 进行。

4）灰分测定取样为 10g，其他操作按 GB/T 508 进行。

5）向凝点 -15℃（±1℃）HVI 150 基础油中加入 1% 的试样，测定其凝点，试样凝点的降低即为降凝度。

4 标志、包装、运输与贮存

标志、包装、运输、贮存及交货验收规则按 SH 0164 进行。

5 取样

取样按 GB/T 4756 进行，取 1L 作检验及留样用。

附　录　A
（标准的附录）
剪切稳定性指数（*SSI*）

本方法是加入相当于1%干剂的T803B到HVI 150（或MVI 150）基础油中，测定剪切稳定性指数，试验方法按SH/T 0505进行，其结果按下式计算：

$$SSI(100℃) = \frac{V_i - V_f}{V_i - V_0} \times 100 \qquad (A1)$$

式中：V_i——油品剪切前100℃时的黏度，mm^2/s；

V_f——油品剪切后100℃时的黏度，mm^2/s；

V_0——HVI或MVI 150基础油100℃时的黏度，mm^2/s。

编者注：本标准中引用的标准名称变动如下。

标　准　号	现标准名称
GB/T 4756	石油液体手工取样法
GB/T 3536	石油产品闪点和燃点的测定　克利夫兰开口杯法
GB/T 511	石油和石油产品及添加剂机械杂质测定法

中华人民共和国石油化工行业标准

SH/T 0097—1991(1998)

801 降 凝 剂

代替 SY 1701—66
(1988 年确认)

1 主题内容与适用范围

本标准规定了由氯化石蜡和萘在三氯化铝催化剂作用下的缩合产物，经精制所制得的烷基萘降凝剂的技术条件。产品代号为 T801。

本标准所属产品主要用于润滑油降凝，改善其低温流动性。

2 引用标准

GB/T 260 石油产品水分测定法
GB/T 265 石油产品运动黏度测定法和动力黏度计算法
GB/T 267 石油产品闪点与燃点测定法(开口杯法)
GB/T 268 石油产品残炭测定法(康氏法)
GB/T 508 石油产品灰分测定法
GB/T 510 石油产品凝点测定法
GB/T 511 石油产品和添加剂机械杂质测定法(重量法)
GB/T 3535 石油倾点测定法
GB/T 4756 石油液体手工取样法
GB/T 6540 石油产品颜色测定法
GB 7544 天然胶乳橡胶避孕套
SH/T 0161 石油产品中氯含量测定法(烧瓶燃烧法)
SH 0164 石油产品包装、贮运及交货验收规则

3 技术内容

3.1 本标准所属产品按质量分为合格品和一级品。

3.2 技术要求

项 目		质量指标		试验方法
		一级品	合格品	
运动黏度(100℃)，mm^2/s		实测	—	GB/T 265
闪点(开口),℃	不低于	180		GB/T 267
倾点,℃		实测	—	GB/T 3535
色度，号	不大于	4	6	GB/T 6540[1)]
有效组分,%	不低于	40	35	附录 A
氯含量,%	不大于	2	—	SH/T 0161

中国石油化工总公司 1992-01-15 批准　　1992-12-01 实施

续表

项　　目		质量指标		试验方法
		一级品	合格品	
机械杂质,%	不大于	0.1	0.2	GB/T 511
水分,%	不大于	痕迹	0.2	GB/T 260
灰分,%	不大于	0.1	0.2	GB/T 508
残炭,%	不大于	4.0		GB/T 268
降凝度,℃	不低于	13	12	GB/T 510 2)

注：1）T801 用不含添加剂、赛氏比色大于 +25 的喷气燃料，按样品与喷气燃料 1:49 稀释后测定。

2）在凝点为 0℃ ~ −1℃ 的大庆 500SN 标准基础油中加入降凝剂 0.5%（m/m）。

4 包装、标志、贮存与运输

包装、标志、贮存、运输及交货验收按 SH 0164 进行。

5 取样

取样按 GB/T 4756 进行，取 2L 作为检验和留样用。

附　录　A
烷基萘有效组分测定法
(胶膜渗析法)
(补充件)

A1　适用范围

本方法适用于烷基萘降凝剂有效组分的测定，也适用于烷基酚盐、磺酸盐、水杨酸盐等石油添加剂有效组分的测定。

A2　方法概要

一定量的试样用选定的润滑油稀释后置于天然胶乳橡胶避孕套内，然后将天然胶乳橡胶避孕套放入特定的抽提器内，按规定条件进行渗析分离。润滑油、未反应的石蜡及无降凝作用的低分子烷基萘经天然胶乳橡胶避孕套渗出，具有降凝作用的大分子烷基萘缩合物留在天然胶乳橡胶避孕套内，膜内物经处理、恒重即得试样的有效组分。

A3　仪器与材料

A3.1　仪器

a. 抽提器：烧瓶容积为1000mL的抽提器(图A1～图A5)。

b. 量筒：100，500mL。

c. 烧杯：100mL。

d. 玻璃洗瓶：250mL。

e. 干燥器：直径240mm。

f. 恒温水浴：能维持±2℃。

g. 真空干燥箱：能保持(100～200)℃±1℃，真空度101kPa。

h. 电热恒温干燥箱：能保持在(105～110)℃±1℃。

i. 分析天平：感量0.1mg。

j. 蒸馏烧瓶：500mL，带有与冷疑管配套的磨口。

A3.2　材料

a. 天然胶乳橡胶避孕套：天津乳胶厂产，产品标准符合GB 7544，康乐牌，中号。

b. 滤纸筒：直径与长度为50mm×190mm。

c. 棉线、止水夹和医用剪刀。

d. 硅胶：青岛海洋化工厂产40目～80目粗孔硅胶。

A4　试剂

A4.1　石油醚：60℃～90℃，分析纯，不含芳烃。用前需进行硫酸－甲醛试剂检查；如含芳烃，则应用硅胶吸附柱脱除芳烃后再使用。

A4.2　硫酸。

A4.3　重铬酸钾，配制成铬酸洗液。

A5　准备工作

A5.1　将天然胶乳橡胶避孕套用石油醚洗净，风干备用。

A5.2 用100mL烧杯称取试样5g，称准至0.001g(m_1)，加入等量的150SN。

A5.3 将称量好的试样用10mL石油醚稀释，待试样全部溶解后再将试样倒入天然胶乳橡胶避孕套中，并用30mL石油醚分次将烧杯中试样冲洗净，并将冲洗液一并转入天然胶乳橡胶避孕套中。

A5.4 将有试样的天然胶乳橡胶避孕套与伞型管(图A3)内套连接，并用棉线扎紧，(以防试验过程中天然胶乳橡胶避孕套过分膨胀破裂)，再将天然胶乳橡胶避孕套放入滤纸筒中。

A5.5 将滤纸筒口套在伞型管的外套上用棉线扎紧装入抽提器(图A4)中，伞型管端插入冷凝管内管，再将冷凝管与抽提器连接好，并调整伞型管高度，使样品袋自然直立，再用止水夹固定。将500mL石油醚加入烧瓶(图A5)后，将抽提器安装好，如图A1所示。

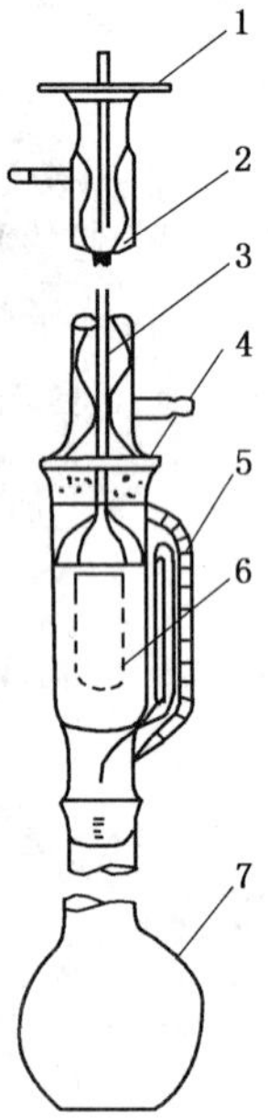

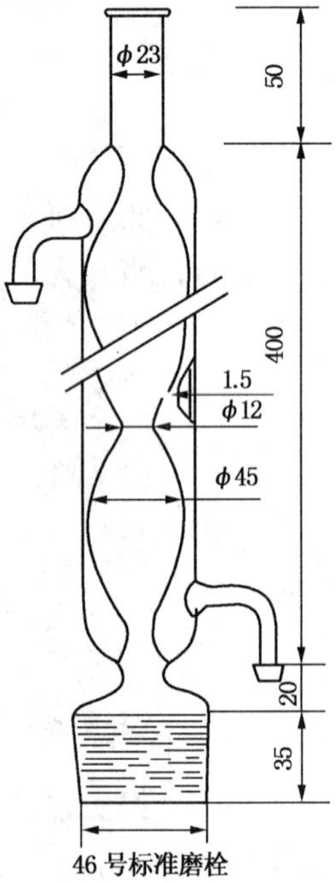

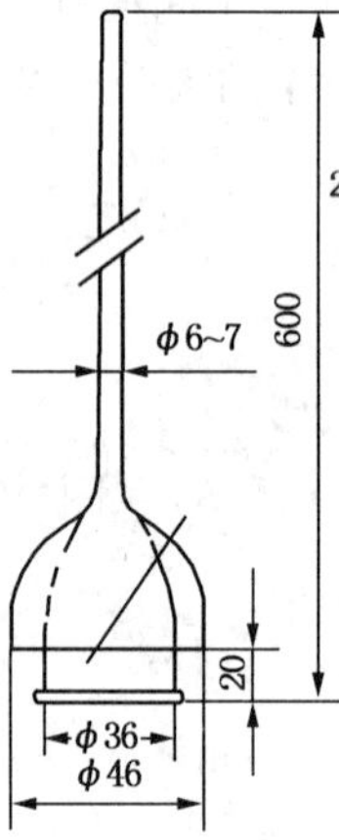

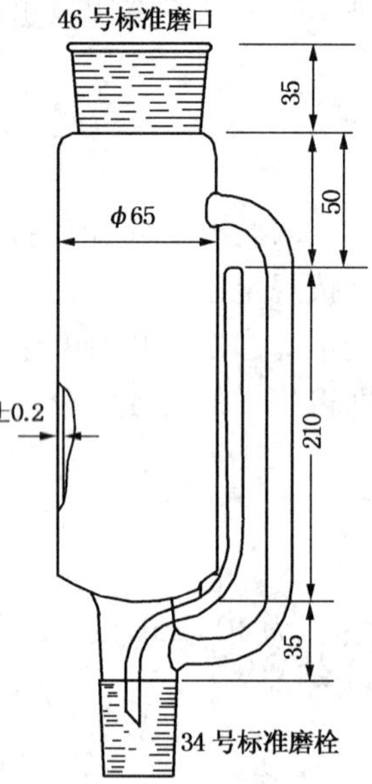

图A1 抽提器　图A2 五球冷却器　图A3 伞形管　图A4 抽提管　图A5 平底烧瓶

1—止水夹；2—冷却管；3—伞形管；4—抽提管；5—保温管；6—样品袋；7—烧瓶

A6 试验步骤

A6.1 将整套抽提器放入恒温水浴中，水浴温度控制在90℃±3℃，维持10min~13min虹吸一次。

A6.2 连续抽提4h~6h后停止加热，待冷却至室温后，将天然胶乳橡胶避孕套取出再将膜内剩余物用石油醚洗净放入500mL蒸馏烧瓶中加热蒸馏以除去石油醚。

A6.3 将蒸馏烧瓶中的剩余物和清洗烧瓶的石油醚一起转移至100mL烧杯(烧杯应事先在105℃~110℃烘箱中恒重)中，并在水浴中加热蒸干石油醚。

A6.4 将盛有剩余物的烧杯放入真空干燥箱中，温度控制在60℃±1℃，真空度控制在80kPa，真空干燥2h后取出放入干燥器中冷却30min，称量直至恒重。总质量减去空杯质量即为试样有效组分净质量(m_2)。

A7 计算

试样有效组分X[(%)(m/m)]按下式计算：

$$X = \frac{m_2}{m_1} \times 100$$

式中：m_1——试样质量，g；

m_2——有效组分净质量，g。

A8 精密度

重复性：重复测定的两个结果之差不应大于算术平均值的5.5%。

注：①本重复性是用33个样品重复测定33对数据计算得来。

②本重复性为暂定。

附加说明：

本标准由大连石油化工公司提出。

本标准由石油化工科学研究院技术归口。

本标准由大连石油化工公司研究所负责起草。

本标准主要起草人张克诚。

编者注：本标准中引用的标准名称变动如下。

标 准 号	现标准名称
GB 7544	天然胶乳橡胶避孕套 技术要求与试验方法
GB/T 3535	石油产品倾点测定法
GB/T 511	石油和石油产品及添加剂机械杂质测定法

中华人民共和国石油化工行业标准

SH/T 0389—1992(1998)

石油添加剂的分类

代替 ZB E60 003—87

本标准适用于制订石油添加剂的分类体系。这类产品的类别名称用汉语拼音字母“T”表示。

1 石油添加剂的分类

1.1 石油添加剂按应用场合分成润滑剂添加剂、燃料添加剂、复合添加剂和其他添加剂四部分。对一剂多用的添加剂，按其主要作用或使用场合来划分，但这并不影响在其他场合的应用。

1.2 润滑剂添加剂部分按作用分为清净剂和分散剂、抗氧抗腐剂、极压抗磨剂、油性剂和摩擦改进剂、抗氧剂和金属减活剂、黏度指数改进剂、防锈剂、降凝剂、抗泡沫剂等组。

燃料添加剂部分按作用分为抗爆剂、金属钝化剂、防冰剂、抗氧防胶剂、抗静电剂、抗磨剂、抗烧蚀剂、流动改进剂、防腐蚀剂、消烟剂、十六烷值改进剂，清净分散剂、热安定剂、染色剂等组。

复合添加剂部分按油品分为汽油机油复合剂、柴油机油复合剂、通用汽车发动机油复合剂、二冲程汽油机油复合剂、铁路机车油复合剂、船用发动机油复合剂、工业齿轮油复合剂、车辆齿轮油复合剂、通用齿轮油复合剂、工业润滑油复合剂、防锈油复合剂等组。

1.3 石油添加剂按相同作用分为一个组，同一组内根据其组成或特性的不同分成若干品种。

2 所用的符号说明

2.1 石油添加剂的名称用符号表示。

2.2 石油添加剂的品种由3个或4个阿拉伯数字所组成的符号来表示，其第一个阿拉伯数字(当品种由3个阿拉伯数字所组成时)或前二个阿拉伯数字(当品种由4个阿拉伯数字所组成时)，总是表示该品种所属的组别(组别符号不单独使用)。

注：石油添加剂分成四部分，为了减少石油添加剂符号中的阿拉伯数字，所以省略了上述四部分的符号。

2.3 石油添加剂名称一般形式如下所示：

类	品种

例1：T 102

T——类(石油添加剂)

102——品种(表示清净剂和分散剂组中的中碱性石油磺酸钙，其第一个阿拉伯数字“1”表示润滑剂添加剂部分中清净剂和分散剂的组别号)

例2：T 1101

T——类(石油添加剂)

1101——品种(表示抗爆剂中的四乙基铅，其前面二个阿拉伯数字“11”，表示燃料添加剂部分中抗爆剂的组别号)

中国石油化工总公司 1992-05-20 批准　　　　1992-05-20 实施

附 录 A
石油添加剂的分组和组号
(补充件)

	组 别	组 号
润滑剂添加剂	清净剂和分散剂	1
	抗氧抗腐剂	2
	极压抗磨剂	3
	油性剂和摩擦改进剂	4
	抗氧剂和金属减活剂	5
	黏度指数改进剂	6
	防锈剂	7
	降凝剂	8
	抗泡沫剂	9
燃料添加剂	抗爆剂	11
	金属钝化剂	12
	防冰剂	13
	抗氧防胶剂	14
	抗静电剂	15
	抗磨剂	16
	抗烧蚀剂	17
	流动改进剂	18
	防腐蚀剂	19
	消烟剂	20
	助燃剂	21
	十六烷值改进剂	22
	清净分散剂	23
	热安定剂	24
	染色剂	25
复合添加剂	汽油机油复合剂	30
	柴油机油复合剂	31
	通用汽车发动机油复合剂	32
	二冲程汽油机油复合剂	33
	铁路机车油复合剂	34
	船用发动机油复合剂	35
	工业齿轮油复合剂	40
	车辆齿轮油复合剂	41
	通用齿轮油复合剂	42
	液压油复合剂	50
	工业润滑油复合剂	60
	防锈油复合剂	70
其他添加剂		80

附 录 B
石油添加剂分类的新旧代号对照表
（参考件）

	组 号	组 别	统一命名	新代号	原代号
润滑剂添加剂	1	清净剂和分散剂	102 清净剂	T 102	T 102
			108 清净剂	T 108	T 108
			109 清净剂	T 109	T 109
			111 清净剂	T 111	T 111
			151 分散剂	T 151	T 113
			152 分散剂	T 152	T 113B
	2	抗氧抗腐剂	201 抗氧抗腐剂	T 201	T 201
			202 抗氧抗腐剂	T 202	T 202
	3	极压抗磨剂	301 极压抗磨剂	T 301	T 301
			304 极压抗磨剂	T 304	T 304
			305 极压抗磨剂	T 305	T 305
			321 极压抗磨剂	T 321	T 308
			322 极压抗磨剂	T 322	T 302
			341 极压抗磨剂	T 341	T 307
	4	油性剂和摩擦改进剂	401 油性剂	T 401	T 401
			402 油性剂	T 402	T 402
			404 油性剂	T 404	T 404
			405 油性剂	T 405	T 405
			406 油性剂	T 406	T 406
	5	抗氧剂和金属减活剂	501 抗氧剂	T 501	T 501
	6	黏度指数改进剂	601 黏度指数改进剂	T 601	T 601
			602 黏度指数改进剂	T 602	T 602
			603 黏度指数改进剂	T 603	T 603
	7	防锈剂	701 防锈剂	T 701	T 701
			702 防锈剂	T 702	T 702
			703 防锈剂	T 703	T 703
			704 防锈剂	T 704	T 704
			705 防锈剂	T 705	T 705
			706 防锈剂	T 706	T 706
			708 防锈剂	T 708	T 708
			743 防锈剂	T 743	T 743
			746 防锈剂	T 746	T 746
	8	降凝剂	801 降凝剂	T 801	T 801
			803 降凝剂	T 803	T803

续表

	组　号	组　　别	统一命名	新代号	原代号
燃料添加剂	11	抗爆剂	1101　抗爆剂	T 1101	T 1101
	12	金属钝化剂	1201　金属钝化剂	T 1201	T 1201
	13	防冰剂	1301　防冰剂	T 1301	T 1301
	15	抗静电剂	1501　抗静电剂	T 1501	T 1501
	16	抗磨剂	1601　抗磨剂	T 1601	T 306
	18	流动改进剂	1804　流动改进剂	T 1804	T 804

注：对于本标准中尚未规定的添加剂新品种，必须先上报中国石油化工总公司标准主管部门，经批准后方可使用其规定的产品符号。

附加说明：

本标准由中国石油化工总公司提出，由石油化工科学研究院技术归口。

本标准由石油化工科学研究院负责起草。

本标准主要起草人黄文轩。

中华人民共和国石油化工行业标准

SH/T 0390—1992(1998)

704　防　锈　剂

代替 ZB E61 002—88

1　主题内容与适用范围

本标准规定了以环烷酸或由含环烷酸油品于碱洗所得碱渣而制得的环烷酸锌的技术条件，产品代号 T 704。

本标准所属产品适用于各种防锈油脂，乳化防锈切削液等防锈剂，对钢、铜、铝等金属有良好的防锈性。

2　引用标准

GB/T 260　石油产品水分测定法

GB/T 511　石油产品和添加剂机械杂质测定法(重量法)

GB/T 2361　防锈油脂湿热试验法

SH 0164　石油产品包装、贮运及交货验收规则

SH/T 0195　润滑油腐蚀试验法

SH/T 0229　固体和半固体石油产品取样法

3　技术要求

项　　目		质 量 指 标	试 验 方 法
外观		棕色粘稠状物	目测
锌含量,%	不小于	8	附录 A
机械杂质,%	不大于	0.15	GB/T 511
水分,%	不大于	0.05	GB/T 260
水萃取试验			附录 B
酸碱反应		中性	
硫酸根		无	
氯　根		无	
腐蚀(T3 铜片，100℃，3h)		合格	SH/T 0195
防锈性能 潮湿箱试验(铜片、钢片)		报告	GB/T 2361

4　本产品的包装、标志、贮存、运输及交货验收按 SH 0164 进行。

5　取样按 SH/T 0229 进行，取 1kg 作为检验和留样用。

中国石油化工总公司 1992-05-20 批准　　　　1992-05-20 实施

附 录 A
锌含量测定方法
（补充件）

A1 概要

用盐酸将环烷酸锌分解，在 pH 为 10 时以铬黑 T 为指示剂，以 EDTA 标准滴定溶液滴定，测出锌含量。

A2 仪器与试剂

A2.1 烧杯：100mL。
A2.2 三角烧瓶：250mL。
A2.3 玻璃漏斗。
A2.4 滴定管：250mL。
A2.5 洗瓶：250 或 500mL。
A2.6 定量滤纸。
A2.7 EDTA 标准滴定溶液 0.01mol/L：称取乙二胺四乙酸二钠(分析纯)4g，溶于 1L 蒸馏水中，以锌标准溶液标定出精确浓度。

0.01mol/L EDTA 溶液的标定：用吸量管量取 25mL 锌标准溶液，放入 250mL 三角瓶中，放进一小片 pH 试纸，用 10% 氢氧化铵中和至 pH 等于 10，加入 5mL 缓冲液及少量(约 10mg)指示剂，用 EDTA 溶液滴定至由紫红变纯蓝，即为终点。

EDTA 标准滴定溶液的浓度 c(EDTA)按式(A1)计算：

$$c(\mathrm{EDTA}) = \frac{c'V'}{V} \qquad \text{(A1)}$$

式中：c'——锌标准溶液浓度，mol/L；
V'——所取锌标准溶液的体积，mL；
V——滴定锌标准溶液所消耗 EDTA 标准滴定溶液的体积，mL。

A2.8 锌标准溶液 0.01mol/L 将标准锌粒用 1∶1 盐酸溶液处理，去掉表面氧化物后，再用蒸馏水冲洗数次，于 150℃烘干，准确称取 0.6538g，称精确至 0.0002g。用 1∶1 盐酸溶液 20mL 溶解，冲洗至 1000mL 容量瓶中，加 20℃蒸馏水稀释至刻度。
A2.9 铬黑 T 指示剂：1g 铬黑 T 与 100g 氯化钠(分析纯)混合研细，通过 100 筛目。
A2.10 pH 为 10 缓冲液：20g 氯化铵(分析纯)溶于蒸馏水中，加 20% 氨水溶液 100mL，用蒸馏水稀释到 1L。
A2.11 氨水：分析纯，配成 10% 和 20% 的氨水溶液。
A2.12 盐酸：分析纯，配成 7% (m/m) 盐酸溶液和 1∶1 盐酸溶液(盐酸与水的体积比)。
A2.13 变色范围 1～14 的 pH 试纸。
A2.14 工业苯。

A3 试验步骤

A3.1 在 100mL 小烧杯中，称取 0.1g～0.2g 试样，称精确至 0.0002g。
A3.2 向称好的试样中加苯 2mL，使试样溶解，再加 7% (m/m) 盐酸溶液 10mL，充分摇动，使试样酸化分解。

A3.3 将分解完全的试样，经定量滤纸过滤，并用热蒸馏水充分洗涤滤纸，全部滤液收集于250mL三角瓶中。

A3.4 向滤液中加入一小片 pH 试纸，用10%氨水溶液调整 pH 至 10 左右，再加入 5mL 缓冲液和少量铬黑 T 指示剂(约 10mg)。

A3.5 以 0.01mol/L EDTA 标准滴定溶液进行滴定，由紫色溶液出现变为纯蓝时，即为终点。

A4 计算

试样中锌含量 x[%(m/m)]按式(A2)计算：

$$x = \frac{c(\mathrm{EDTA})V'' \times 65.38 \times 100}{m \times 1000} = \frac{c(\mathrm{EDTA})V'' \times 6.538}{m} \quad \cdots\cdots (A2)$$

式中：c(EDTA)——EDTA 标准滴定溶液的浓度，mol/L；

V''——EDTA 标准滴定溶液滴定消耗体积，mL；

m——试样的质量，g；

65.38——与 1.00LEDTA 标准滴定溶液[c(EDTA) = 1.00mol/L]相当的以克表示的锌的质量。

A5 精确度

锌含量的两个平行测定结果间的差数不应大于 0.1%(m/m)。

附 录 B
水萃取试验
（补充件）

B1 概要

将环烷酸锌试样用沸腾的蒸馏水充分萃取，检验萃取液中的氯盐，硫酸盐及水溶性酸碱。

B2 仪器与材料

B2.1 仪器

B2.1.1 烧杯：100，300mL。

B2.1.2 玻璃棒。

B2.1.3 试管：15mL～20mL。

B2.2 材料

B2.2.1 定性滤纸。

B2.2.2 蒸馏水：经检验合格。

B3 试剂

B3.1 氯化钡溶剂：配成 100g/L 氯化钡溶液。

B3.2 盐酸：相对密度约 1.18。

B3.3 硝酸银：配成 20g/L 硝酸银溶液。

B3.4 酚酞：配成 10g/L 酚酞－乙醇指示液。

B3.5 甲基橙：配成 2g/L 甲基橙指示液。

B4 试验步骤

B4.1 称取10g±0.1g环烷酸锌于300mL烧杯中，称精确到0.1g，加150mL蒸馏水，煮沸10min～15min，同时用玻璃棒剧烈搅拌，趁热过滤并收集水萃取液，进行下列试验：

B4.1.1 酸碱反应试验：在两支试管中分别加入10mL～15mL水萃取液。在第一支试管中加3滴酚酞指示剂，溶液稍变色或变成玫瑰红色时，表示含有水溶性碱；在第二支试管中加入3滴甲基橙指示剂，溶液稍变红色或变成红色时，表示含有水溶性酸。同时在第三支试管中加入10mL～15mL蒸馏水和3滴甲基橙指示剂，以作比较。

B4.1.2 氯根检验：在试管中加入10mL～15mL水萃取液，滴入3滴硝酸银溶液，观察水萃取液变化情况，如不出现浑浊或出现轻微浑浊时为“无”。

B4.1.3 硫酸根检验：

在小烧杯中加入20mL～25mL水萃取液，加2～3滴盐酸，加热煮沸，再加1mL～2mL 10%热氯化钡溶液，立即进行观察，如不出现浑浊或出现轻微浑浊时为“无”。

B4.2 遇有水萃取液氯根与硫酸根检验不易判断时，可用硝酸银法测定氯根含量。用重量法测定硫酸根含量。氯根含量应不超过50ppm；硫酸根含量应不超过60ppm。

附加说明：

本标准由石油化工科学研究院技术归口。
本标准由独山子炼油厂负责起草。

编者注：本标准中引用的标准名称变动如下。

标 准 号	现标准名称
GB/T 511	石油和石油产品及添加剂机械杂质测定法

中华人民共和国石油化工行业标准

SH/T 0391—1995(2005)

701 防锈剂(油溶性石油磺酸钡)

代替 SH 0391—1992

1 主题内容与适用范围

本标准规定了以润滑油馏分进行磺化、醇水萃取后再钡化等工艺而制得的油溶性石油磺酸钡的技术条件，产品代号为T701。

本标准所属产品适用于在防锈油脂中作防锈剂。

2 引用标准

GB/T 260 石油产品水分测定法
GB 443 L-AN 全损耗系统用油
GB/T 511 石油产品和添加剂机械杂质测定法(重量法)
GB/T 2361 防锈油脂湿热试验法
SH 0004 橡胶工业用溶剂油
SH 0164 石油产品包装、贮运及交货验收规则
SH/T 0217 防锈油脂试验试片锈蚀度评定法
SH/T 0218 防锈油脂试验用试片制备法
SH/T 0225 添加剂和含添加剂润滑油中钡含量测定法
SH/T 0229 固体和半固体石油产品取样法
SH/T 0533 防锈油脂防锈试验试片锈蚀评定方法

3 技术内容

3.1 701 防锈剂按含量多少分为1号和2号两个牌号，本标准所属产品按质量分为一等品和合格品。

3.2 技术要求见下表。

项目		质量指标				试验方法
		1号		2号		
		一等品	合格品	一等品	合格品	
外观		棕褐色、半透明、半固体				目测
磺酸钡含量,%	不小于	55	52	45		附录 A
平均分子量	不小于	1000				附录 A
挥发物含量,%	不大于	5				附录 B
氯根含量,%		无				附录 C
硫酸根含量,%		无				附录 C
水分1),%	不大于	0.15	0.30	0.15	0.30	GB/T 260

中国石油化工总公司 1995-06-15 批准 1995-10-01 实施

续表

项目	质量指标				试验方法
	1号		2号		
	一等品	合格品	一等品	合格品	
机械杂质,% 不大于	0.10	0.20	0.10	0.20	GB/T 511
pH值	7~8				广泛试纸
钡含量[2],% 不小于	7.5	7.0	6.0		SH/T 0225
油溶性	合格				附录E
防锈性能					GB/T 2361
湿热试验(49℃ ±1℃,湿度95%以上)[3],级	72h	24h	72h	24h	
10#钢片 不大于	A				
62#黄铜片	1				
海水浸渍(25℃ ±1℃,24h),级 不大于					附录D
10#钢片	A				
62#黄铜片	1				

注:1)以出厂检验数据为准。

2)作为保证项目,每季抽查一次。

3)湿热、海水浸渍试验在测定时以符合GB 443的L-AN46全损耗系统用油为基础油,加入3% (m/m) 701防锈剂(磺酸钡含量按100%计算)配成涂油。

4 标志、包装、运输与贮存

标志、包装、运输、贮存及交货验收按SH 0164进行。

5 取样

取样按SH/T 0229进行,取2kg作检验及留样用。

附 录 A
油溶性石油磺酸钡分析方法
（补充件）

A1 主题内容与适用范围

本方法适用于中质润滑油馏分直接中和及复分解法所制备的油溶性石油磺酸钡。

A2 方法概要

用无水碳酸钠将磺酸钡试样分解所得磺酸钠和矿油混合物，经蒸干后用三氯甲烷溶解，在硅胶吸附柱中进行吸附和分离，先分出矿油再用乙醇洗出钠盐。然后分别蒸干，恒重得到矿油和纯磺酸钠，将纯磺酸钠烧灰分得硫酸钠，由此换算而得是磺酸钠或钡的平均分子量和磺酸钡等含量。

A3 仪器与材料

A3.1 仪器
A3.1.1 磨口具塞量筒：100mL。
A3.1.2 电炉或电热板。
A3.1.3 自耦调压变压器。
A3.1.4 水浴锅或红外线加热器。
A3.1.5 高温炉：能加热并恒定至775℃ ±25℃。
A3.1.6 烧杯：100mL。
A3.1.7 酸式滴定管：50mL。
A3.1.8 玻璃漏斗：内径50mm。
A3.1.9 锥形烧瓶：150mL。
A3.1.10 移液管：20mL。
A3.1.11 瓷坩埚：50mL。
A3.1.12 三号筛至四号筛：筛孔内径250μm ±9.9μm ~355μm ±13μm。
A3.1.13 超级恒温器。
A3.1.14 打诊锤：小元头。
A3.2 材料
粗孔硅胶：青岛海洋化工厂生产（粒度2mm ~5mm，吸水值98%以上）。

A4 试剂

A4.1 乙醚：分析纯。
A4.2 异丙醇：分析纯。
A4.3 无水碳酸钠：分析纯。
A4.4 95%乙醇：分析纯。
A4.5 三氯甲烷：分析纯。
A4.6 硫酸(98%)：分析纯。
A4.7 盐酸：分析纯。

A5 准备工作

A5.1 将150mL锥形烧瓶在110℃ ±1℃烘箱中烘干不少于1h。在干燥器中冷却30min，然后在分析天平上精确至0.0001g。

A5.2 将盐酸溶液[25%(V/V)]注入瓷坩埚中，煮沸几分钟，用蒸馏水洗涤，烘干后再放入高温炉中，在775℃±25℃温度下煅烧至少1h，取出在空气中冷却3min，再移入干燥器中冷却30min，然后进行称重，精确至0.0001g。

重复进行煅烧，冷却及称量，直至连续称量的差数不大于0.0004g为止。

A5.3 将粗孔硅胶经手工磨后过三号筛~四号筛(其粒度在250μm±9.9μm~355μm±13μm)放入150℃烘箱中烘干2h，在干燥器中冷却约40min备用。

A6 试验步骤

A6.1 在分析天平上用减量法称取样品5g±0.1g(准确至0.2mg)，其值为A，置于100mL带磨口塞的量筒中，加入50%(V/V)异丙醇水溶液40mL猛烈摇动(必要时可在超级恒温器内加热至50℃)，使样品均匀分散，然后加1.5g无水碳酸钠，继续猛烈摇动(必要时加热至50℃)，至磺酸钡完全被分解。再加入15mL乙醚，8g无水碳酸钠，摇匀后置于50℃~55℃超级恒温器内保温分层约4h，冷却至室温。在操作过程中应避免溶液溅出量筒。

A6.2 准确读出量筒上层醇溶液的毫升数(准确至0.5mL)，其值为B。用移液管吸取20mL上层溶液，置于150mL锥形瓶中，移至100℃水浴上或红外线加热器，使溶剂挥发干，或者进行溶剂回收，然后移至110℃±1℃烘箱中烘干30min，得残留物备用。

A6.3 在50mL滴定管的下部(活塞上部)塞一小块脱脂棉球(以防硅胶漏出)。在50mL滴定管的上部放一个内径50mm玻璃漏斗，以便装硅胶。

A6.4 称取经处理烘干、密封冷却后的15g硅胶放于100mL烧杯中加入50mL三氯甲烷，用玻璃棒搅拌，赶走气泡再装入带有玻璃漏斗的滴定管中，用三氯甲烷将烧杯中残留的硅胶也一并装入带有玻璃漏斗的滴定管中，并保持滴定管内充满三氯甲烷，用打诊锤轻轻敲打滴定管的上下部位，使硅胶均匀严密分布在滴定管内。放掉多余的三氯甲烷，使液面保持在硅胶柱面1cm为止。此时吸附柱建成。

A6.5 将A6.2所得的残留物用20mL三氯甲烷溶解，注入吸附柱中，打开活塞，使液体流速控制在每秒1滴，将液体放入已知恒重的150mL锥形瓶中，必要时可在吸附柱上部加压力。用20mL三氯甲烷洗涤锥形瓶中的残留物，当吸附柱中液面降至硅胶面上1cm，将洗涤液再注入吸附柱中。如此用三氯甲烷洗涤锥形瓶，前后共计四次(每次20mL三氯甲烷)重复此过程至最后一次吸附柱中液面降至硅胶柱面1cm时，关闭活塞。

用三氯甲烷将吸附柱下部尖嘴上可能粘有的矿油洗入装有三氯甲烷洗出液的锥形瓶中，将锥形瓶移至蒸气浴或红外线加热器上蒸干或回收三氯甲烷。再移至110℃±1℃烘箱中干燥90min，在干燥器中冷却30min，然后称重，得矿油质量为C。

A6.6 继续在吸附柱中加入20mL95%乙醇，打开活塞，使液体流入另一已知质量的150mL锥形瓶中，(锥形瓶恒重与A5.1相同)控制流速为每秒2~3滴，当液面降至硅胶面上1cm时，再加入20mL 95%乙醇。如此重复共计洗涤四次(每次20mL 95%乙醇)，至最后一次液面降至硅胶面1cm时，关闭活塞，用95%乙醇将吸附柱下部尖嘴上可能粘有的磺酸钠洗入装乙醇洗出液的锥形瓶中，将瓶移至蒸气浴上蒸干或回收然后在110℃±1℃的烘箱中干燥90min，在干燥器中冷却30min，然后称重，得磺酸钠质量为D。

A6.7 准确称取已恒重的磺酸钠(0.6g~1.1g精确至0.1mg)其质量为E，置于恒重的坩埚中，将坩埚放在电炉上慢慢加热，用调压器控制温度，勿使着火。至磺酸钠完全变成残炭时，移入775℃±25℃的高温炉中灼烧30min，取出冷却至室温。加4~5滴浓硫酸在电炉上慢慢加热蒸发，勿使溶液溅出，当浓烟消失后冷却，再同上重复加酸处理，直至灰分中的浓烟完全消失为止，然后再移入775℃±25℃的高温炉中灼烧1h，取出在室温冷却3min，移入干燥器中冷却30min，恒重(两次称量误差不大于0.0004g为止)，得硫酸钠灰分重为 F。

A7 计算

A7.1 磺酸平均分子量：

$$P = \frac{71E}{F} - 22 \qquad \text{(A1)}$$

磺酸钠平均分子量：

$$S = \frac{71E}{F} \qquad \text{(A2)}$$

磺酸钡平均分子量：

$$T = 2P + 135 = 2S + 91 \qquad \text{(A3)}$$

A7.2 磺酸钡百分含量：

$$V = \frac{BD}{20A} \times \left(1 + \frac{91F}{142E}\right) \times 100 \qquad \text{(A4)}$$

若已知磺酸平均分子量，则：

$$V = \frac{BD}{20A} \times \frac{2P + 135}{2P + 44} \times 100 \qquad \text{(A5)}$$

式中：A——称取样品值，g；

B——上层醇溶液值，g；

D——已恒重的磺酸钠质量，g；

E——称取的磺酸钠质量，g；

F——硫酸钠灰分质量，g；

P——磺酸平均分子量；

S——磺酸钠平均分子量；

T——磺酸钡平均分子量；

V——磺酸钡百分含量。

A8 精密度

A8.1 重复性：同一操作者重复测定的两个结果之差，不应大于下列数值。

测定项目,%(m/m)	重复性,%(m/m)
磺酸钡	0.63

A8.2 再现性：不同实验室各自测定的两个结果之差，不能大于下列数值。

测定项目,%(m/m)	再现性,%(m/m)
磺酸钡	0.92

附　录　B
挥发物含量测定法
(补充件)

B1 主题内容与适用范围

本方法适用于油溶性石油磺酸钡挥发物含量测定。

B2 方法概要

本方法规定在一定的温度和时间下，测定油溶性石油磺酸钡的溶剂挥发含量。

B3 仪器

B3.1 烘箱。
B3.2 干燥器。
B3.3 天平：感量0.1mg；
B3.4 坩埚：50mL。

B4 试剂

B4.1 盐酸：分析纯。

B5 准备工作

B5.1 将盐酸溶液[25%(V/V)]注入瓷坩埚内煮沸几分钟，用蒸馏水洗涤，烘干后在105℃±1℃的烘箱中干燥不小于1h，在干燥器中冷却30min，然后在分析天平上精确至0.0001g，重复进行干燥(第二次干燥时间只需30min)，冷却及称量，直至连续称量差数不大于0.0004g为止。

B6 试验步骤

B6.1 将已恒重的坩埚称入约5g左右试样，精确至0.0001g。在105℃±1℃烘箱中烘3h，然后放在干燥器中冷却30min，进行称量，精确至0.0001g。

B7 计算

B7.1 挥发物含量X[%(m/m)]按下式计算：

$$X = \frac{m_1 - m_2}{m_1} \times 100 \quad \cdots\cdots (B1)$$

式中：m_1——试样在挥发前的质量，g；
m_2——试样在挥发后的质量，g。

B8 精密度

平行测定间的差数，不应超过算术平均值的±5%。

附 录 C
氯根、硫酸根试验法
(补充件)

C1 仪器、试剂

C1.1 电炉。
C1.2 量筒：100mL。
C1.3 分液漏斗：100mL。
C1.4 试管：10mL。
C1.5 锥形烧瓶：150mL。
C1.6 中性汽油。
C1.7 50%乙醇。
C1.8 硝酸：65%~68%，分析纯。配成(1+2)水溶液。

C1.9 盐酸：36%～38%，分析纯。配成(1+1)水溶液。
C1.10 硝酸银：1g/L。
C1.11 氯化钡：50g/L。

C2 试验步骤

C2.1 称取5.0g试样，加30mL中性汽油，加30mL 50%乙醇预热至50℃，充分摇动，保温，待分层后倒入分液漏斗中，将下层水溶液分别放入三支试管中(水溶液如浑浊可过滤保温)，取第一支试管加入硝酸及硝酸银各1～2滴，第二支试管加入盐酸及氯化钡各1～2滴，摇匀后与第三支试管空白对照，试管如产生白色浑浊则表示存在有氯根及硫酸根。

附 录 D
磺酸钡海水浸渍试验方法
(补充件)

D1 主题内容与适用范围

本方法适用于测定油溶性石油磺酸钡。

D2 方法概要

本方法是在人造海水浸渍情况下，试验磺酸钡调配为试油对金属的保护性能。

D3 仪器与材料

D3.1 仪器
D3.1.1 干燥器。
D3.1.2 吹风机：冷热两用。
D3.1.3 搪瓷杯。
D3.1.4 不锈钢镊子。
D3.1.5 S型玻璃吊钩；或不锈钢吊钩。
D3.1.6 烧杯：500mL。
D3.1.7 玻璃棒：ϕ6mm～9mm，长150mm。
D3.1.8 温度计：0℃～50℃，0℃～360℃各一支。
D3.1.9 pH值测定仪(或酸度计)：测量精度为0.1。
D3.2 材料
D3.2.1 钢片：10号钢，规格为50mm×50mm×3～5mm
D3.2.2 黄铜片：62号黄铜，规格为50mm×50mm×3～5mm
D3.2.3 符合GB 443的L-AN46全损耗系统用油。

D4 试剂

D4.1 氯化镁($6H_2O$)：分析纯。
D4.2 氯化钙(无水)：化学纯。
D4.3 氯化钠：分析纯。
D4.4 硫酸钠(无水)：分析纯。
D4.5 碳酸钠(无水)：分析纯。

D4.6　石油醚(60℃～90℃)或橡胶工业用溶剂油，符合 SH 0004。

D5　准备工作

D5.1　配制人造海水

D5.1.1　氯化镁：11g/L　　1.077%

氯化钙：1.2g/L　　0.118%

硫酸钠：4.0g/L　　0.391%

氯化钠：25.0g/L　　2.448%

蒸馏水：95.966%

D5.2　人造海水溶液 pH 值的调整

D5.2.1　将配制成的人造海水溶液，用 pH 值测定仪测定其 pH 值，并用 50g/L 碳酸钠溶液调整人造海水溶液 pH 值在 8.0～8.2 范围内。

D5.3　涂油调配

D5.3.1　用符合 GB 443 的 L－AN46 全损耗系统用油为基础油、加入 3% 701 防锈剂(磺酸钡含量按 100% 计算)配成涂油。

D5.3.2　将已加入石油磺酸钡的基础油放在电炉上加热，慢慢溶解，温度不超过 125℃，直至石油磺酸钡完全溶解为止。

D5.4　试片的制备

D5.4.1　每种油样需作三块试片，试片的制备和清洗，涂油按 SH/T 0217 和 SH/T 0218B 法进行。

D6　试验步骤

D6.1　将涂好油膜并经沥干 2h 后的试片按金属分类，徐徐浸入人造海水中，悬挂在置于烧杯的玻璃棒上，试片悬挂时各片不得靠近容器壁，试片间的间距应不小于 15mm，并应使试片全部浸没海水中(不同类金属片不允许放在同一海水容器中)。

D6.2　人造海水溶液须保持在 25℃ ±1℃进行。

D7　试验结果

试片经浸渍 24h 后，用石油醚或溶剂油擦洗去表面油膜，仔细观察锈蚀和变色情况，然后按 SH/T 0533 进行评级。

试片的评级，在三片中的二片锈蚀结果相差超过两级，不能定级。相差在两级以内(包括两级)，并有两片同级时，按两片级别定级；三片各不相同者，但三片分别是 0 级、1 级和 2 级时则定为 1 级，如果三片分别是 0 级，1 级和 3 级以上时则不能定级。如有变色或色变暗情况，需在评定结果中报告。

附　录　E
磺酸钡的油溶性试验方法
(补充件)

E1　主题内容与适用范围

本方法适用于油溶性石油磺酸钡的油溶性测定。

E2　方法概要

本方法规定在一定的温度和时间下，测定油溶性石油磺酸钡被油溶解的性能。

E3 仪器与材料

E3.1 仪器

E3.1.1 烧杯：400mL。

E3.1.2 电炉。

E3.1.3 石棉板。

E3.1.4 接触温度计和水银温度计各一支(温度为0℃～300℃)。

E3.1.5 电动搅拌器(25W)，配备有十字玻璃搅拌浆板。

E3.1.6 电子继电器，或变压器。

E3.2 材料

"L－AN46 全损耗系统用油"，符合 CB 443。

E4 准备工作

E4.1 装好控制温度的电子继电器，并调节恒温在125℃±3℃。

E4.2 在烧杯中称取200g"L－AN46 全损耗系统用油"放置在放有石棉板的电炉上。

E4.3 仔细调节好电动搅拌器，使搅拌速度控制在80r/min～90r/min。

E4.4 称重10g石油磺酸钡，并分切成8片～10片。

E5 试验步骤

E5.1 装好仪器，调节好温度和搅拌速度，开始边加温边搅拌直至规定温度。

E5.2 在温度达到125℃±3℃时，即加入片状的10g石油磺酸钡，加完后开始记录时间，规定加热溶解时间到达30min后停止，将烧杯油样在室温内冷却，试样油温在50℃以下倒入100mL的比色管至刻度液面处，比色管在反射光线中，观察油样应透明清晰，无沉淀物和石油磺酸钡全溶为合格。

附加说明：

本标准由石油化工科学研究院技术归口。

本标准由杭州炼油厂负责起草。

本标准主要起草人沈心忆、冯金木、梅容。

编者注：本标准中引用的标准名称变动如下。

标 准 号	现标准名称
GB/T 511	石油和石油产品及添加剂机械杂质测定法

前　　言

本标准首版为专业标准 ZBE 61006—89，1989 年 5 月 20 日实施，后转为行业标准 SH 0394—92，本次在原 SH 0394—92 标准内容基础上进行修订，增加了 T 203 产品标准内容。本标准在原标准指标项目基础上减少二项，即酸值和稀释油。

本标准实施之日起，SH 0394—92 即废止。

本标准附录 A(ZDDP 抗氧抗腐剂 pH 值测定法)为标准的附录。

本标准由中国石化锦州石油化工公司和中国石化兰州炼油化工总厂共同提出。

本标准由中国石油化工总公司石油化工科学研究院技术归口。

本标准起草单位：中国石化锦州石油化工公司、中国石化兰州炼油化工总厂。

本标准主要起草人：燕绍睿、温建氟、雷耀君、肖承瑶、李荣熙。

中华人民共和国石油化工行业标准

SH/T 0394—1996

202 和 203 抗氧抗腐剂

代替 SH 0394—92

1 范围

本标准规定了以长、短链混合伯醇或长链伯醇经硫磷化、皂化反应并经过滤所制得的二烷基二硫代磷酸锌盐(ZDDP)的技术要求。按使用性能不同分为 T 202 和 T 203 两种牌号。

本标准所属产品适用于汽油机油、柴油机油及工业润滑油，其中 T 203 还适用于重负荷柴油机油和抗磨液压油等。

2 引用标准

GB/T 260　石油产品水分测定法

GB/T 265　石油产品运动黏度测定法和动力黏度计算法

GB/T 511　石油产品和添加剂机械杂质测定法(重量法)

GB/T 2540　石油产品密度测定法(比重瓶法)

GB/T 3536　石油产品闪点和燃点测定法(克利夫兰开口杯法)

GB/T 4756　石油和液体石油产品取样法(手工法)

GB/T 6540　石油产品颜色测定法

SH 0164　石油产品包装、贮运及交货验收规则

SH/T 0226　添加剂和含添加剂润滑油中锌含量测定法

SH/T 0264　内燃机油高温氧化和轴瓦腐蚀评定法(皮特 W－1 法)

SH/T 0296　添加剂和含添加剂润滑油的磷含量测定法(比色法)

SH/T 0303　添加剂中硫含量测定法(电量法)

SH/T 0561　抗氧抗腐添加剂热分解温度测定法(毛细管法)

注：除非在标准中另有明确规定，上述引用标准都应是现行有效标准。

3 技术要求

3.1 本标准中所属产品按质量分为一等品和合格品。

3.2 产品的理化性能和使用性能应符合表 1 所列各项技术要求。

4 标志、包装、运输、贮存

标志、包装、运输、贮存及交货验收按 SH 0164 进行。

5 取样

取样按 GB/T 4756 进行，取 2L 作为检验和留样用。

中国石油化工总公司 1996-05-24 批准　　　　1996-12-01 实施

表 1　202 和 203 抗氧抗腐剂技术要求

项　　目	质量指标				试验方法
	T 202		T 203		
	一等品	合格品[1)]	一等品	合格品[1)]	
外观	琥珀色透明液体		淡黄至琥珀色透明液体		目测[4)]
色度，号　　不大于	2.0	2.5	2.0	2.5	GB/T 6540
密度(20℃)，kg/m^3	1080～1130		1060～1150		GB/T 2540
运动黏度(100℃)，mm^2/s	报告				GB/T 265
闪点(开口)，℃　　不低于	180				GB/T 3536
硫含量，%(m/m)	14.0～18.0	12.0～18.0	14.0～18.0	12.0～18.0	SH/T 0303
磷含量，%(m/m)	7.2～8.5	6.0～8.5	7.5～8.8	6.5～8.8	SH/T 0296
锌含量，%(m/m)	8.5～10.0	8.0～10.0	9.0～10.5	8.0～10.5	SH/T 0226
pH 值　　不小于	5.5	5.0	5.8[5)]	5.3	附录 A
水分[2)]，%(m/m)　　不大于	0.03	0.09	0.03	0.09	GB/T 260
机械杂质，%(m/m)　　不大于	0.07				GB/T 511
热分解温度，℃　　不低于	220		230	225	SH/T 0561
轴瓦腐蚀试验[3)]：					
轴瓦失重，mg　　不大于	25				SH/T 0264
40℃运动黏度增长率，%　　不大于	50				GB/T 265

注：

1)合格品原则上不宜于调制中高档润滑油。

2)4 月 15 日～9 月 15 日，一等品水分可不大于 0.06%。

3)以 HVI 500(或 MVI 600)中性油为基础油，添加 3% T 108(或 T 108A)和 0.5% T 202(或 T 203)进行试验，每半年评定一次。

4)将试样注入 100mL 量筒中，在室温下观测应为透明。

5)调制抗磨液压油，pH 值不应小于 6.0。

附　录　A
（标准的附录）
ZDDP 抗氧抗腐剂 pH 值测定法

A1　范围

本方法适用于 ZDDP 抗氧抗腐剂 pH 值的测定。

本方法所适用产品 pH 值范围 3.0 ~ 8.0。

A2　方法概要

将已知量的试样溶于甲苯 - 乙醇的混合溶剂中，以玻璃电极为指示电极、甘汞电极为参比电极，测定溶液的 pH 值。

A3　试剂与材料

A3.1　试剂

A3.1.1　95% 乙醇：分析纯。

A3.1.2　甲苯：分析纯。

A3.1.3　邻苯二甲酸氢钾：优级纯。

A3.1.4　磷酸氢二钠：优级纯。

A3.1.5　磷酸二氢钾：优级纯。

A3.1.6　氢氧化钾 - 乙醇溶液：$c[KOH]=0.1mol/L$。

A3.1.7　乙酸 - 乙醇溶液：$c[CH_3COOH]=0.1mol/L$。

A3.1.8　氯化钾饱和溶液。

A3.1.9　pH 值 4.003 缓冲溶液：称取邻苯二甲酸氢钾 10.2100g 溶于 1000mL 蒸馏水中。

A3.1.10　pH 值 6.864 缓冲溶液：称取磷酸二氢钾 3.4000g、磷酸氢二钠 3.5500g 溶于 1000mL 蒸馏水中。

A3.2　材料

A3.2.1　镊子。

A3.2.2　定性滤纸。

A3.2.3　脱脂棉。

A4　仪器设备

A4.1　电位滴定仪：ZD－1 型或 ZD－2 型或其他同等性能仪器。

A4.2　玻璃电极：231 型或其他同等性能电极。

A4.3　甘汞电极：232 型或其他同等性能电极。

A4.4　烧杯：100mL。

A4.5　量筒：50mL、100mL、500mL。

A4.6　容量瓶：250mL、1000mL。

A5　样品

A5.1　采样按 GB/T 4756 进行。

A6 准备工作

A6.1 试样溶剂(甲苯－乙醇混合溶剂)：将 700mL 甲苯和 300mL 95% 乙醇混和均匀，制成试样溶剂。此溶剂在标定好的仪器上测得的 pH 应等于 7.00。若 pH 不等于 7.00，可用氢氧化钾－乙醇溶液或乙酸－乙醇溶液调节至 pH 等于 7.00。

A6.2 玻璃电极：新的玻璃电极应在蒸馏水中浸泡 24h 后方可使用。试验后的电极应该依次用试样溶剂(A6.1)、蒸馏水洗净，然后，浸泡在蒸馏水中备用。若电极的球表面被污染，可将电极浸泡在冷的铬酸洗液中，30s 后取出，用水洗净，再浸泡在蒸馏水中。

A6.3 甘汞电极：甘汞电极内的氯化钾饱和溶液(A3.1.8)应保持规定高度，不用时，应将两个橡胶皮套套上。连续试验一周后，应将氯化钾饱和溶液清洗掉，换上新的氯化钾饱和溶液。

A6.4 电极电位的测定：新的电极和久用的电极都应测定电极电位(电动势)。方法如下：先将清洁的电极插入 pH 值为 4.003 缓冲溶液(A3.1.9)中，仪器旋钮放在电动势测量档上，按仪器说明书测定电动势，然后用蒸馏水洗净，并用滤纸擦干。再将电极放入盛有 100mL 试样溶剂(A6.1)和 0.5～0.7mL 0.1mol/L 氢氧化钾－乙醇溶液(A3.1.6)的烧杯中，搅拌均匀后测其电动势，前后两种溶液的电动势之差应大于 480mV。

A6.5 仪器的校对

A6.5.1 将仪器电源接通，稳定 30min 以进行仪器的校对。

A6.5.2 依次用 pH 值为 4.003 缓冲溶液(A3.1.9)和 pH 值为 6.864 缓冲溶液(A3.1.10)，按电位滴定仪器说明书进行仪器校准。

A7 试验步骤

A7.1 称取 3.00g(精确到 0.01g)试样，放入 100mL 烧杯中，加入试样溶剂(A6.1)50mL，搅拌均匀后测量其 pH 值。

A7.2 测定完毕后，依次用试样溶剂(A6.1)和蒸馏水将电极洗净，在将玻璃电极浸泡在蒸馏水中备用。将甘汞电极的橡胶塞及橡胶套戴好。

A8 测定结果的表述

A8.1 取两次重复测定结果的算术平均值作为测定结果，精确至 0.01pH 单位。

A9 精密度

用以下规定判断试验结果的可靠性(95% 置信水平)。

A9.1 重复性：同一操作者，重复测定两个结果间的差值不应大于 0.07pH 单位。

A9.2 再现性：不同操作者，在两个实验室测定结果间的差值，不应大于 0.11pH 单位。

编者注：本标准中引用的标准名称变动如下。

标 准 号	现标准名称
GB/T 4756	石油液体手工取样法
GB/T 3536	石油产品闪点和燃点的测定　克利夫兰开口杯法
GB/T 511	石油和石油产品及添加剂机械杂质测定法

中华人民共和国石油化工行业标准

SH/T 0395—1992(1998)

405 系列油性剂

代替 ZB E61007—89

1 主题内容与适用范围

本标准规定了以植物油和烯烃混合物在一定温度下进行硫化及后处理而得到的油性添加剂。

本标准根据产品的硫含量不同，分为 T405 和 T405A 两个品种，它们都具有极压抗磨和降低摩擦的性能。T405 适用于配制导轨油、液压导轨油、工业齿轮油和切削油等油品。T405A 适用于配制极压润滑脂。

2 引用标准

GB/T 260 石油产品水分测定法

GB/T 264 石油产品酸值测定法

GB/T 265 石油产品运动黏度测定法和动力黏度计算法

GB/T 267 石油产品闪点与燃点测定法(开口杯法)

GB/T 511 石油产品和添加剂机械杂质测定法(重量法)

GB/T 3142 润滑剂承载能力测定法(四球法)

GB/T 4756 石油液体手工取样法

GB/T 5096 石油产品铜片腐蚀试验法

SH 0164 石油产品包装、贮运及交货验收规则

SH/T 0303 添加剂中硫含量测定法(电量法)

SH/T 0361 导轨油

SH/T 0532 润滑油抗擦伤能力测定法(梯姆肯法)

3 技术要求

项目		质量指标		试验方法
		T 405	T 405A	
外观		深红棕色透明粘稠液体		目测1)
运动黏度(100℃)，mm^2/s		20～28	40～90	GB/T 265
闪点(开口),℃	不低于	140		GB/T 267
水分,%(m/m)	不大于	0.05		GB/T 260
机械杂质,%(m/m)	不大于	0.07		GB/T 511
酸值，mgKOH/g	不大于	5	6	GB/T 264
硫含量,%(m/m)		7.5～8.5	9.0～10.5	SH/T 0303
铜片腐蚀(100℃，3h)，级	不大于	1	2a	GB/T 5096 2)

中国石油化工总公司 1992-05-20 批准　　1992-05-20 实施

续表

项目		质量指标		试验方法
		T 405	T 405A	
四球机试验				
P_B，N	不小于	697	588	GB/T 3142[3)]
d_{20}^{60}，mm	不大于	0.4	0.4	
抗擦伤性能[4)] OK 值，N	不小于	111	134	SH/T 0532
动静摩擦系数差值[5)]	不大于	0.08	0.08	SH/T 0361 的附录 A

注：1）目测透明时，把试样注入到 100mL 量筒中，在室温下观察应均匀透明。

2）试验用试样，是把 10% T 405 或 T 405A 添加剂同 150SN 中性油或相当于 150SN 中性油配制而成。

3）P_B 试验用的试样是用 10% T 405 或 5% T 405A 添加剂同 150SN 中性油或相当于 150SN 中性油配制而成。进行 d_{20}^{60} 试验是用 10% T 405 或 5% T 405A 添加剂同 150SN 中性油或相当于 150SN 中性油配制而成。

4）是保证项目：试样是用 5% T 405 或 T 405 A 添加剂同 150SN 中性油或相当的油配制而成。

5）是保证项目：每年测一次，试验是在 250SN 中性油中添加 4% T 405 而成。

4 包装、标志、运输、贮存

包装、标志、运输、贮存和交货验收按 SH 0164 进行。

5 取样

取样按 GB/T 4756 进行，取 2L 作为检验和留样用。

附加说明：

本标准由石油化工科学研究院技术归口。

本标准由沈阳石油化工二厂负责起草。

本标准主要起草人张家树。

编者注：本标准中引用的标准名称变动如下。

标准号	现标准名称
GB/T 511	石油和石油产品及添加剂机械杂质测定法

中华人民共和国石油化工行业标准

SH 0396—1992(1998)

1301 防 冰 剂

代替 ZB E61 008—89

1 主题内容与适用范围

本标准规定了航空燃料系统中防止生成冰晶的乙二醇甲醚燃料添加剂的技术条件。产品代号 T1301。

本标准所属产品适用于作喷气燃料和航空汽油的防冰添加剂。

本标准所属产品系危险品。应避免与皮肤和眼睛接触或吸入其蒸气，以免对健康产生不良影响。

2 引用标准

GB/T 2540 石油产品密度测定法(比重瓶法)

GB/T 3143 液体化学产品颜色测定法(Hazen 单位——铂-钴色号)

GB/T 4756 石油液体手工取样法

GB/T 6488 化工产品折光率测定法

GB/T 7534 工业用挥发性有机液体沸程的测定

GB/T 11133 液体石油产品水含量测定法(卡尔·费休法)

SH 0164 石油产品包装、贮运及交货验收规则

3 技术要求

项 目		质量指标	试验方法
颜色(Hazen 单位——铂-钴色号)	不大于	15	GB/T 3143
相对密度(20/20℃)		0.963~0.967	GB/T 2540
沸程			GB/T 7534
初馏点,℃	不低于	123.5	
干点,℃	不高于	125.5	
酸值，mgKOH/g	不大于	0.09	附录 A
水分,% (*m/m*)	不大于	0.15	GB/T 11133
乙二醇,% (*m/m*)	不大于	0.025	附录 B
25% 水溶液 pH 值(25℃ +2℃)		6.0~7.0	附录 C
折光指数，n_D^{20}		1.4015~1.4025	GB/T 6488
抗氧剂含量[1)]，mg/kg		50~150	

注：1) 抗氧剂选用 2,6-二叔丁基对甲酚，出厂前注明加入量。

4 包装、标志、运输、贮存

包装、标志、运输、贮存及交货验收按 SH 0164 进行。

5 取样

取样按 GB/T 4756 进行。取 1L 作检验和留样用。

中国石油化工总公司 1992-05-20 批准　　　　1992-05-20 实施

附　录　A
酸值测定法
（补充件）

本方法是取等体积试样与蒸馏水混合后，用氢氧化钠标准滴定溶液滴定。本方法适用于测定航空燃料防冰剂的酸值。

A1　仪器

A1.1　碱式滴定管：10mL，刻度 0.05mL。

A1.2　三角烧瓶：250mL。

A1.3　移液管：50mL。

A1.4　密度计：0.940 ~ 1.000g/cm^3。

A2　试剂

A2.1　氢氧化钠：分析纯，配成 0.05mol/L 氢氧化钠标准滴定溶液。

A2.2　酚酞：配成 10g/L 乙醇指示液。

A3　试验步骤

A3.1　量取 50mL 蒸馏水，放入三角瓶中，加入酚酞指示液 2 ~ 3 滴(约 0.5mL)。

A3.2　用 0.05mol/L 氢氧化钠标准溶液滴定至呈粉红色，然后迅速取 50mL 试样，注入三角瓶中，用 0.05mol/L 氢氧化钠标准溶液滴至呈现粉红色为止(终点颜色应与中和蒸馏水时呈现的粉红色一致)，记录滴定试样所消耗氢氧化钠标准溶液的体积。

A4　计算

试样中酸值为 X，单位用 mgKOH/g 表示，按式(A1)计算：

$$X = \frac{56.1 \times M \cdot V}{50\rho} \quad \cdots\cdots (A1)$$

式中：V——试样消耗氢氧化钠标准滴定溶液的体积，mL；

M——氢氧化钠标准溶液的浓度，mol/L；

ρ——试验温度下试样的密度，g/cm^3；

56.1——与 1.00L 氢氧化钠标准滴定液[c(NaOH) = 1.000mol/L]相当的以克表示的酸(以氢氧化钾表示)的质量；

50——试样体积，mL。

A5　精密度

A5.1　重复测定两个结果的差数不大于 0.003mgKOH/g(绝对值)。

A5.2　取两次测定的算术平均值，作为测定结果，取三位有效数字。

A6　报告

取重复测定两个结果的算术平均值，作为试样的酸值。

附　录　B
乙二醇含量测定法
（补充件）

本方法是用高碘酸氧化邻羟基二元醇，过量的高碘酸以碘量法滴定。测定航空燃料防冰剂中的乙二醇含量。

B1　仪器

a. 移液管：25，50mL。
b. 滴定管：棕色，50mL。
c. 碘瓶：50mL。

B2　试剂

a. 高碘酸：分析纯。
b. 碘化钾：分析纯，配成200g/L水溶液。
c. 硫代硫酸钠：分析纯，配成0.2mol/L标准滴定溶液。
d. 淀粉：配成10g/L指示液。
e. 冰乙酸：分析纯。

B3　准备工作

高碘酸氧化剂的配制：称取5g高碘酸，称精确至0.1g，倒入棕色细口瓶内，用200mL蒸馏水溶解，再加入800mL冰乙酸，混合均匀，放置在暗处备用。

B4　试验步骤

B4.1　用移液管分别量取50mL高碘酸溶液，放入四个500mL的碘瓶中，其中两个碘瓶做空白试验用。
B4.2　在另外两个碘瓶中加入50g试样(称精确至0.1g)旋转摇动，使之溶解，在室温下放置30min。
B4.3　在不断摇动下，立即依次在碘瓶中加入10mL20%碘化钾溶液。
B4.4　用0.2mol/L硫代硫酸钠标准溶液进行滴定。当碘瓶中溶液呈现浅黄色时，加入1mL 1%淀粉指示剂，继续滴定至蓝色消失为止。分别记录试样和空白消耗硫代硫酸钠标准溶液的体积，如果滴定体积，超过20mL，则需要另取一个较少量的试样重新滴定。

B5　计算

试样中乙二醇含量X_1[%(m/m)]按下式计算：

$$X_1=\frac{0.03103(V_1-V_2)\times c\times 100}{m} \qquad \text{(B1)}$$

式中：V_1——空白试验消耗硫代硫酸钠标准溶液的平均体积，mL；
V_2——试样消耗硫代硫酸钠标准溶液体积，mL；
c——硫代硫酸钠标准溶液浓度，mol/L；
m——试样质量，g；
0.03103——与1.00mL硫代硫酸钠标准滴定液[$c(Na_2S_2O_3)=1.000$mol/L]相当的以克表示的乙醇的质量。

B6 精密度

B6.1 重复测定两个结果的差数不得超过0.003%(m/m)。

B7 报告

取重复测定两个结果的算术平均值保留三位有效数字作为乙二醇含量。

附 录 C
25%水溶液pH值测定法
(补充件)

本方法是用PHS-2型或不低于PHS-2型精度的其他型酸度计测定航空燃料防冰剂的pH值。

C1 仪器

a. PHS-2型酸度计，范围0~14，最小分度0.02。
b. 玻璃电极：231型。
c. 甘汞电极：232型。
d. 烧杯：100mL。
e. 容量瓶：100mL。
f. 移液管：25mL。

C2 试剂

a. 蒸馏水：pH值6.5~7.5。
b. 氯化钾：配成饱和溶液。
c. 磷酸二氢钾：分析纯。
d. 磷酸氢二钠：分析纯。

C3 准备工作

C3.1 新玻璃电极需用蒸馏水浸泡24h方可使用，正常使用时玻璃电极可以浸泡在蒸馏水中保存。
C3.2 甘汞电极在使用前要充满氯化钾饱和溶液，应无气泡，防止断路。
注：甘汞电极下端毛细管要畅通。在使用时应将电极上部小胶塞拔去，让极少量的氯化钾溶液从毛细管中流出，使测定结果准确。
C3.3 标准缓冲溶液的配制：称取经110℃下烘干2h的磷酸二氢钾3.40g、磷酸氢二钠3.55g，溶于脱除二氧化碳后的蒸馏水中，并稀释至1L，此溶液pH值为6.86(25℃)。

C4 试验步骤

C4.1 取25mL试样，注入100mL容量瓶中，用蒸馏水稀释至刻线，摇晃均匀，即为25%水溶液试样。
C4.2 将玻璃电极夹在电极夹上，电极插头插在13上(见图C1所示)，并将小螺丝旋紧，甘汞电极夹在另一个电极上，甘汞电极引线接在线柱12上，玻璃电极的球部必须比甘汞电极下端稍高些。
C4.3 校正
C4.3.1 按下pH键9，左上角指示灯亮，预热数分钟。
C4.3.2 调温度补偿器11与被测溶液温度相同。

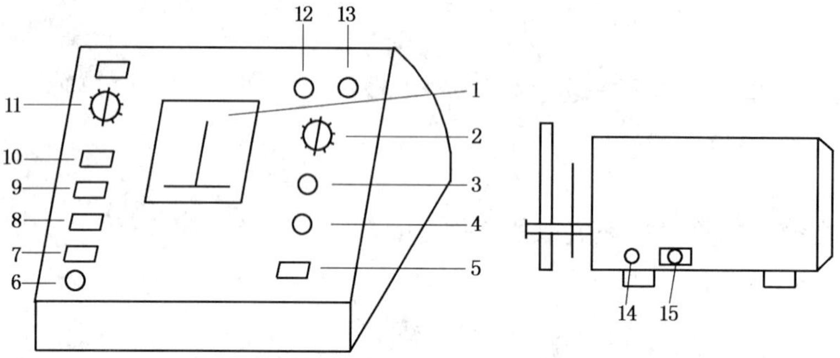

图 C1 PHS-2 型酸度计

1—指示表；2—pH-mV 计分档开关；3—校正调节器；4—定值调节器；5—读数开关；
6—零点调节器；7—负毫伏(mV)按键；8—正毫伏(mV)按键；9—pH 按键；10—电源按键；
11—温度补偿器；12—甘汞电极接线柱；13—玻璃电极插口；14—保险丝；15—电源插座

C4.3.3 将分档开关 2 放在"6"处，调节零点调节器 6，使其指针在 pH 计"1"处。

C4.3.4 将分档开关 2 放在校正位置，调正校正调节器 3，使其指针在满刻度。

C4.3.5 将分档开关 2 放在"6"位置，重复检测 pH"1"位置。

C4.4 定位

将电极上移，用滤纸吸取电极上的水分，把电极浸在标准缓冲溶液中，分档开关 2 指示"6"处，按下读数开关 5，调节定位调节器 4，指示表指在 6.86 处，重复几次，使指针不变为止。

C4.5 测量

C4.5.1 将电极上移，用蒸馏水浸洗几次，再用滤纸吸去水分。

C4.5.2 将电极下移，使电极浸在 25% 水溶液试样中，轻轻摇动烧杯，按下读数开关 5，调节分档开关 2，指针稳定后，即可读数，重复几次，记下指示值，即为该溶液的 pH 值。

C5 精密度

重复测定两个结果的差数不超过 0.10pH 值。

C6 报告

取重复测定两个结果的算术平均值，作为试样的 pH 值，报告结果，保留一位小数。

附加说明：

本标准由抚顺石油化工公司提出。
本标准由石油化工科学研究院技术归口。
本标准由抚顺石油化工公司石油二厂负责起草。
本标准主要起草人乔秀和。
本标准参照美国试验与材料协会标准 ASTMD 4171-1984《燃料系统防冰剂的标准规格》制订。

编者注：本标准中引用的标准名称变动如下。

标 准 号	现 标 准 名 称
GB/T 7534	工业用挥发性有机液体 沸程的测定
GB/T 6488	液体化工产品折光率的测定(20℃)

中华人民共和国石油化工行业标准

SH/T 0397—1994(2005)

706 防 锈 剂

代替 SH 0397—92

本标准中一级品参照采用国际标准 ISO 3618—1976《照相级苯并三氮唑——规格》。

1 主题内容与适用范围

本标准规定了以邻苯二胺与亚硝酸钠重氮化，经精制处理所得的防锈剂的技术要求。产品代号 T706。

本标准所属产品可作为有色金属防锈剂，适用于作防锈油、脂类产品以及工业循环水等的添加剂。

2 引用标准

GB/T 605 化学试剂 色度测定通用方法
GB/T 617 化学试剂 熔点范围测定通用方法
GB/T 2361 防锈油脂湿热试验法
GB/T 9724 化学试剂 pH 值测定通则
GB/T 9741 化学试剂 灼烧残渣测定通用方法
SH/T 0080 防锈油脂腐蚀性试验法
HG 3—119 化学试剂 包装及标志

注：除非在本标准中另有明确规定，上述引用标准都应是现行的有效标准。

3 技术内容

3.1 本标准按所属产品质量分为优等品、一等品、合格品。

3.2 技术要求

项 目		质量指标			试验方法
		优等品	一等品	合格品	
外观		白色结晶	微黄色结晶	微黄色结晶	目测
色度，号	不大于	120	160	180	GB/T 605[1)]
水分[7)],%	不大于	0.15			附录 A
终熔点,℃	不低于	96	95	94	GB/T 617[2)]
醇中溶解性		合 格			目测[3)]
pH 值		5.3～6.3	5.3～6.3	5.3～6.3	GB/T 9724[4)]
灰分,%	不大于	0.10	0.15	0.20	GB/T 9741[5)]

中国石油化工总公司 1994-05-04 批准　　　　1994-12-01 实施

续表

项目		质量指标			试验方法
		优等品	一等品	合格品	
纯度[7)],%	不低于	98			附录 B
湿热试验,d H62 号铜	不少于	7	5	3	GB/T 2361[6)]

注：1）称取 5.00g 的 T706 样品加无水乙醇(分析纯)溶解并稀释至 50mL 评定。

2）试样预先在浓硫酸干燥器中干燥 24h，按 GB/T 617 测定。

3）称取 1.00g 的 T706 样品于 50mL 烧杯中，加入 20mL 无水乙醇(分析纯)溶解，溶液应透明，无丝状物、无沉淀为合格。

4）称取 0.50g 的 T706 样品溶解于 100mL pH 为 7.0 的蒸馏水中进行测定。

5）称取 3.00g 的 T706 样品于已恒重约 50mL 瓷坩埚中，在电炉或电热板上慢慢蒸发至干，再在 600℃ ±50℃ 煅烧测定。

6）称取 0.10g 的 T706 样品溶于 3.00g 邻苯二甲酸二丁酯中，再用 HVI100 基础油稀释至 100.0g 进行试验，按 SH/T 0080 判断一级为合格。

7）为保证项目，每半年测定一次。

4 包装、标志、贮存、运输

4.1 产品用由内衬双层塑料袋的编织袋包装，每袋净重 20kg，或按用户要求进行包装。

4.2 标志、贮存、运输按 GB 15346 的规定进行。

5 验收规则

5.1 取样方法：每批产品按 10% 的袋数取样，但在同批号产品的包装中取样，不能少于 4 袋。每袋取样不少于 30g，并将采集的样品装入干净的塑料袋中，充分混合后作为检验样品。

5.2 检验结果如有一项不符合本标准，需重新自两倍量的包装袋中取样，重新检验，如仍有一项不符合技术标准要求时，则该批产品不能验收。

5.3 若供需双方对 706 防锈剂质量发生争议，可由双方协商选定仲裁机构，仲裁时应按标准规定的试验方法检验。

附　录　A
水分测定法
（补充件）

A1　方法概要

把试样称入培养皿中放入盛有浓硫酸的干燥器内，干燥48h后称试样重，干燥后的所失质量与干燥前试样的质量之比为试样的水含量。

A2　仪器与材料

A2.1　仪器

a. 干燥器：直径为300～350mm。

b. 培养皿：直径为80mm。

c. 天平：分度值为0.1mg。

A2.2　试剂

浓硫酸：分析纯。

A3　试验步骤

A3.1　称培养皿质量，然后在培养皿内称取3～5g试样，精确到1mg。

A3.2　将试样摊平于培养皿内，然后放入盛有浓硫酸的干燥器中（浓硫酸浓度定期检测，若低于95%则要更换），放置48h后取出称重。

A4　计算

试样中水含量$X\%(m/m)$按式（A1）计算：

$$X = \frac{G_1 - G_2}{G_1 - G_0} \times 100 \quad \cdots\cdots (A1)$$

式中：G_0——培养皿质量，g；

G_1——干燥前试样和培养皿质量，g；

G_2——干燥后试样和培养皿质量，g。

A5　精密度

同一操作者重复测定的两个结果之差，不应大于下列数值：

含水量，%(m/m)	允许差值，%(m/m)
0.05～0.20	0.02
0.05以下	0.01

A6　报告

取重复测定两个结果的算术平均值为测定结果。

附 录 B
纯度的测定
（补充件）

B1 方法概要

把试样溶于蒸馏水中，加入适量硝酸银溶液，搅拌生成白色沉淀物，用已恒重的微孔玻璃器过滤，烘干至恒重，以所得沉淀物质量计算试样纯度。

B2 仪器与试剂

B2.1 仪器
B2.1.1 微孔玻璃滤器：坩埚式，1G3。
B2.1.2 烧杯：300mL，500mL。
B2.1.3 吸滤瓶：1000mL。
B2.1.4 试验用小型真空泵。
B2.1.5 天平：分度值为0.1mg。
B2.2 试剂
B2.2.1 浓氨水：分析纯。
B2.2.2 稀氨水：浓氨水∶蒸馏水=1∶99，体积比。
B2.2.3 硝酸银：分析纯，配成10%水溶液。

B3 试验步骤

B3.1 把微孔玻璃滤器洗干净，在110～120℃烘箱中干燥3h后，取出放入干燥器中，冷却30min后。称重，称准至0.0002g，重复烘干、冷却及称重，直至连续称量间的差数不大于0.0004g为止。
B3.2 称取试样0.4500～0.5000g，溶于150mL蒸馏水中。
B3.3 在B3.2中加入浓氨水15mL，用中速定量滤纸过滤，取15mL稀氨水冲洗3次。
B3.4 在B3.3的滤液中边搅拌边连续加入15mL 10%硝酸银水溶液，搅拌30min，得白色沉淀物。
B3.5 用B3.1已恒重的微孔玻璃滤器过滤B3.4所得白色沉淀物，并用稀氨水30mL冲洗6次，用真空泵抽干。
B3.6 将盛有白色沉淀物的微孔玻璃器放入110～120℃的烘箱中干燥3h，冷却、称重、并恒重至0.0002g。

B4 计算

试样的纯度$X\%(m/m)$按式(B1)计算：

$$X=\frac{(G_2-G_0)\times 0.5270}{G_1}\times 100 \qquad \text{(B1)}$$

式中：G_1——样品质量，g；
G_2——沉淀物和微孔玻璃器质量，g；
G_0——微孔玻璃器质量，g；
0.5270——样品沉淀物与样品间的转换系数。

B5 精密度

两个平行测定结果之间的差值不应大于平均值的0.4%。

B6 报告

取重复测定两个结果的算术平均值作为测定结果。

附加说明：

本标准由金陵石油化工公司提出。

本标准由石油化工科学研究院技术归口。

本标准由金陵石油化工公司宁江化工厂负责起草。

本标准主要起草人王春柱。

编者注：本标准中引用的标准名称变动如下。

标 准 号	现标准名称
GB 15346	化学试剂　包装及标志

中华人民共和国石油化工行业标准

SH/T 0554—1993(2005)

705 防 锈 剂

1 主题内容与适用范围

本标准规定了壬烯和萘经烃化、磺化、钡化等工艺制得的碱性二壬基萘磺酸钡的技术要求。产品代号为T705。

本标准所属产品适用于作润滑油和润滑脂及其他有关产品的防锈添加剂，特别适用于黑色金属的防锈。

2 引用标准

GB/T 260　石油产品水分测定法

GB/T 265　石油产品运动黏度测定法和动力黏度计算法

GB/T 511　石油产品和添加剂机械杂质测定法(重量法)

GB/T 2361　防锈油脂湿热试验法

GB/T 2540　石油产品密度测定法(比重瓶法)

GB/T 3536　石油产品闪点和燃点测定法(克利夫兰开口杯法)

GB/T 4756　石油液体手工取样法

GB/T 7304　石油产品和润滑剂酸值测定方法(电位滴定法)

GB/T 11143　加抑制剂矿物油在水存在下防锈性能试验法

SH 0004　橡胶工业用溶剂油

SH 0164　石油产品包装、贮运及交货验收规则

SH/T 0225　添加剂和含添加剂润滑油中钡含量测定法

3 技术要求

项　　目		质量指标		试验方法
		一级品	合格品	
外观		棕色至褐色透明粘稠液体	棕色至褐色粘稠液体	目测[1)]
密度(20℃), kg/m^3	不小于	1000		GB/T 2540
闪点(开口),℃	不低于	165		GB/T 3536
黏度(100℃), mm^2/s	不大于	100	140	GB/T 265
水分,%	不大于	0.10		GB/T 260
机械杂质,%	不大于	0.10	0.15	GB/T 511
钡含量,%	不小于	11.5	10.5	SH/T 0225
总碱值, mgKOH/g		35～55		GB/T 7304

中国石油化工总公司 1993-06-11 批准　　　　1994-05-01 实施

续表

项目	质量指标		试验方法
	一级品	合格品	
潮湿箱，级　不低于			GB/T 2361[2)]
96h	A	—	
72h	—	A	
液相锈蚀	无锈		GB/T 11143B 法[3)]
油溶性	合格		目测[4)]

注：① 工艺控制稀释油加入量不大于40%。

1）在直径30～40mm，高度120～130mm的玻璃试管中，将试样注入至试管的2/3高度，在室温下从试管侧面观察。

2）150号中性油中加入5%T 705配成溶液后评定。

3）150号中性油中加入0.05%T 705配成溶液后评定。

4）在烧杯中加入一定量橡胶工业用溶剂油，加5%T 705试样使之完全溶解，放置24h无白色沉淀和悬浮物为合格。

4 包装、标志、运输、贮存

本产品包装、标志、运输、贮存及交货验收按SH 0164进行。

5 取样

取样按GB/T 4756进行，取1kg作检验和留样用。

附加说明：

本标准由玉门石油管理局提出。

本标准由石油化工科学研究院技术归口。

本标准由玉门石油管理局化工特油公司负责起草。

本标准主要起草人：田生军、闵永华。

编者注：本标准中引用的标准名称变动如下。

标准号	现标准名称
GB/T 3536	石油产品闪点和燃点的测定　克利夫兰开口杯法
GB/T 511	石油和石油产品及添加剂机械杂质测定法

中华人民共和国石油化工行业标准

SH/T 0555—1993(2005)

406 油 性 剂

1 主题内容与适用范围

本标准规定了以苯三唑与脂肪胺在一定条件下反应和经后处理而制得的油性剂的技术条件。产品代号为T 406。

本标准所属产品具有油性、抗氧和防锈性能，主要适用于齿轮油、抗磨液压油、油膜轴承油等油品。

2 引用标准

GB/T 617 化学试剂 熔点范围测定通用方法

GB/T 5096 石油产品铜片腐蚀试验法

SH/T 0189 润滑油抗磨损性能测定法(四球机法)

3 技术要求

项 目		质量指标	试验方法
		一级品	
外观		黄色固体	目测
熔程,℃		55～63	GB/T 617
铜片腐蚀(100℃，3h)，级	不大于	1	GB/T 5096[1)]
油溶性		合格	目测[2)]
水分,%(m/m)	不大于	0.35	附录A
磨斑直径(147N，60min，1200r/min，75℃)，min	不大于	0.38	SH/T 0189[1)]

注：1) 将0.3% T 406加入到40℃时的运动黏度等级为220的基础油中进行评定。

2) 将0.3% T 406加入到40℃时的运动黏度等级为220的基础油中，边搅拌边升温至70℃～80℃直至完全溶解，冷却到室温再放置72h后，目测透明为合格。

4 包装、标志、贮存、运输

4.1 本标准所属产品由塑料袋包装，并置于木桶或箱内，每袋净重10或30kg或根据用户要求进行。

4.2 每批包装好的产品，包装桶上注明：生产厂名、产品名称、商标、批号、质量、生产日期和防潮标志。

4.3 运输、装卸或库内存放时，应防止雨淋，不得受潮，使包装袋保持干燥，不受损害及污染。

5 验收规则

5.1 取样方法：每批产品按5%的袋数取样，但每批取样袋数不少于4袋。取样时应于每袋的中心

中国石油化工总公司 1993-06-11 批准 1994-05-01 实施

位置取样 50g，并将采集的样品装入干净的塑料袋中，充分混匀后作为检验的试样。

5.2　验收检验结果如有一项指标不符合本标准要求时，应重新从两倍量的包装袋中取样，重新检验，若仍有一项不符合本标准要求时，则该批产品不能验收。

5.3　若供需双方对 406 油性剂质量发生争议时，可由双方协商选定仲裁机构，仲裁时应按本标准规定试验方法分析。

附　录　A
水分测定法
（补充件）

A1　方法概要

把试样称入培养皿后放入盛有浓硫酸的干燥器中，干燥48h后，称试样重，干燥后所失质量被干燥前试样的质量除后之商为试样的含水量。

A2　仪器与试剂

A2.1　仪器

a. 干燥器。

b. 培养皿：直径为80mm。

c. 天平：感量为0.001g。

A2.2　试剂

浓硫酸：化学纯，浓度不低于95%。

A3　试验步骤

A3.1　称量培养皿，精确到0.001g，然后称取3.0g～3.5g试样于培养皿中，精确到0.001g。

A3.2　将试样摊平于培养皿中，然后放入盛有浓硫酸（浓度不低于95%）的干燥器中，放置48h后取出称重。

A4　计算

试样中含水量$X\%(m/m)$按下式计算：

$$X = \frac{m_1 - m_2}{m_1 - m_0} \times 100$$

式中：m_0——培养皿质量，g；

m_1——干燥前试样和培养皿的质量，g；

m_2——干燥后试样和培养皿质量，g。

A5　精密度

同一操作者重复测定的两个结果之差，不应大于下列数值：

水含量,%(m/m)	允许差值,%(m/m)
0.1～0.35	0.03
0.1以下	0.02

A6　报告

取重复测定两个结果的算术平均值作为测定结果。

附加说明：

本标准由石油化工科学研究院提出并技术归口。

本标准由石油化工科学研究院负责起草。

本标准主要起草人黄文轩。

中华人民共和国石油化工行业标准

SH/T 0563—1993(2005)

551 金属减活剂

1 主题内容与适用范围

本标准规定了用苯三唑、有机胺等为原料，经反应和后处理制得的苯三唑衍生物金属减活剂的技术条件。产品代号为T551。

本标准所属产品适用于调制汽轮机油、液压油、油膜轴承油、工业齿轮油、变压器油、压缩机油和润滑脂等。T551应避免与ZDDP或氨基甲酸盐类共用，它们有相互作用易生成沉淀。

2 引用标准

GB/T 265　石油产品运动黏度测定法和动力黏度计算法
GB/T 2540　石油产品密度测定法(比重瓶法)
GB/T 3536　石油产品闪点和燃点测定法(克利夫兰开口杯法)
GB/T 4756　石油液体手工取样法
GB/T 6540　石油产品颜色测定法
SH 0164　石油产品包装、贮运及交货验收规则
SH/T 0193　润滑油氧化安定性测定法(旋转氧弹法)
SH/T 0251　石油产品碱值测定法(高氯酸电位滴定法)

3 技术内容

3.1 技术要求

项　　目		质量指标	试验方法
		一级品	
外观		棕色透明液体	目测
色度，号		实测	GB/T 6540[1)]
密度(20℃)，kg/m^3		910～1040	GB/T 2540
运动黏度(50℃)，mm^2/s		10～14	GB/T 265
闪点(开口)，℃	不低于	130	GB/T 3536
碱值，mgKOH/g		210～230	SH/T 0251[2)]
氧化试验(增值)，min	不小于	90	SH/T 0193[3)]

中国石油化工总公司 1993-06-11 批准　　　　1994-05-01 实施

续表

项　　目	质量指标	试验方法
	一级品	
溶解度,%	合格	目测[4)]
热分解温度[5)],℃	报告	附录 A

注：1）色度检验应在打开包装后 24h 之内进行。

2）SH/T 0251 的指示剂改为结晶紫，石油醚用量为 40mL。指示剂配制方法是：称取 0.2g 结晶紫指示剂，溶于 100mL 冰乙酸中。

3）0.05% T 551 +0.5% T 501 +0.03% T 746 +32 汽轮机油基础油(余量)配方的氧弹寿命与以上配方中不加 T 551 的氧弹寿命之差值。该项目为保证项目，3 个月抽查检验一次。

4）0.5% T 551 加到中性油中，搅拌加热到 60℃时至完全溶解后，在室温下放置 24h，目测透明。

5）热分解温度为开始分解的温度，只作为 T 551 性能指标，予以定期抽验，不作为出厂控制与交货验收的指标。

注意：在配制油品时，不能把 T 551 与 T 746 一起调制母液。要先将 T 746 等剂调入油中后，再将 T 551 调入油中。

4　包装、标志、运输、贮存

包装、标志、运输、贮存及交货验收按 SH 0164 进行。

5　取样

取样按 GB/T 4756 进行，取 2L 作为检验和留样用。

附 录 A
热分解温度测定法
（补充件）

A1 方法概要

热分析的基础是热效应，差热分析就是测定样品和参比物在同一容器内加热或冷却时的温度差。

A2 仪器

A2.1 微量热分析仪。
A2.2 坩埚：铂或瓷制。
A2.3 天平：感量为0.00001g。
A2.4 标样：铟(In)、锡(Sn)、铅(Pb)、锌(Zn)、石英粉(SiO_2)等保证试剂。
A2.5 参比物：氧化铝、氧化镁，保证试剂。

A3 测定条件

测定条件是：升温速率 4℃/min；
通氮气流量 40mL/min；
差热分析量程 100μV；
走纸速度 5mm/min

A4 标样测定

每季度需测定标样一次，每次必须将上述标样全部测定。若标样温度超过5℃(对标样温度)则必须对样品杆进行处理。

A5 样品测定

用十万分之一微量天平分别精确称取7mg～15mg T 551试样和氧化铝于两个坩埚内，将两个坩埚分别置于样品杆样品座及参比物座，加上护罩，套上电炉，插入加热功能热偶(小心！勿将热偶碰壁)，开始升温，基线随温度的升高而偏离，当试样分解时即出现分解峰型(此峰可为吸热或放热)。样品开始分解所出现的第一峰型，即为该样品之热分解温度。

A6 重复性

重复测定的两个结果之差，不应大于2℃。

A7 再现性

不同操作者测定同一批样品的两个结果之差，不应大于4℃。

A8 报告

取重复测定两个结果的算术平均值，作为T 551的热分解温度。

附加说明：

本标准由兰州炼油化工总厂、石油化工科学研究院提出。
本标准由石油化工科学研究院技术归口。
本标准由兰州炼油化工总厂、石油化工科学研究院负责起草。
本标准主要起草人肖承瑶、黄文轩。

编者注：本标准中引用的标准名称变动如下。

标 准 号	现标准名称
GB/T 4756	石油液体手工取样法
GB/T 3536	石油产品闪点和燃点的测定　克利夫兰开口杯法
SH/T 0193	润滑油氧化安全性的测定　旋转氧弹法

SH/T 0597—1994(2005)

2201 十六烷值改进剂

1 主题内容与适用范围

本标准规定了以硝酸、2－乙基己醇为原料，在催化剂作用下进行反应，经后处理而制得的柴油十六烷值改进剂的技术条件。产品代号：T2201。

本标准所属产品适用于做柴油十六烷值改进剂。

2 引用标准

GB/T 258　汽油、煤油、柴油酸度测定法

GB/T 260　石油产品水分测定法

GB/T 261　石油产品闪点测定法(闭口杯法)

GB/T 265　石油产品运动黏度测定法和动力黏度计算法

GB/T 1884　原油和液体产品密度实验室测定法(密度计法)

GB/T 4756　石油液体手工取样法

GB/T 6540　石油产品颜色测定法

注：除非在本标准中另有明确规定，上述引用标准都应是现行的有效标准。

3 技术要求

3.1　本标准所属产品分为优等品和一等品。

3.2　技术要求

项　　目		质 量 指 标		试验方法
质量等级		优等品	一等品	
外观		无色或浅黄色透明液体		目测[1)]
纯度,%(m/m)	不小于	99.0	98.0	附录 A
密度(20℃)，kg/m^3		960～970		GB/T 1884
黏度(20℃)，mm^2/s		1.70～1.80		GB/T 265
闪点(闭口),℃	不低于	76		GB/T 261
色度，号	不大于	1.5		GB/T 6540
水分,%(m/m)	不大于	0.05		GB/T 260
酸度，mgKOH/100mL	不大于	3	6	GB/T 258

注：1）把产品注入 100mL 量筒中，在室温下目测应均匀透明，无机械杂质。

4 检验规则

4.1　产品出厂前应由生产厂的质量检验部门逐批进行检验。应保证所有出厂产品都符合本标准要

中国石油化工总公司 1994-05-04 批准　　　　1994-12-01 实施

求，每批出厂的产品都应附有产品质量证明书。

4.2 使用单位有权按照本标准对产品进行验收。

4.3 检验结果，如有一项不符合本标准要求，应重新自原批包装单位中取两倍量样品复验，复验结果该项指标仍不符合本标准指标，则判定整批产品不合格。

4.4 取样按 GB/T 4756 进行，取 2L 作为检验和留样用。

5 标志、包装、运输、贮存

5.1 标志

每个包装容器上在明显部位有牢固标志，注明产地，生产厂名，批号，产品名称，等级，净重，生产日期。

5.2 包装

本产品有两种包装形式，一种是用牢固、密封、清洁干净的镀锌铁桶包装，每桶净重 180，90，45kg。一种是用牢固、密封、清洁干燥的塑料瓶包装，每瓶净重分别为 1000、500、250kg。

5.3 运输

本产品在运输时，应防止暴晒、重压、雨淋。运输、装卸中，必须轻装，轻卸，防止包装容器破损引起事故。

5.4 贮存

本产品在温度 100℃时会加速自动分解，可能引起危险，应特别引起注意。应存放于阴凉、通风、干燥的场所，如果存放于室内仓库，则必须是标准的易燃液体库房，应与氧化剂、还原剂分库贮存，并符合铁道部、化工部、公安部危险货物贮存运输规定。本品自生产之日起，存放期为一年，一年后按本标准检验，合格者仍可使用。

开、关容器盖子时，必须使用专用扳手，不得用凿子或锤子，以免产生火花引起火灾。开启前要擦净容器盖子，封闭时要加垫，以免将产品弄脏，操作本品时需要有一定的防护措施，避免大量吸入本产品蒸气。

附　录　A
硝酸 2－乙基己酯含量测定法(气相色谱法)
（补充件）

本方法适用于测定硝酸 2－乙基己酯含量。

A1　方法概要

硝酸 2－乙基己酯试样进入色谱仪，瞬间气化后通过色谱柱，使要测定的各组分分离。用火焰离子化检测器(FID)检测，以相对保留时间定性，峰面积进行定量。

A2　试剂与材料

A2.1　试剂

a. 三氯甲烷：分析纯。

b. 正丁醇：分析纯。

c. 2－乙基己醇：分析纯。

d. 硝酸 2－乙基己酯：纯度大于 99.5%（m/m）。

e. 正庚烷：分析纯。

A2.2　材料

A2.2.1　载气：氮气，纯度大于 99.9%。

A2.2.2　载体：Chromosorb W AW DMCS 80 目～100 目。

A2.2.3　固定液：SE－30。

A3　仪器

A3.1　备有火焰离子化检测器(FID)的气相色谱仪，灵敏度≥1×10^{-10}g/s(苯)。基线漂移值不大于 0.1mV/h。

a. 柱恒温箱：在 150℃时，能保持温度稳定在 ±0.5℃以内。

b. 色谱柱：玻璃管，长 2m，内径 2mm。

c. 检测器：火焰离子化检测器。

d. 记录系统：记录仪、积分仪或色谱数据处理机。

A3.2　三角烧瓶：25mL。

A3.3　移液管：15mL。

A3.4　容量瓶：5mL。

A3.5　微量注射器：1μL，分度值为 0.1μL。

A4　准备工作

A4.1　色谱柱的制备与性能检查

A4.1.1　固定相的配制:固定液与载体的涂渍量为 10:100(m/m),用三氯甲烷加正丁烷(1:1)作溶剂。

A4.1.2　色谱柱填充方法：色谱柱的出口塞上玻璃棉，接真空泵，另一端接一漏斗，在抽吸下加入固定相，然后轻轻地敲打色谱柱，至固定相不再进入为止，装好后塞上玻璃棉。

A4.1.3　色谱柱的老化：使用前，将色谱柱在 200℃老化 12h 至基线稳定，载气及流速与分析样品时相同。

A4.1.4　在规定的试验条件下，色谱柱应能将各组分分离开。

A4.2　色谱条件

A4.2.1　启动色谱仪，进行必要的调节，以达到下列分析条件：

汽化室温度：180℃；

柱温：150℃；

检测器温度：180℃；

载气(氮气)流速：30mL/min；

燃气(氢气)流速：25mL/min；

助燃气(空气)流速：400mL/min。

A4.2.2　色谱仪各部分在达到上述色谱分析条件并稳定后，即可进行分析。

A4.3　试样准备

用15mL移液管从样品瓶内取15mL硝酸2－乙基己酯置于清洁、干燥的25mL三角烧瓶中作为分析试样。

A4.4　校正因子测定

A4.4.1　于5mL容量瓶中称取正庚烷约2g，再加入2－乙基己醇0.04g～0.05g，均称准至0.0002g，混匀。

于5mL容量瓶中称取硝酸2－乙基己酯约2g，再加入正庚烷0.04g～0.05g，均称准至0.0002g，混匀。

A4.4.2　将上述两个试样分别连续进样两次，记录色谱图，并测量各组分色谱峰面积，分别按式(A1)计算：

$$F_i = \frac{A \cdot W_i}{A_i \cdot W} \qquad \cdots\cdots (A1)$$

式中：F_i——组分 i 的质量校正因子；

A_i——组分 i 的峰面积，cm^2；

A——标准组分的峰面积，cm^2；

W_i——组分 i 的含量,%(m/m)；

W——标准组分的含量,%(m/m)。

注：2－乙基己醇，硝酸2－乙基己酯质量校正因子是以正庚烷为标准物质测得，其他杂质总含量小于2%，而其中单一杂质含量不超过0.5%，故不予校正。

A5　分析步骤

A5.1　用1μL微量注射器，从装有分析试样的三角烧瓶中，取0.2μL试样连续进样两次，两次进样的最短时间间隔为20min。

A5.2　记录色谱图，测量所有组分的色谱峰面积。

A5.3　色谱图

典型色谱图，见图A1。

A6　计算

采用面积归一法试样中各组分的百分含量按式(A2)计算：

$$X_i = \frac{F_i \cdot A_i}{\Sigma(F_i \cdot A_i)} \times 100 \qquad \cdots\cdots (A2)$$

式中：X_i——试样中组分 i 的百分含量；

F_i——组分 i 的质量校正因子；

A_i——组分 i 的峰面积，cm^2。

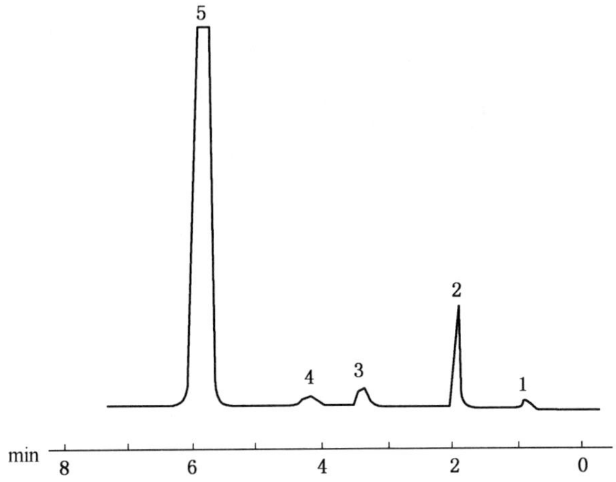

图 A1　典型色谱图

1—异庚醇；2—2－乙基己醇；3—未确定；4—硝酸异辛酯；5—硝酸2－乙基己酯

A7　重复性

同一操作者用同一台仪器，在相同条件下对同一试样做两次重复测定结果之差不应大于其算术平均值的0.5%。

A8　报告

取重复测定两次结果的算术平均值作为硝酸2－乙基己酯含量。

附加说明：

本标准由齐鲁石油化工公司提出。

本标准由石油化工科学研究院技术归口。

本标准由齐鲁石油化工公司研究院负责起草。

本标准主要起草人陈善敬、虞伟钧、黄清香、于雷。

本标准达到国际一般水平。

编者注：本标准中引用的标准名称变动如下。

标准号	现标准名称
GB/T 261	闪点的测定　宾斯基－马丁闭口杯法

中华人民共和国石油化工行业标准

SH/T 0598—1994(2005)

非 硅 抗 泡 剂

1 主题内容与适用范围

本标准规定了非硅抗泡剂系列产品的技术条件。

本标准所属产品按分子量大小分为T911和T912。T911适用于高黏度的润滑油，T912适用于低、中黏度的润滑油。

本标准所属产品不适宜与T109、T601、T705复合使用。

2 引用标准

GB/T 261 石油产品闪点测定法(闭口杯法)

GB/T 1884 原油和液体石油产品密度实验室测定法(密度计法)

GB/T 1885 石油计量

GB/T 4756 石油液体手工取样法

GB/T 12579 润滑油泡沫特性测定法

SH 0005 油漆工业用溶剂油

SH/T 0108 某些聚合型添加剂平均分子量和分子量分布测定法(体积排除色谱法)

SH 0164 石油产品包装、贮运及交货验收规则

注：除非在标准中另有明确规定，上述引用标准都应是现行的有效标准。

3 技术要求

项目		质量指标 T911	质量指标 T912	试验方法
外观		淡黄色粘性液体	淡黄色粘性液体	目测
密度(20℃)，kg/m³	不大于	900	—	GB/T 1884，GB/T 1885
	不小于	—	910	
闪点，(闭口)，℃	不低于	15	5	GB/T 261
平均分子量 $\overline{M}n$		4000～10000	20000～40000	SH/T 0108
分子量分布 D	不大于	6.0	6.0	SH/T 0108
未反应单体含量，%	不大于	5.0	3.0	附录A
起泡性 泡沫倾向/泡沫稳定性 24℃，mL/mL	在HVI100基础油中不大于	—	30/0	GB/T 12579[1)]
	在HVI500基础油中不大于	20/0	30/0	

注：1) 起泡性的具体测法是：将非硅抗泡剂用SH 0005油漆工业用溶剂油稀释成15%(m/m)的浓度，然后以大庆原油生产的其24℃起泡性大于100mL的HVI 100或HVI 500基础油为试验油，加热至60℃～70℃，在转速为400r/min～600r/min的机械搅拌下，加入上述非硅抗泡剂50ppm，继续搅拌10min，即按GB/T 12579法测试油样在24℃的起泡性。

中国石油化工总公司 1994-05-04 批准　　1994-12-01 实施

4 包装、标志、贮存、运输

本产品包装、标志、运输和交货按 SH 0164 进行。

5 取样

取样按 GB/T 4756 进行，取 1L 作为检验和留样用。

附　录　A
非硅抗泡剂中未反应单体含量测定法
(红外分光光度法)
(补充件)

A1　主题内容与适用范围

本方法规定了用红外分光光度计测定非硅抗泡剂(T911 或 T912)中未反应单体含量的方法。

本方法适用于测定未反应单体含量小于 10% 的非硅抗泡剂。

A2　方法提要

在红外分光光度计上测定并记录试样在 $840cm^{-1} \sim 780cm^{-1}$ 区间的吸收光谱，采用基线切线法求出试样在 $840cm^{-1}$ 处的吸光度，根据朗伯 - 比尔定律用工作曲线法求出试样中未反应单体含量。

A3　试剂和材料

A3.1　石油醚：60℃ ~90℃，分析纯。

A3.2　正十二烷：化学纯。

A3.3　聚合单体标样：聚合单体混合物，化学纯。

注：本标样由上海高化公司炼油厂提供。

A3.4　精制的非硅抗泡剂(T911 或 T912)，基本不含未反应单体。

A4　仪器和设备

A4.1　红外分光光度计：SP3 - 300 红外分光光度计或其他型号的红外分光光度计。

A4.2　固定厚度液池：氯化钠窗片，厚度为 0.10mm。

A4.3　容量瓶：25mL。

A4.4　烧杯：25mL。

A4.5　天平：感量 0.1mg。

A5　测定条件

A5.1　狭缝宽度：自动。

A5.2　扫描范围：$840cm^{-1} \sim 780cm^{-1}$。

A5.3　扫描时间：20min。

A5.4　响应(灵敏度)：2。

A5.5　记录比例：横坐标放大 1:5。

A6　准备工作

A6.1　混合单体标准溶液：在八个 25mL 烧杯中，分别称取 0,0.02,0.04,0.06,0.08,0.10,0.12,0.16g(精确至 0.0002g) A3.3 的聚合单体标样。加入 A3.4 的 T911 或 T912 至混合液总重 3.0g(精确至 0.0002g)。然后用正十二烷按 1:1 的重量比稀释混合液，室温下充分摇动溶解，注入 25mL 容量瓶中。

A6.2　标准溶液的测定：根据 A5 中的仪器设定条件，用 0.1mm 氯化钠液池，测定并记录各标准溶液在 $840 \sim 780cm^{-1}$ 区内的吸收光谱。每个标准溶液至少平行测定三次。

A6.3　工作曲线的绘制：见图 A1，采取基线切线法扣除背景，求出各标准溶液在 $810cm^{-1}$ 处的 A_0

和 A_1，分别计算吸光度 $A(A=A_1-A_0)$ 每个吸光度取三次测定平均值。从各标准溶液的吸光度中减去空白溶液的吸光度所得的净吸光度为纵坐标，对应的单体含量为横坐标，绘制单体含量在 1%～10% 的工作曲线，见图 A2。

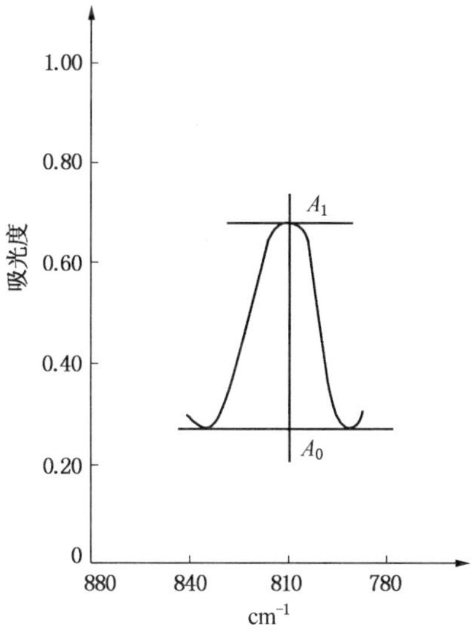

图 A1　基线法计算吸光度 *A*

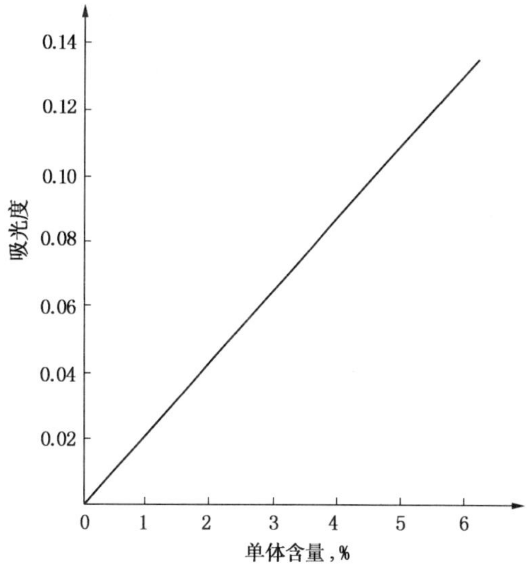

图 A2　单体的工作曲线

A7　试验步骤

称取 2.0g(精确至 0.0002g) 试样于 25mL 烧杯中，用正十二烷按 1∶1 的重量比稀释，室温下搅拌均匀，按 A6.2 和 A6.3 求出试样吸光度 *A*，并测定空白试验的吸光度，得到净吸光度。由净吸光度在工作曲线上查得对方的未反应单体含量。

A8　计算

用质量百分数报告试样中未反应单体的含量，精确至 0.01%。

A9　精密度

A9.1　重复性

在同一实验室，由同一操作人员，在同一仪器和设备，对同一试样相继做两次重复试验，每次测定值结果和两次测定结果的算术平均值的差值不得大于下列数值：

范围,%	差值,%
1.0～4.0	0.30
>4.0	0.50

A10　报告

取重复测定两个结果的算术平均值，作为测定结果。

附加说明：

本标准由上海高桥石油化工公司提出。

本标准由石油化工科学研究院技术归口。

本标准由上海高桥石油化工公司炼油厂负责起草。

本标准主要起草人王开毓。

本标准达到国际一般水平。

编者注：本标准中引用的标准名称变动如下。

标　准　号	现 标 准 名 称
GB/T 261	闪点的测定　宾斯基－马丁闭口杯法

ICS 75.100
E 61

SH

中华人民共和国石油化工行业标准

SH/T 0622—2007
代替 SH/T 0622—1995

乙丙共聚物黏度指数改进剂

Ethylene propylene copolymer viscosity index improver

2007-08-01 发布　　2008-01-01 实施

中华人民共和国国家发展和改革委员会　发布

前　言

本标准代替 SH/T 0622—1995 《乙丙共聚物黏度指数改进剂》。

本标准与 SH/T 0622—1995 的主要差异：

——增加了 T614A 和 T615 两个品种；

——增加了第 3 章和第 6 章；

——增加了附录 D、E、F；

——增加了降凝度参数项目，质量指标为报告，试验方法采用附录 D；

——在密度项目测定中增加了 SH/T 0604《原油和石油产品密度测定法（U 型振动管法）》试验方法，密度（20℃）指标由 860kg/m^3～880kg/m^{3}修订为报告；

——剪切稳定性指数测定方法（超声波法）由原标准的附录 A 改为本标准的附录 B，其中 T614 超声波法测定的剪切稳定性指数指标由不大于 25 修订为不大于 20；增加了用柴油喷嘴法测定剪切稳定性指数的质量指标，试验方法采用附录 C；

——稠化能力的测定方法由 SH/T 0566《润滑油黏度指数改进剂增稠能力测定法》改为本标准的附录 A。其中 T612 的稠化能力指标由不小于 6.5mm^2/s 修订为不小于 4.5mm^2/s；T612A 的稠化能力指标由不小于 6.5mm^2/s 修订为不小于 5.5mm^2/s；T613 的稠化能力指标由不小于 4.2mm^2/s 修订为不小于 4.8mm^2/s；T614 的稠化能力指标由不小于 3.4mm^2/s 修订为不小于 4.5mm^2/s；

——T614 的运动黏度（100℃）指标由不小于 700mm^2/s 修订为不小于 650mm^2/s；

——T613、T614 的颜色指标由不大于 3.0 修订为不大于 2.5；

——闪点的指标由不低于 170℃修订为不低于 185℃，闪点仲裁方法由 GB/T 3536 修订为 GB/T 267；

——外观指标由浅黄色或黄色透明粘稠液体修订为透明粘稠液体；

——取消了干剂含量指标。

本标准的附录 A、B、C、D、E、F 为规范性附录。

本标准由全国石油产品和润滑剂标准化技术委员会提出。

本标准由中国石油化工股份有限公司石油化工科学研究院归口。

本标准起草单位：中国石油化工股份有限公司茂名分公司技术中心、中国石油天然气股份有限公司大连润滑油研究开发中心。

本标准主要起草人：冯洁泳、陈德宏、李洁、刘红辉、刘宏慧、唐谊。

本标准于 1995 年首次发布，本次为第一次修订。

乙丙共聚物黏度指数改进剂

1 范围

本标准规定了用乙烯丙烯共聚物为原料，在 HVI 150 或 HVI 100 基础油(见附录 F)中经热溶解、机械降解或热氧化降解制得的黏度指数改进剂系列产品的术语和定义、分类、要求和试验方法、检验规则、标志、包装、运输和贮存。

本标准所属产品适用于调制多级内燃机油。

2 规范性引用文件

下列文件中的条款通过本标准的引用而成为本标准的条款。凡是注日期的引用文件，其随后所有的修改单(不包括勘误的内容)或修订版均不适用于本标准，然而，鼓励根据本标准达成协议的各方研究是否可使用这些文件的最新版本。凡是不注日期的引用文件，其最新版本适用于本标准。

GB/T 260 石油产品水分测定法

GB/T 265 石油产品运动黏度测定法和动力黏度计算法

GB/T 267 石油产品闪点与燃点测定法(开口杯法)

GB/T 511 石油产品和添加剂机械杂质测定法(重量法)

GB/T 1884 原油和液体石油产品密度实验室测定法(密度计法)(GB/T 1884—2000，eqv ISO 3675：1998)

GB/T 1885 石油计量表(GB/T 1885—1998，eqv ISO 91-2：1991)

GB/T 3536 石油产品闪点和燃点测定法(克利夫兰开口杯法)(GB/T 3536—1983(91)，ref ISO 2592：1973)

GB/T 4756 石油液体手工取样法(GB/T 4756—1998，neq ISO 3170：1988)

GB/T 6540 石油产品颜色测定法

SH 0164 石油产品包装、贮运及交货验收规则

SH/T 0604 原油和石油产品密度测定法(U 型振动管法)(SH/T 0604—2000，eqv ISO 12185：1996)

3 术语和定义

下列术语适合于本标准。

3.1

稠化能力 thickening power

在 HVI 150 基础油中加入 10%(质量分数)乙丙共聚物黏度指数改进剂后 100℃运动黏度的增加值。

3.2

剪切稳定性指数(SSI) shear stability index

在 HVI 150 基础油中加入 10%(质量分数)乙丙共聚物黏度指数改进剂调成的油品经剪切前后 100℃运动黏度之差值与稠化能力比值的百倍数。

3.3

低温表观黏度指数(CCSI) low temperature apparent viscosity index

在 HVI 150 基础油中加入 10%(质量分数)乙丙共聚物黏度指数改进剂调成的油品在 -20℃的

低温表观黏度与基础油在 -20℃的低温表观黏度的差值与加剂前后油品在 100℃动力黏度之差的比值。

3.4

降凝度参数 parameter of pour point descend degree

在 HVI 150 基础油中加入 10%（质量分数）乙丙共聚物黏度指数改进剂调成的油品在加入 0.5%（质量分数）降凝剂前后倾点的差值。

4 分类

本标准所属产品按剪切稳定性指数和稠化能力分为 T612、T612A、T613、T614、T614A 和 T615 六个牌号。

5 要求和试验方法

乙丙共聚物黏度指数改进剂的技术要求和试验方法见表 1。

6 检验规则

6.1 检验分类与检验项目

本产品检验分为出厂检验、周期检验和型式检验。

6.1.1 出厂检验

出厂检验项目包括：外观、颜色、密度、运动黏度、闪点、水分、机械杂质、稠化能力和剪切稳定性指数。

6.1.2 周期检验

周期检验项目包括低温表观黏度指数和降凝度参数，每半年检验一次。

6.1.3 型式检验

型式检验项目为第 5 章要求和试验方法规定的所有检验项目。

在下列情况之一进行型式检验：

a）新产品投产或产品定型鉴定时；

b）原材料、工艺等发生较大变化，可能影响产品质量时；

c）出厂检验或周期检验结果与上次型式检验结果有较大差异时。

6.2 组批

在原材料、工艺不变的条件下，每生产一罐或一釜产品为一批。

6.3 取样

取样按 GB/T 4756 进行，每批产品取样 2L 作为检验和留样用。

6.4 判定规则

出厂检验和周期检验结果应全部合格，方可出厂。

6.5 复验规则

如出厂检验和周期检验结果中有不符合第 5 章要求和试验方法的规定时，按 GB/T 4756 的规定重新抽取双倍样品进行复检，复检结果如仍有一项不符合第 5 章要求和试验方法的规定时，则判定该批产品为不合格。

7 标志、包装、运输和贮存

标志、包装、运输和贮存及交货验收按 SH 0164 进行。

表1　乙丙共聚物黏度指数改进剂的技术要求和试验方法

项　　目		质　量　指　标						试验方法
		T612	T612A	T613	T614	T614A	T615	
外观		透明粘稠液体						目测
颜色，号	不大于	2.5					2.0	GB/T 6540
密度(20℃)，kg/m^3		报告						GB/T 1884 和 GB/T 1885、SH/T 0604
运动黏度(100℃)，mm^2/s	不小于	600	900	800	650	1400	550	GB/T 265
闪点(开口)[a]，℃	不低于	185						GB/T 267、GB/T 3536
水分,%（质量分数）	不大于	0.05						GB/T 260
机械杂质,%（质量分数）	不大于	0.08						GB/T 511
稠化能力，mm^2/s	不小于	4.5	5.5	4.8	4.5	5.0	4.0	附录 A
剪切稳定性指数(SSI)[b](100℃)								
超声波法	不大于	40	40	25	20	20	15	附录 B
或								
柴油喷嘴法	不大于	50	50	35	27	27	20	附录 C
降凝度参数[c]，℃		报告						附录 D
低温表观黏度指数(CCSI)(－20℃)		—				报告		附录 E

[a]可用 GB/T 267、GB/T 3536 方法进行测定。如有争议，仲裁时以 GB/T 267 方法测定结果为准。

[b]剪切稳定性指数(SSI)，二者选其一，客户有要求时按客户的要求选择方法，仲裁时以附录 C 方法测定结果为准。

[c]降凝度参数报告应注明采用何种降凝剂。

附 录 A
(规范性附录)
稠化能力测定法

A.1 范围

本方法规定了用石油产品运动黏度测定法测定乙丙共聚物黏度指数改进剂稠化能力的分析方法。

本方法适用于乙丙共聚物黏度指数改进剂稠化能力的测定。

A.2 规范性引用文件

下列文件中的条款通过本标准的引用而成为本标准的条款。凡是注日期的引用文件，其随后所有的修改单(不包括勘误的内容)或修订版均不适用于本标准，然而，鼓励根据本标准达成协议的各方研究是否可使用这些文件的最新版本。凡是不注日期的引用文件，其最新版本适用于本标准。

GB/T 265 石油产品运动黏度测定法和动力黏度计算法

A.3 方法概要

在100℃运动黏度为(5.1±0.1)mm^2/s范围内的HVI 150基础油中，加入10%(质量分数)乙丙共聚物黏度指数改进剂，加热至60℃~70℃，搅拌均匀得到试样，按GB/T 265的方法分别测定HVI 150基础油和试样的100℃运动黏度，计算两者的差值。

A.4 仪器

A.4.1 运动黏度仪及器具

满足GB/T 265方法的要求。

A.4.2 天平

分度值0.01g。

A.4.3 温度计

0℃~100℃棒状温度计，分度值2℃。或者是与其精度相当的其他数字式温度计。

A.5 试验步骤

A.5.1 试样制备：在烧杯中称取(20±0.01)g乙丙共聚物黏度指数改进剂，加入(180±0.01)gHVI150基础油，加热至60℃~70℃，在此温度下恒温搅拌30min。

A.5.2 按GB/T 265的方法测定HVI 150基础油100℃运动黏度v_b和按A.5.1调成的试样的100℃运动黏度v_t。

A.6 计算

稠化能力按式(A.1)计算：

$$T = v_t - v_b \qquad (A.1)$$

式中：

T——稠化能力，mm^2/s；

v_t——加有乙丙共聚物黏度指数改进剂的试样的100℃运动黏度，mm^2/s；

v_b——HVI 150基础油的100℃运动黏度，mm^2/s。

A.7 报告

取重复测定两次结果的算术平均值作为测定结果，并取至小数点后两位。

附 录 B
（规范性附录）
剪切稳定性指数测定法（超声波法）

B.1 范围

本方法规定了用含聚合物油剪切安定性测定法（超声波法）和石油产品运动黏度测定法测定乙丙共聚物黏度指数改进剂剪切稳定性指数的分析方法。

本方法适用于乙丙共聚物黏度指数改进剂剪切稳定性指数（超声波法）的测定。

B.2 规范性引用文件

下列文件中的条款通过本标准的引用而成为本标准的条款。凡是注日期的引用文件，其随后所有的修改单（不包括勘误的内容）或修订版均不适用于本标准，然而，鼓励根据本标准达成协议的各方研究是否可使用这些文件的最新版本。凡是不注日期的引用文件，其最新版本适用于本标准。

GB/T 265 石油产品运动黏度测定法和动力黏度计算法

SH/T 0505 含聚合物油剪切安定性测定法（超声波剪切法）

B.3 方法概要

在100℃运动黏度为（5.1±0.1）mm^2/s 范围内的 HVI 150 基础油中，加入10%（质量分数）乙丙共聚物黏度指数改进剂，加热至60℃～70℃，搅拌均匀得到试样，按 SH/T 0505 的方法对试样进行剪切试验，并按 GB/T 265 的方法测定试样剪切前后的100℃运动黏度和基础油的100℃运动黏度，计算试样剪切前后黏度的差值与稠化能力之比值的百倍数。

B.4 仪器

B.4.1 超声波剪切试验仪及器具

满足 SH/T 0505 方法的要求。

B.4.2 运动黏度仪

满足 GB/T 265 方法的要求。

B.4.3 天平

分度值0.01g。

B.4.4 温度计

0℃～100℃棒状温度计，分度值2℃。或者是与其精度相当的其他数字式温度计。

B.5 试验步骤

B.5.1 试样制备：在烧杯中称取（20±0.01）g 乙丙共聚物黏度指数改进剂，加入（180±0.01）g 的 HVI 150 基础油，加热至60℃～70℃，在此温度下恒温搅拌30min。

B.5.2 按 GB/T 265 的方法测定 HVI 150 基础油100℃运动黏度 v_b。

B.5.3 按 GB/T 265 的方法测定试样（B.5.1）的100℃运动黏度 v_t。

B.5.4 按 SH/T 0505 的方法对试样（B.5.1）进行剪切试验。

B.5.5 按 GB/T 265 的方法测定试样剪切后的100℃运动黏度 v_f。

B.6 计算

剪切稳定性指数（100℃）按式（B.1）计算：

$$SSI = \frac{v_t - v_f}{v_t - v_b} \times 100 \qquad (B.1)$$

式中：

SSI——剪切稳定性指数（100℃）；

v_t——加有乙丙共聚物黏度指数改进剂的试样的剪切前100℃运动黏度，mm^2/s；

v_f——加有乙丙共聚物黏度指数改进剂的试样的剪切后100℃运动黏度，mm^2/s；

v_b——HVI 150 基础油的 100℃运动黏度，mm^2/s。

B.7　报告

取重复测定两次结果的算术平均值作为测定结果，并取至小数点后一位。

附　录　C
（规范性附录）
剪切稳定性指数测定法（柴油喷嘴法）

C.1　范围

本方法规定了用含聚合物油剪切安定性测定法（柴油喷嘴法）和石油产品运动黏度测定法测定乙丙共聚物黏度指数改进剂剪切稳定性指数的分析方法。

本方法适用于乙丙共聚物黏度指数改进剂剪切稳定性指数（柴油喷嘴法）的测定。

C.2　规范性引用文件

下列文件中的条款通过本标准的引用而成为本标准的条款。凡是注日期的引用文件，其随后所有的修改单（不包括勘误的内容）或修订版均不适用于本标准，然而，鼓励根据本标准达成协议的各方研究是否可使用这些文件的最新版本。凡是不注日期的引用文件，其最新版本适用于本标准。

GB/T 265　石油产品运动黏度测定法和动力黏度计算法

SH/T 0103　含聚合物油剪切安定性的测定　柴油喷嘴法

C.3　方法概要

在 100℃运动黏度为（5.1 ±0.1）mm^2/s 范围内的 HVI 150 基础油中，加入 10%（质量分数）乙丙共聚物黏度指数改进剂，加热到 60℃ ~70℃，搅拌均匀得到试样。按 SH/T 0103 的方法对试样进行剪切试验，并按 GB/T 265 的方法测定试样剪切前后的 100℃运动黏度和基础油的 100℃运动黏度，计算试样剪切前后黏度的差值与稠化能力之比值的百倍数。

C.4　仪器

C.4.1　柴油喷嘴剪切试验仪及器具

满足 SH/T 0103 方法的要求。

C.4.2　运动黏度仪

满足 GB/T 265 方法的要求。

C.4.3　温度计

0℃ ~100℃棒状温度计，分度值 2℃。或者是与其精度相当的其他数字式温度计。

C.4.4　天平

分度值 0.01g。

C.5　试验步骤

C.5.1　试样制备：在烧杯中称取（100 ±0.01）g 乙丙共聚物黏度指数改进剂，加入（900 ±0.01）g 的 HVI 150 基础油，加热至 60℃ ~70℃，在此温度下恒温搅拌 30min。

C.5.2　按 GB/T 265 的方法测定 HVI150 基础油 100℃运动黏度 v_b。

C.5.3　按 GB/T 265 的方法测定试样（C.5.1）的 100℃运动黏度 v_t。

C.5.4　按 SH/T 0103 的方法对试样（C.5.1）进行剪切试验。

C.5.5　按 GB/T 265 的方法测定试样剪切后的 100℃运动黏度 v_g。

C.6　计算

剪切稳定性指数（100℃）按式（C.1）计算：

$$SSI = \frac{v_t - v_g}{v_t - v_b} \times 100 \qquad \text{(C.1)}$$

式中：

SSI——剪切稳定性指数(100℃)；

v_t——加有乙丙共聚物黏度指数改进剂的试样的剪切前100℃运动黏度，mm^2/s；

v_g——加有乙丙共聚物黏度指数改进剂的试样的剪切后100℃运动黏度，mm^2/s；

v_b——HVI 150基础油的100℃运动黏度，mm^2/s。

C.7 报告

取重复测定两次结果的算术平均值作为测定结果，并取至小数点后一位。

附 录 D
(规范性附录)
乙丙共聚物黏度指数改进剂降凝度参数测定法

D.1 范围

本方法规定了用石油倾点测定法测定乙丙共聚物黏度指数改进剂降凝度参数的分析方法。

本方法适用于乙丙共聚物黏度指数改进剂降凝度参数的测定。

D.2 规范性引用文件

下列文件中的条款通过本标准的引用而成为本标准的条款。凡是注日期的引用文件，其随后所有的修改单(不包括勘误的内容)或修订版均不适用于本标准，然而，鼓励根据本标准达成协议的各方研究是否可使用这些文件的最新版本。凡是不注日期的引用文件，其最新版本适用于本标准。

GB/T 3535 石油产品倾点测定法(GB/T 3535—1983，neq ISO 3016：1994)

D.3 方法概要

在100℃运动黏度为(5.1±0.1)mm^2/s范围内的HVI 150基础油中，加入10%(质量分数)乙丙共聚物黏度指数改进剂和0.5%(质量分数)的降凝剂，加热到60℃~70℃，搅拌均匀得到试样。按GB/T 3535的方法测定试样加降凝剂前后的倾点，计算试样加降凝剂前后倾点的差值。

D.4 仪器

D.4.1 倾点测定仪及器具

满足GB/T 3535方法的要求。

D.4.2 温度计

0℃~100℃棒状温度计，分度值2℃。或者是与其精度相当的其他数字式温度计。

D.4.3 天平

分度值0.01g。

D.5 试验步骤

D.5.1 试样1制备：在烧杯中称取(20±0.01)g乙丙共聚物黏度指数改进剂，加入(180±0.01)gHVI150基础油，加热至60℃~70℃，在此温度下恒温搅拌30min。

D.5.2 试样2制备：在烧杯中称取(0.5±0.01)g降凝剂，加入(99.5±0.01)g按D.5.1配制好的试样1，加热至60℃~70℃，在此温度下恒温搅拌30min。

D.5.3 按GB/T 3535的方法测定D.5.1的试样1倾点P_1。

D.5.4 按GB/T 3535的方法测定D.5.2的试样2倾点P_2。

D.6 计算

降凝度参数按式(D.1)计算：

$$P_0 = P_1 - P_2 \quad \cdots\cdots\cdots\cdots (D.1)$$

式中：

P_0——降凝度参数,℃；

P_1——加降凝剂前试样1的倾点,℃；

P_2——加降凝剂后试样 2 的倾点,℃。

D.7 报告

取重复测定两次结果的算术平均值作为测定结果，取整数。

附 录 E
(规范性附录)
低温表观黏度指数测定法

E.1 范围

本方法规定了用发动机油表观黏度测定法和石油产品运动黏度测定法测定乙丙共聚物黏度指数改进剂低温表观黏度指数的分析方法。

本方法适用于乙丙共聚物黏度指数改进剂低温表观黏度指数(-20℃)的测定。

E.2 规范性引用文件

下列文件中的条款通过本标准的引用而成为本标准的条款。凡是注日期的引用文件，其随后所有的修改单(不包括勘误的内容)或修订版均不适用于本标准，然而，鼓励根据本标准达成协议的各方研究是否可使用这些文件的最新版本。凡是不注日期的引用文件，其最新版本适用于本标准。

GB/T 265 石油产品运动黏度测定法和动力黏度计算法

GB/T 6538 发动机油表观黏度测定法(冷启动模拟机法)

E.3 方法概要

在 HVI Ⅱ150 基础油中加入 10%(质量分数)乙丙共聚物黏度指数改进剂，加热到 60℃ ~70℃，搅拌均匀得到试样。按 GB/T 6538 的方法测定加剂前后试样在 -20℃的低温表观黏度，按 GB/T 265 的方法测定加剂前后试样的 100℃动力黏度，计算试样加剂前后的低温表观黏度的差值与加剂前后 100℃动力黏度之差的比值。

E.4 仪器

E.4.1 运动黏度仪及器具

满足 GB/T 265 方法的要求。

E.4.2 发动机油低温表观黏度测定仪

满足 GB/T 6538 方法的要求。

E.4.3 天平

分度值 0.01g。

E.4.4 温度计

0℃ ~100℃棒状温度计，分度值 2℃。或者是与其精度相当的其他数字式温度计。

E.5 试验步骤

E.5.1 试样制备：在烧杯中称取(20 ±0.01)g 乙丙共聚物黏度指数改进剂，加入(180 ±0.01)g 的 HVI Ⅱ150 基础油，加热至 60℃ ~70℃，在此温度下恒温搅拌 30min。

E.5.2 按 GB/T 265 方法测定 HVI Ⅱ150 基础油 100℃动力黏度 η_{bc}。

E.5.3 按 GB/T 265 方法测定加乙丙共聚物黏度指数改进剂调合后试样(E.5.1)的 100℃动力黏度 η_{tc}。

E.5.4 按 GB/T 6538 方法测定 HVI Ⅱ150 基础油在 -20℃的低温表观黏度 CCS_{bc}。

E.5.5 按 GB/T 6538 方法测定加乙丙共聚物黏度指数改进剂后试样(E.5.1)在 -20℃的低温表观黏度 CCS_{tc}。

E.6 计算

低温表观黏度指数(-20℃)按式(E.1)计算：

$$CCSI = \frac{CCS_{tc} - CCS_{bc}}{\eta_{tc} - \eta_{bc}} \quad\cdots\cdots\cdots\cdots\cdots\cdots\cdots\cdots\cdots\cdots\cdots\cdots \text{(E. 1)}$$

式中：

$CCSI$——低温表观黏度指数；

CCS_{tc}——加有乙丙共聚物黏度指数改进剂的试样的低温表观黏度，mPa·s；

CCS_{bc}——HVI Ⅱ150 基础油的低温表观黏度，mPa·s；

η_{tc}——加有乙丙共聚物黏度指数改进剂的试样的 100℃ 动力黏度，mPa·s；

η_{bc}——HVI Ⅱ150 基础油的 100℃ 动力黏度，mPa·s。

E.7　报告

取重复测定两次结果的算术平均值作为测定结果，并取至整数。

附　录　F
（规范性附录）
基础油技术规格

F.1　范围

本规格规定了由原油经蒸馏、精制等工艺得到的润滑油馏分的基础油的相关要求。

本规格适用于生产及评定乙丙共聚物黏度指数改进剂所使用的基础油。

F.2　规范性引用文件

下列文件中的条款通过本标准的引用而成为本标准的条款。凡是注日期的引用文件，其随后所有的修改单（不包括勘误的内容）或修订版均不适用于本标准，然而，鼓励根据本标准达成协议的各方研究是否可使用这些文件的最新版本。凡是不注日期的引用文件，其最新版本适用于本标准。

GB/T 265　石油产品运动黏度测定法和动力黏度计算法

GB/T 1995　石油产品黏度指数计算法

GB/T 2541　石油产品黏度指数算表

GB/T 6540　石油产品颜色测定法

SH/T 0753　润滑油基础油化学族组成测定法（薄层色谱法）

F.3　基础油要求和试验方法

用于生产及评定乙丙共聚物黏度指数改进剂所使用的基础油的技术要求和试验方法见表 F.1。

表 F.1　基础油的技术要求和试验方法

项　　目		质量指标			试验方法
		HVI 100	HVI 150	HVI Ⅱ150	
运动黏度(40℃)，mm²/s		19.0～24.0	28.0～34.0	—	GB/T 265
运动黏度(100℃)，mm²/s		—	—	5.0～6.5	
黏度指数[a]	不小于	80	80	90	GB/T 1995、GB/T 2541
色度，号	不大于	1.0	1.5	0.5	GB/T 6540
饱和烃，%（质量分数）	不小于	—	—	90	SH/T 0753

[a] 可用 GB/T 1995、GB/T 2541 方法进行黏度指数的测定。如有争议，仲裁时以 GB/T 1995 方法测定结果为准。

编者注：本标准中引用的标准名称变动如下。

标准号	现标准名称
GB/T 3536	石油产品闪点和燃点的测定　克利夫兰开口杯法[GB/T 3536—1983(1991)，ISO 2592:2000，MOD]
GB/T 511	石油和石油产品及添加剂机械杂质测定法

中华人民共和国石油化工行业标准

SH/T 0623—1995

双丁二酰亚胺分散剂

1 主题内容与适用范围

本标准规定了用聚异丁烯、顺丁烯二酸酐、多烯多胺等为原料，经烃化、胺化反应等工艺过程制得的双丁二酰亚胺分散剂技术条件。产品代号为T152、T154。

本标准所属产品可与清净剂、抗氧抗腐剂复合，适用于调制内燃机油，也可用于淬火油等油品。

2 引用标准

GB/T 260 石油产品水分测定法
GB/T 265 石油产品运动黏度测定法和动力黏度计算法
GB/T 267 石油产品闪点与燃点测定法(开口杯法)
GB/T 511 石油产品和添加剂机械杂质测定法(重量法)
GB/T 1884 石油和液体石油产品密度测定法(密度计法)
GB/T 1885 石油计量换算表
GB/T 4756 石油和液体石油产品取样法(手工法)
GB/T 6540 石油产品颜色测定法
SH/T 0161 石油产品中氯含量测定法(烧瓶燃烧法)
SH 0164 石油产品包装、贮运及交货验收规则
SH/T 0224 石油添加剂中氮含量测定法(克氏法)
SH/T 0251 石油产品碱值测定法(高氯酸电位滴定法)

3 技术内容

3.1 本标准所属产品分为一等品和合格品。

3.2 技术要求

项　目	质量指标				试验方法
	T152		T154		
	一等品	合格品	一等品	合格品	
外观	粘稠透明液体				目测1)
密度(20℃)，kg/m³	890～935				GB/T 1884 和 GB/T 1885
色度(稀释)，号　不大于	6	7	6	7	GB/T 6540
闪点(开口杯)，℃　不低于	170				GB/T 267
运动黏度(100℃)，mm²/s	150～250[2)]	140～270[2)]	185～225	150～250	GB/T 265
机械杂质，%　不大于	0.08				GB/T 511

中国石油化工总公司 1995-06-15 批准　　1995-10-01 实施

续表

项　　目	质量指标				试验方法
	T152		T154		
	一等品	合格品	一等品	合格品	
水分,%　　不大于	0.08				GB/T 260
氮含量,%	1.15～1.35		1.1～1.3		SH/T 0224
氯含量,%　　不大于	0.3	0.5	0.3	0.5	SH/T 0161
碱值，mgKOH/g	15～30				SH/T 0251
分散性，SDT　　不低于	55	45	55	45	附录A

注：1）将样品注入100mL量筒中，在室温下对着阳光或白炽灯观察。

2）当T152用于化工领域时，运动黏度可不受本指标限制，可与用户协商确定。

4　包装、标志、运输、贮存

本产品的包装、标志、运输、贮存及交货验收按SH 0164进行。

5　取样

取样按GB/T 4756进行，取2L作为检验和留样用。

附 录 A
无灰分散剂低温分散性评定法
(油泥斑点分散试验法)
(补充件)

A1 主题内容与适应范围

本方法规定了无灰分散剂低温分散性评定方法，用于评定无灰分散剂的低温分散性能。

A2 方法概要

将规定量的无灰剂试样、标准废机油和基础油的混合物，在规定温度和时间内充分混均匀后，将混合油样滴在滤纸上，使其在规定条件下扩散，根据扩散后呈现在滤纸上的油泥和油迹圈直径计算试样的油泥斑点分散值 SDT。

A3 仪器与材料

A3.1 恒温油浴：0℃ ~200℃ ±1℃。
A3.2 烘箱：0℃ ~200℃ ±1℃。
A3.3 电动搅拌机：D25 ~1 型，或其他类似产品。
A3.4 定性滤纸：直径 12.5cm，双圈牌，浙江杭州新华造纸厂产。
A3.5 烧杯：50mL。
A3.6 温度计：0℃ ~220℃ ±1℃，全浸式。
A3.7 台秤：感量 0.1g。
A3.8 移液管：1mL，分度值 0.1mL。
A3.9 直尺。
A3.10 滤纸托架：直径 6mm ~8mm 的钢筋做成直径 80mm 的环。
A3.11 标准废机油：大连七厂产 500SN 无剂中性油，经 1105 单缸试验机运转 48h 的废机油。
A3.12 基础油：150SN 或 150ZN 中性油。

A4 准备工作

将烧杯、移液管洗净，干燥；油浴恒温至 150℃ ±1℃；烘箱恒温至 80℃ ±1℃。

A5 试验方法

A5.1 将无灰剂试样、标准废机油、基础油分别充分混合均匀。
A5.2 称取无灰剂试样 1g ±0.1g，标准废机油 9g ±0.1g，基础油 10g ±0.1g 放入同一个烧杯中。
A5.3 烧杯放到已恒温至 150℃ 的油浴中，固定后开动搅拌机。90min ±1min 后，停止搅拌，立即取出烧杯。
A5.4 趁热用移液管吸取试油 0.2mL，用滤纸擦净移液管外壁，垂直向三张水平架空放置的定性滤纸上各滴一滴试油，5min 后将滤纸移置到恒温至 80℃ 的烘箱上层架上。
A5.5 120min ±1min 后取出，在 2min 内如图所示测量互相垂直的两组油泥迹圈和油迹圈直径。若油迹圈为椭圆形，则测量椭圆的长、短轴；若油迹圈形状不规则，此扩散斑点作废。

A6 结果计算

无灰分散剂试样的油泥斑点分散值 SDT 用下式计算：

$$SDT = 1/2(d_2/d_1 + d'_2/d'_1) \times 100$$

式中：d_2、d'_2——油泥迹圈直径，mm；

d_1、d'_1——油迹圈直径，mm。

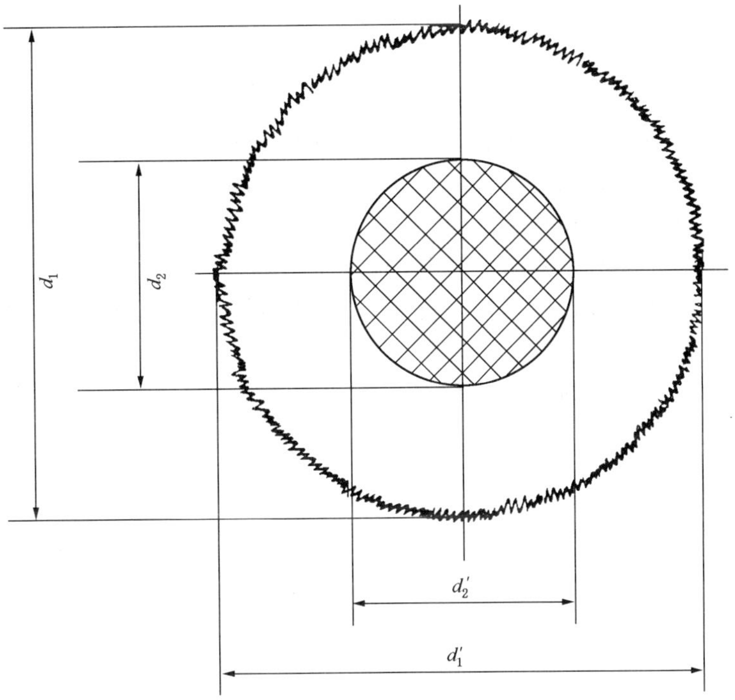

图 A1　油泥斑点示意图

A7　精密度

同一操作者重复测定两个结果之差不应大于 3.0。

A8　报告

取三个油泥斑点分散值的算术平均值作为油泥斑点分散试验的评定结果，取小数点后一位有效数字。

附加说明：

本标准由兰州炼油化工总厂、锦州石油化工公司提出。

本标准由石油化工科学研究院技术归口。

本标准由兰州炼油化工总厂、锦州石油化工公司负责起草。

本标准主要起草人肖承瑶、孙国英、温建氟。

本标准达国际一般水平。

编者注：本标准中引用的标准名称变动如下。

标　准　号	现标准名称
GB/T 1884	原油和液体石油产品密度实验室测定法（密度计法）
GB/T 1885	石油计量表
GB/T 4756	石油液体手工取样法
GB/T 511	石油和石油产品及添加剂机械杂质测定法

前　言

本标准是在 321 极压剂鉴定证书规定的产品技术指标基础上制定的含硫极压剂的技术要求，其中提高了水分、机械杂质、运动黏度、氯含量指标，增加了四球机的烧结负荷指标。

本标准由中国石油化工总公司石油化工科学研究院提出。

本标准由中国石油化工总公司石油化工科学研究院归口。

本标准起草单位：中国石油化工总公司石油化工科学研究院、辽宁省义县精细化工总厂、南京爱迪臣化工企业有限公司。

本标准主要起草人：张毅、魏奇、杜源。

中华人民共和国石油化工行业标准

SH/T 0664—1998

321 极 压 剂

321 extreme pressure additive

1 范围

本标准规定了采用一氯化硫、异丁烯、硫化钠、异丙醇等原料，在催化剂存在下进行加合反应、硫化脱氯反应及精制处理制得的硫化烯烃极压剂的技术要求。

本标准所属产品适用于作润滑油的极压剂。用于配制车辆齿轮油、坦克齿轮油、工业齿轮油等。

2 引用标准

下列标准包括的条文，通过引用而构成为本标准的一部分。除非在标准中另有明确规定，下述引用标准都应是现行有效标准。

GB/T 260 石油产品水分测定法

GB/T 265 石油产品运动黏度测定法和动力黏度计算法

GB/T 511 石油产品和添加剂机械杂质测定法(重量法)

GB/T 3142 润滑剂承载能力测定法(四球法)

GB/T 3536 石油产品闪点和燃点测定法(克利夫兰开口杯法)

GB/T 4756 石油液体手工取样法

GB/T 5096 石油产品铜片腐蚀试验法

GB/T 13377 原油和液体或固体石油产品密度和相对密度测定法(毛细管塞比重瓶和带刻度双毛细管比重瓶法)

SH/T 0161 石油产品中氯含量测定法(烧瓶燃烧法)

SH 0164 石油产品包装、贮运及交货验收规则

SH/T 0303 添加剂中硫含量测定法(电量法)

SH/T 0389 石油添加剂的分类

3 技术条件

3.1 产品代号

根据SH/T 0389石油添加剂的分类，321极压剂产品代号为T321。

3.2 技术要求

321极压剂的技术要求见表1。

4 包装、标志、运输、贮存

包装、标志、运输、贮存及交货验收按SH 0164进行。

5 取样

取样按GB/T 4756进行，取2L作为检验和留样用。

中国石油化工总公司 1998-06-23 批准 1998-12-31 实施

表1　321极压剂技术要求

项　　目		质量指标	试验方法
外观		桔黄～琥珀色透明液体	目测
水分，%（V/V）	不大于	痕迹	GB/T 260
机械杂质，%（m/m）	不大于	0.05	GB/T 511
闪点（开口），℃	不低于	100	GB/T 3536
运动黏度（100℃），mm^2/s		5.50～8.00	GB/T 265
密度（20℃），kg/m^3		1100～1200	GB/T 13377
油溶性		透明无沉淀	目测1)
硫含量，%（m/m）		40.0～46.0	SH/T 0303 2)
氯含量，%（m/m）	不大于	0.4	SH/T 0161
铜片腐蚀（121℃、3h），级	不大于	3	GB/T 5096 3)
四球机试验 P_D，N	不小于	4900	GB/T 3142 3)

1）5%（m/m）T321＋95%（m/m）基础油[60%（m/m）HVI 150BS＋40%（m/m）HVI 500]在室温下（20℃）搅拌均匀后，目测应为透明无沉淀。

2）T321硫含量除用SH/T 0303测定外，也可以用其他试验方法测定。

3）5%（m/m）T321＋95%（m/m）基础油[60%（m/m）HVI 150BS＋40%（m/m）HVI 500]。

编者注：本标准中引用的标准名称变动如下。

标　准　号	现标准名称
GB/T 3536	石油产品闪点和燃点的测定　克利夫兰开口杯法
GB/T 511	石油和石油产品及添加剂机械杂质测定法

ICS 75.100
E 61

SH

中华人民共和国石油化工行业标准

SH/T 0766—2005

T1602 喷气燃料抗磨添加剂

Antiwear additive for jet fuels T1602

2005-04-11 发布　　2005-09-01 实施

中华人民共和国国家发展和改革委员会　发布

前　言

本标准的附录 A 为规范性附录。

本标准由中国石油化工集团公司提出。

本标准由中国石油化工股份有限公司石油化工科学研究院归口。

本标准起草单位：中国石油化工股份有限公司石油化工科学研究院。

本标准主要起草人：张翠君、吴明清、单国忠 、董伟、陈淑凤。

T1602 喷气燃料抗磨添加剂

1 范围

本标准规定了以精制石油酸作为喷气燃料抗磨添加剂的技术要求和试验方法、检验规则及标志、包装、运输和贮存。

本标准所属产品适用于喷气燃料。

2 规范性引用文件

下列文件中的条款通过本标准的引用而成为本标准的条款。凡是注日期的引用文件，其随后所有的修改单(不包括勘误的内容)或修订版均不适用于本标准，然而，鼓励根据本标准达成协议的各方研究是否可使用这些文件的最新版本。凡是不注日期的引用文件，其最新版本适用于本标准。

GB/T 260　石油产品水分测定法

GB/T 1722　清漆、清油及稀释剂颜色测定法

GB/T 1884　原油和液体石油产品密度实验室测定法(密度计法)(GB/T 1884—2000，eqv ISO 3675:1998)

GB/T 1885　石油计量表(GB/T 1885—1998，eqv ISO 91—2:1991)

GB/T 4756　石油液体手工取样法(GB/T 4756—1998，eqv ISO 3170:1988)

GB/T 6536　石油产品蒸馏测定法

SH 0164　石油产品包装、贮运及交货验收规则

SH/T 0092　石油酸检验法

SH/T 0687　航空涡轮燃料润滑性测定法(球柱润滑性评定仪法)

3 术语和定义

下列术语和定义适用于本标准。

3.1

效能指数　efficiency index(EI)

效能指数是表示抗磨剂润滑性的指标，效能指数越大，抗磨剂润滑性越好。

4 技术要求和试验方法

喷气燃料抗磨剂的技术要求应符合表1的规定。

表 1　喷气燃料抗磨剂的技术要求

项　　目		质量指标	试验方法
环烷酸含量/%（质量分数）	不小于	85	SH/T 0092
纯酸值/（mgKOH/g）	不小于	220	SH/T 0092
水分/%（体积分数）	不大于	1.0	GB/T 260
铁－钴比色/号	不大于	14	GB/T 1722
馏程/℃			GB/T 6536
初馏点	不低于	160	
90% 回收温度	不高于	335	
密度（20℃）/（kg/m^3）		报告	GB/T 1884，GB/T 1885
效能指数	不小于	240	附录 A

5　检验规则

5.1　检验分类与检验项目

本产品检验分为出厂检验、周期检验和型式检验。

5.1.1　出厂检验

出厂检验项目包括：环烷酸含量、纯酸值、水分、铁－钴比色、馏程、密度。初次生产时，必须测定效能指数。

5.1.2　周期检验

原材料及生产工艺无变化时，效能指数每一年检测一次。

5.1.3　型式检验

型式检验项目为第 4 章技术要求规定的所有检验项目。

在下列情况下进行型式检验：

a）原材料、生产工艺等发生较大变化时；

b）出厂检验或周期检验结果与上次型式检验结果有较大差异时。

5.2　组批

产品每生产一罐或釜为一批。

5.3　取样

取样按 GB/T 4756 进行，每批产品取样 1L 作为检验和留样用。

5.4　判定规则

出厂检验和周期检验结果应全部合格，方可出厂。

5.5　复验规则

如出厂检验和周期检验结果中有不符合第 4 章技术要求的规定时，按 GB/T 4756 的规定重新抽取双倍样品进行复验，复检结果如仍有一项不符合第 4 章技术要求的规定时，则判定该产品为不合格。

6　标志、包装、运输和贮存

标志、包装、运输及交货验收按 SH 0164 执行。贮存容器选用清洁、干净的耐油塑料桶。抗磨剂贮存温度应保持在不高于 40℃。

附 录 A
（规范性附录）
抗磨剂效能指数的测定

A.1 参考液：A 液、B 液和 C 液。A 液和 B 液是符合 SH/T 0687－2000 要求的参考液；C 液是限制更严格的 B 液，要求其磨痕直径（WSD）为 0.85mm ±0.03mm。

A.2 试验样品的制备：以 C 液为溶剂，将待测抗磨剂配制成浓度为 5.0mg/L，10.0mg/L，15.0mg/L 的试验样品。

A.3 WSD 的测定：按 SH/T 0687 的方法测定 A.2 章各试验样品的 WSD。

A.4 计算

按下述公式计算抗磨剂的效能指数（用 EI 表示）。

单个浓度抗磨剂的效能指数（用 EI_c 表示）按如下公式计算：

$$EI_c = \frac{0.85 - WSD_c}{0.29} \times 100 \quad \cdots\cdots (A1)$$

式中：

0.85——C 液 WSD 的平均值（固定值），mm；

0.29——B 液的 WSD 平均值（0.85mm）与 A 液的 WSD 平均值（0.56mm）的差值，mm；

WSD_c——浓度为 c mg/L 的试验样品的 WSD 实测值；

EI_c——单个浓度抗磨剂的效能指数。

将三个浓度（5mg/L，10mg/L，15mg/L）下所测得的 EI_c 相加，做为该抗磨剂的效能指数（EI）。

$$EI = \sum EI_c \quad \cdots\cdots (A2)$$

式中：

EI——效能指数；

EI_c——单个浓度抗磨剂的效能指数。

A.5 方法的重复性和再现性

按下述规定判断试验结果的可靠性（95% 置信水平）。

A.5.1 重复性

在同一实验室，由同一操作者使用相同设备，按相同的测试方法，并在短时间内对同一被测试样相互独立进行测试获得的两次测试结果的绝对差值不大于 30。

A.5.2 再现性

在不同的实验室，由不同的操作者使用不同的设备，按相同的测试方法，对同一被测试样相互独立进行测试获得的两次测试结果的绝对差值不大于 42。

九、其　　他

中华人民共和国石油化工行业标准

SH/T 0038—1990(2007)

皮特 W－1 发动机标准燃料

1 主题内容与适用范围

本标准规定了用大庆原油生产的 91 号加铅专用汽油的技术条件。

本标准所属产品仅用作 SH/T 0264《内燃机油高温氧化和轴瓦腐蚀评定法(皮特 W－1 法)》中的试验燃料。

2 引用标准

GB/T 256 汽油诱导期测定法

GB/T 259 石油产品水溶性酸及碱试验法

GB/T 260 石油产品水分测定法

GB/T 380 石油产品硫含量测定法(燃灯法)

GB/T 503 汽油辛烷值测定法(马达法)

GB/T 511 石油产品和添加剂机械杂质测定法(重量法)

GB/T 4756 石油液体手工取样法

GB/T 5096 石油产品铜片腐蚀试验法

GB/T 5487 汽油辛烷值测定法(研究法)

GB/T 6535—1986 汽油中铅含量测定法(铬酸盐容量法)

GB/T 6536 石油产品蒸馏测定法

GB/T 8017 石油产品蒸气压测定法(雷德法)

GB/T 8019 车用汽油和航空燃料实际胶质测定法(喷射蒸发法)

SH/T 0116—1992 含乙基液汽油酸度测定法

SH 0164 石油产品包装、贮运及交货验收规则

3 技术要求

项目		质量指标	试验方法
外观[1)]		透明	目测
抗爆性：研究法辛烷值	不小于	91	GB/T 5487
抗爆指数	不小于	87	GB/T 503
铅含量，g/L		0.4～0.63	GB/T 6535—1986
馏程：			GB/T 6536
10%蒸发温度,℃	不高于	70	
50%蒸发温度,℃	不高于	120	
90%蒸发温度,℃	不高于	190	
终馏点,℃	不高于	205	
残馏量,%	不高于	2	

中国石油化工总公司 1991-03-26 批准　　　1992-04-01 实施

续表

项　　目		质 量 指 标	试 验 方 法
蒸气压，kPa		49～80	GB/T 8017
实际胶质，mg/100mL	不大于	5	GB/T 8019
诱导期，min	不小于	480	GB/T 256
硫含量,%	不大于	0.15	GB/T 380
铜片腐蚀(50℃，3h)，级	不大于	1	GB/T 5096
水溶性酸或碱		无	GB/T 259
机械杂质及水分2)		无	目测
酸度，mgKOH/100mL	不大于	3	SH/T 0116—1992

注：1）每批燃料使用年限最多3年，每年由标准起草单位对燃料进行抽样复验并公布复验结果。

2）将试样注入100mL玻璃量筒中，在室温(20℃±5℃)时观察，应当透明，没有悬浮和沉降的机械杂质或水。有异议时，按GB/T 260和GB/T 511进行测定。

4　标志、包装、运输、贮存

本产品的标志、包装、运输、贮存及交货验收按SH 0164进行。

5　取样

按GB/T 4756进行，取2L作为检验和留样用。

附加说明：

本标准由石油化工科学研究院技术归口。

本标准由石油化工科学研究院负责起草。

本标准主要起草人李云祥。

本标准参照采用欧洲协调委员会CEC－L－02－A－78《内燃机油高温氧化和轴瓦腐蚀评定法(皮特W－1单缸评定法》中的第4章燃料部分。

本标准燃料由抚顺石油二厂承制。

自本标准实施之日起，原石油工业部部标准SY 2629《内燃机油高温氧化和轴瓦腐蚀评定法(皮特W－1法)》中附录C作废。

编者注：本标准中引用标准的标准名称变动如下。

标　准　号	现 标 准 名 称
GB/T 8019	燃料胶质含量的测定　喷射蒸发法
GB/T 511	石油和石油产品及添加剂机械杂质测定法

中华人民共和国石油化工行业标准

SH/T 0071—1991(2007)

1135C2 法试验用标准油

1 主题内容与适用范围

本标准规定了以大庆原油加工的650SN 作为基础油，采用专门调配、生产的1135C2 法试验用标准油的技术条件。

本标准所属产品适用于SH/T 0075，也适用于SH/T 0263 的发动机校机试验。

2 引用标准

GB/T 260　石油产品水分测定法

GB/T 265　石油产品运动黏度测定法和动力黏度计算法

GB/T 268　石油产品残炭测定法(康氏法)

GB/T 387　深色石油产品硫含量测定法(管式炉法)

GB/T 511　石油产品和添加剂机械杂质测定法(重量法)

GB/T 1995　石油产品黏度指数计算法

GB/T 2433　添加剂和含添加剂润滑油硫酸盐灰分测定法

GB/T 3535　石油产品倾点测定法

GB/T 3536　石油产品闪点和燃点测定法(克利夫兰开口杯法)

GB/T 4756　石油液体手工取样法

GB/T 12579　润滑油泡沫特性测定法

SH/T 0075　CC 级柴油机油高温清净性评定法(1135C2 法)

SH 0164　石油产品包装、贮运及交货验收规则

SH/T 0263—1992　增压柴油机油高温清净性评定法(皮特 AV－B 法)

SH/T 0309　含添加剂润滑油的钙、钡、锌含量测定法(络合滴定法)

3 技术要求

3.1　质量指标见下表。

试验用标准油质量指标

项　　目		质量指标	试验方法
运动黏度(100℃)，mm^2/s		12.5～16.3	GB/T 265
黏度指数	不小于	90	GB/T 1995
闪点(开口),℃	不低于	240	GB/T 3536
倾点,℃	不高于	－10	GB/T 3535
机械杂质,%(*m/m*)	不大于	0.01	GB/T 511
水分,%(*m/m*)	不大于	痕迹	GB/T 260

中国石油化工总公司 1991-06-28 批准　　　　1992-07-01 实施

续表

项　目		质量指标	试验方法
抗泡性，mL/mL			GB/T 12579
24℃	不大于	25/0	
93℃	不大于	150/0	
后 24℃	不大于	25/0	
残炭(未加添加剂),%		报告	GB/T 268
硫酸盐灰分,%(m/m)		报告	GB/T 2433
硫含量,%(m/m)		0.25～0.35	GB/T 387
钙含量,%(m/m)		0.35～0.45	SH/T 0309
锌含量,%(m/m)		0.05～0.15	SH/T 0309
1135C2 法活塞评分范围		122～195	SH/T 0075
备注：每批标准油均应进行连续的两次发动机试验，其活塞评分结果应符合 1135C2 法活塞评分范围			

3.2　本标准油在进行 SH/T 0075(1135C2 法)试验时，活塞评分范围是 122～195，在进行 SH/T 0263—1992(皮特 AV－B 法)试验时，活塞评分范围是 60～75。

4　包装、标志、贮运

本产品的包装、标志、贮运及交货验收按 SH 0164 规则进行。采样按 GB/T 4756 进行，取 50kg 作为检验和留样用。

附加说明：

本标准由石油化工科学研究院提出并技术归口。

本标准由石油化工科学研究院负责起草。

本标准主要起草人范毓菊、姚文涛。

编者注：本标准中引用标准的标准名称变动如下。

标准号	现标准名称
GB/T 4756	石油液体手工取样法
GB/T 3536	石油产品闪点和燃点的测定　克利夫兰开口杯法
GB/T 511	石油和石油产品及添加剂机械杂质测定法

中华人民共和国石油化工行业标准

石油产品包装、贮运及交货验收规则

SH 0164—1992(1998)

代替 ZB E30 005—88

1 主题内容与适用范围

本规则适用于石油产品的包装、贮运及交货验收。本规则未列入的石油产品，可根据其理化性质和质量要求，按与其相似的石油产品种类规定的办法处理。对含四乙基铅的汽油还应执行含铅汽油生产、贮运及使用的劳动保护办法。

2 包装办法

2.1 原油、燃料油、润滑油、软蜡及苯类等液体产品贮运时，必须装入油罐、油罐车、油船、铁桶、塑料桶、玻璃瓶等容器。油品注入上述容器时，应根据气温变化情况，考虑到油品的膨胀性，留出必要的安全空间，切不可充满。

2.2 润滑脂类产品应装在铁桶、塑料桶或衬有不吸油的纸(或塑料袋)的比较坚固的竹、纸、木桶等容器中。

2.3 固体蜡类产品应铸成块状(或喷雾成粒状)，装在纸盒、铁盒、塑料袋或麻袋等容器中。每件重量一般不得超过60kg。

2.4 石油沥青可视其性质，按季节采取下列办法：

a. 软化点高于95℃的石油沥青，要铸成便于装运的块状、条状、球状或粒状。冷季(九月十五日至次年三月十五日)可以散装；热季(三月十六日至九月十四日)采用布撒滑石粉等办法防止粘结；

b. 软化点为60℃ ~95℃的石油沥青，冷季可以散装；热季用牛皮纸筒或衬有牛皮纸的筐篓包装；

c. 软化点低于60℃的石油沥青，一般用铁桶或石油沥青保温罐车装运，

d. 专用石油沥青由产、销、用各方面协商适当的装运办法。

2.5 石油焦一般应用清扫过的货车装运。在用敞车散装时，根据使用要求尽量采用棚布或苇席盖上。

2.6 所有包装容器，可以因地制宜，就地取材，但必须保证完整、不漏、不影响产品的质量。为了节约资源，根据情况应尽量回收使用。

2.7 所有密闭容器待装完油品后应立即加盖密封，对油罐车、油船和棚车铅封(原油、重油及沥青等不需铅封的产品除外)。

3 标志

3.1 小容器盛装的石油产品，均应分成批次，并在每一容器上标明下列标志(重油、沥青等除外)。

a. 油品名称及牌号；

b. 生产厂名称或石油站名称及包装年、月、日；

中国石油化工总公司 1992-05-20 批准　　1992-05-20 实施

c. 毛重、净重；

d. 货堆或批次编号；

e. 进出口石油产品应注明国别；

f. 对于液体石油产品应注明易燃品，严禁烟火。

3.2 用油罐车、油船或油罐发货时，发货单位应按批次到站向收货单位交付产品检验合格证(船运可带油样品)。应将合格证副本系在油罐车盖内，油船运输时则应交船方转递。

4 留样

石油产品在交接验收和交接后在转运或贮存中，发生有关质量的意见分歧时，均按本规则规定的留样(液体产品 1L；固体产品 0.5kg)作为仲裁检验的凭证。

4.1 石油产品交接验收的留样必须由交接双方按石油产品取样法规定，根据交货方式(如油罐、管线、车船或货堆)采取，装瓶(固体产品可用塑料制品)后当即共同签封方能生效。但一方因故未参加时，另一方的采样、封样同样有效。

4.2 保留样品的容器必须清洁、干燥、标签上写明生产厂矿名称和发货单位、样品名称、批号、发出产品质量合格证号码、采样地点(油罐、管线、罐车、油船等的号码)日期、编号及采样者的姓名，以备查考。

4.3 样品有效保留期间如下：

a. 燃料油类(汽油、煤油、柴油等)保存三个月；

b. 润滑油类(各种润滑油、润滑脂及特殊石油产品等)保存五个月；

c. 固体石油产品类(沥青、石蜡、地蜡、石油焦等)保存三个月；

d. 直发、出口或协议产品可根据具体情况适当缩短或延长保留样品时间；

e. 国防用油用户要求必须延长留样期的应由产、用双方协商自定。

4.4 样品必须贮存在阴凉、干燥、安全避光的暗室内。

4.5 样品在整个保存期间应保持签封完整无损。

5 油罐、油罐车、油船、油桶重复使用刷洗要求

容器刷洗要求见表1。

表1 容器刷洗要求

残存油类 / 刷洗要求 / 要装入的油类	航空汽油	喷气燃料	汽油	溶剂油	煤油	轻柴油	重柴油	燃料油(重油)	一类润滑油	二类润滑油	三类润滑油
航空汽油	3[1)]	3	3	3	3	3	0	0			
喷气燃料	3	3[1)]	3	3	3	3	0	0			
汽 油	1	2	1	1	2	2	0	0			
溶剂油	3[2)]	2	3	1	2	2	0	0			
煤 油	2	1	2	2	1	2	0	0			
轻柴油	2	1	2	2	1	1	0	0			
重柴油	0	0	0	0	0	0	1	1			
燃料油(重油)	0	0	0	0	0	0	1	1			

表 1(续)

刷洗要求 / 残存油类 / 要装入的油类	航空汽油	喷气燃料	汽油	溶剂油	煤油	轻柴油	重柴油	燃料油(重油)	一类润滑油	二类润滑油	三类润滑油
一类润滑油									2	3	3
二类润滑油									1	1	2
三类润滑油									1	1	1

注：1）当残存油与要装入油的种类、牌号相同，并认为合乎要求时可按 1 执行。

2）食用油脂抽提用溶剂油不包括在本项中，应专门容器贮运。

① 符号说明：

0——不宜装入。但遇特殊情况，可按 3 的要求，特别刷洗装入。

1——不需刷洗。但要求不得有杂物、油泥等。车底残存油宽度不宜超过 300mm，油船、油罐残存油深不宜超过 30mm(判明同号油品者不限)。

2——普通刷洗。清除残存油，进行一般刷洗。要求达到无明水油底、油泥及其他杂质。

3——特别刷洗。用适宜的洗刷剂刷净或溶剂喷刷(刷后需除净溶剂)，必要时用蒸汽吹刷，要求达到无杂质、水及油垢和纤维，并无明显铁锈。目视或用抹布擦拭检查不呈现锈皮、锈渣及黑色。

② 润滑油类别说明：

一类润滑油：仪表油、变压器油、汽轮机油、冷冻机油、真空泵油、航空润滑油、电缆油、白色油、优质机械油、高速机油、液压油等。

二类润滑油：机械油、汽油机润滑油、柴油机润滑油、压缩机油等。

三类润滑油：汽缸油、车轴油、齿轮油、重机油等。

③ 装运食用油、抽提用溶剂油和医药用溶剂油或白油、凡士林等须用专用清洁容器。

④ 装运出口石油产品油船、油舱的检验还须按外贸部商品检验局的有关规定执行。

⑤ 重油、原油铁路运输时一律使用粘油罐车，不需刷洗。

⑥ 苯类产品铁路运输时，除尽量使用专用罐车外，可以使用装过汽油等的轻油罐车，根据所运苯类产品的用途，刷洗(如医药、国防用特洗，农药、油漆用普洗)后装运。为防止洗罐中毒起见，凡残存有苯类的罐车，除确认原装品种可重复装同种产品外，一律只允许装运车用汽油，以避免刷洗苯类罐车。

6 管道输油

6.1 根据石油产品的性质分为以下几组，每组可用一条管道。必要时根据情况，各组之间也可经扫线或冲洗后相互代用(见表 2)。

表 2 互用管道及泵时冲洗要求

冲洗要求 / 残存油 / 拟输油	燃 1 组	燃 2 组	燃 3 组	燃 4 组	燃 5 组	滑 1 组	滑 2 组	滑 3 组
燃 1 组	1	1	1	0	0	0	0	0
燃 2 组	2	1	1	0	0	0	0	0
燃 3 组	2	2	1	3	0	0	0	0

表 2(续)

冲洗要求 / 残存油 / 拟输油	燃 1 组	燃 2 组	燃 3 组	燃 4 组	燃 5 组	滑 1 组	滑 2 组	滑 3 组
燃 4 组	0	0	1	1	2	0	0	0
燃 5 组	0	0	0	1	1	0	0	0
滑 1 组	0	0	0	0	0	1	2	2
滑 2 组	0	0	0	0	0	2	1	2
滑 3 组	0	0	0	0	0	2	2	1

注：符号说明：

0——不宜使用。

1——不需冲洗。在所输油与残存油品种不同时，须用拟输油冲洗几分钟(达到油头质量合格为止)，送油时另放出油头。

2——普通扫线。用水蒸气或惰性气体(重柴油以上重质油可用过滤的压缩空气)吹扫后，再用拟输油冲洗几分钟，送油时另放出油头。

3——特别冲洗。用水洗或油洗之后，用水蒸气或惰性气体(重柴油以上重质油可用过滤的压缩空气)吹扫后，再用拟输油冲洗几分钟，送油时另放出油头。

管道输油的分组说明如下：

6.1.1 燃料油

燃 1 组：汽油类(含铅)；

燃 2 组：溶剂油、无铅汽油、工业汽油；

燃 3 组：煤油；

燃 4 组：柴油；

燃 5 组：重油、液体沥青、原油。

6.1.2 润滑油

滑 1 组：一类润滑油；

滑 2 组：二类润滑油；

滑 3 组：三类润滑油。

6.2 输送特种油料时，需用专用管道及专用泵。必要时也可用燃 3 组或滑 1 组管道及泵，但当换输送油前应用拟输油冲洗管道及泵几分钟，另放出油头并经检查合格后方可使用。

6.3 禁止用输送含铅汽油的管道及泵输送食用油脂、抽提用溶剂油和医药工业用溶剂油。

6.4 长期(时间依具体情况在保证产品质量条件下自定)未用的润滑油或航空油料管道及泵，在重新使用之前，应按本方法 5.1 条或 5.2 条的冲洗要求冲净后方可使用。

7 保管及运输

7.1 保管及运输石油产品时，必须依其名称、性质、牌号加以区别。

7.2 盛装石油产品所用的容器，必须完整、清洁、不漏、经检查符合要求后，方能使用。

7.3 为了防止阳光及雨雪的辐射和直接接触而影响产品质量，在保管石油产品时，可按下列顺序入库：

a. 特种润滑油及润滑脂；

b. 透明石油产品；

c. 石蜡及地蜡；

d. 包装易于损坏者等。

如露天放置，应用防雨布或其他材料搭棚遮盖，实在不得已而贮存量甚大且无防雨布时，则须将桶倾斜立置并与地面成75℃角，桶上大小盖口应在同一水平线上，以防雨水渗入。

7.4 装有石油产品的油桶，可以按其种类分组堆积存放，水泥地面尽可能垫上木板，土地面最好垫较厚的垫木，每组堆积的体积不得超过50m³，堆积高度视油桶质量而定，一般大桶可堆2~3层，小桶可堆5~6层，两层之间应用木板隔开。每一堆要挂上标签，注明所存油品的名称、牌号及时间，组与组或行列之间应保持1m以上距离，还应执行有关防火规定。

7.5 在气温高时(30℃以上)，汽油等轻质油品易挥发损失，影响质量，且不安全，因此需采用适当冷却方法。

7.6 易燃的石油产品，在保管与运输中，须执行有关防火安全规定。必须严禁烟火，并应设置完善的消防设备。在抽注油或倒罐时，油罐及活管必须用导电的金属线接地，以防止静电聚积起火。

7.7 输运易凝的石油产品，可用蒸汽加热盘管或具有加热设备的保温车进行接卸；重柴油、重油及半软沥青等可用直接水蒸气加热，禁止使用明火。

7.8 在开关容器盖子时，必须使用特制扳手，不得用凿子及锤子，以免产生火花，引起火灾。开启前要擦净，封闭时要加垫片，以免将油弄脏。

7.9 较大容器(如油罐)要定期对油品检查、化验和清扫容器底部聚沉的残渣及污物。化验和清扫期限随贮存情况和产品质量要求自行作出具体规定。

7.10 用油罐车、油船等运输时，一定要保护好注油口或排油口的铅封，车站交接时，须按铁道部规定的货车施封及拆封规则，并认真检查铅封状况，以免在运输途中发生意外。

7.11 凡接卸油罐车装运的各种油品的收货人，在卸车后，须及时对每一油罐车填写一份记录前次所装油品名称、牌号的油罐车回送单，随车带走或送交车站，以便往各地配车时记录前次所装油品名称、牌号，以减少洗油罐车次数，发挥油罐车效率，并避免因混装而引起的油品变质。

8 交货验收及计量

8.1 交货验收

8.1.1 交货验收石油产品时，其质量按国家、部颁标准或企业标准。尚无标准的产品(如代加工及特种石油产品)则以协议规格为准。

8.1.2 收、发货单位或运输部门应保证供给清洁并适合贮存该种产品的容器，并由收、发货及运输三方共同对容器按本规则进行检查，如认为不合要求时，提供容器单位必须负责清洗或调换合格的容器。在遇有对容器清洁程度的判定有争执时，一律不装。但在一方坚持要求装运时，如发生质量问题，则由要求的一方负责。

8.1.3 发货单位根据所发出产品的油罐或管线中采取的油样化验的结果判定质量，如合格则发出产品，并给予产品质量合格证。

8.1.4 收货单位有权抽查所发出的产品质量，如发现该批产品不符合所订质量标准时，可提出复验保留样品(见本方法第3章)意见，以保留样品的分析结果为仲裁根据。

8.1.5 接收散装成批的产品时，收货单位在到货地点检查容器及签封是否完整，如发现签封损坏等情况，应由运输部门查清原因。

8.1.6 以管道输送直接交货时，由发货单位的油罐(发油罐)中取样进行质量检验，但发货单位不得将水或杂质送进收货单位的容器，否则收货单位容器内油料变质，应由发货单位负责；如因收货单位的容器不清洁或原存油品而影响新装入油品质量时，则由收货单位自行负责。

8.1.7 交、接双方在产品质量化验上发生争议时，双方可共同化验或委托双方同意的单位或商请仲裁单位决定(仲裁单位为中国石化总公司石油化工科学研究院)。

8.2　计量

8.2.1　石油产品交货验收时使用的量具(流量计、密度计、温度计、卷尺、秤等)均应经国家计量机关鉴定，认为合格并附有校正表，方可使用。在不具备上述条件时，应采用交、接双方同意的计量量具。

8.2.2　贮运石油产品容器(如油罐车、油船、油罐等)的容积的计算应按照国家计量机关的规定或交、接双方所同意的方法进行标定与换算。

8.2.3　发运石油产品的计量，交方应会同接方共同进行；当接方不具有计量条件时，可根据双方的合同规定进行。在条件许可下应在油品装入油罐车、油船、油驳或其他容器在油面稳定后进行计量。

8.2.4　按有关标准的规定进行取样及测定密度，密度应换算至油罐车、油船、油驳或其他容器中油品的实际温度的密度。

8.2.5　交接的石油产品的水含量，在特殊情况下超过标准规定而双方认为对质量又无影响时，则应由交货数量中扣除油中所含全部水分。

9　其他

凡本规则未尽的事宜，可在有关产品标准中作补充规定，或由收、发货双方协议解决。

附加说明：

本标准由石油化工科学研究院技术归口。

本标准由石油化工科学研究院负责起草。

前　言

本标准等效采用美国材料与试验协会标准 ASTM D3306－1994《轿车及轻型卡车用的乙二醇型发动机冷却液》，对 SH/T 0521—1992《乙二醇型发动机冷却液及其浓缩液》标准进行修订。

本标准与 ASTM D3306－1994 的主要差异如下：

1. ASTM D3306 中只有浓缩液标准，结合国情，本标准增加了冷却液的标准。

2. 去掉了 ASTM D3306 中附录 X1 发动机冷却系统的保养及附录 X2 未使用过冷却液的报告。

根据 ASTM D3306－1994，对 SH/T 0521—1992 主要进行了如下修订：

1. 对标准名称进行了修改。

2. 本标准取消了合格品。

3. 增加了“氯含量”及“铸铝合金传热腐蚀”两项指标。

本标准由中国石油化工集团公司提出。

本标准由中国石油化工集团公司石油化工科学研究院归口。

本标准起草单位：中国石化销售华北公司。

本标准主要起草人：张新昌、董芳、张凤泉、李殿斌。

中华人民共和国石油化工行业标准

汽车及轻负荷发动机用
乙二醇型冷却液

SH/T 0521—1999

Standard specification for ethylene glycol base engine coolant for automobile and light duty service

代替 SH/T 0521—1992

1 范围

1.1 本标准规定了汽车及轻负荷发动机用乙二醇型冷却液及其浓缩液的技术要求。本标准所属产品适用于汽车及轻负荷发动机冷却系统，不适用于重负荷发动机冷却系统。

1.2 本标准没有提出与其应用时有关的全部安全问题。在使用前，本标准的使用者有责任制定相应的安全和保健措施，并明确其受限制的适用范围。

2 引用标准

下列标准包括的条文，通过引用而构成为本标准的一部分。除非在标准中另有明确规定，下述引用标准都应是现行有效标准。

SH/T 0065 发动机冷却液或防锈剂试验样品的取样及其水溶液的配制

SH/T 0066 发动机冷却液泡沫倾向测定法(玻璃器皿法)

SH/T 0067 发动机冷却液和防锈剂灰分含量测定法

SH/T 0068 发动机冷却液密度测定法(密度计法)

SH/T 0069 发动机防冻剂、防锈剂和冷却液 pH 值测定法

SH/T 0084 冷却系统化学溶液对汽车上的有机涂料影响试验法

SH/T 0085 发动机冷却液腐蚀测定法(玻璃器皿法)

SH/T 0086 发动机冷却液的浓缩液中水含量测定法(卡尔·费休法)

SH/T 0087 发动机冷却液铝泵气穴腐蚀特性试验法

SH/T 0088 发动机冷却液模拟使用腐蚀测定法

SH/T 0089 发动机冷却液沸点测定法

SH/T 0090 发动机冷却液冰点测定法

SH/T 0091 发动机冷却液和防锈剂储备碱度测定法

SH 0164 石油产品包装、贮运及交货验收规则

SH/T 0620 发动机冷却液对传热状态下的铸铝合金腐蚀测定法

SH/T 0621 发动机冷却液氯含量测定法

3 技术内容

3.1 产品分类

本标准所属产品分为浓缩液和冷却液。

乙二醇型发动机冷却液浓缩液由乙二醇、适合的防腐蚀添加剂、消泡剂及适量的水组成。这些

国家石油和化学工业局 1999-09-01 批准 2000-04-01 实施

适量的水是为溶解添加剂及保证产品在 -18℃时能从包装容器中倒出。在产品性能满足技术要求的情况下，可含有其他的醇类，如丙二醇和二乙二醇，但含量最多不超过15%（V/V）。

对浓缩液进行稀释时，应使用去离子水或蒸馏水，或浓缩液生产厂家认可质量级别的水进行稀释，浓缩液的使用浓度为40% ~70%（V/V）。

本标准中的冷却液按冰点分为 -25 号、-30 号、-35 号、-40 号、-45 号和 -50 号 6 个牌号。

3.2 技术要求

本标准的产品各项性能应符合表1所示的技术要求。

表1 发动机冷却液及浓缩液的技术要求

项目	质量指标							试验方法
	浓缩液	冷却液						
		-25号	-30号	-35号	-40号	-45号	-50号	
颜色	有醒目的颜色							目测
气味	无异味							嗅觉
密度(20℃)，kg/m^3	1107 ~ 1142	1053 ~ 1072	1059 ~ 1076	1064 ~ 1085	1068 ~ 1088	1073 ~ 1095	1075 ~ 1097	SH/T 0068
冰点，℃ 不高于	—	-25.0	-30.0	-35.0	-40.0	-45.0	-50.0	SH/T 0090
50%（V/V）蒸馏水 不高于	-37.0	—						
沸点，℃ 不低于	163.0	106.0	106.5	107.0	107.5	108.0	108.5	SH/T 0089
50%（V/V）蒸馏水 不低于	107.8	—						
对汽车有机涂料的影响	无影响							SH/T 0084
灰分[1]，%（m/m） 不大于	5.0	2.0	2.3	2.5	2.8	3.0	3.3	SH/T 0067
pH值	—	7.5 ~ 11.0						SH/T 0069
50%（V/V）蒸馏水	7.5 ~ 11.0	—						
水分，%（m/m） 不大于	5.0	—						SH/T 0086
储备碱度，mL	报告[1]							SH/T 0091
氯含量，mg/kg 不大于	25	报告[1]						SH/T 0621
玻璃器皿腐蚀[2]								SH/T 0085
试片，变化值，mg/片								
紫铜	±10							
黄铜	±10							
钢	±10							
铸铁	±10							
焊锡	±30							
铸铝	±30							

表 1(完)

<table>
<tr><th rowspan="3">项　　目</th><th colspan="7">质 量 指 标</th><th rowspan="3">试验方法</th></tr>
<tr><th rowspan="2">浓缩液</th><th colspan="6">冷　却　液</th></tr>
<tr><th>-25 号</th><th>-30 号</th><th>-35 号</th><th>-40 号</th><th>-45 号</th><th>-50 号</th></tr>
<tr><td>模拟使用腐蚀[3]
试片，变化值，mg/片</td><td colspan="7"></td><td rowspan="7">SH/T 0088[4]</td></tr>
<tr><td>紫铜</td><td colspan="7">±20</td></tr>
<tr><td>黄铜</td><td colspan="7">±20</td></tr>
<tr><td>钢</td><td colspan="7">±20</td></tr>
<tr><td>铸铁</td><td colspan="7">±20</td></tr>
<tr><td>焊锡</td><td colspan="7">±60</td></tr>
<tr><td>铸铝</td><td colspan="7">±60</td></tr>
<tr><td>铝泵气穴腐蚀[3]，级　　不小于</td><td colspan="7">8</td><td>SH/T 0087</td></tr>
<tr><td>铸铝合金传热腐蚀[2]
mg/cm^2　　不大于</td><td colspan="7">1.0</td><td>SH/T 0620</td></tr>
<tr><td>泡沫倾向</td><td colspan="7"></td><td rowspan="3">SH/T 0066</td></tr>
<tr><td>泡沫体积，mL　　不大于</td><td colspan="7">150</td></tr>
<tr><td>泡沫消失时间，s　　不大于</td><td colspan="7">5.0</td></tr>
<tr><td colspan="9">1)供需双方协商确定的数值。
2)为保证项目，不同批次的原材料必须测试。
3)为保证项目，但产品定型时必须测试。
4)对 -25 号冷却液，可向该产品加入一定量的碳酸氢钠、氯化钠和无水硫酸钠进行试验。</td></tr>
</table>

4　标志、包装、运输、贮存

本产品采用铁桶或塑料桶包装，其包装、标志、运输、贮存按 SH 0164 进行。

5　取样

按 SH/T 0065 进行，取 5L 作为检验和留样用。模拟使用腐蚀及铝泵气穴腐蚀试验的仲裁试验样品，可从用户或由供需双方认可的桶装产品中取得。

编者注：本标准中引用标准的标准名称变动如下。

标　准　号	现 标 准 名 称
SH/T 0068	发动机冷却液及其浓缩液密度或相对密度测定法(密度计法)
SH/T 0084	冷却系统化学溶液对汽车上有机涂料影响的试验方法

中华人民共和国石油化工行业标准

SH/T 0526—1992(2007)

黏 度 标 准 油

代替 SY 1814—82

1 主题内容与适用范围

本标准规定了由甲基硅油或加有抗氧剂的精制矿物油等制得的黏度标准油的技术条件。

本标准所属产品适用于各种工作黏度计的校正。

2 引用标准

GB/T 258 汽油、煤油、柴油酸度测定法
GB/T 259 石油产品水溶性酸及碱测定法
GB/T 264 石油产品酸值测定法
GB/T 511 石油产品和添加剂机械杂质测定法(重量法)
GB/T 1884 原油和液体石油产品密度实验室测定法(密度计法)
GB/T 1885 石油计量表
GB/T 2540 石油产品密度测定法(比重瓶法)
GB/T 3535 石油产品倾点测定法
GB/T 4756 石油液体手工取样法
SH/T 0196 润滑油抗氧化安定性测定法
SH/T 0257 润滑油水分定性试验法
JJG 155 工作毛细管黏度计检定规程

3 技术内容

3.1 产品牌号

本产品按 20℃ 运动黏度分为 2、5、10、20、50、100、200、500、1000、2000、5000、10000、20000、50000 和 100000 号等十五个牌号。

3.2 技术要求

中国石油化工总公司 1992-09-19 批准　　1993-09-01 实施

项目		质量指标						试验方法
		2000 号	5000 号	10000 号	20000 号	50000 号	100000 号	
运动黏度(20℃)，mm^2/s		2000.0 ±10%	5000.0 ±10%	10000.0 ±10%	20000.0 ±10%	50000.0 ±10%	100000.0 ±10%	JJG 155 附录 1
密度(20℃)，kg/m^3		报告						GB/T 1884 和 GB/T 1885 或 GB/T 2540
酸度，mgKOH/100mL	不大于	—						GB/T 258
酸值，mgKOH/g	不大于	0.02						GB/T 264
机械杂质		无						GB/T 511[1)]
水分		无						SH/T 0257[1)]
倾点,℃	不高于	—						GB/T 3535
水溶性酸或碱[2)]		—						GB/T 259
氧化安定性(8h，125℃)								SH/T 0196
氧化后沉淀物,%	不大于	—						
氧化后酸值，mgKOH/g	不大于	—						
黏度温度变化率(20℃ ±0.01℃),%	不大于	—						附录 A 及 JJG 155 附录 1
外观		无悬浮物和沉淀的透明液体						目测

注：1）200 号以下及用甲基硅油生产的黏度标准油允许目测水分和机械杂质，但有争议时以 SH/T 0257 和 GB/T 511 测定为准。

2）由不经酸碱精制的矿物油调制的黏度标准油及用甲基硅油生产的 500 号黏度标准油可不测定水溶性酸或碱。

续表

项目		质量指标									试验方法
		2号	5号	10号	20号	50号	100号	200号	500号	1000号	
运动黏度(20℃)，mm^2/s		2.0 ±10%	5.0 ±10%	10.0 ±10%	20.0 ±10%	50.0 ±10%	100.0 ±10%	200.0 ±10%	500.0 ±10%	1000.0 ±10%	JJG 155 附录1
密度(20℃)，kg/m^3		报告									GB/T 1884 和 GB/T 1885 或 GB/T 2540
酸度，mgKOH/100mL	不大于	2.0	—								GB/T 258
酸值，mgKOH/g	不大于	—	0.02						0.03	0.02	GB/T 264
机械杂质		无									GB/T 511[1)]
水分		无									SH/T 0257[1)]
倾点，℃	不高于	−7								—	GB/T 3535
水溶性酸或碱[2)]		无								—	GB/T 259
氧化安定性(8h，125℃)											SH/T 0196
氧化后沉淀物，%	不大于	—				0.05			0.1	—	
氧化后酸值，mgKOH/g	不大于	—				0.2			0.3	—	
黏度温度变化率(20℃ ±0.01℃)，%	不大于	±0.1								—	附录A及 JJG 155 附录1
外观		无悬浮物和沉淀的透明液体									目测

3.3 黏度值有效期

黏度标准油的标准黏度值有效期为1年，在此期间，黏度变化率$\left(\frac{\gamma_1-\gamma_2}{\gamma_1}\%\right)$应不大于±0.2%，其中$\gamma_1$为新油的黏度值，$\gamma_2$为贮存1年时的黏度值。

4 包装、贮存

黏度标准油应置于清洁、干燥的玻璃瓶中，瓶口密封要好。瓶上贴附标签：注明产品名称，牌号，20℃时的运动黏度值，生产厂名称，生产日期及有效期。存放在温度为0~50℃(2号和5号为0~30℃)之间清洁避光的地方。

5 取样

取样按GB/T 4756进行，取2L作为检验和留样用。

附 录 A
黏度标准油黏度温度变化率计算法
（补充件）

黏度标准油黏度随温度变化(±0.01℃)而变化的百分比称为黏度温度变化率。

计算示例：5号油20.00℃时的运动黏度为5.172mm²/s，19.99℃时的运动黏度为5.179mm²/s，其黏度温度变化率为：$\frac{5.179-5.172}{5.172}\times 100=0.1\%$。

20.01℃时的运动黏度值为5.166mm²/s，其黏度温度变化率为：$\frac{5.166-5.172}{5.172}\times 100=-0.1\%$。

附加说明：

本标准由石油化工科学研究院提出并技术归口。

本标准由石油化工科学研究院负责起草。

本标准主要起草人高慧智。

本标准参照采用日本工业标准JIS Z 8809—1986《黏度计校正用标准液》。

编者注：本标准中引用标准的标准名称变动如下。

标 准 号	现标准名称
GB/T 511	石油和石油产品及添加剂机械杂质测定法

中华人民共和国石油化工行业标准

SH/T 0530—1992(2007)

石　油　酸

代替 SY 1803—1977(1988)

1　主题内容与适用范围

本标准规定了由石油馏分提取的石油酸的技术条件。

本标准所属产品主要适用于生产各种环烷酸或某些环烷酸盐。

2　引用标准

GB 253　煤油

GB/T 260　石油产品水分测定法

GB/T 4756　石油液体手工取样法

GB/T 6540　石油产品颜色测定法

SH/T 0092　石油酸检验法

SH 0164　石油产品包装、贮运及交货验收规则

3　技术内容

3.1　产品分级

按脂肪酸含量分为一级品和合格品两个等级。

3.2　产品牌号

每个等级按石油酸含量分为85，75，65，55号四个牌号。

3.3　技术要求

项　目		质量指标								试验方法
		一　级　品				合　格　品				
		85号	75号	65号	55号	85号	75号	65号	55号	
纯酸值，mgKOH/g	不小于	210	200	185	175	210	200	185	175	SH/T 0092
粗酸值，mgKOH/g		报　告				报　告				SH/T 0092
石油酸含量，%(m/m)	不小于	85	75	65	55	85	75	65	55	SH/T 0092
水分，%(m/m)	不大于	2								GB/T 260
脂肪酸含量，%(m/m)	不大于	2				报告				附录A
色度，号(稀释)	不大于	7				报告				GB/T 6540[1]

注：1)用85%符合GB 253煤油中合格品稀释后测定。

中国石油化工总公司1992-09-19批准　　　　1993-09-01实施

4 包装、标志、运输、贮存

包装、标志、运输、贮存及交货验收按 SH 0164 进行。

5 取样

取样按 GB/T 4756 进行，取 2L 作为检验和留样用。

附 录 A
脂肪酸含量测定法
（补充件）

A1 主题内容与适用范围

本标准规定了石油酸中脂肪酸含量的测定方法。

本标准适用于测定石油酸中脂肪酸的含量。

A2 方法概要

以石油醚为溶剂，乙醇为活化剂，在室温下使尿素与脂肪酸络合。经沉淀、过滤，用热水分解络合物。用石油醚萃取脂肪酸。蒸去溶剂，恒重，测得脂肪酸的含量。

A3 仪器与材料

A3.1 仪器

a. 烧杯：100mL。

b. 电磁搅拌器。

c. 玻璃漏斗。

d. 定量滤纸：慢速，直径 90mm。

e. 分液漏斗：梨形，150mL。

f. 锥形瓶：100mL。

g. 冷凝管：直形。

h. 恒温烘箱。

i. 水浴。

A3.2 试剂

a. 尿素：分析纯。

b. 无水乙醇：分析纯。

c. 石油醚：60℃～90℃：分析纯。

A4 准备工作

A4.1 将尿素研至粉末状，在 105℃ ±5℃烘箱中干燥 2h，然后存放于干燥器中备用。

A4.2 将 100mL 锥形瓶洗净，在 105℃ ±5℃烘箱中烘干，称至恒重（即连续两次称量之差不大于 0.0004g）。

A4.3 试样脱油处理：取试样 25mL～30mL，按 SH/T 0092 中的纯酸值样品制备的步骤制得脱油石油酸试样。

A5 试验步骤

A5.1 称取脱油石油酸试样 5g ±0.001g 于 100mL 烧杯中，加入 5mL 石油醚稀释，再加入尿素约 5g（当试样的脂肪酸含量在 12% 以上时，可按 1g 脂肪酸约 8g 尿素估计加量），同时加入无水乙醇 5mL 作活化剂，在室温下搅拌 2h。

A5.2 反应后静置沉降。然后，加入少量石油醚稀释，将上层倒入置有双层滤纸的漏斗中过滤。络合物尽量留在烧杯中，再加石油醚洗涤，过滤。反复洗涤过滤，至滤液滴在干净滤纸上无油渍时，将滤纸和烧杯中(包括玻璃棒和搅拌棒上)的络合物在空气中自然晾干。

A5.3 将滤纸上的络合物移入烧杯中，用少量60℃～70℃的蒸馏水将滤纸洗净，洗涤液直接注入烧杯中。将烧杯中溶液和上浮的脂肪酸滴全部倒入分液漏斗中。用少量的60℃～70℃蒸馏水洗涤烧杯、玻璃棒和搅拌棒，重复二至三次。再用5mL～10mL石油醚洗涤烧杯、玻璃棒和搅拌棒，重复二至三次。所有洗涤液要保证全部注入分液漏斗中。然后，将分液漏斗稍加摇动，静置分层。弃去下层水相，将上层的脂肪酸液相每次用约30mL的60℃～70℃蒸馏水洗涤，重复四至五次。

A5.4 将水洗过的脂肪酸液相放入已恒重的锥形瓶内，用少量石油醚洗涤分液漏斗二至三次，洗涤液也一并放入锥形瓶内。将锥形瓶放在水浴上蒸去石油醚(石油醚可用冷凝管回收)，剩下脂肪酸，再置于105℃～110℃烘箱中烘4h以上，然后进行称量恒重，至连续两次称量之差不大于0.0004g为止。

A6 计算

石油酸中的脂肪酸含量X[%(m/m)]按式(A1)计算：

$$X = \frac{m_1}{m_2} \times A \qquad \text{(A1)}$$

式中：m_1——锥形瓶中脂肪酸的质量，g；

m_2——脱油石油酸试样的质量，g；

A——未脱油试样的石油酸百分含量,%(m/m)。

A7 精密度

按下述规定判断测定结果的可靠性(95%置信水平)。

A7.1 重复性：同一操作者重复测定的两个结果之差不应大于下表中所列的数值。

A7.2 再现性：不同实验室提供的两个结果之差不应大于下表中所列的数值。

%

脂 肪 酸	重 复 性	再 现 性
0～2.00	0.26	0.43
>2.00～5.00	0.41	0.74
>5.00～10.00	0.60	1.00

A8 报告

取重复测定两个结果的算术平均值，作为试样的测定结果，以%(m/m)表示，取到小数点后两位。

附加说明：

本标准由中国石化兰州炼油化工总厂和新疆石油管理局提出。

本标准由石油化工科学研究院技术归口。

本标准由中国石化兰州炼油化工总厂和独山子炼油厂共同起草。

本标准主要起草人申国禧、赵晓亭。

本标准参照采用前苏联国家标准 ГОСТ 13302－77(83)《石油酸》。

附录　石油产品行业标准索引